U0781751

CHANYE ZHUANLI FENXI BAOGAO

产业专利分析报告

（第93册）——航空航天用特种钢材

国家知识产权局学术委员会◎组织编写

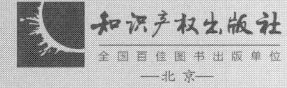

知识产权出版社
全国百佳图书出版单位
——北京——

图书在版编目（CIP）数据

产业专利分析报告．第 93 册，航空航天用特种钢材/国家知识产权局学术委员会组织编写．—北京：知识产权出版社，2023.7

ISBN 978 - 7 - 5130 - 8634 - 9

Ⅰ.①产⋯　Ⅱ.①国⋯　Ⅲ.①专利—研究报告—世界　Ⅳ.①G306.71

中国国家版本馆 CIP 数据核字（2023）第 002789 号

内容提要

本书是航空航天用特种钢材的专利分析报告。报告从该行业的专利（国内、国外）申请、授权、申请人的已有专利状态、其他先进国家的专利状况、同领域领先企业的专利壁垒等方面入手，结合相关数据，展开分析，并得出分析结果。本书是了解该行业技术发展现状并预测未来走向，帮助企业做好专利预警的必备工具书。

责任编辑：王玉茂　周　也　　　　　责任校对：王　岩
封面设计：杨杨工作室·张　冀　　　责任印制：刘译文

产业专利分析报告（第 93 册）
——航空航天用特种钢材

国家知识产权局学术委员会　组织编写

出版发行：知识产权出版社 有限责任公司　　网　　址：http：//www.ipph.cn
社　　址：北京市海淀区气象路 50 号院　　　邮　　编：100081
责编电话：010 - 82000860 转 8541　　　　　责编邮箱：wangyumao@cnipr.com
发行电话：010 - 82000860 转 8101/8102　　发行传真：010 - 82000893/82005070/82000270
印　　刷：天津嘉恒印务有限公司　　　　　经　　销：新华书店、各大网上书店及相关专业书店
开　　本：787mm × 1092mm　1/16　　　　印　　张：23
版　　次：2023 年 7 月第 1 版　　　　　　　印　　次：2023 年 7 月第 1 次印刷
字　　数：515 千字　　　　　　　　　　　　定　　价：138.00 元
ISBN 978 - 7 - 5130 - 8634 - 9

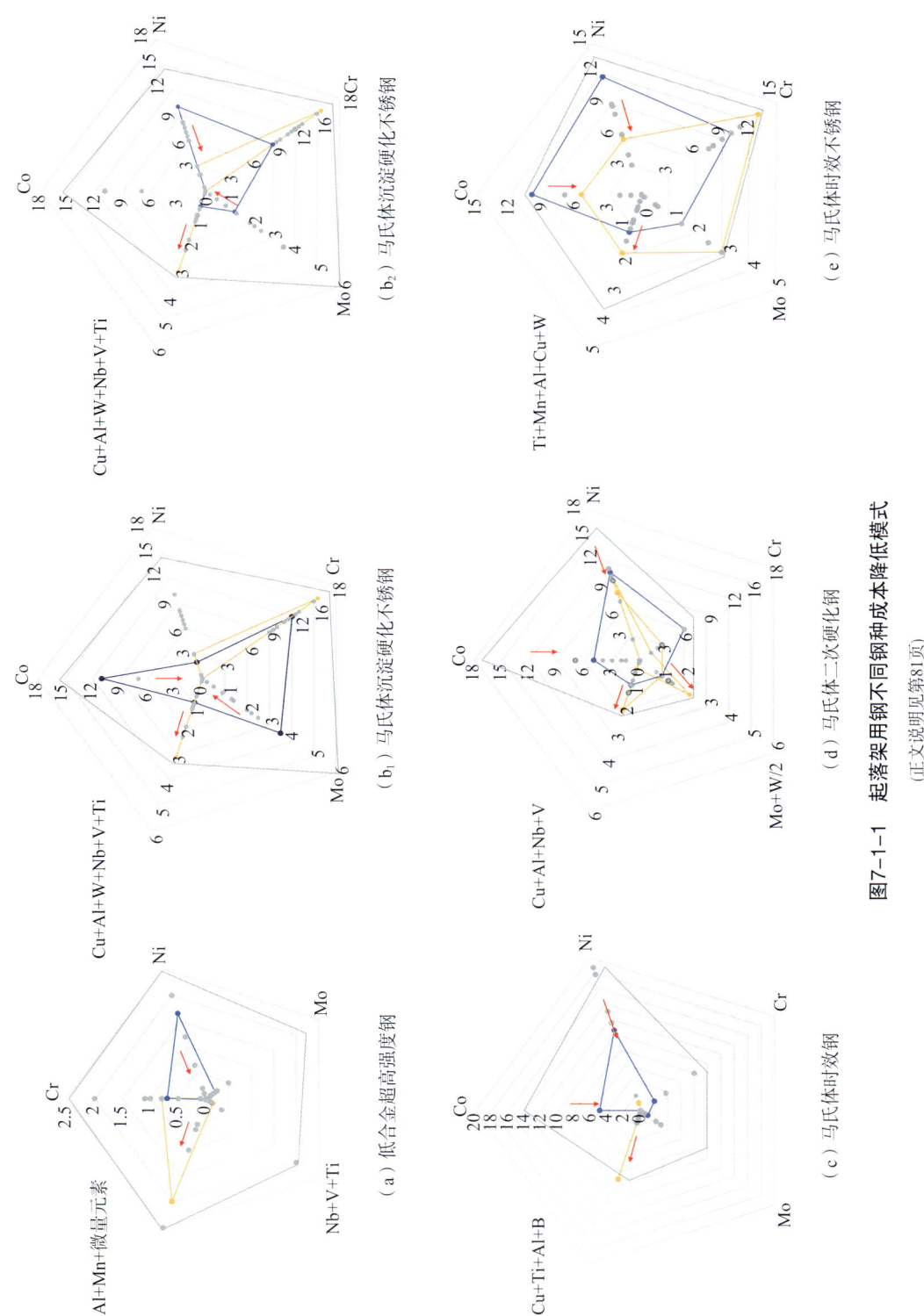

图7-1-1 起落架用钢不同钢种成本降低模式

(正文说明见第81页)

(a) 低合金超高强度钢

(b_1) 马氏体沉淀硬化不锈钢

(b_2) 马氏体沉淀硬化不锈钢

(c) 马氏体时效钢

(d) 马氏体二次硬化钢

(e) 马氏体时效不锈钢

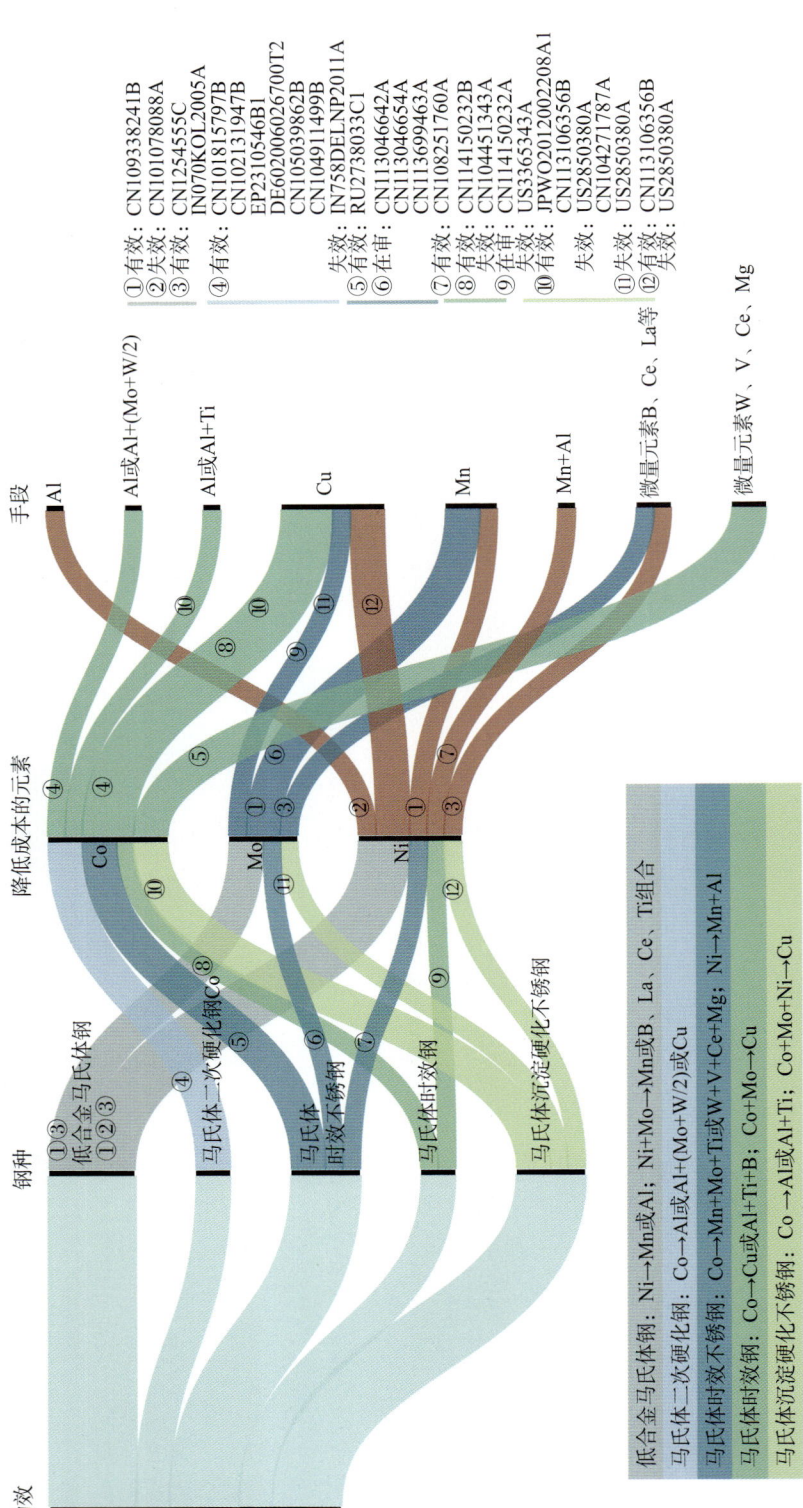

图7-1-2 飞机起落架用钢合金元素控制成本问题的解决模式

（正文说明见第84页）

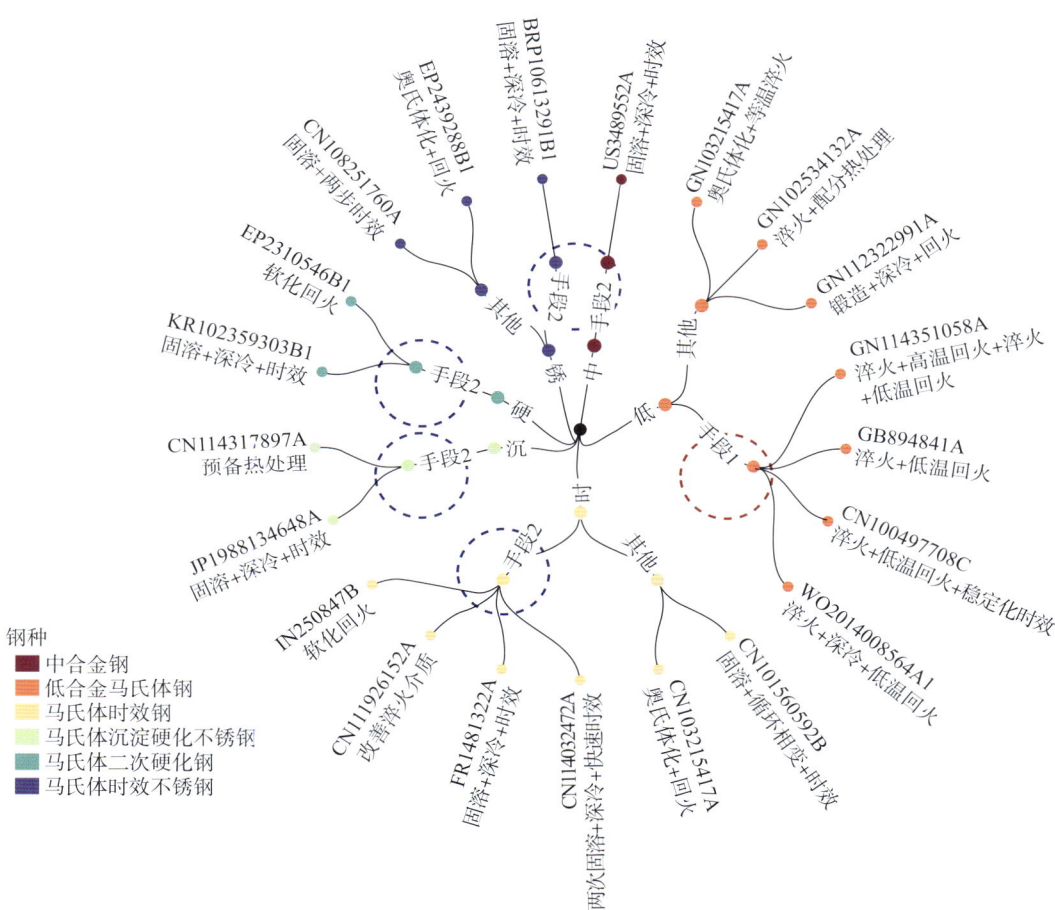

图7-2-4　飞机起落架用钢高强化热处理改进模式

注：图中手段1为淬火+低温（低合金），手段2为固溶+深冷+时效（高合金）。

（正文说明见第95页）

（a）不同手段对应的韧化机理

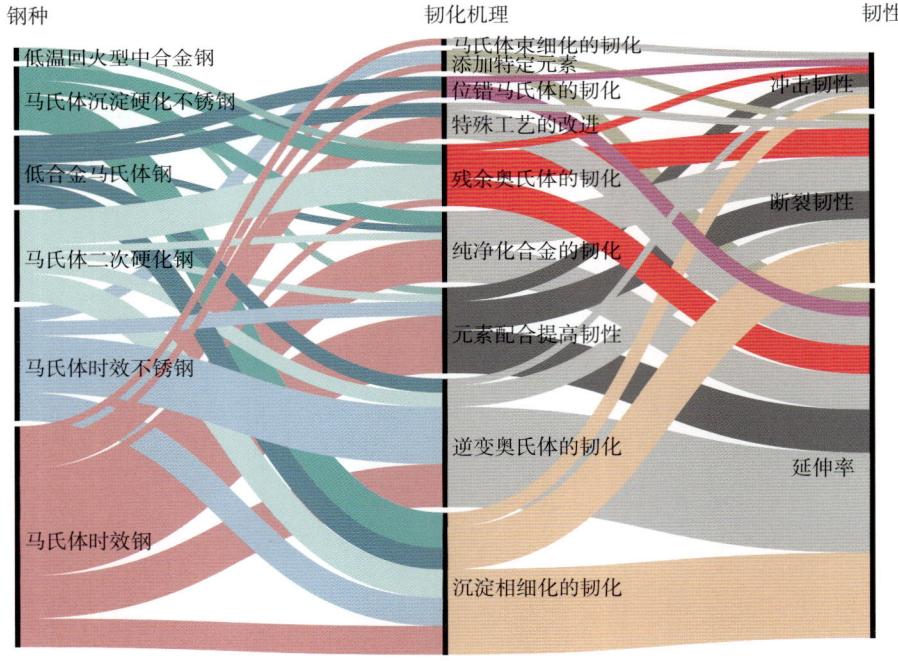

（b）不同钢种对应的韧化机理

图 7-3-4　飞机起落架用钢不同手段实现韧塑性改进的途径

（正文说明见第 105 页）

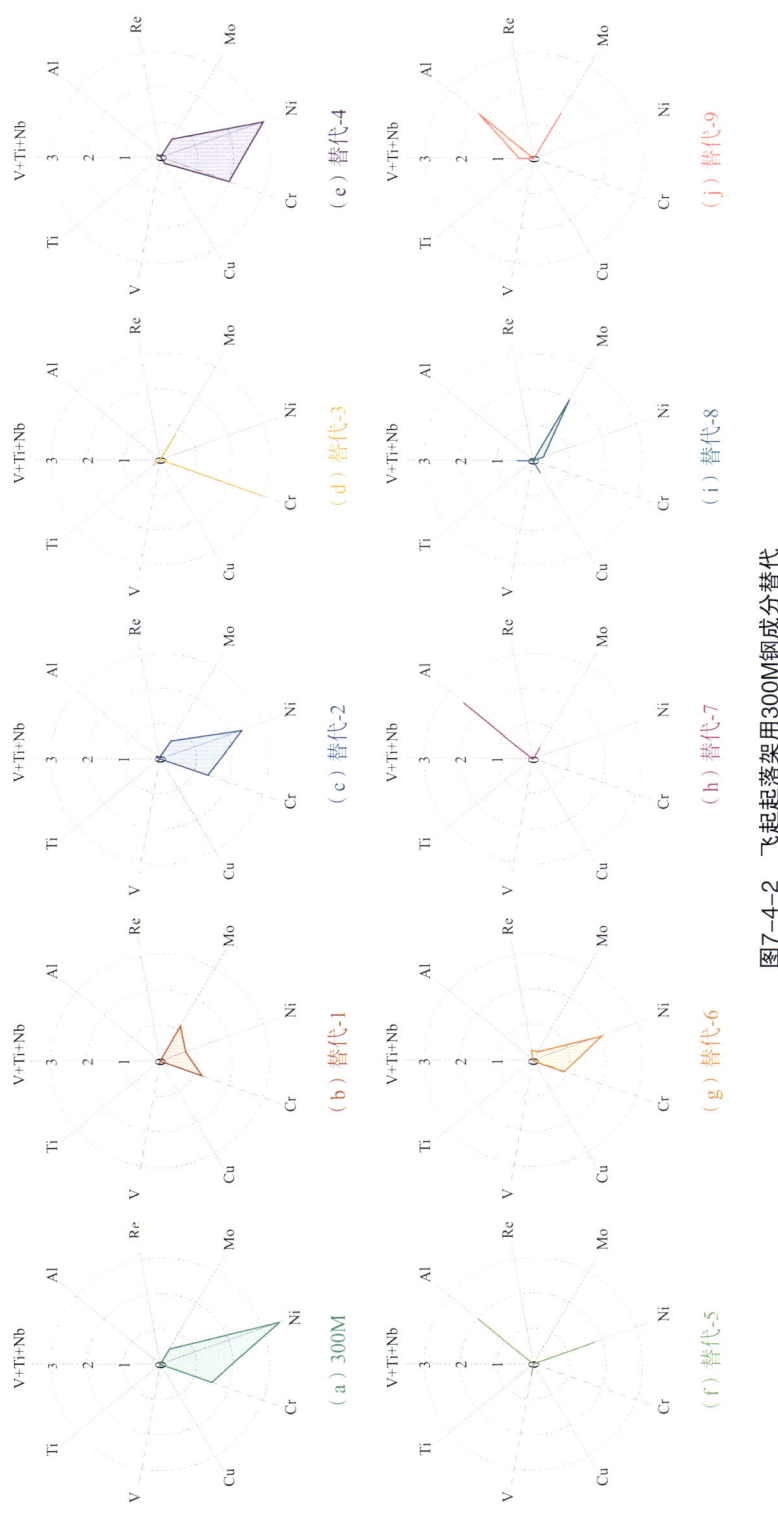

图7-4-2 飞起起落架用300M钢成分替代
（正文说明见第111页）

注：图中数字表示合金元素含量百分比。

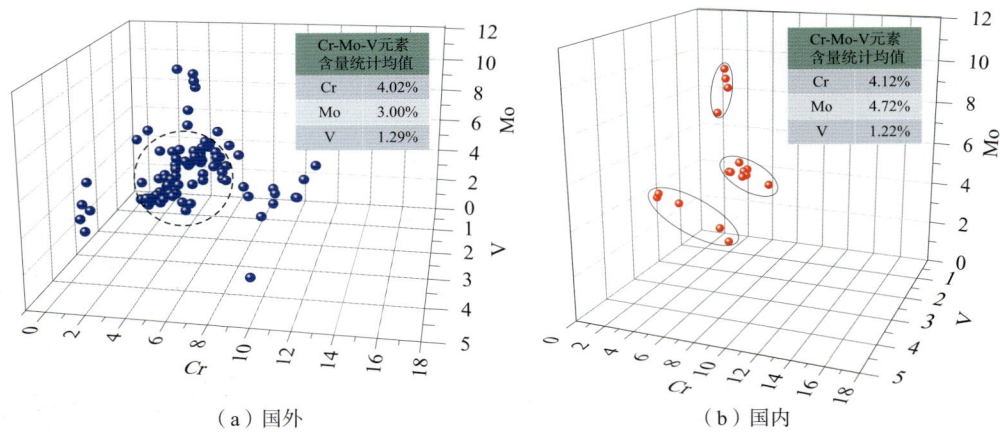

（a）国外　　　　　　　　　　　　　（b）国内

图 11 – 3 – 7　航空发动机用高温轴承钢 Cr – Mo – V 元素含量分布

注：图中坐标刻度表示元素含量百分比。

（正文说明见第 171 页）

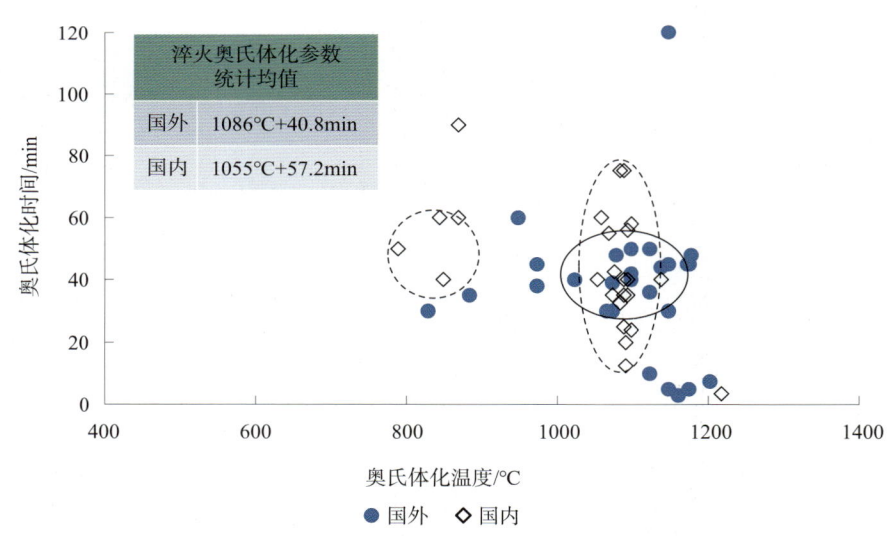

图 11 – 3 – 24　航空发动机用高温轴承钢奥氏体化工艺参数统计

注：虚线圈代表国内集中分布点，实线圈代表国外集中分布点。

（正文说明见第 181 页）

产业专利分析报告（第93册）

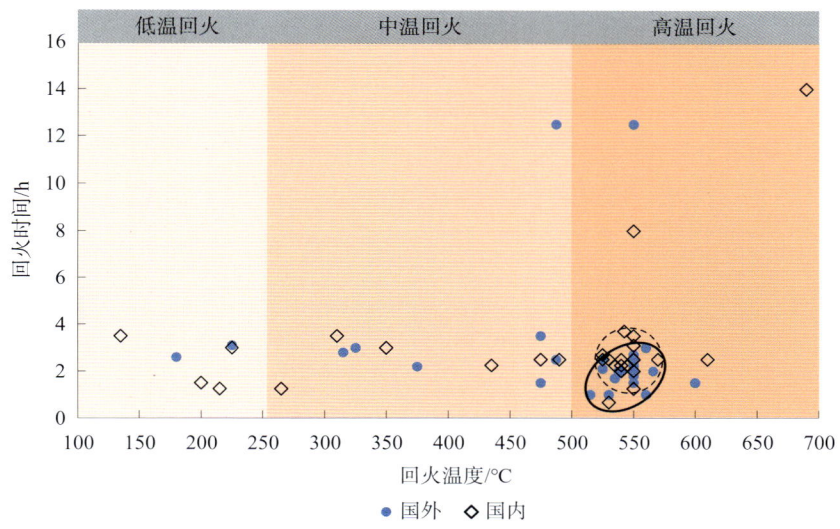

图 11 – 3 – 26 航空发动机用高温轴承钢回火工艺参数分布

注：虚线圈代表国内集中分布点，实线圈代表国外集中分布点。

（正文说明见第 183 页）

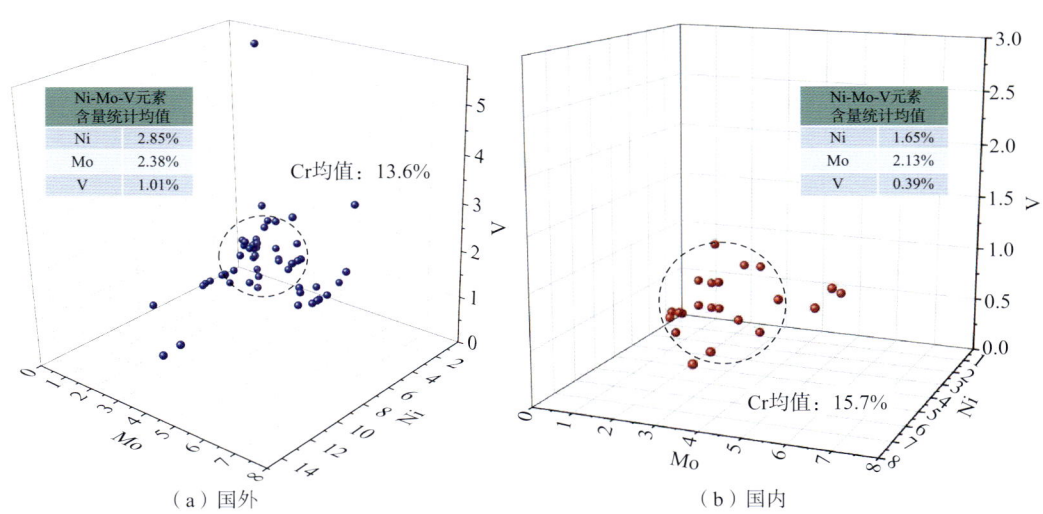

（a）国外　　　　　　　　　　　　　　（b）国内

图 11 – 4 – 7 航空发动机用不锈轴承钢 Ni – Mo – V（Cr）元素含量分布

注：图中坐标刻度表示元素含量百分比。

（正文说明见第 196 页）

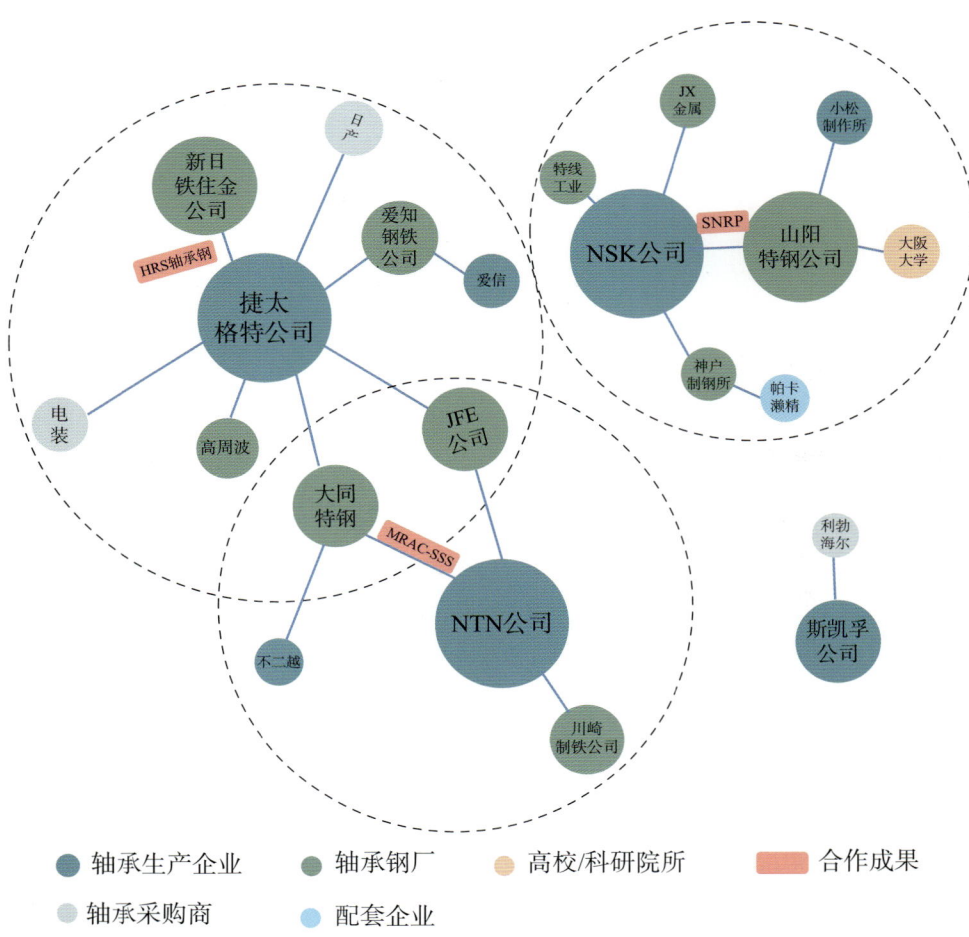

图 12 – 3 – 3　航空发动机用轴承钢领域国外申请人合作关系

注：图中气泡大小表示专利申请量多少。

（正文说明见第232页）

编 委 会

前　言

　　2022 年是党和国家历史上极为重要的一年。党的二十大胜利召开，擘画了全面建设社会主义现代化国家的宏伟蓝图，吹响了奋进新征程的时代号角。党的二十大报告指出，加强知识产权法治保障，形成支持全面创新的基础制度。站在新的起点，国家知识产权局学术委员会坚持以习近平新时代中国特色社会主义思想为指导，深入学习贯彻党的二十大精神，深入实施《知识产权强国建设纲要（2021—2035 年)》和"十四五"规划，充分发挥知识产权制度供给和技术供给双重作用，持续聚焦破解"卡脖子"技术难题，深化关键核心技术的专利情报分析，加强科技创新的专利大数据支撑，有效服务创新驱动发展。

　　这一年，国家知识产权局学术委员会在广泛调研产业需求基础上，重点聚焦新一代信息技术、人工智能、清洁能源、新材料、生物医药和高端装备等领域，确定 15 项研究课题，组织 20 余家单位 220 名研究人员开展研究，邀请近百名行业和技术专家指导，历时 8 个月高质量完成所有研究任务，形成一批突出分析方法、彰显行业特色、体现情报价值的研究成果。遵照示范引领原则，选取其中 5 项成果继续以《产业专利分析报告》（第 89～93 册）系列丛书的形式正式出版，技术领域主要涉及 EDA、近眼显示、新能源汽车动力电池安全关键技术、可持续航空燃料、航空航天用特种钢材等方面。

　　《产业专利分析报告》（第 89～93 册）的顺利出版离不开社会各界一如既往的关心和支持，凝聚着业界的汗水和智慧。希望系列丛书能够在服务行业决策、研发路径选择、布局方向确定和分析方法借鉴等方面为行业和企业提供启发和帮助，助力科技攻关和成果转化运用，为加快实现我国高水平科技自立自强贡献知识产权特有力量。由于研究人员水平有限，书中难免有纰漏之处，所涉及的数据分析和结论建议仅供读者参考。

《产业专利分析报告》丛书编委会

2023 年 6 月

航空航天用特种钢材专利分析研究课题研究团队

一、项目管理

国家知识产权局专利局：张小凤　孙　琨　秦　龙

二、课题组

承 担 单 位： 国家知识产权局专利局专利审查协作湖北中心

课题负责人： 贾连锁

课题组组长： 张海成

统 稿 人： 勾雪　杨瓛

主要执笔人： 张传鑫　胡志觅　吴启帆　陈　力　李剑锋　刘　彪　孙源华

课题组成员： 贾连锁　张海成　勾雪　杨瓛　张传鑫　胡志觅　吴启帆　陈　力　李剑锋　刘　彪　孙源华　涂　洵　刘　钿

三、研究分工

数据检索： 杨　瓛　胡志觅　张传鑫　吴启帆　陈　力　李剑锋　涂　洵　孙源华　刘　彪　勾雪

数据清理： 杨　瓛　胡志觅　张传鑫　吴启帆　陈　力　李剑锋　涂　洵　孙源华　刘　彪　勾雪

数据标引： 杨　瓛　胡志觅　张传鑫　吴启帆　陈　力　李剑锋　涂　洵　孙源华　刘　彪

图表制作： 杨　瓛　胡志觅　张传鑫　吴启帆　陈　力　李剑锋　孙源华　刘　彪　刘　钿

报告执笔： 杨　瓛　胡志觅　张传鑫　吴启帆　陈　力　李剑锋　涂　洵　孙源华　刘　彪　勾雪

报告统稿： 勾雪　杨　瓛

报告编辑：勾　雪

报告审校：贾连锁　张海成

四、报告撰稿

勾　雪：主要执笔第 1 章，第 2 章

杨　勰：主要执笔第 3 章第 3.1 节、第 3.2.1 节、第 3.2.3 节、第 3.3 节，第 5 章第 5.1 节、第 5.2 节、第 5.3 节，第 6 章第 6.2 节、第 6.5 节，第 7 章第 7.2 节、第 7.3.1 节，第 8 章第 8.1 节、第 8.2 节

张传鑫：主要执笔第 4 章第 4.1 节、第 4.2 节，第 5 章第 5.5 节、第 5.6 节，第 6 章第 6.1 节、第 6.3 节，第 7 章第 7.1 节、第 7.3.3 节、第 7.3.4 节、第 7.5 节、第 7.6 节

胡志觅：主要执笔第 3 章第 3.2.2 节，第 4 章第 4.3 节、第 4.4 节，第 5 章第 5.4 节，第 6 章第 6.4 节，第 7 章第 7.3.2 节、第 7.4 节

吴启帆：主要执笔第 9 章第 9.1 节，第 11 章第 11.1 节、第 11.3 节、第 11.5 节，第 12 章第 12.1 节、第 12.4 节，第 13 章

陈　力：主要执笔第 9 章第 9.2.1 节、第 9.2.2 节、第 9.3 节，第 10 章，第 11 章第 11.2 节，第 12 章第 12.3 节

李剑锋：主要执笔第 9 章第 9.2.3 节，第 11 章第 11.4 节，第 12 章第 12.2 节

刘　彪：主要执笔第 14 章第 14.1 节、第 14.2 节，第 15 章第 15.2 节、第 15.3 节，第 16 章第 16.1 节、第 16.2 节，第 17 章第 17.1 节、第 17.4 节、第 17.5 节

孙源华：主要执笔第 14 章第 14.4 节，第 15 章第 15.1 节，第 16 章第 16.3 节、第 16.6 节，第 17 章第 17.2 节

涂　润：主要执笔第 14 章第 14.3 节，第 16 章第 16.4 节、第 16.5 节，第 17 章第 17.3 节，第 18 章

五、指导专家

行业专家（按姓氏音序排序）

王福明　北京科技大学冶金与生态工程学院

尹　青　江阴兴澄特种钢铁有限公司

赵　欣　宝武特种冶金有限公司

技术专家（按姓氏音序排序）

贺自强　中国航发北京航空材料研究院

芦　莎　江阴兴澄特种钢铁有限公司

徐　锋　宝武特种冶金有限公司

专利分析专家（按姓氏音序排序）

褚战星　北京囊思知识产权咨询有限公司

侯海蕙　国家知识产权局专利局专利审查协作湖北中心

李银锁　国家知识产权局专利局材料发明审查部

阚　泓　国家知识产权局专利局化学发明审查部

王　瑜　北京科技大学知识产权信息服务中心

张　宇　国家知识产权局专利局专利审查协作湖北中心

张彦伍　国家知识产权局专利局专利审查协作湖北中心

目 录

第1章 绪　论

1.1　研究背景

材料是航空航天技术发展的重要基础，是传统产业升级换代和高新技术产业发展的先导，而高性能、高品质特种钢材是航空航天制造不可或缺的重要材料。航空航天领域对特种钢材性能要求比较苛刻，除了高强度、轻重量、高韧性，还有耐热、耐低温、耐腐蚀、高冲击韧性、高耐久性与长寿命等。

最具代表性的航空航天用特种钢材包括飞机起落架用钢、航空发动机用轴承钢以及火箭发动机用钢。飞机起落架是飞机起飞和降落的唯一支撑部件，其承载的载荷不仅仅来自机身重量，还有飞机垂直方向的巨大冲力。因此，飞机起落架用钢强度在 1000～2400MPa，还要兼具横向塑性高、断裂韧性高、疲劳性能优良及抗腐蚀性能好等优点。航空发动机用轴承要承受每分钟几万转高速运转，同时要面临高空的恶劣环境以及自身运转的高温影响，航空发动机用轴承钢是生产难度最大、质量要求最严、检验项目最多的特种钢之一，其对于疲劳强度、抗冲击性、稳定性和抗磨性等都有着极高的要求。火箭依靠火箭发动机内的高温燃料燃烧产生推力进入太空，因此，火箭发动机用钢内部承受 3000℃ 高温燃烧，外部用 –183℃ 以下液氧液氢冷却，对耐低温腐蚀以及强度要求也极高，同时还要求具有良好的塑韧性、优异的疲劳性能、断裂韧性。

随着特种钢材在航空航天领域发挥越来越重要的作用，特别是我国 2007 年国产大飞机项目启动后，全球相关专利申请量猛增。然而相较于国外创新主体，我国创新主体起步较晚、技术研发能力较弱，航空航天用特种钢材的核心技术长期掌握在国外创新主体手中，我国在自主研发技术上存在"卡脖子"风险。

《中华人民共和国国民经济和社会发展第十四个五年规划和 2035 远景目标纲要》中指出，要对"航空航天……等战略性新兴产业，加快关键核心技术创新应用"。2021年12月，工业和信息化部、科学技术部、自然资源部联合印发《"十四五"原材料工业发展规划》，明确提出要突破关键材料，"坚持材料先行和需求牵引并重……实施关键短板材料攻关行动……突破重点品种。围绕大飞机、航空发动机……等重点应用领域，攻克高温合金、航空轻合金材料……高性能特种钢……等一批关键材料。"鉴于航空航天用特种钢材的重要地位和意义，本课题旨在通过对航空航天用特种钢材领域开展专利分析研究，梳理行业特别是重点领域的技术现状和发展脉络，为我国航空航天领域重点技术突破和发展提供支撑。

1.2　技术分解

为制定更符合研究需求的技术分解表，课题组主要做了如下工作：①对非专利资料进行收集研究，包括期刊文章，硕、博士论文，行业的宏观报告，国家和行业相关技术标准；②咨询行业专家以及企、事业单位和科研院所技术专家；③对重要研发企业开展需求调查和线上调研。

对技术分支分类，课题组确定如下规则：①聚焦特种钢的成分、组织以及生产工艺改进的专利技术；②涉及的技术分支应当尊重行业习惯，且是行业关注的关键技术点。最终制定了航空航天用特种钢技术分解表，具体如表1-2-1、表1-2-2和表1-2-3所示。

表1-2-1　飞机起落架用钢技术分解

一级分支	二级分支	三级分支	四级分支
低合金系超高强度钢	低合金马氏体钢	成分	基础成分
			合金化成分
		冶炼	熔炼、单真空、双真空、精炼、铸造
			粉末冶金
		锻轧	锻造（镦粗拔长）
			轧制、挤压、拉拔
		热处理	退火、淬火、正火+低温时效、深冷、二次时效、低温回火、高温回火、正火+回火、淬火+高温回火、淬火+低温回火、固溶+时效
		其他	—
	其他	—	—
中合金系超高强度钢	二次硬化型中合金钢	成分	基础成分
			合金化成分
		冶炼	熔炼、单真空、双真空、精炼、铸造
			粉末冶金
		锻轧	锻造（镦粗拔长）
			轧制、挤压、拉拔
		热处理	退火、淬火、正火+低温时效、深冷、二次时效、低温回火、高温回火、正火+回火、淬火+高温回火、淬火+低温回火、固溶+时效
		其他	—

一级分支	二级分支	三级分支	四级分支
中合金系超高强度钢	低温回火型中合金钢	成分	基础成分
			合金化成分
		冶炼	熔炼、单真空、双真空、精炼、铸造
			粉末冶金
		锻轧	锻造（镦粗拔长）
			轧制、挤压、拉拔
		热处理	退火、淬火、正火＋低温时效、深冷、二次时效、低温回火、高温回火、正火＋回火、淬火＋高温回火、淬火＋低温回火、固溶＋时效
		其他	—
	其他	—	—
高合金系超高强度钢	马氏体时效钢	成分	基础成分
			合金化成分
		冶炼	熔炼、单真空、双真空、精炼、铸造
			粉末冶金
		锻轧	锻造（镦粗拔长）
			轧制、挤压、拉拔
		热处理	退火、淬火、正火＋低温时效、深冷、二次时效、低温回火、高温回火、正火＋回火、淬火＋高温回火、淬火＋低温回火、固溶＋时效
		其他	—
	马氏体二次硬化钢	成分	基础成分
			合金化成分
		冶炼	熔炼、单真空、双真空、精炼、铸造
			粉末冶金
		锻轧	锻造（镦粗拔长）
			轧制、挤压、拉拔
		热处理	退火、淬火、正火＋低温时效、深冷、二次时效、低温回火、高温回火、正火＋回火、淬火＋高温回火、淬火＋低温回火、固溶＋时效
		其他	—

续表

一级分支	二级分支	三级分支	四级分支
高合金系 超高强度钢	马氏体沉淀 硬化不锈钢	成分	基础成分
			合金化成分
		冶炼工艺	熔炼、单真空、双真空、精炼、铸造
			粉末冶金
		锻轧工艺	锻造（镦粗拔长）
			轧制、挤压、拉拔
		热处理工艺	退火、淬火、正火 + 低温时效、深冷、二次时效、低温回火、高温回火、正火 + 回火、淬火 + 高温回火、淬火 + 低温回火、固溶 + 时效
		其他	—
	马氏体时效 不锈钢	成分	基础成分
			合金化成分
		冶炼工艺	熔炼、单真空、双真空、精炼、铸造
			粉末冶金
		锻轧工艺	锻造（镦粗拔长）
			轧制、挤压、拉拔
		热处理工艺	退火、淬火、正火 + 低温时效、深冷、二次时效、低温回火、高温回火、正火 + 回火、淬火 + 高温回火、淬火 + 低温回火、固溶 + 时效
		其他	—
	其他	—	—

表 1 - 2 - 2　航空发动机用轴承钢技术分解

一级分支	二级分支	三级分支
高碳铬轴承钢	成分	GCR15、典型钢种、新开发钢种
	冶炼、粉末冶金、增材制造	粉末冶金、增材制造、VIM/VAR，常规冶炼
	锻轧	—
	表面硬化	喷丸、渗碳、渗氮、氮碳共渗
	热处理	退火、淬火、回火、固溶
不锈轴承钢	成分	CSS - 42L、X30、典型钢种、新开发钢种
	冶炼、粉末冶金、增材制造	粉末冶金、增材制造、VIM/VAR，常规冶炼
	锻轧	—
	表面硬化	喷丸、渗碳、渗氮、氮碳共渗
	热处理	退火、淬火、回火、固溶

一级分支	二级分支	三级分支
高温轴承钢	成分	M50、M50NiL、典型钢种、新开发钢种
	冶炼、粉末冶金、增材制造	粉末冶金、增材制造、VIM/VAR，常规冶炼
	锻轧	—
	表面硬化	喷丸、渗碳、渗氮、氮碳共渗
	热处理	退火、淬火、回火、固溶
其他	—	—

表 1 – 2 – 3　火箭发动机用钢技术分解

一级分支	二级分支	三级分支	四级分支
高强度不锈钢	1000 ~ 1400MPa	成分	基础元素
			合金元素
		冶炼	转炉/电炉 + LF/RH/VOD/AOD/VAR/ + 中间包 + 结晶器 + 连铸机
			粉末冶金
		锻轧	锻造、热轧、冷轧
		热处理	深冷、退火、正火、淬火、回火、固溶、均匀化
	1400 ~ 1800MPa	成分	基础元素
			合金元素
		冶炼	转炉/电炉 + LF/RH/VOD/AOD/VAR/ + 中间包 + 结晶器 + 连铸机
			粉末冶金
		锻轧	锻造、热轧、冷轧
		热处理	深冷、退火、正火、淬火、回火、固溶、均匀化
高强度不锈钢	1800MPa 以上	成分	基础元素
			合金元素
		冶炼	转炉/电炉 + LF/RH/VOD/AOD/VAR/ + 中间包 + 结晶器 + 连铸机
			粉末冶金
		锻轧	锻造、热轧、冷轧
		热处理	深冷、退火、正火、淬火、回火、固溶、均匀化

一级分支	二级分支	三级分支	四级分支
耐液氧液氢低温钢	奥氏体不锈钢	成分	基础元素
			合金元素
		冶炼	转炉/电炉 + LF/RH/VOD/AOD/VAR/ + 中间包 + 结晶器 + 连铸机
			粉末冶金
		锻轧	锻造、热轧、冷轧
		热处理	深冷、退火、正火、淬火、回火、固溶、均匀化
	奥氏体低温钢	成分	基础元素
			合金元素
		冶炼	转炉/电炉 + LF/RH/VOD/AOD/VAR/ + 中间包 + 结晶器 + 连铸机
			粉末冶金
		锻轧	锻造、热轧、冷轧
		热处理	深冷、退火、正火、淬火、回火、固溶、均匀化
	马氏体低温钢	成分	基础元素
			合金元素
		冶炼	转炉/电炉 + LF/RH/VOD/AOD/VAR/ + 中间包 + 结晶器 + 连铸机
			粉末冶金
		锻轧	锻造、热轧、冷轧
		热处理	深冷、退火、正火、淬火、回火、固溶、均匀化

1.3　数据检索与处理

1.3.1　数据检索

本课题研究采用中国国家知识产权局（CNIPA）专利数据库和智慧芽全球专利检索分析数据库，数据检索时间截至2022年6月30日。

采用总分式检索策略，具体检索过程是基于精确检索和适当拓展相结合的方式，采用分类号和关键词为检索要素，经初步检索、补充检索和人工去噪三个阶段，完成检索工作。

1.3.2 数据处理

1.3.2.1 数据去噪

数据检索的噪声主要来源于以下两个方面。

（1）关键词带来的噪声

关键词本身含义广泛带来的噪声，例如"起落架"是升起和降落中支撑部件，因此部分申请涉及汽车升降起落架。申请涉及关键词但应用领域不同，例如申请文件中钢的成分工艺和性能均满足要求，但最终钢轧制成板材，无法用于起落架和发动机轴承领域。

（2）申请主体带来的噪声

航空航天用特种钢材生产研发门槛较高，一些明显不具备研发实力的小公司和个人申请，需排除在外。

课题组采用以下手段去噪：①采用噪声文献出现频率较高的关键词或关键词组合批量去噪；②人工筛选出明显不具备研发实力的申请主体去噪。

1.3.2.2 申请人/发明人的确定和整理

在不同的数据库中同一个申请人/发明人的名称、数量不尽相同，同一个申请人在同一个数据库中，由于翻译、子母公司、企业并购等因素，名称也会不同，课题组对重点申请人/发明人的名称进行确定和整理。

1.3.2.3 数据标引

针对批量去噪后的文献，课题组按照表1-2-1、表1-2-2、表1-2-3的技术分支进行数据标引，并进行人工阅读去噪。

1.3.3 数据质量评估

为确保专利分析结果的有效性，对三个一级技术分支数据检索结果的查全率进行评估，查全率采取申请人验证的方式验证。经过初步筛选后，发现对非目标文件可以较容易筛除，例如通过标题、看试验数据等，进行人工去噪所耗费的去噪时间成本相对较低，因此不进行查准率的筛查。

数据质量评估结果如表1-3-1所示，三个一级技术分支数据检索分别获得3022项、5087项和4791项专利文献，查全率分别为91%、91%和93%，通过人工去噪后，最终专利数量分别为655项、1265项和686项。

表1-3-1 航空航天特种钢材专利数据检索结果

技术分支	专利量/项	查全率验证	人工去噪后专利量/项
飞机起落架用钢	3022	91%	655
航空发动机用轴承钢	5087	91%	1265
火箭发动机用钢	4791	93%	686

查全评估方法：①选择所属分支下一位或多位重要申请人，并通过筛选其引证和被引证文献，形成母样本；②对待评估的技术检索结果与母样本相"与"形成子样本；③子样本/母样本 × 100% = 查全率。

1.3.4 相关事项约定

下面对本课题报告上下文中出现的术语或现象，统一作出说明。

同族专利：同一项发明在多个国家或地区申请专利而产生一组内容相同或基本相同的专利文献出版物，称为一个专利族或者同族专利，从技术角度看，属于同一个专利族的多件专利申请可视为同一项技术。

项：在对全球专利数据库中的专利进行申请量统计时，将数据库中属于同一专利族的系列专利文献，计为1项。

件：进行专利数量统计时，为分析申请人在不同国家、地区或组织所提出的专利申请分布情况，将同族专利分开统计，记为1件。一般而言，1项专利可对应1件或者多件专利申请。

全球申请：申请人在全球范围内的各专利主管机关提出的专利申请。

在华申请：申请人在中国国家知识产权局提出的专利申请。

国内申请：中国申请人在中国国家知识产权局提出的专利申请。

国外来华申请：外国申请人在中国国家知识产权局提出的专利申请。

国别归属规定：国别根据专利申请人国籍予以确定，其中俄罗斯的数据包含苏联。

日期规定：依专利申请最早优先权日确定每年的专利数量，无优先权日的以申请日为准。

第2章　航空航天用特种钢专利特色分析方法

　　钢铁材料是一种基础材料，性能由成分和制备工艺以及参数调整决定，成分上由基础成分和合金成分构成，工艺上由熔炼、真空处理、精炼、铸造等冶炼工艺冶炼，配合轧制、锻造等变形处理，最后经过淬火、回火、退火以及正火等热处理工艺处理而成。钢铁行业并未对不同应用的钢进行统一明确的定义，本领域可以根据性能决定钢产品可应用的领域。专利文献中通常会记载成分和制备工艺，写明最终产品性能，甚至有文献会详细记载性能调整的具体技术手段。因此，如何界定航空航天用特种钢的研究边界，如何开展有效检索，以及如何将最终的技术功效与具体改进手段相对应，以期给出行业具体明确的改进建议，是课题组开展专利分析的难点。

2.1　确定研究边界

　　准确界定研究边界，是专利分析的基础。航空航天用特种钢并未有行业定义，例如飞机起落架是一个复杂的系统，不同部件用钢性能需求各异，飞机起落架用钢是较为广泛的一个概念。课题组经过前期调查工作，明确定义研究边界的规则需聚焦行业最关注的技术关键点，且在性能上满足最基本的需求。

　　最终确定飞机起落架用钢定义为：能够用于飞机起落架承力构件的超高强度钢，以初代 4130 钢性能为最低要求，即屈服强度不低于 1180MPa，抗拉强度不低于 1380MPa，断裂韧性不低于 30MPa·$m^{1/2}$，伸长率不低于 8%。航空发动机用轴承钢定义为：能够用于服役温度、转速高、承受冲击应力大的航空发动机轴承，以初代 GCr15 的性能为最低要求，即硬度不低于 60 洛氏 C 硬度（HRC）、疲劳寿命不低于 1.5×10^7。火箭发动机用钢定义为：用于火箭发动机紧固件的超高强马氏体不锈钢，其抗拉强度不低于 1000MPa，以及用于储备液氧液氢部件的超低温钢，其性能为 -183℃以下，冲击功不低于 40J。

2.2　特色数据检索方法

　　钢铁冶金专利中，成分和工艺关键词非常明确，课题组初期采用成分和制备工艺关键词检索，文献量过大，原因在于冶金材料专利文献中都会写明具体成分和工艺，而每个钢种的成分和工艺的关键词都非常类似。课题组随后限定应用领域，发现文献量过少，原因在于本领域会根据钢的性能指标衡量可应用领域，此外，航空航天用钢大多涉及军工，因此较少专利文献会写明具体的应用领域。如何能够保证查全且专利数据范畴合理成了本课题的研究难点。

课题组通过与多家企业开展产业调研、专家咨询以及阅读专利文献和非专利文献，充分了解行业特有操作规范和执行标准。例如，虽然航空航天特种钢的成分和工艺关键词类似，但行业为精确区分不同钢种或者相同钢种不同成分调整，通常会定义特殊的钢牌号，此外国内外对同种钢定义的牌号也不同；特种钢材料中成分和工艺的细微调整会对最终性能产生较大影响，其机理是调控形成特殊的微观组织相以及强化相；对于特种钢的性能，不同年代不同国家可能会采用多种测试手段检测，性能单位不统一。不仅航空航天特种钢性能决定其应用领域，最终钢轧制状态也决定其应用领域，如板材就无法用于起落架和轴承的制造等。

根据以上结果，课题组总结出钢铁冶金材料领域特有专利检索方法：首先从技术主题角度，拓展可应用的技术领域。其次从技术手段角度，成分上拓展到典型的钢种、国内外典型钢牌号，成分和工艺配合上拓展到特殊的组织相和强化相。最后从技术效果角度，拓展到能够满足航空航天特种钢使用条件的基本性能，并换算性能测试单位。将检索结果去重合并，完成全面检索。在全面检索的基础上，统计本领域重要申请人，以申请人为入口进行补充检索，确保重要申请人检索数据完整和全面。

2.3　特色专利分析方法

钢铁冶金专利文献中，通常会记载成分、制备工艺和参数的变化，写明最终产品性能，但较少文献会详细记载性能调整的具体技术手段，如未对技术手段和功效进行有效梳理，则很难保证数据标引的一致性，进而无法给出准确、全面的行业建议。因此，为保证数据标引的公正客观，也为保证行业建议的正确性，课题组构建技术手段和技术功效对应模型，按照模型进行数据标引后，进一步从专利数据中提炼出行业改进建议，为行业发展提供准确、及时、全面的参考。

2.3.1　构建技术手段与技术功效对应模型

技术手段与技术功效对应模型，是指行业上普遍需求的技术功效与具体改进手段之间一一对应关系，通过该模型的构建，能够充分保障数据标引的一致性。

2.3.1.1　梳理技术功效

课题组经过产业调研、专家咨询，了解行业普遍需求改进的技术功效，对于飞机起落架用钢，行业普遍对强度、断裂韧性、焊接性、耐蚀性、延伸率有较高改进需求；对于航空发动机用轴承钢，行业普遍对硬度和疲劳寿命有较高改进需求；对于火箭发动机用钢，行业普遍对强度和耐低温性以及耐腐蚀性有改进需求。

2.3.1.2　构建技术手段与技术功效初步模型

在充分了解行业需求的技术功效后，课题组经过行业追踪和资料检索，梳理了目前行业已经取得共识的技术功效对应具体改进手段，下面以飞机起落架用钢为例，飞机起落架的技术功效有 5 种，飞机起落架用钢涉及 6 个典型钢种，每个钢种又分别从成分、热处理、冶炼工艺和锻造工艺上改进技术功效，各阶段改进手段均不同。

图 2 − 3 − 1 为飞机起落架用低合金马氏体钢所对应的高强度改进技术手段示意。成分上可以从添加碳化物形成元素 Si、Al 改进，也可从 Nb、V、Ti 合金化元素上提高强度，热处理方面可以淬火、低温回火改进、双真空冶炼［真空感应炉熔炼（VIM）＋真空自耗电弧熔炼（VAR）］以及快锻加径锻上改进锻造工艺。

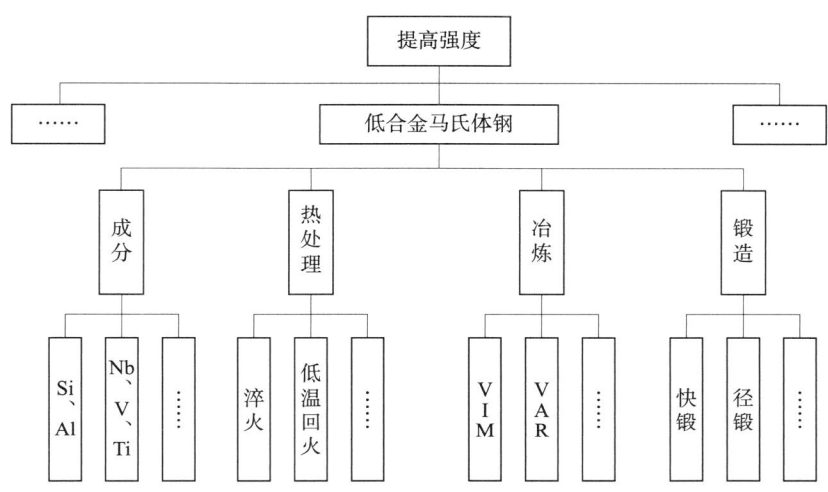

图 2 − 3 − 1　飞机起落架用低合金马氏体钢提高强度的技术手段初步模型

2.3.1.3　完善技术手段与技术功效模型

考虑行业普遍认可的申请人在技术发展研究上更具权威性，课题组筛选出本领域重要申请人的专利文献，从多个角度拓展改进技术功效的具体技术手段。例如，阅读实施例对比例变化得出具体改进手段；与行业专家深入咨询了解改进手段；通过专利文献附图中的微观组织相组成可推断改进手段；在后的引证文献介绍改进手段，授权专利审查过程中意见陈述详细记载改进手段等，最终完善技术手段与技术功效模型。

图 2 − 3 − 2 为飞机起落架用低合金马氏体钢所对应的高强度改进技术手段模型。以美国的国际镍公司和卡本特公司，我国的钢铁研究总院为该领域重要申请人。筛选相关文献后，可以看出，成分上可以添加稀土元素以及形成固定的微观组织相，工艺上可以通过脱硫渣、激光成型、淬火配碳、时效处理、高温锻加中温锻等多种手段改进强度。

模型构建完成后，课题组成员依据模型对所有目标专利文献进行标引。对于专利文献中可能存在的其他改进技术手段，课题组成员采取集中讨论的方法并对模型进行微调。

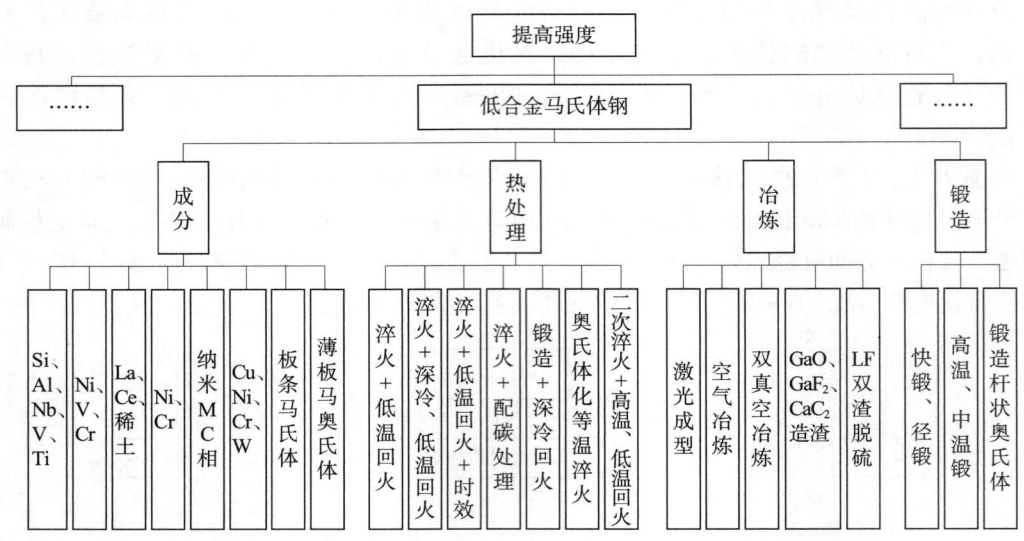

图2-3-2　飞机起落架用低合金马氏体钢提高强度的技术手段模型

2.3.2　开展特色专利分析

采用技术手段与技术功效模型完成数据标引后，课题组为保证紧密贴合航空航天特种钢产业和技术发展，在常规专利分析方法基础上，考虑不同领域发展阶段不同的特点，形成一套特色分析方法，以下进行详细介绍。

飞机起落架用钢领域，中国虽然在起落架用钢方面的研发起步较晚，但是发展迅速，且成为最大的技术来源国，部分钢种已具备研发优势，国内企业已经能够实现飞机起落架用典型钢300M的仿制，并成功应用于国产大飞机C919。总体上国内外已在技术发展阶段上实现"并跑"。课题组除梳理不同钢种、重要申请人的发展路线外，还重点分析了目前已经在飞机起落架上广泛使用的300M、18Ni以及AerMet100三种钢的技术路线，最终依托技术功效与技术手段对应模型，对飞机起落架用钢成本、强度、韧性、稳定性、焊接性、耐蚀性改进手段进行专利技术分析，最终从成本控制、高强化、高强化条件下综合性能整体提升以及300M钢替代产品研发四个方面给出相关策略建议。同时，聚焦国内企业具有的先进性的技术如何进行高价值专利培育，并给出了相关的培育策略。为国内创新主体把握技术机遇、技术创新布局以及改变竞争态势提供方向指引。

航空发动机用轴承钢领域，中国虽然在第一代轴承钢上已实现高洁净度控制，但第二代、第三代轴承钢仍无法实现技术突破。总体上国内在技术发展阶段上处于"跟跑"阶段，课题组梳理了第一代轴承钢夹杂物和结晶度的控制技术发展趋势，第二代、第三代轴承钢的技术发展路线，从成分、冶炼、轧制、表面硬化、热处理上分别进行统计分析和研究，最终绘制出改进技术路线图，使研究技术热点量化呈现。同时，挖掘国外典型合作模式典型案例，并给出合作方式建议。为国内创新主体突破技术制约瓶颈和技术短板提供支撑。

　　火箭发动机用钢领域，由于属于国防科技工业一部分，因此存在大量国防专利、商业秘密等，单一的专利分析较难客观全面厘清技术路线，因此，为保证课题专利分析准确性、完整性，课题组采用产业调研和专利分析结合的方式，以专利为主，辅以产业调研和非专利文献，梳理火箭发动机用高强钢发展态势、低温钢发展趋势，并通过专利文献与军工标准的对比、国内与国外产业优势企业专利技术的对比，印证产业发展规律，为产业创新提供方向指引。

2.4　本章小结

　　本课题针对如何更好地分析航空航天用特种钢材产业发展的问题，创新地提出了特色分析方法。首先，针对钢铁冶金领域并未有对钢用途的特殊定义的特点，确定以初代特种钢基本性能为研究边界。其次，针对钢铁冶金领域专利撰写上成分、工艺关键词单一的特点，从牌号、组织、钢种、性能等多角度拓展数据检索。再次，针对钢铁冶金领域性能由成分、工艺和参数调整决定的特点，构建了技术手段与技术功效对应模型，保证数据标引的一致性。最后，根据飞机起落架用钢、航空发动机用轴承钢和火箭发动机用钢三个领域不同发展阶段，采取不同的分析方式，聚焦核心技术，厘清技术发展历程，给出航空航天用特种钢材发展的意见建议。

关键技术一

飞机起落架用钢

第3章　飞机起落架用钢概论

3.1　技术现状

飞机起落架是飞机在起飞和着陆过程中无可替代的装置，会对飞机的使用和安全性产生极大的影响。现代先进飞机中，起落架用钢量占全机用钢量的 60% 以上。因此，具有优异比强度和比刚度的高强度钢成为制造飞机起落架的首选材料。

3.1.1　国外技术发展历程

随着航空技术的不断发展，飞机起落架的用材和设计制造也在不断更新进步。在研制开发喷气式飞机的初期，高强度钢 4130、30XFCA 等材料被选为飞机起落架用材，其屈服强度达 1176MPa。随着超高强度钢的发展，30CrMnSiNi2A 钢被大量应用在飞机起落架上，其抗拉强度达 1635 ~ 1700MPa、寿命可达 2000h。随着飞机机载设备增多，飞机的整体质量系数下降，对飞机起落架设计制造和材料提出了更高的要求，国际镍公司在 20 世纪 50 年代研发了一种抗拉强度达 1950MPa、寿命达 5000h 的 300M 钢，采用整体锻件制造工艺制成，是强度较高、综合性能较好、应用广泛的起落架用材，是美国低合金超高强度钢的代表。随着航海的发展，对飞机在易腐蚀环境中的寿命也提出了更高的要求，美国研制了一种耐腐蚀性能优良的 AerMet100 钢，其被成功应用于美国 F - 22 隐形战斗机和航母舰载机。当前，低合金超高强度钢依然是世界各国应用最成功最广泛的起落架用材，如 300M 钢、35NCD16 钢和 30XFCH2A 钢。它们共同的特点是高强度、高韧性、抗腐蚀和耐疲劳，满足飞机起落架设计研制的需求。❶❷

3.1.2　国内技术发展历程

相对欧美发达国家，我国对飞机起落架的研究起步较晚，但随着我国科学技术的不断高速发展，在飞机起落架材料方面的研究有了突飞猛进的发展。在我国航空工业发展的 60 余年的历史中，研制的飞机起落架用钢可以分为三代。

第一代飞机起落架用钢：我国 20 世纪 50 年代飞机起落架设计强调静强度设计，一般用材料的抗拉强度除以安全系数即为使用强度，结构的安全性主要通过选取适当的安全系数来保证。我国广泛使用的起落架主承力构件用钢是 1176MPa 级高强度钢 4130、

---

❶　刘天琦. 飞机起落架用材发展 [C]//中国航空学会工程学部. 大型飞机关键技术高层论坛暨中国航空学会 2007 年学术年会论文集. 北京：中国航天学会，2007：1953 – 1958.

❷　杨广祺. 浅谈飞机起落架用材的发展 [J]. 技术应用，2019，26（1）：172.

30CrMnSiA，并且以手工电弧焊方法制造。但随着各国采用静强度设计的飞机相继出现疲劳破坏事故，以静强度设计思路出的钢种逐渐退出市场。

第二代飞机起落架用钢：在静强度设计基础上发展出对飞机疲劳强度的要求，战斗机开始全面采用安全寿命设计，我国先后研制了30CrMnSiNi2A（30Cr）、40CrMnSiMoVA（GC-4）和40CrNi2Si2MoVA（40Cr），30Cr钢的抗拉强度达到1767MPa，作为飞机起落架等重要承力构件，现在依然有应用。GC-4钢的抗拉强度达到1988MPa，曾一度用在"歼八"和"强五"飞机上，但由于冶金质量等原因，逐渐退出在飞机起落架上的应用；40Cr钢的抗拉强度达到1960MPa，有优良的塑性、韧性和抗疲劳、断裂性能，与美国的300M钢性能相当，大量应用于航空航天业的重要部件。❶

第三代飞机起落架用钢：随着飞机设计逐渐转变为损伤容限设计，对飞机起落架材料的强韧性匹配和抗疲劳性能提出了更高的要求。我国成功研制出具有国际先进水平的超高强度钢A-100，强度达到2000MPa左右，具有超高强度和高断裂韧性、优良的塑韧性、抗疲劳性能、抗应力腐蚀性和抗冲击载荷性能，成为我国舰载机、新一代战机的起落架首选材料。其综合性能与美国先进战机所用的超高强度钢AerMet100相当。此外，钢铁研究总院成功仿制出民机用单真空冶炼工艺超大尺寸300M钢，300M钢是我国C919大型客机起落架主体材料，其国产化是C919"中国制造"的重要标志。

3.1.3　关键技术或代表性技术

3.1.3.1　超纯铁工业化大生产技术

通过炉外精炼工艺，获得低S、P、Al、Ti含量的超纯铁，S含量控制在0.001%以下，P控制在0.003%以下，Al控制在0.01%以下，Ti控制在0.01%水平。这也是目前钢的超纯技术的最高水平。

3.1.3.2　双真空冶炼技术

国外300M钢生产采用真空热处理技术，避免了渗氢，提高了表面质量，其生产条件及工艺质量要求的苛刻，不仅体现在整个生产过程要满足国际民用航空产品质量控制要求，还要保证各个生产工序的操作步骤具有可追溯性和可复制性。国内用于制作飞机起落架的超高强钢有时会出现点状缺陷、内部裂纹、热处理渗氢、硫化物夹杂、粗晶等问题，这都与钢材冶炼过程中洁净度不够有关系。因此，2009年中国钢铁企业开始300M超高强度钢研制攻关，对300M钢不再使用传统的转炉生产，而是采用VIM+VAR工艺，通过真空熔炼，使成分控制更精确、杂质含量更低、夹杂物更少而且具有良好铸锭组织以改善加工成型性能。

3.1.3.3　钢锭均质化和大锻比锻造技术

借助锻造前的高温加热长时扩散均质化处理和随后的大锻比多次拔长开坯，加大金属的塑性流动并伴随着动态再结晶，使合金成分均匀一致，提高材料的综合性能及其稳定性。目前采用2000t快锻机，经两次墩粗—拔长：直径660mm钢锭经1200～

---

❶ 应俊龙，巢昺轩，蒋克全，等. 超高强度钢的发展及展望［J］. 新技术新工艺，2018（12）：1-4.

1220℃加热后开坯拔长至直径 550mm，经 1150～1180℃加热后墩粗至直径 800mm，再拔长至直径 550mm，墩粗至 800mm，最后拔长为直径 300mm 棒材，使大规格 300M 钢棒获得了均匀的组织，取得良好的效果。

3.1.3.4 晶粒超细化控制技术和热处理控制技术

通过设计和严格实施终锻火次的加热规范和变形规范，可以获得晶粒度达到 8 级的超细晶粒，软化热处理技术确保获得后续加工所需要的性能的同时，不使组织粗化。[❶]

（1）淬火 – 回火工艺（Q – T 工艺）

Q – T 工艺中，钢的淬火是把钢加热至临界点从 Ac_3 或 Ac_1 以上某一温度保温，然后以大于临界冷却速度的速度冷却到临界点以下温度，从而得到马氏体的热处理过程。回火是将淬火态钢在 Ac_1 以下温度保温，使其淬火马氏体组织转变为稳定的回火组织，以适当方式冷却至室温的过程。通过 Q – T 工艺，得到马氏体、残余奥氏体以及析出的碳化物的混合组织，使钢兼具良好的综合性能。

（2）淬火 – 碳分配工艺（Q – P 工艺）

将钢淬火至马氏体转变开始温度（M_s）和马氏体转变结束温度（M_f）之间，随后在该温度下（一步法）或在 M_s 温度以上（两步法）保温，与 Q – T 工艺相比，由于 Q – P 过程是一种碳分配的过程，马氏体中的碳分配到残余奥氏体基体中，使得奥氏体更加稳定。存在一定量的残余奥氏体不仅可以提高材料的塑性以及韧性，还能够在钉扎与位错中，起到细化晶粒和提升材料强度的作用。

（3）淬火 – 碳分配 – 回火（沉淀）（Q – P – T 工艺）

Q – P – T 工艺是最近几年提出的新工艺，目前还没有应用到飞机起落架生产上。淬火初期的马氏体含量决定了其最终的强度，一般选择较低的奥氏体化温度获得适量的马氏体组织，条状马氏体形成时会有碳自马氏体扩散至残余奥氏体当中，为使尽量多的奥氏体富碳而呈现稳定状态，在 M_s 温度以上停留足够长时间进行碳分配，最后通过回火，析出强化相，从而形成的马氏体组织、残余奥氏体以及析出相等含量、分布等情况决定了材料最终的强韧性等性能。

3.1.4 技术发展趋势

飞机起落架用钢未来将从以下三个方向发展：一是 2200MPa 级以上超高强度钢的研制，超高强度钢强度级别由现在的 1900MPa 级提高到 2200MPa 级以上，即强度提高 15% 以上，对于起落架设计的减重效果是非常明显的；二是低成本超高强度钢的研制，低成本已经成为现代飞机设计制造中的一个重要指标，可以通过降低贵合金元素含量来降成分成本，还可以通过非真空冶炼的方式，降低制造工序成本；三是超高强度钢综合性能的提升[❷]，随着飞机执行任务变化，面临的环境也多变，因此，在保证强度的

---

❶ 应俊龙，巢昺轩，蒋克全，等. 超高强度钢的发展及展望［J］. 新技术新工艺，2018（12）：1 – 4.

❷ 刘洪秀，于兴福，魏英华，等. 航空轴承钢的发展及热处理技术［J］. 航空制造技术，2020，63（1/2）：94 – 101.

同时，塑性、韧性、抗疲劳性能、裂纹扩展速率、稳定性、焊接性能和抗应力腐蚀等综合性能也需要提升。

3.2 产业现状

3.2.1 国内外产业政策

国际钢铁市场随着一体化程度的加深，竞争日趋激烈。钢铁生产向流程高效化、品种专业化、规模效益化、质量高级化以及产品深加工方向发展，各国也出台相应政策，积极引导科研机构和钢铁企业加大对特种钢材料的科学探索和研发，如2018年美国在《先进制造业美国领导力战略》中指出：发展领先世界的先进材料和工艺，例如增材制造，单片高性能金属部件的增材制造可以为航空航天领域带来巨大的重量减轻和性能提升。❶ 美国一直占据飞机起落架用钢领域90%以上的市场。

针对航空产业高速发展，国内也相继出台一系列政策。

2007年，国务院批准大型运输机和大型客机立项，这是我国振兴航空产业发展的重大举措，标志着我国航空工业将面临重大发展的良好机遇。同年，国家发展和改革委员会又印发了《高技术产业发展"十一五"规划》，进一步明确了航空工业发展民用飞机产业和提升航空产品配套能力的要求。

2012年科学技术部印发了《高品质特殊钢科技发展"十二五"专项规划》，指出高品质特殊钢（含高温合金）是指具有更高性能、更长寿命、环境友好的高技术含量、高附加值特殊钢品种，代表了特殊钢材发展方向，对保障国家重大工程建设和相关应用领域技术升级等具有重大意义，是表现一个国家整体工业发展水平关键标志。

2016年《"十三五"国家战略性新兴产业发展规划》专栏7"新一代民用飞机创新工程"指出，以重大专项和民用飞机科研为支撑，突破一批核心技术，重点发展系列化单通道窄体、双通道宽体大型飞机，着力开展新型民用飞机示范运营和市场推广，C919、MA700完成适航取证并交付用户。

随后2017年《新材料产业发展指南》围绕十大领域实施新材料保障水平提升工程，其中包括航天航空装备材料。

2021年《中华人民共和国国民经济和社会发展第十四个五年规划和2035年远景目标纲要》专栏4"制造业核心竞争力提升"中指出，针对高端新材料，要推动高品质特殊钢材、高性能合金、高温合金、高纯稀有金属材料等先进金属材料取得突破。

---

❶ Subcommittee on Advanced Manufacturing Committee on Technology of the National Science & Technology Council. Strategy for American Leadership in Advanced Manufacturing［EB/OL］.（2018－09－05）［2022－05－24］. https：//www. manufacturing. gov/news/announcements/2018/10/strategy－american－leadership－advanced－manufacturing.

3. 2. 2　市场容量分析

根据航空产业网的数据，2021 年全球民用航空起落架市场规模约 74 亿美元。[1] 根据《World Air Forces 2021》数据及推测显示，我国 2021～2025 年除了武装直升机的军用飞机采购需求大约为 890 架次，未来 5 年军用起落架市场预计达到 98. 50 亿元。[2]

据预测，欧洲的飞机起落架维护、修理和大修服务（MRO）需求将在 2031 年以 7. 9%的复合年增长率增长到 3. 85 亿美元，超过同期的全球平均增长率。预计到 2031 年，欧洲的起落架市场将占全球的 25%。[3]

根据中国航空工业发展研究中心发布的《民用飞机中国市场预测年报（2021～2040）》，预计 2021～2040 年，中国需补充民用客机 7646 架。而据中国商用飞机有限责任公司和美国波音公司预测，未来 20 年，中国对类似 C919 窄体客机的需求量每年平均为 300 架左右，按当前中国东方航空集团有限公司和中国商用飞机有限责任公司签订的单架售价 6. 53 亿元计算，C919 国内年销售额有望达到 1959 亿元。

3. 2. 3　代表性企业和科研主体

生产飞机起落架用钢的代表企业主要集中在美国，我国目前科研院所研究较多。

（1）国际镍公司

1952 年，国际镍公司在 AISI 4340 钢的基础上开发了新的超高强度钢 300M，其具有良好的强韧性和高的淬透性，热处理后强度可达 1930MPa，广泛应用于飞机起落架。美国目前在役飞机的起落架 90%以上选用 300M 钢制造，可以达到与飞机机体同寿命使用。欧洲的空中客车公司的 A320、A340、A380 飞机的起落架也采用 300M 钢制造。

（2）共和钢铁公司

20 世纪 70 年代末，美国的共和钢铁公司在美国空军的资助下成功研制 AF1410 低碳高合金可焊超高强度钢。它具有超高强度、高韧性和优异的抗应力腐蚀性能。随着应用技术的成熟，AF1410 钢得到广泛的应用。美国已成功用该钢制造飞机平尾转轴、起落架着陆钩以及 B1 轰炸机机翼枢轴接头等零件。

（3）卡本特公司

卡本特公司成功创制了一种新型二次硬化超高强度钢 AerMet100，在同等强度水平其断裂韧度远高于低合金超高强度钢 300M，已成功用于美国 F/A－18E/F、F－22 和 JSF－35 飞机的前起落架、主起落架部位；在 AerMet100 钢的基础上，卡本特公司进一步推出了强度更高的 AerMet310。

---

[1]　佚名. 起落架市场专题研究报告 [EB/OL]. （2022－03－29）［2022－06－01］. http：//baijiahao. baidu. com/s？id = 1728616974044214812&wfr = spidr&for = pc.

[2]　邱世梁，王华君. 飞机制动行业之北摩高科研究报告：航空刹车产业龙头 [EB/OL]. （2022－02－17）［2022－04－28］. https：//new. qq. com/rain/a/20220217A03LPM00.

[3]　佚名. 欧洲的起落架 MRO 需求 [EB/OL]. （2022－06－24）［2022－07－12］. https：//new. qq. com/omn/20220624/20220624A02QNW00. html.

（4）奎斯泰克公司

奎斯泰克公司在美国国防部战略环境发展计划（SERDP）的支持下，成功研制了耐腐蚀超高强度钢 Ferrium S53，其抗拉强度约为 1980MPa，断裂韧度达到 77MPa·$m^{1/2}$，耐腐蚀性能与 15−5PH 不锈钢相当，疲劳性能与 300M 钢相当，用于舰载机的起落架。

（5）宝钢特钢公司、钢铁研究总院

2017 年，由宝钢特钢公司联合钢铁研究总院研制生产的 300M 超高强度钢已经获得了中国商用飞机有限公司以及德国利勃海尔集团（以下简称"利勃海尔"）的认证，在此之后宝钢特钢公司为中国的 C919 大飞机以及后续的 C929 宽体客机提供起落架产品。

其他例如中国航发北京航空材料研究院、抚顺特殊钢股份有限公司（以下简称"抚顺特钢公司"）、大冶特殊钢有限公司（以下简称"大冶特钢公司"）、首都钢铁集团公司等也一直开展飞机起落架用钢的研究。

3.3　产业需求

课题组通过行业调研和专利技术分析，总结出我国在飞机起落架用钢产业上需求主要有以下四类。

（1）300M 钢替代产品研发

300M 钢是目前全球应用最为广泛、市场认可度最高的起落架用钢，同时又是一种低合金钢，生产成本低，虽然我国钢铁企业已研制并生产 300M 钢，但如何在 300M 钢基础上进一步提升强度和断裂韧性，仍是企业面临的生产难题。

（2）控制成本

为提高起落架用钢强度，国内近年的研究多集中在增加合金元素、热处理工艺上采用双真空冶炼等，这也带来了成本增加的问题，如何在保证强度的同时控制成本是产业亟待解决的问题。

（3）2000MPa 级别以上超高强度钢生产

我国的科研机构在超高强度钢领域取得了显著成果，但仍与国外有差距。美国及欧洲飞机起落架部件已经成熟应用 2200～2400MPa 超高强度钢，但目前我国缺乏 2000MPa 级别以上高比强度、超高强度钢在大飞机上工程应用基础，亟待开展 2000MPa 及以上级别高比强度、超高强度钢的基础研究和相关技术储备。

（4）综合性能提升

起落架的强度和韧性是此消彼长的关系，强度提升会导致韧性下降；起落架在制作加工中需要对各部件进行焊接，产业对起落架用钢焊接性能的要求也越来越高，飞机起落架服役环境越来越复杂，对其耐蚀性也提出了新的要求，因此如何在保证高强度的同时，进一步提高综合性能也是产业的重点需求。

第 4 章　飞机起落架用钢专利申请概况

4.1　全球专利分析

4.1.1　全球申请趋势分析

　　截至 2022 年 6 月 30 日，满足飞机起落架用钢性能需求的全球专利申请总量为 655 项，从图 4 - 1 - 1 中可以看出，飞机起落架用钢的全球专利申请趋势可以分为以下两个阶段。

　　（1）技术导入期（1942～2004 年）

　　1942 年德国斯泰尔起重设备公司提出了第一件超高强度钢的专利申请，其成功制备获得屈服强度超过 1500MPa、延伸率超过 10% 的棒材。在之后长达半个世纪的发展历程中，可用于飞机起落架的超高强度钢的申请量一直处于较低水平并呈现部分震荡的趋势。值得注意的是，国际镍公司于 1952 年成功研制出了一种可用于飞机起落架的低合金超高强度钢，该钢俗称 300M，其在 1954 年提出该钢种的专利申请并于 1957 年获得相应的专利权。1964 年该钢种开始应用于美国 C - 5A 大型军用运输机起落架。20 世纪 60 年代推广应用于其他机型，故 1957～1964 年迎来了一个小的专利申请高潮。

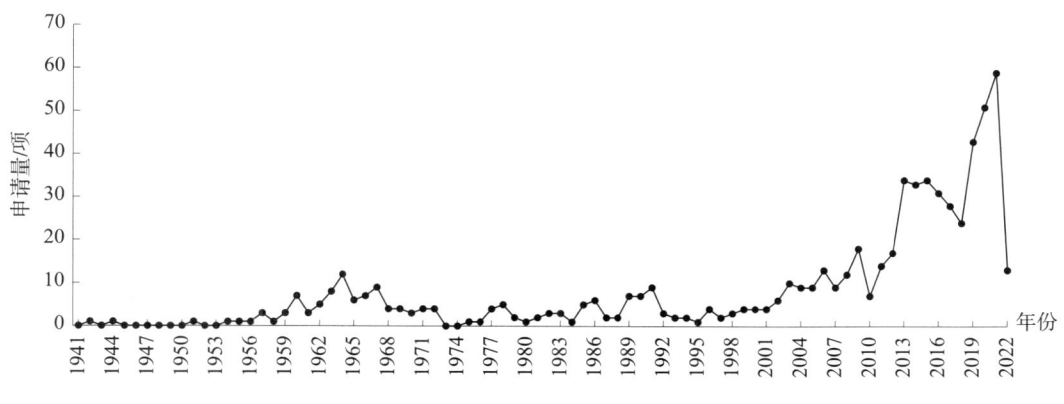

图 4 - 1 - 1　飞机起落架用钢全球专利申请量发展趋势

　　（2）快速增长期（2005～2021 年）

　　2005～2021 年，可用于飞机起落架的超高强度钢的整体申请量处于倍数增长，但在 2008 年和 2018 年前后均出现了申请量波动，其主要原因在于 2008 年国际金融危机爆发，创新主体受到较大冲击，企业资金链紧张导致创新动力不足。而2018年，推测可能是部分主要经济体（尤其是美国）推行的关税政策，贸易保护情绪的上涨意味着贸易政策不确定性的上升，创新主体受到冲击。虽然2022年开始申请量出现了下降，但由于专利公开存在18个月的滞后期，2021年以后的专利申请还未完全公布，所以图4-1-1并不表明2022年申请量下降。

4.1.2 技术构成分析

经过前期产业调研发现，可用于飞机起落架的超高强度钢包括低合金钢、中合金钢和高合金钢，而低合金钢中最重要的一类是低合金马氏体钢，中合金钢中主要包括二次硬化型中合金钢和低温回火型中合金钢，高合金钢包括马氏体时效钢、马氏体时效不锈钢、马氏体二次硬化钢和马氏体沉淀硬化不锈钢。

4.1.2.1 一级分支的申请分布

由图4-1-2可知，全球在制备飞机起落架用钢的专利中，高合金钢的占比最高，约占总量的65.3%，高合金钢在发挥高强度及其相应的其他性能（如耐蚀性等）方向具有特殊的优势，随着飞机服役条件的复杂性越来越高，对于性能的多样需求也逐步提升，因此高合金钢一直被研发主体所青睐。低合金钢的专利申请量紧随其后，专利申请量占比第二，约占总量的29.3%，虽然从性能多样性上，低合金钢不占优势，但低合金钢的优势在于低成本，而且以300M钢为主的低合金钢时至今日仍然是用量最多的钢种，例如我国自主研发的大飞机C919首次采用了自主研发的300M钢，其用量占全机特殊合金钢总重量的65%左右。中合金钢的占比最低，国内对于飞机起落架用钢成本问题尤为关注，因此提出中合金超高强度钢以兼顾成本和力学、抗腐蚀性能的问题，但该类超高强度钢一直未取得突破性进展。

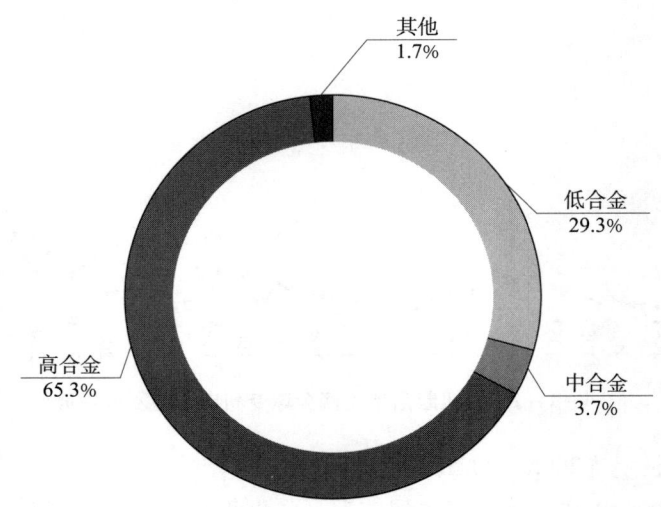

图4-1-2 飞机起落架用钢一级、二级技术分支全球专利申请量分布

4.1.2.2 一级、二级技术分支的申请趋势

由图 4-1-3 可知，从 1942 年开始，低合金、中合金、高合金超高强度钢均经历了较长的技术导入期，其中，中合金超高强度钢的研发一直处于不温不火的状态，年申请量均未超过 5 项，在飞机起落架的应用方面一直未能有所突破。高合金超高强度钢与低合金超高强度钢的整体变化趋势相当，从 2000 年开始，申请量开始快速上升，虽然偶有申请量的波动和回落，但总体数量仍然保持在高位，特别是高合金超高强度钢，相较于 2000 年其申请量提高了近 10 倍。2022 年开始申请量看似出现了下降，但因为专利公开存在 18 个月的滞后期，2021 年以后的专利申请还未完全公布，所以图 4-1-3 并不表明 2022 年申请量下降。

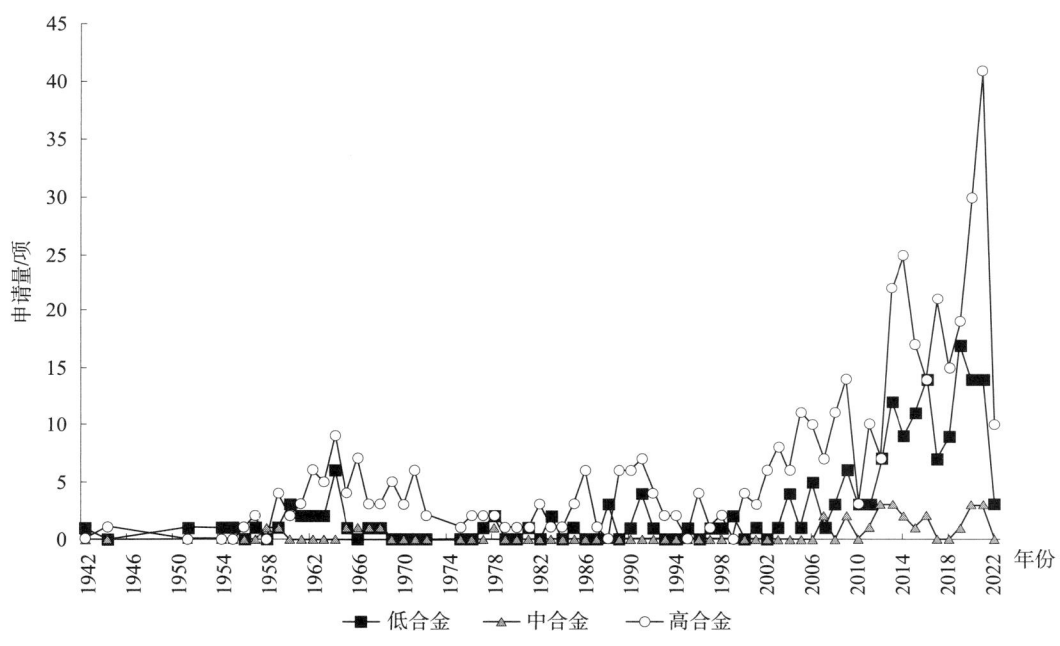

图 4-1-3 飞机起落架用钢一级技术分支专利申请量发展趋势

由图 4-1-4 可知，2002 年以后，低合金马氏体钢、马氏体沉淀硬化不锈钢和马氏体时效不锈钢获得了快速发展，其中以低合金马氏体的增长速度最快，一直处于领跑的位置，说明低合金超高强度钢一直处于研发的热点，马氏体沉淀硬化不锈钢、马氏体时效钢的年均申请量相较于 2004 年以前虽然有了不小的提升，但一直处于平缓的波动状态，未能迎来爆发式增长。值得一提的是，马氏体时效不锈钢在 2019 年以前一直处于跟跑者的地位，但自 2019 年以后，迎来较大的突破，其申请量与低合金超高强度钢齐头并进，其可能原因在于，作为由低碳马氏体相变强化和时效强化两种强化效应叠加而强化的高强度不锈钢，其对沉淀硬化不锈钢的某些性能予以改进，因而在业内马氏体时效不锈钢是未来发展的趋势，优异的综合性能也促进了创新主体将研发重心转移到该钢种的设计中来。

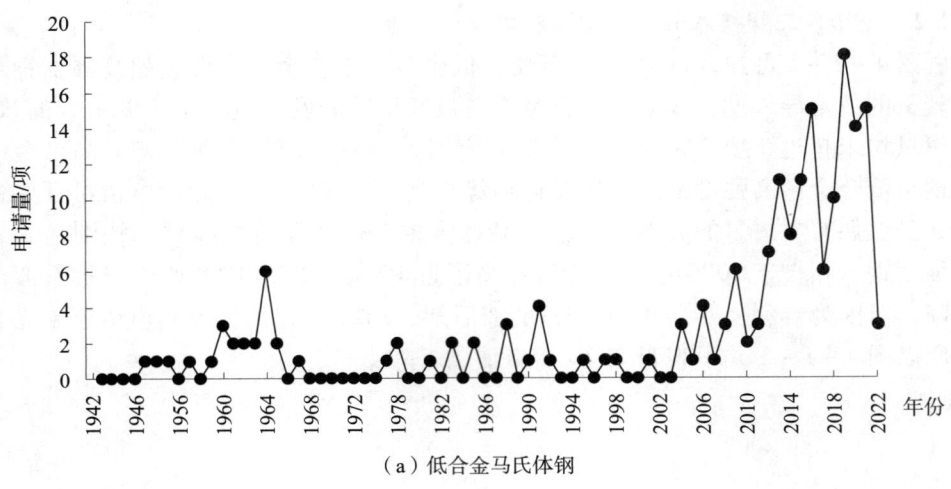

（a）低合金马氏体钢

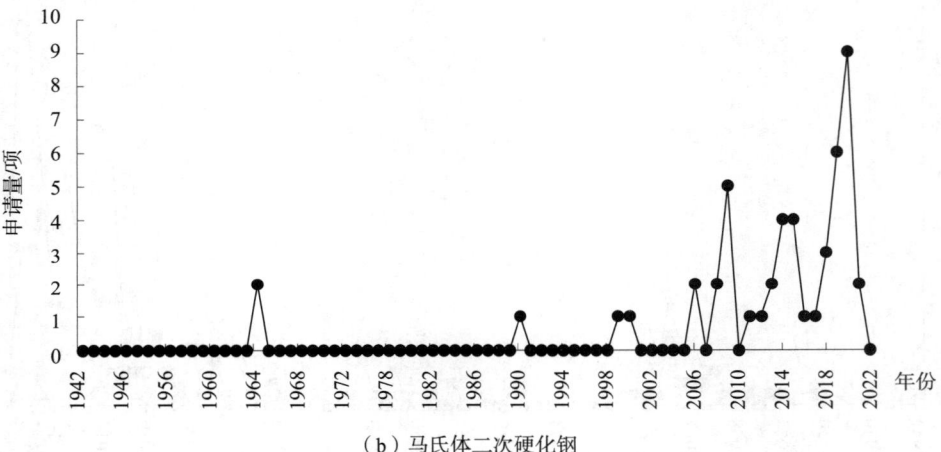

（b）马氏体二次硬化钢

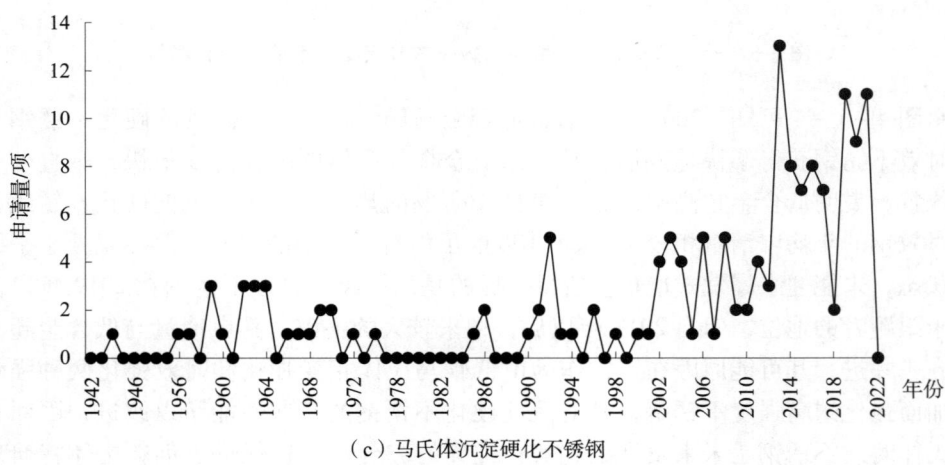

（c）马氏体沉淀硬化不锈钢

图4－1－4　飞机起落架用钢二级技术分支专利申请量发展趋势

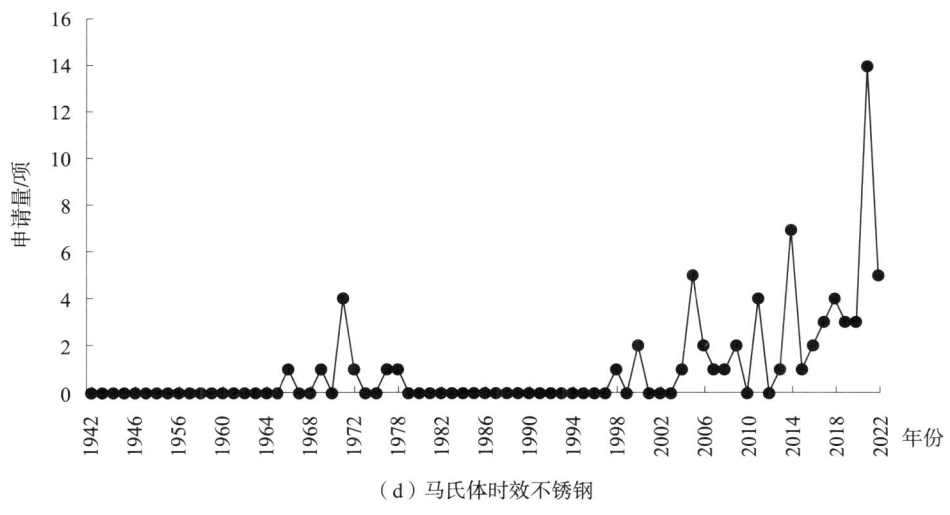

（d）马氏体时效不锈钢

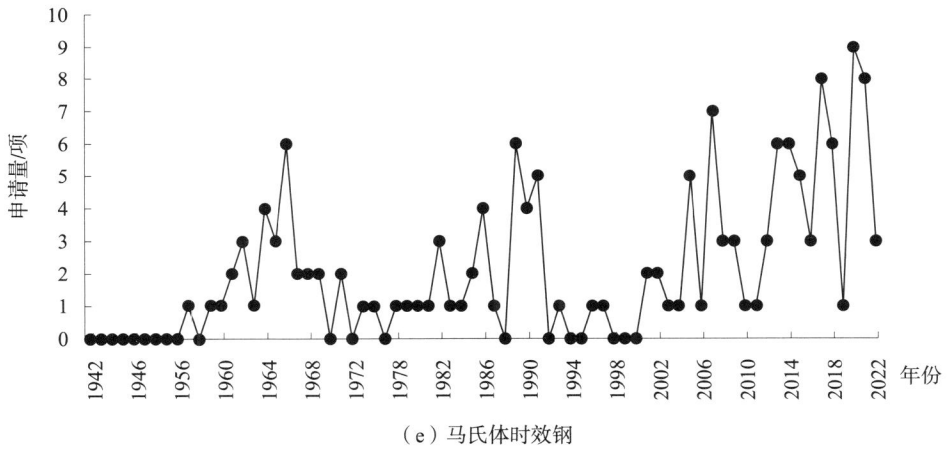

（e）马氏体时效钢

图 4-1-4 飞机起落架用钢二级技术分支专利申请量发展趋势（续）

4.1.3 技术来源地和目标市场

在某个国家/地区的专利申请量可以直接反映该国家/地区在全球市场中的地位。对满足飞机起落架用钢性能需求的全球专利申请的目标国/地区进行分析，如图 4-1-5 所示，中国、美国、日本是该领域排名前三的目标市场，以它们为目标市场的专利申请量分别为 623 项、302 项和 206 项。其中，中国、美国和日本在其本国的专利申请量分别为 519 项、158 项和 84 项，如图 4-1-6 所示，占目标国/地区申请量的 83.31%、52.32% 和 40.78%。可见中国关于飞机起落架用钢的专利申请集中在本国，而在其他国家的布局较少。

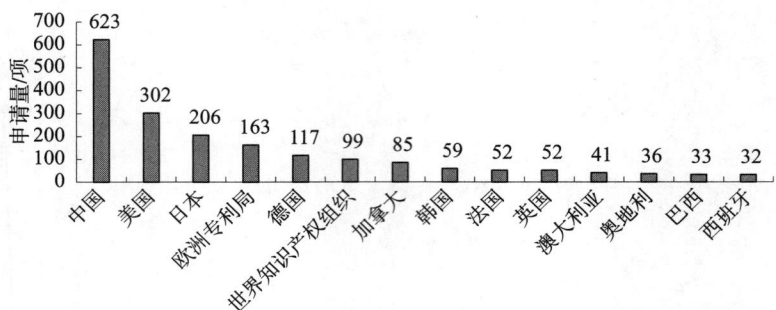

图4−1−5　飞机起落架用钢全球专利申请目标国/地区分布

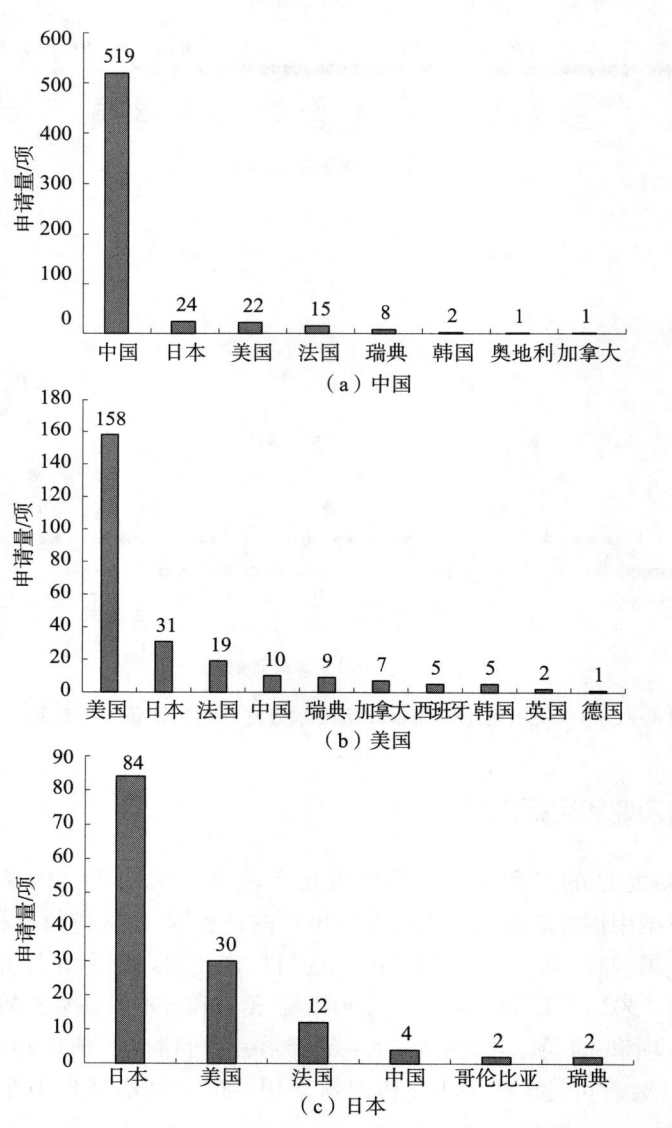

图4−1−6　飞机起落架用钢中国、美国和日本专利申请量的国家/地区分布

图4-1-7示出了全球关于飞机起落架用钢的专利申请的来源国分布,其中,排名前五的分别是中国(555项)、美国(543项)、日本(237项)、法国(151项)和瑞典(83项)。可见,中国虽然在飞机起落架用钢方面的研发起步较晚,但是发展迅速,且成为最大的技术来源国,其总的申请量与美国相当。但需要注意的是,结合图4-1-6可知中国的专利申请多集中在本国,技术输出较少。

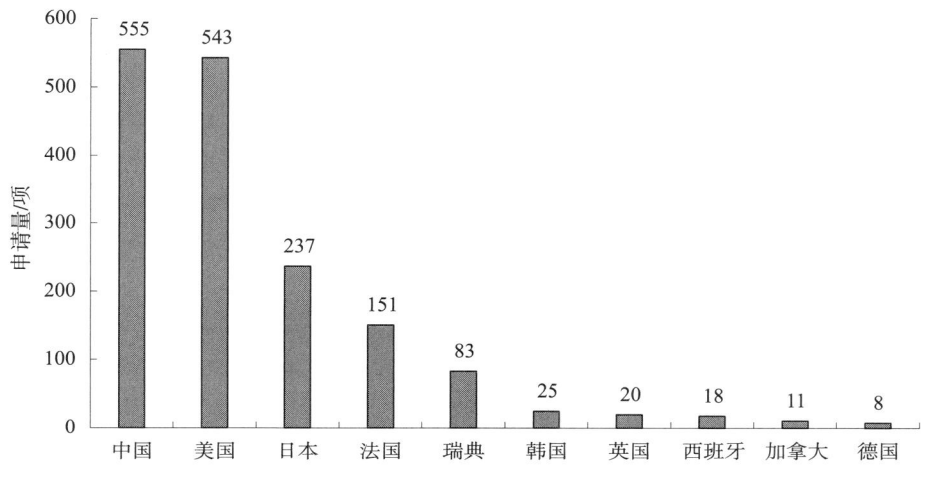

图4-1-7 飞机起落架用钢全球技术来源国分布

4.1.4 全球重要申请人

飞机起落架用钢专利申请全球主要申请人排名见图4-1-8。全球排名靠前的分别为钢铁研究总院(35项)、卡本特公司(32项)、国际镍公司(26项)、中国科学院金属研究所(以下简称"中科院金属所")(24项)、日立公司(22项)、宝山钢铁股份有限公司(以下简称"宝山钢铁公司")(15项)、奥贝特迪瓦尔公司(13项)、奎斯泰克公司(13项)、大同特钢公司(12项)、哈尔滨工业大学(12项)、AK钢铁公司(12项)和共和钢铁公司(12项)。其中,排名前12位的申请人中有4位来自中国,且多为高校/科研院所,这意味着中国的许多技术成果还停留在实验室研发阶段,中国企业创新主体地位有待提高。而国外排名靠前的申请人均为企业,可见国外在飞机起落架用钢领域的研究较为成熟且占据市场的主导地位。

4.1.4.1 国内外申请人类型

图4-1-9示出了飞机起落架用钢国内外专利申请人类型。飞机起落架用钢国内专利申请以高校/科研院所为主,占比达54.28%,其次为公司,占比达41.88%,而个人占比很小。由于我国飞机起落架用钢行业发展起步较晚,市场占有率低,而高校/科研院所等非生产经营单位通常不具备独立完整的参与行业市场竞争的能力,研发成果偏向于前沿探索和基础理论研究,技术成果能在短期内直接应用于产业生产的比例较低。因此,由国内的申请人类型可见,飞机起落架用钢申请涉及的技术成熟度总体偏低,距离产业化仍有一定距离。

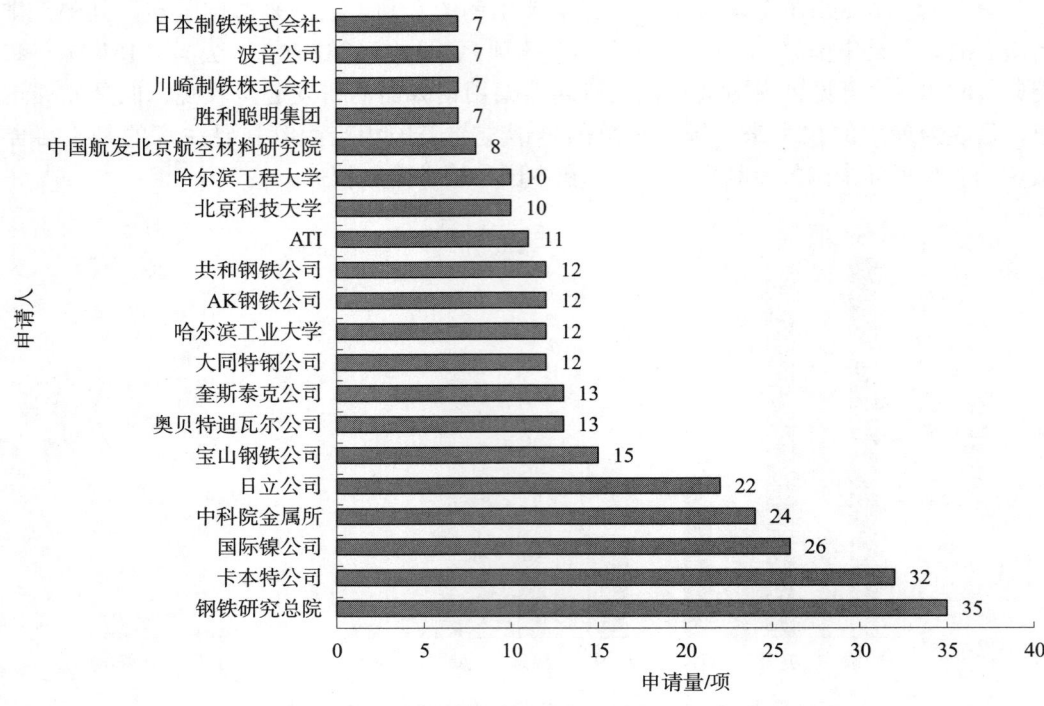

图 4-1-8　飞机起落架用钢全球申请人排名前 20 位

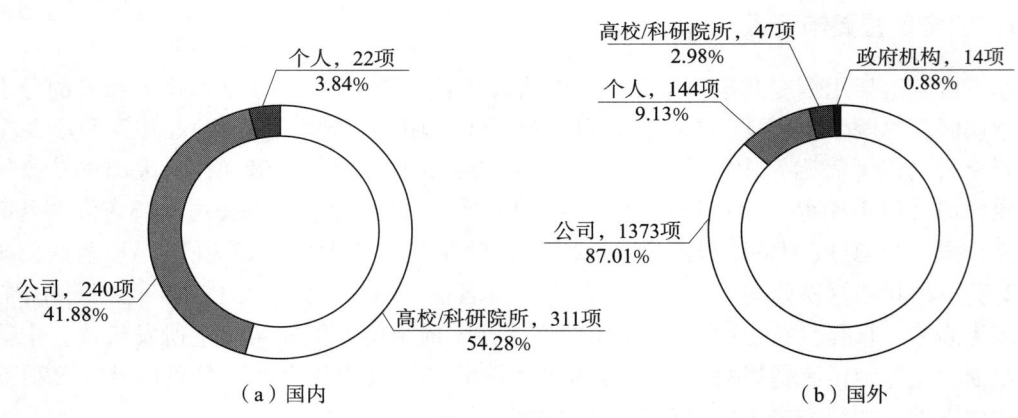

（a）国内　　　　　　　　　　（b）国外

图 4-1-9　飞机起落架用钢国内外申请人类型

　　飞机起落架用钢国外专利申请人类型中公司占据主导位置，其占比高达 87.01%，而个人、高校/科研院所、政府机构的占比均比较低。国外的飞机起落架用钢的研究起步较早，国际镍公司在 1954 年便研发了能够用于起落器的 300M 钢，因此，国外飞机起落架用钢行业发展历史悠久，市场需求大，研发和产业能够很好的结合。此外，国外的飞机起落架用钢专利申请中还有 0.88% 的申请人为政府机构，表明该专利申请涉及的技术成果的研发过程得到了财政经费的支持，体现了政府对于飞机起落架用钢产业的支持力度。

4.1.4.2 国内外重要申请人合作类型分析

由图 4 - 1 - 10 可知，国内的合作以企业和高校/科研院所为主，而国外主要以企业之间的合作为主，其可能的原因在于国内的企业更注重生产，而其研发实力相对较弱，为了获得技术上的突破，从而完成其高性能产品的更新迭代，只能选择与科研能力较强的高校/科研院所合作。而国外企业，特别是美国企业和欧洲企业，自 20 世纪以来其高强度钢就走在了世界前列，已积累了深厚的研发经验，同时相较于国内其更重视研发投入，所以企业自身就能够完成新的高性能产品的研发，选择和其他企业合作更有利于实现其技术的共享，从而取得双赢局面。

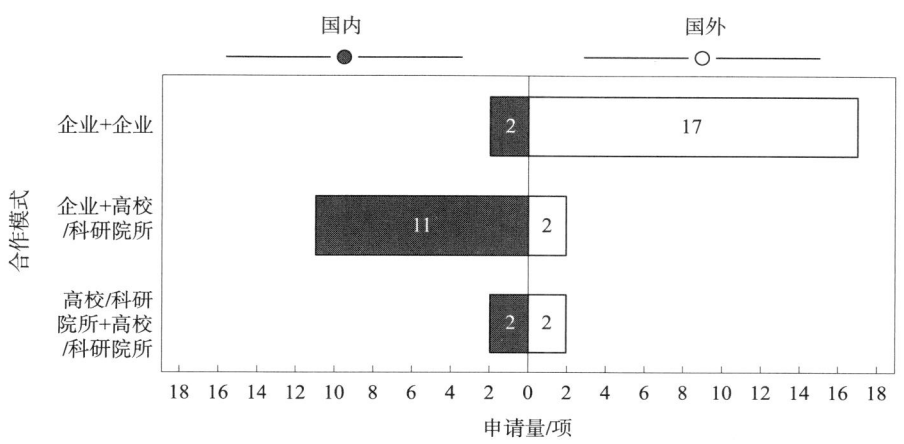

图 4 - 1 - 10 飞机起落架用钢国内外申请人合作类型

4.1.5 法律状态分析

图 4 - 1 - 11 示出了国内外专利申请法律状态对比（未合并同族），其中，国外获得专利权的申请量为 982 件，占国外申请总量的 71.78%，包括授权、期限届满、权利终止、权利恢复、未缴年费；未获得专利权的申请量为 243 项，占申请总量的 17.76%，包括驳回、撤回、撤销、申请终止、放弃；并还有 55 项在审查中以及 PCT 未进入指定国。而国内获得专利权的申请量为 428 项，占国内申请总量的 68.81%，未获得专利权的申请量为 114 项，占申请总量的 18.33%，另外还有 80 项处于在审状态，可见，国内外飞机起落架用钢领域的授权率都较高且数值相当，表明国内外在飞机起落架用钢方面的专利申请的质量较高。而进一步分析国内外获得专利权的专利状态分布（见图 4 - 1 - 12）可知，国外获得专利权的申请中目前处于授权状态的有 475 项，期限届满的有 412 项，而国内目前处于授权状态的专利有 328 项，期限届满的仅有 1 项，说明国外在飞机起落架用钢方面的研究起步较早，很多重要专利已经失效，而国内起步较晚，国外处于期限届满的专利也可能成为我国能够利用的资源和研发的基础。

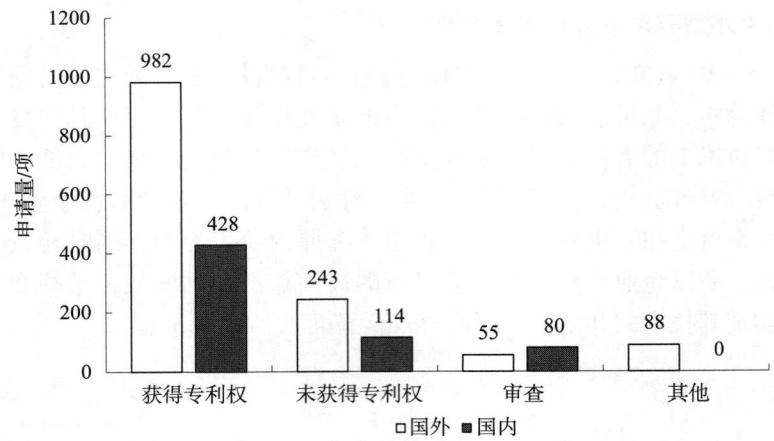

图 4 - 1 - 11　飞机起落架用钢国内外专利申请法律状态

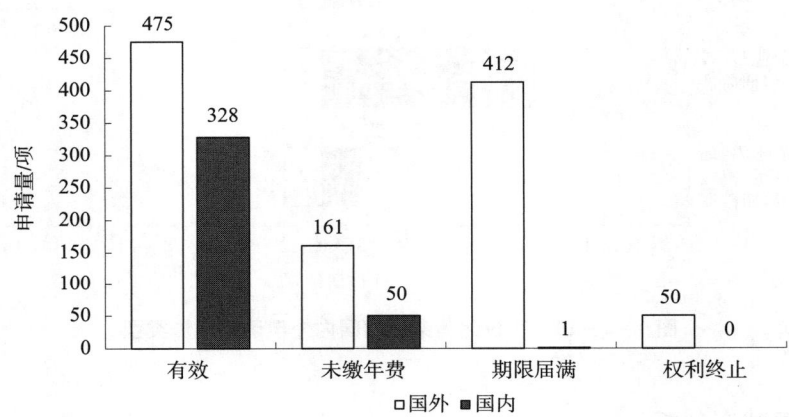

图 4 - 1 - 12　飞机起落架用钢国内外获得专利权的专利状态分布

4.2　国内专利分析

4.2.1　国内专利申请趋势

图 4 - 2 - 1 示出了飞机起落架用钢国内专利申请量发展趋势。1985 年中国刚刚建立专利保护制度时该领域出现了第一件专利申请，在 2000 年以前，关于飞机起落架用钢的申请量很少，发展缓慢，处于技术萌芽期。而进入 21 世纪后，我国大力发展航空航天产业，起落架是飞机的关键部件，因而关于飞机起落架用钢的专利申请量逐渐增加，进入技术成长期。2009 年，宝钢特钢公司开始了 300M 超高强度钢的研制攻关，并于 2017 年成功通过了供应商认证，在 2010 ~ 2017 年国内关于飞机起落架用钢的专利申请量相较于前期有很大提升。而在 2018 年以后飞机起落架用钢的专利申请量快速增长，可能是 2018 年 5 月国产大飞机在上海浦东机场首次试飞成功，且拥有了国产起落架，极大地激发了国

内飞机起落架用钢的研发，国内飞机起落架用钢处于技术高速发展期。

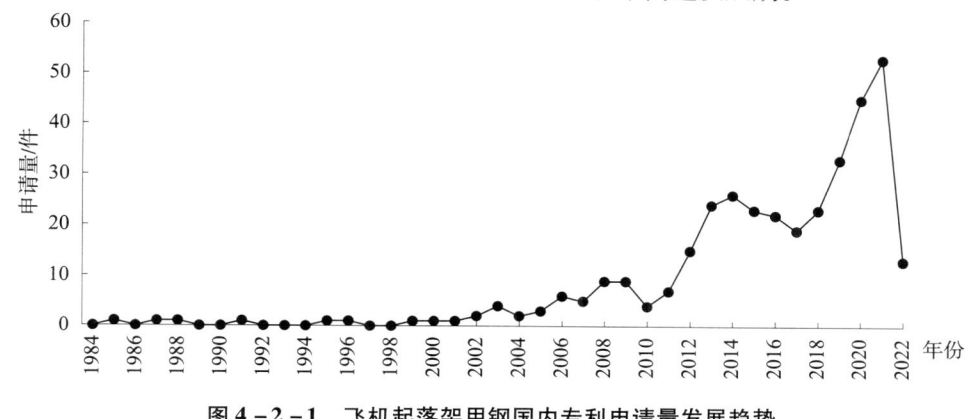

图 4 - 2 - 1　飞机起落架用钢国内专利申请量发展趋势

4.2.2　技术构成

4.2.2.1　一级分支的申请趋势

图 4 - 2 - 2 所示为我国低合金、中合金和高合金的超高强度合金飞机起落架用钢专利申请情况，可以看出，中国有关飞机起落架用钢的专利申请时间较国外晚，于 1985 年才出现第一件专利申请，且与国外不同，国内有关低合金超高强度钢的申请在 20 世纪 80 年代后长达 20 年的时间内几乎处于空白阶段，其原因可能是美国于 20 世纪 50 年代研发的 300M 低合金飞机起落架用钢具有非常大的优势，短期难以在该方向获得较大的突破，且高合金钢具有低合金钢没有的耐腐蚀性的优势。因此，国内初期选择将目光投入高合金超高强度钢的技术研发中。随着 2007 年我国大飞机项目正式立项，在随后的 10 年内掀起了一波研发高潮，各类型的超高强度钢申请都大幅增多，我国航空市场一路腾飞，只是在 2016 ~ 2019 年有短期的波动。

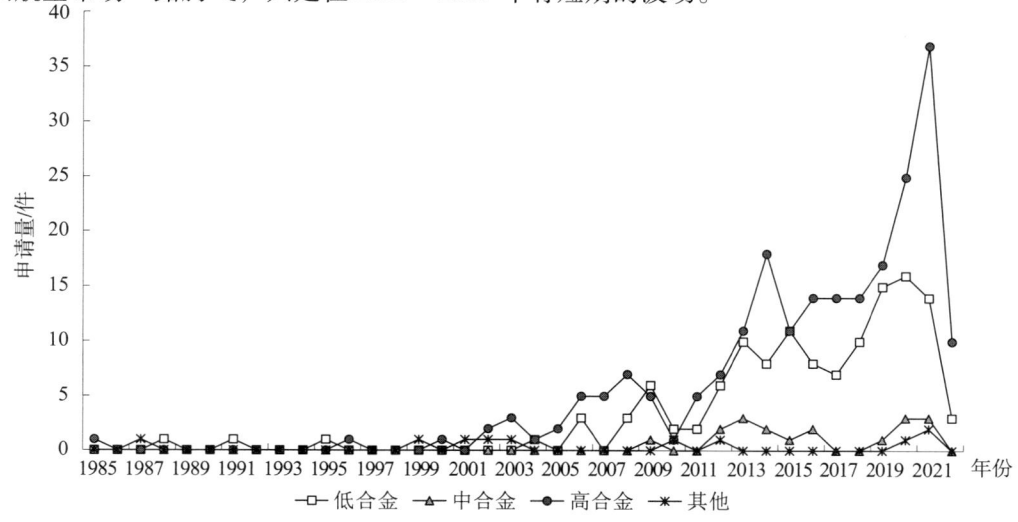

图 4 - 2 - 2　飞机起落架用钢一级技术分支国内申请量发展趋势

4.2.2.2　二级分支的申请量分布和申请趋势

　　由图4-2-3可以看出，国内相关申请中，低合金马氏体钢研究占优势，其次是马氏体沉淀硬化不锈钢、马氏体二次硬化钢、马氏体时效钢以及马氏体时效不锈钢，同时国内还开发出纳米析出强化钢、复相钢、贝氏体钢、中锰钢等超高强度钢种，其也满足了起落架钢材性能需求。由于飞机起落架传统的300M钢属于低合金马氏体钢，其在成本和综合性能上具有突出优势，因此低合金马氏体钢属于研究的热点。

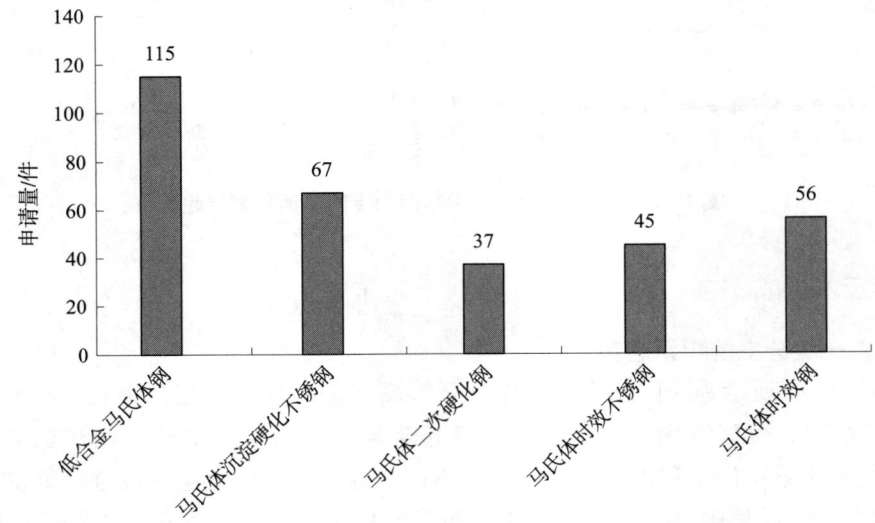

图4-2-3　飞机起落架用钢国内专利二级技术分支分布情况

　　图4-2-4所示为超高强度钢研发种类随着申请年份的变化，可以看出，由于以300M钢为代表的低合金马氏体钢是目前在役90%以上的军民用飞机起落架用钢，因此，低合金马氏体钢的申请量最高。其次是马氏体沉淀硬化不锈钢、马氏体二次硬化钢、马氏体时效钢和马氏体时效不锈钢，由于20世纪60年代美国发展出一种强度更高、综合性能更好的马氏体时效不锈钢，这种钢在保持高强度的同时，还具有良好的塑性、韧性以及抗腐蚀性能，因此，我国也开始着力发展马氏体时效不锈钢的研究，并在2021年申请量得到大幅提升。

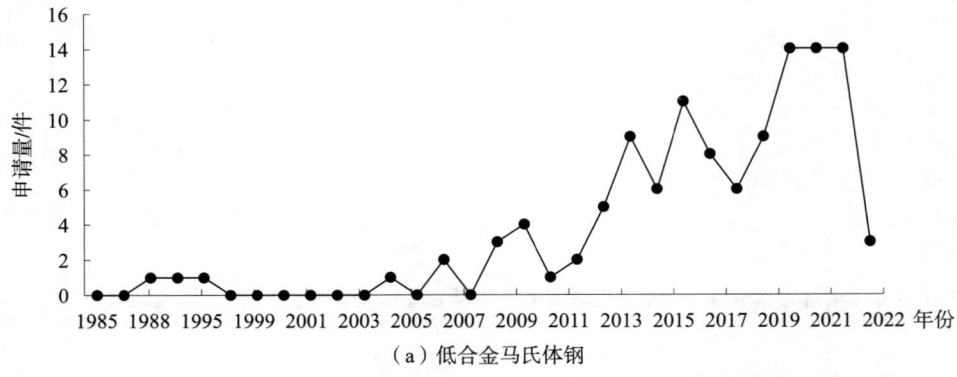

（a）低合金马氏体钢

图4-2-4　飞机起落架用钢二级技术分支国内专利申请量发展趋势

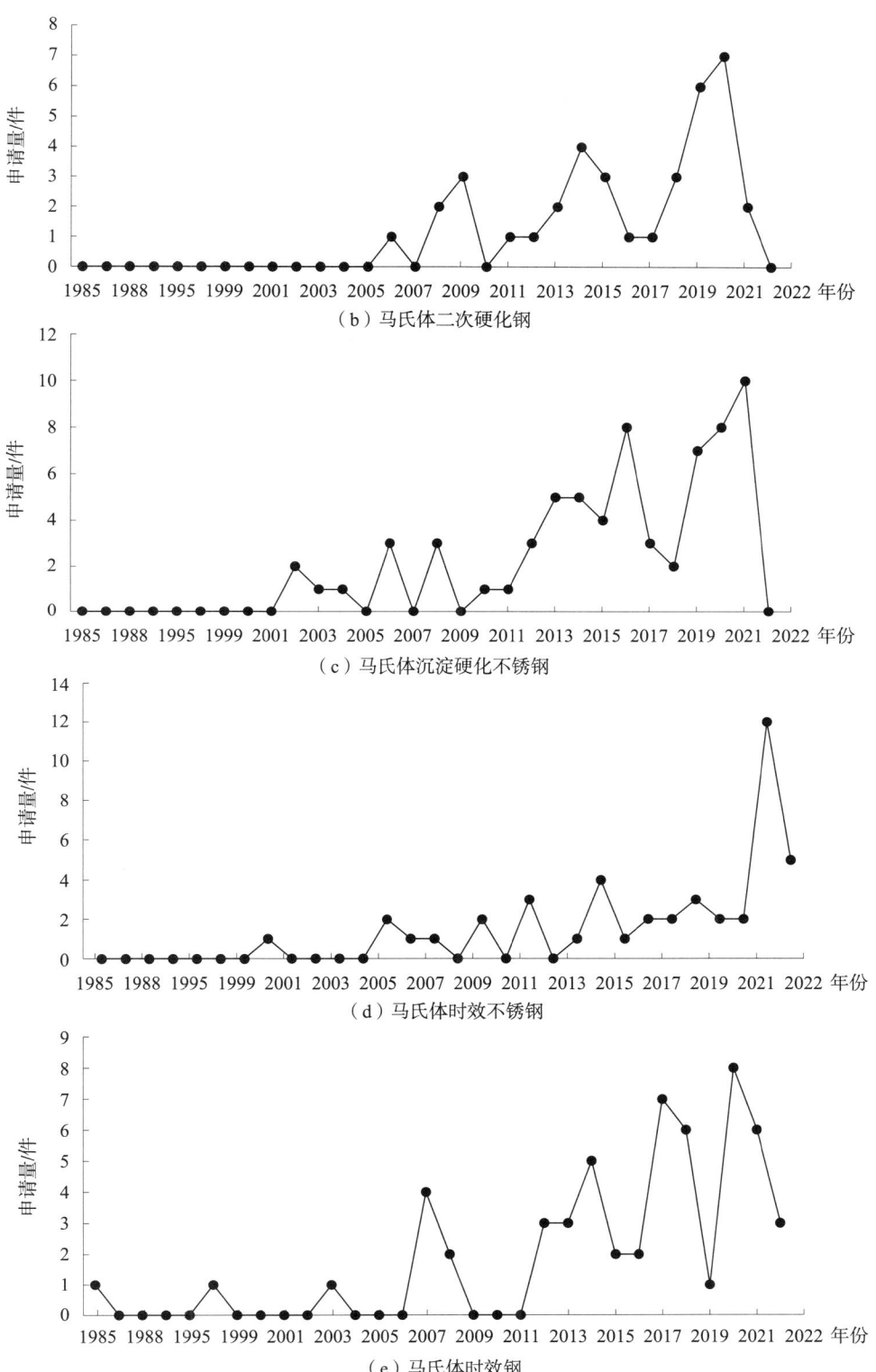

（b）马氏体二次硬化钢

（c）马氏体沉淀硬化不锈钢

（d）马氏体时效不锈钢

（e）马氏体时效钢

图 4 - 2 - 4　飞机起落架用钢二级技术分支国内专利申请量发展趋势（续）

4.2.3 申请人分析

国内飞机起落架用钢专利申请的主要申请人排名靠前的是钢铁研究总院（35件）、中科院金属所（24件）、宝山钢铁公司（15件）、哈尔滨工业大学（12件）、哈尔滨工程大学（10件）、北京科技大学（10件）、中国航发北京航空材料研究所（8件）、成都先进金属材料产业技术研究院股份有限公司（以下简称"成都先进金属材料产业技术研究院"）（7件）、东北大学（6件），如图4-17所示。可见，国内关于飞机起落架用钢的专利申请量排名前九的申请人基本是高校/科研院所，而公司申请人仅有宝山钢铁公司，说明国内飞机起落架用钢市场公司之间并没有明显的竞争。

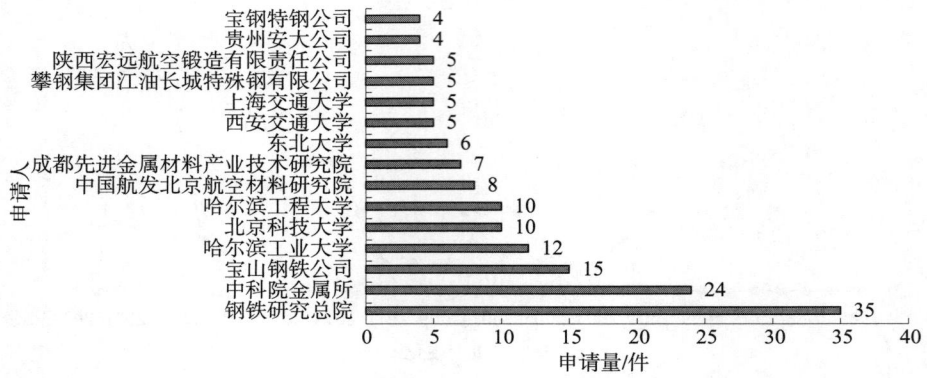

图4-2-5 飞机起落架用钢国内专利主要申请人排名

4.2.4 省区市排名

图4-2-6示出了飞机起落架用钢国内申请人主要区域分布，其中排名前五的省区市为北京、辽宁、上海、江苏和陕西，由于国内主要申请人如钢铁研究总院、北京科技大学、中国航发北京航空材料研究所都位于北京；而中科院金属所位于辽宁省沈阳市，宝山钢铁公司是上海企业。因此，国内申请人分布的区域主要集中在北京、辽宁、上海，其申请集中度较高，在技术和产品方面具有竞争力，而北京和上海在飞机起落架用钢方面的主要申请人多为高校/科研院所，表明其研发较为深入。

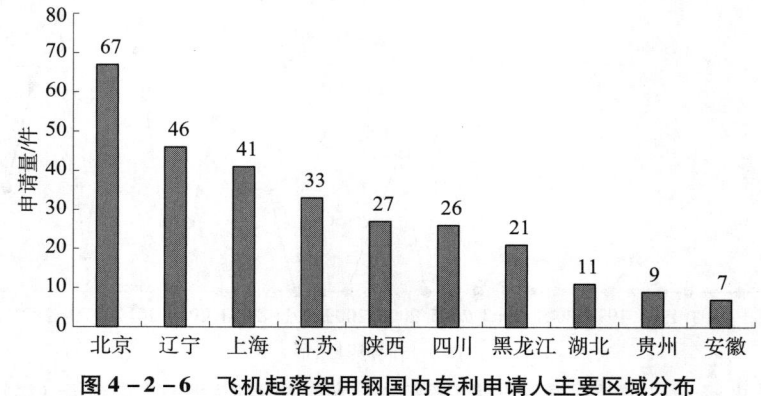

图4-2-6 飞机起落架用钢国内专利申请人主要区域分布

4.3　技术功效分析

　　对飞机起落架用钢的全球专利申请进行技术手段与技术效果的标引和整理分析，以分析飞机起落架用钢领域专利申请的研发侧重点以及对应的关键手段，得到如图4-3-1所示的技术功效矩阵。基于对现有技术的掌握和对飞机起落架用钢专利的归纳总结，关于飞机起落架用钢的专利申请研究的主要技术手段集中在成分、锻轧、冶炼和热处理，解决强度、成本、塑韧性、耐蚀性、焊接性能以及稳定性的技术问题。

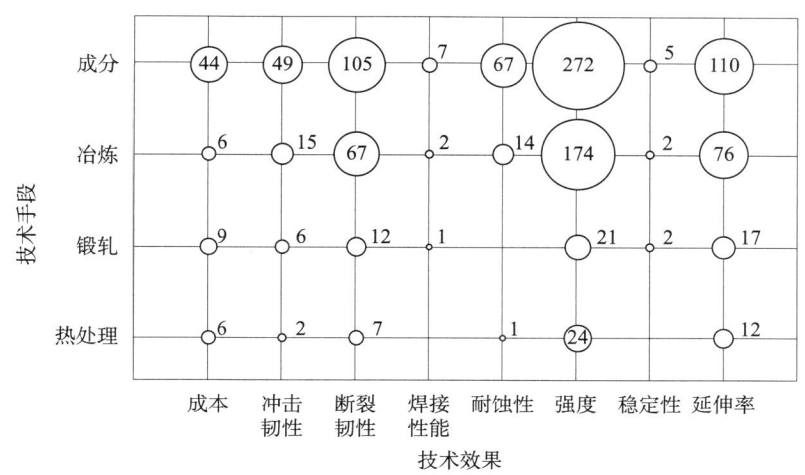

图4-3-1　飞机起落架用钢全球专利申请技术功效

注：图中数字表示专利申请量，单位为项。

　　结合图4-3-1可见，关注最多的性能指标为强度、断裂韧性和延伸率，主要采用的技术手段均为成分的调控和热处理工艺的改进，此外，也有少量专利申请通过改进冶炼工艺和锻轧工艺实现强度、塑韧性能的提升，但通常难以仅通过冶炼和锻轧实现性能的提升，而是配合成分和热处理工艺共同作用。成本是实现规模化应用的前提，是目前飞机起落架用钢生产企业关注的重点，而成分的调控是降低成本的有效手段，热处理、锻轧和冶炼也能够实现成本的降低。随着飞机起落架用钢应用场景的扩展，对飞机起落架用钢的耐蚀性提出了更高的要求，其中，成分和热处理是实现耐蚀的主要手段，也有少数企业从冶炼工艺着手实现耐蚀性的改进。此外，部分企业还关注到飞机起落架用钢的焊接性能和稳定性，通过调控成分、改进锻轧和热处理工艺进行优化。

　　飞机起落架用钢可以分为低合金马氏体钢、二次硬化型中合金钢、低温回火型中合金钢、马氏体二次硬化钢、马氏体沉淀硬化不锈钢、马氏体时效钢和马氏体时效不锈钢，将其作为飞机起落架用钢的二级技术分支，并分析和整理各二级技术分支下的技术手段和技术效果，得到图4-3-2所示的二级技术分支下的技术手段和技术效果分布，由于中合金钢涉及的数量非常少，因此在下文不展开分析。

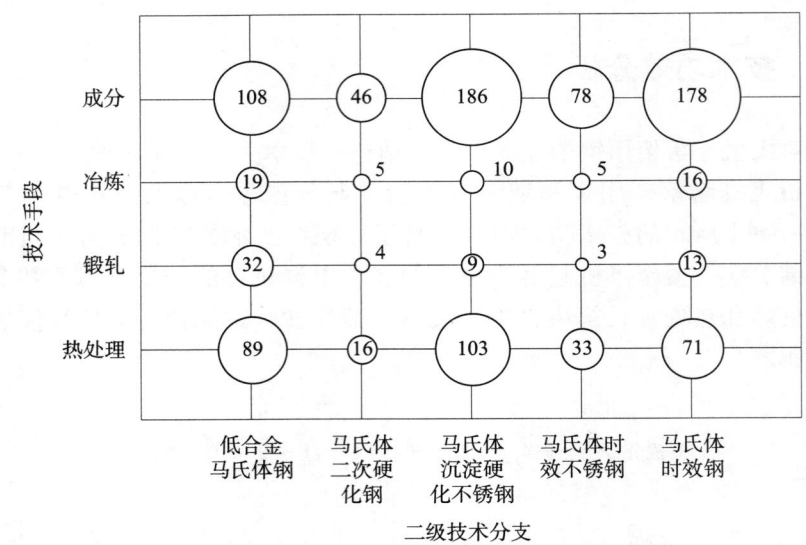

（a）不同二级技术分支下对应的技术手段

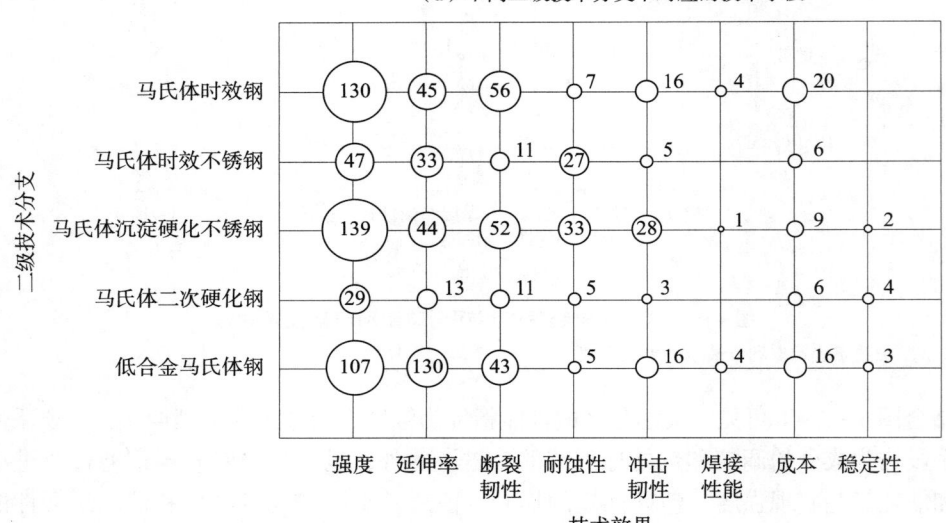

（b）不同二级技术分支对应的技术功效

图4-3-2 飞机起落架用钢全球二级技术分支下的专利申请量分布

注：图中数字表示专利申请量，单位为项。

　　整体而言，成分的调整和热处理工艺的调控是各类飞机起落架用钢的主要改进手段，其中，成分的选择和热处理工艺决定了飞机起落架用钢中马氏体、奥氏体以及碳化物、金属间化合物等相的分布情况，进而实现对各类性能如强度、塑韧性等的调控。相比于高合金马氏体钢，低合金马氏体钢的技术手段中锻轧和冶炼工艺的改进具有更高的占比，其中，冶炼工艺与钢的洁净度息息相关，也能够影响合金的强韧性，而锻轧能够降低钢的各向异性，提升其均匀性和致密性，也有利于合金的强韧性。在技术效果方面，各类飞机起落架用钢均主要关注强韧性和成本，而马氏体时效不锈钢和马氏体沉淀硬化不锈钢还较多地关注了耐蚀性,对于不锈钢而言,由于具有高含量的 Cr 元素,因而本身具有较好的耐蚀性,但由 Cr 元素形成的保护膜在大气环境被硫酸盐或氯化物离子污染的情况下耐蚀性并不理想,硫酸盐或氯化物离子可通过点蚀形成裂隙产生腐蚀,所以为了迎合更加多样化的环境应用需求,企业进一步通过控制成分,比如采用 Cr + Mo + Ni 的组合和热处理工艺实现耐蚀性的优化。在塑韧性方面,马氏体时效不锈钢和低合金马氏体钢更多地关注延伸率,而马氏体时效钢、马氏体沉淀硬化不锈钢则侧重于断裂韧性。马氏体时效钢、马氏体沉淀硬化不锈钢和低合金马氏体钢也都在冲击韧性和焊接性能的改进方面有研发,此外,马氏体沉淀硬化不锈钢、马氏体二次硬化钢和低合金马氏体钢还针对稳定性进行了改进。

进一步地,课题组将各类飞机起落架用钢的技术手段和技术效果进行归纳和整理,以探究不同钢种的具体研发侧重点以及关键手段,得出图 4 – 3 – 3 所示的技术功效矩阵。

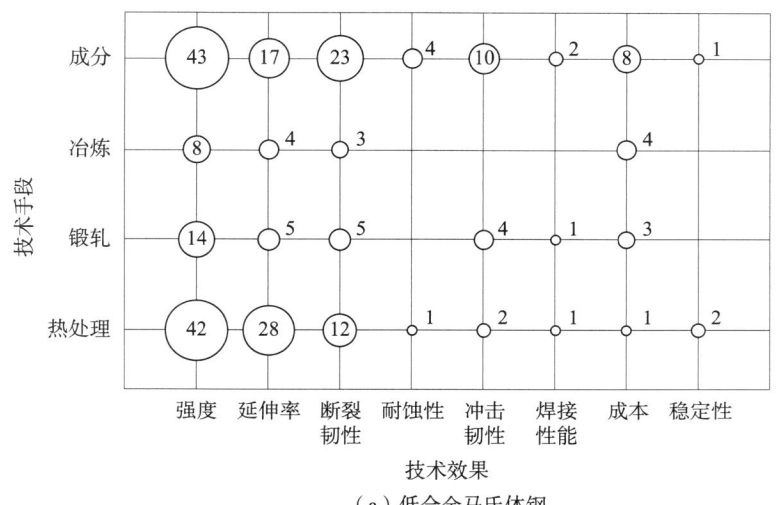

（a）低合金马氏体钢

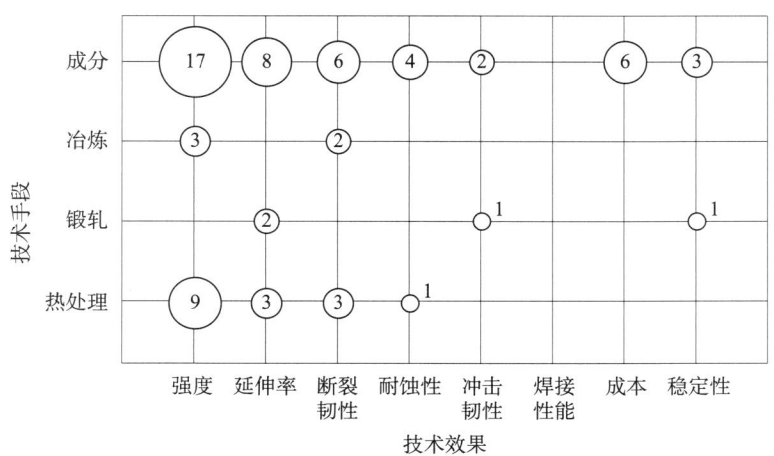

（b）马氏体二次硬化钢

图 4 – 3 – 3 飞机起落架用钢不同二级技术分支的全球专利技术功效

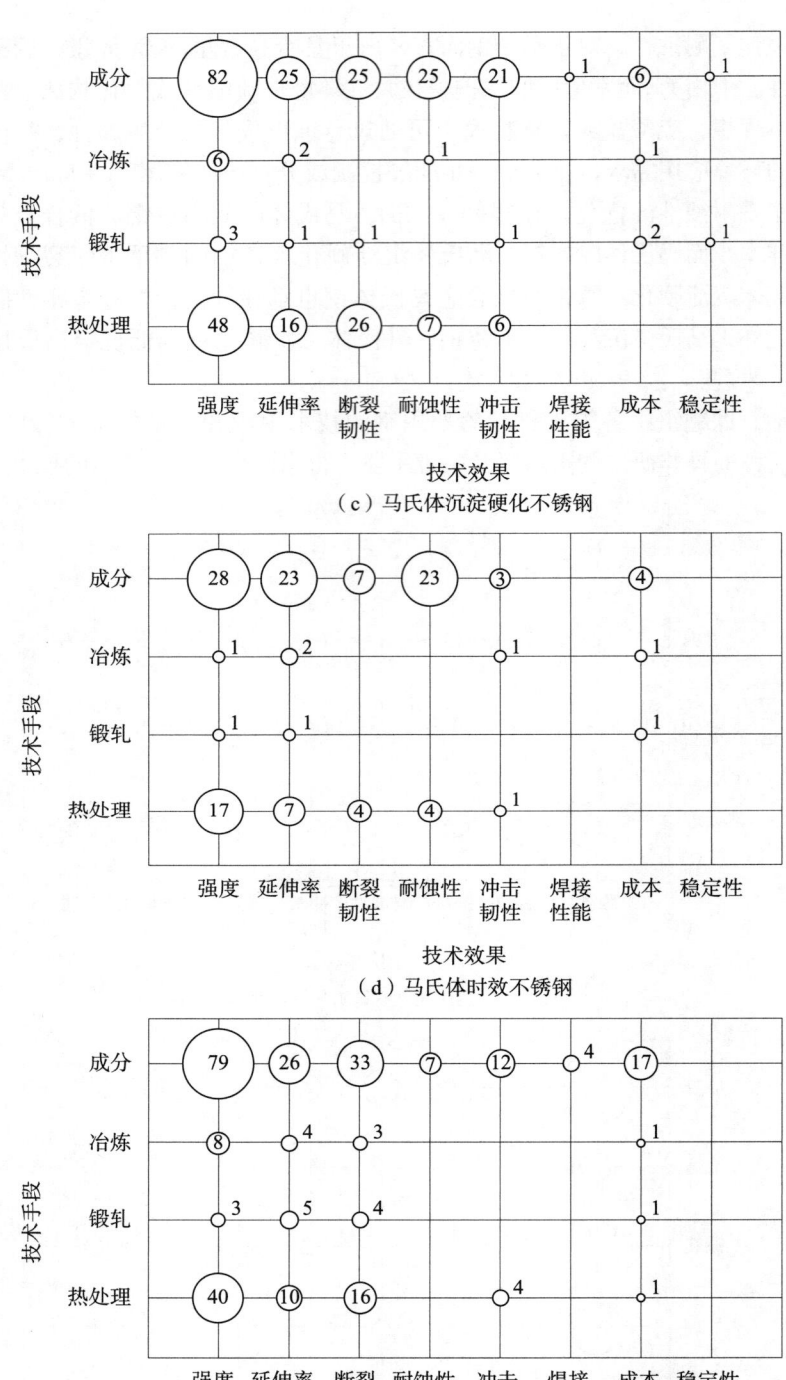

（c）马氏体沉淀硬化不锈钢

（d）马氏体时效不锈钢

（e）马氏体时效钢

图4-3-3 飞机起落架用钢不同二级技术分支的全球专利技术功效（续）

注：图中数字表示专利申请量，单位为项。

由图 4-3-3 可见，对于低合金马氏体钢，强度、塑韧性的改进和成本的降低是其研发的重点，并主要依赖于成分和热处理工艺的调整实现，且在强度改进方面，锻轧和冶炼也是有效手段。对于高合金钢，侧重于马氏体沉淀硬化不锈钢和马氏体时效钢的研发，除了强度，对其塑韧性和耐蚀性的改进是高合金钢的研发重点，其中，相比于其他高合金钢，马氏体沉淀硬化不锈钢采用热处理工艺来提升断裂韧性的专利申请更多；同时，马氏体沉淀硬化不锈钢的专利申请不仅关注了延伸率和断裂韧性，对其冲击韧性的改进占比也较大，而以 18Ni 为代表的马氏体时效钢具有优异的强度和较好的塑韧性，因此，如何降低成本以实现规模化应用是其研发的重点。

4.4　本章小结

从 1942 年德国斯泰尔起重设备公司提出了第一件超高强度钢的专利申请到之后的半个世纪，全球飞机起落架用钢领域的专利申请量一直处于较低水平，但在 2005 年之后出现倍数的增长，其中，中国在进入 21 世纪后由于大力发展航空航天产业，在飞机起落架用钢领域的专利申请量逐年增加并在 2010 年后大幅提升，一跃成为飞机起落架用钢领域申请量最多的国家。在技术来源国方面，排名前五的分别是中国、美国、日本、法国和瑞典，中国虽然在飞机起落架用钢方面的研发起步较晚，但是发展迅速，且成为最大的技术来源国，其总的申请量与美国相当；但从目标市场分布可见，中国关于飞机起落架用钢的专利申请集中在本国，而在其他国家的布局较少，表明国内创新主体在海外专利布局方面存在明显的不足。在申请人方面，国外排名靠前的申请人均为大型企业，而国内则以高校/科研院所为主，可见国外在飞机起落架用钢领域的研究较为成熟且占据市场的主导地位，而国内飞机起落架用钢市场公司之间并没有明显的竞争。在法律状态方面，国外和中国的专利申请的授权率分别为 71.78% 和 68.81%，可见，国内外飞机起落架用量领域的授权率都较高且数值相当，表明国内外在飞机起落架用钢方面的专利申请的质量较高。此外，国外在飞机起落架用钢方面的研究起步较早，很多重要专利已经失效，因此，国外处于期限届满的专利也可能成为我国能够利用的资源和研发的基础。

从技术分布来看，全球和中国在制备飞机起落架用钢的专利申请中，都以高合金钢和低合金钢研发为主，且高合金钢与低合金钢随时间的整体变化趋势相当，都在 21 世纪后申请量显著提升，而中合金钢发展一直较为缓慢。就整体分布而言，高合金钢的占比最高，其次是低合金钢，高合金钢中又以马氏体沉淀硬化不锈钢和马氏体时效钢为主导。从技术功效方面可见，飞机起落架用钢的专利申请研究的主要技术手段集中在成分、锻轧、热处理和冶炼方面，成分的调整和热处理工艺的调控是各类飞机起落架用钢的主要改进手段，而超高强度、高塑韧性以及低成本是产业上的一贯追求和研发重点，其中，马氏体时效不锈钢和马氏体沉淀硬化不锈钢还较多地关注了耐蚀性，使其应用场景更为广泛。

第 5 章　飞机起落架用钢重点申请人分析

5.1　重点申请人专利申请概况

在第 4.1.4 节中已经分析了飞机起落架用钢领域专利申请量排名前 20 位的重点申请人，课题组进一步标注和整理了重点申请人在不同钢种的研发分布，得到图 5 - 1 - 1 所示的二级技术分支分布。其中，钢铁研究总院和卡本特公司对低合金马氏体钢、马氏体沉淀硬化不锈钢、马氏体二次硬化钢、马氏体时效不锈钢以及马氏体时效钢均有专利布局，不同的是，钢铁研究总院侧重的是低合金马氏体钢和马氏体二次硬化钢，而卡本特公司更关注低合金马氏体钢和马氏体沉淀硬化不锈钢。在排名前三的重要申请人中，国际镍公司由于开发了 300M 钢和 18Ni 系列钢而在飞机起落架用钢领域占据重要地位，其除了同样关注低合金马氏体钢，在以 18Ni 为基础的马氏体时效钢方面也进行了大量的研发。日立公司的研发聚焦在马氏体沉淀硬化不锈钢和马氏体时效钢。奎斯泰克公司和 AK 钢铁公司的研发偏向于马氏体沉淀硬化不锈钢。哈尔滨工程大学和川崎制铁公司的研发更为专注和单一，仅分别在低合金马氏体钢和马氏体时效钢方面有布局。宝武特种冶金有限公司（以下简称"宝武公司"）的研发聚焦在马氏体沉淀硬化不锈钢和马氏体时效钢。而中科院金属所和奥贝特迪瓦尔公司更为关注马氏体二次硬化钢和马氏体时效钢方面的研究。从图 5 - 1 - 1 的分布还可以得出，钢铁研究总院在马氏体二次硬化钢的布局方面具有优势，其申请量远高于其他重要申请人，而国际镍公司则在马氏体时效钢的研发方面具有领先地位，对于马氏体沉淀硬化不锈钢，日立公司拥有最多的专利布局。

此外，课题组还对排名前 20 位的重点申请人的国别分布进行了分析，如图 5 - 1 - 2 所示，重点申请人主要分布在中国和美国，其次是日本，此外，在排名前 20 位的申请人中还有来自法国的奥贝特迪瓦尔公司以及来自加拿大的 VARTANOV GREGORY，可见，我国和美国在飞机起落架用钢领域占据绝对优势，也暗含了我国飞机起落架用钢领域和美国属于并跑阶段，在飞机起落架用钢领域也具有自己的优势和特色。同时，还可以看出在该领域，中国、美国和日本在高合金钢方面的研发相比于低合金的投入更多。

此外，基于上述重点申请人的二级技术分支的分布情况，课题组进一步归纳和整理了各重点申请人研发侧重的性能指标，如表 5 - 1 - 1 所示。钢铁研究总院在强度、塑韧性、耐蚀性、焊接性能、成本都有所涉猎，且关注了稳定性的改进；而国际镍公司和卡本特公司更加侧重在强韧性的提升，并都涉及耐蚀性的研究；此外，在塑韧性的改进中，钢铁研究总院、国际镍公司、奥贝特迪瓦尔公司、AK 钢铁公司、哈尔滨工业大学和哈尔滨工程大学在延伸率方面的研发较集中，而卡本特公司、日立公司、奎斯泰克公司、大同特钢公司和川崎制铁公司则更加关注断裂韧性，可见，在塑韧性改进方面，中国偏向于延伸率而日本偏向于断裂韧性。此外，除了钢铁研究总院，奥贝特迪瓦尔公司在降低合金钢的成本方面的专利布局最多，而奎斯泰克在耐蚀性的改进方面拥有更多的专利申请；而对于焊接性能，在排名前20位的申请人中只有美国共和钢铁公司和北京科技大学有所涉及。

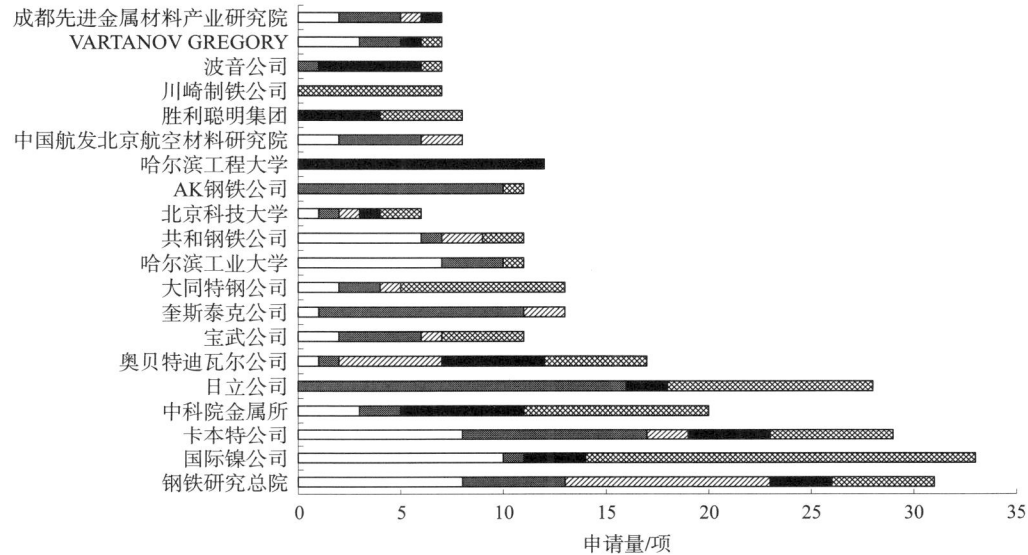

图 5 - 1 - 1　飞机起落架用钢全球重点申请人的二级技术分支分布

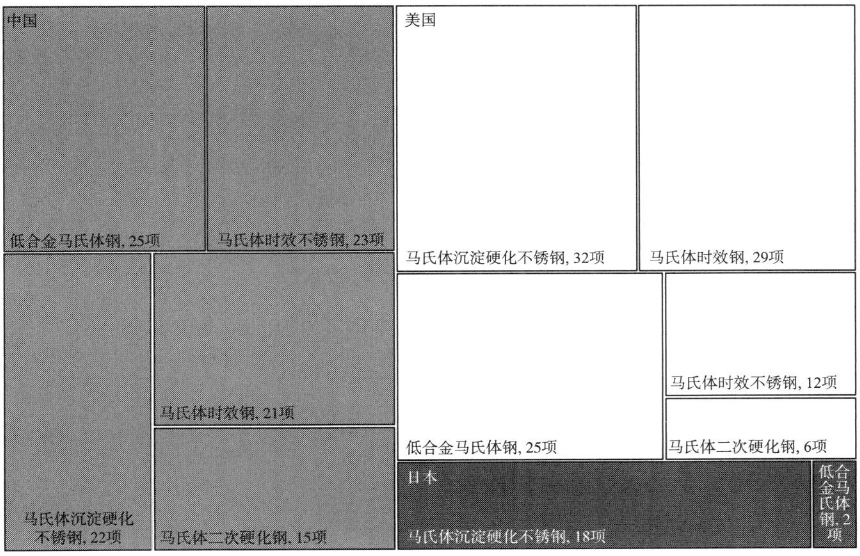

图 5 - 1 - 2　飞机起落架用钢二级技术分支下重点申请人申请量主要国别分布

表5-1-1　飞机起落架用钢重点申请人的技术效果分布　　　　　　单位：项

申请人	强度	延伸率	断裂韧性	耐蚀性	冲击韧性	焊接性能	成本	稳定性
钢铁研究总院	16	17	10	7	3	0	7	3
国际镍公司	41	15	5	2	8	0	0	0
卡本特公司	37	6	27	5	4	0	0	0
中科院金属所	15	9	2	4	3	0	1	0
日立公司	28	6	19	3	1	0	1	0
奥贝特迪瓦尔公司	21	17	7	2	0	0	10	0
宝武公司	11	7	5	0	1	0	4	0
奎斯泰克公司	18	0	7	9	0	0	0	0
大同特钢公司	14	1	7	3	1	0	0	0
哈尔滨工业大学	3	9	1	2	0	0	0	0
共和钢铁公司	13	3	6	0	0	1	0	0
北京科技大学	8	4	0	0	0	1	1	0
AK 钢铁公司	15	6	0	0	2	0	1	0
哈尔滨工程大学	3	9	1	2	0	0	0	0
中国航发北京航空材料研究院	2	1	3	1	0	0	0	1
胜利聪明集团	7	7	3	3	0	0	4	0
川崎制铁公司	12	0	13	0	0	0	0	0
波音公司	7	2	2	4	0	0	0	0
VARTANOV GREGORY	9	0	5	1	1	0	2	0
成都先进金属材料产业技术研究院	3	3	1	0	1	0	1	0

5.2　重点申请人技术发展路线

通过对全球专利数据样本进行梳理，结合产业发展情况和重要申请人的情况，在重点考虑了同族专利数量、被引用次数、申请时间上的优先性、专利有效性、技术方案的先进性、技术方案所取得的效果等多个因素的基础上，选取了基于成分改进、冶炼改进、锻轧改进、热处理改进四个技术分支的重点专利，围绕低合金、中合金、高合金钢的强度、塑韧性（延伸率、断裂韧性、冲击韧性）、稳定性、耐蚀性、焊接性以及成本降低技术问题的解决，梳理出飞机起落架用钢在不同技术分支的发展路线。飞机起落架用钢申请技术发展路线下的重点专利如表 5 - 2 - 1 所示。

表 5 - 2 - 1　飞机起落架用钢申请技术发展路线下的重点专利

申请人	年份	公开号	法律状态	技术手段（成分、热处理、冶炼、锻轧）	同族数量/件	被引次数/次
国际镍公司	1954	US2791500A（300M）	失效	成分	1	21
	1959	US2919188A	失效	成分：增 Ni 和 Mo	3	4
	1959	US3093518A	失效	成分：控制 Nb =（10 - 100）C 元素配合	17	13
	1961	US3093519A（18Ni）	失效	成分	7	49
	1966	US3453102A	失效	成分：降 Ni 提升 Ti	8	16
	1969	US3532491A	失效	成分：添加 0.03% Be，Zr 和 V 的组合；冶炼：利用特定的合金组合，空气气氛下即可冶炼	8	28
钢铁研究总院	2008	CN101403076B	有效	成分：Cr 和 Mo	2	16
	2014	CN104328359B	有效	成分：提高 C 和 Cr、Ni 的含量，同时添加 Mo、Nb、V	2	19
	2014	CN103820729B	有效	成分：高 Ti、Co	2	23
	2015	CN104711494B	有效	成分：提高 Ni、Al	2	19
	2018	CN109338241B	有效	成分：无 Ni，C、Si、Mn、Cr、Mo、V、Ti、Nb、B、Al 协同	2	3
	2019	CN101713046B	有效	锻轧：设计设计热轧、热连轧和冷连轧工艺	2	46
	2021	CN114682784A	在审	冶炼：采用 SLM 打印工艺	1	0

申请人	年份	公开号	法律状态	技术手段（成分、热处理、冶炼、锻轧）	同族数量/件	被引次数/次
卡本特公司	1988	US4886640A	失效	成分：Cr－Mo－V的配合	3	32
	1988	US4832909A	失效	成分：控制 Co/Mo≥0.3，Ti＋Nb≥1	6	28
	1990	US5087415A	失效	AerMet100的基础专利	26	143
	1991	WO1991012352A1	失效	成分：专利US5087415A基础上控制了Ce/S的比例在2~15	26	143
	1996	US5866066A	失效	成分：专利WO199101232352A1的基础上，进一步提高了Co含量，放宽了Ti、Al、Mn的含量范围	14	47
	1995	US5681528A	失效	成分：平衡Cr、Ni、Ti、Mo	3	33
	1996	WO1997012073A1	失效	成分：控制Cr、Ni、Ti、Mo，对Cu、N、P、S的控制	38	79
中科院金属所	2006	CN100497708C	失效	成分：利用Al完全替代Ni，Al的添加量是1%~2.5%	2	13
	2006	CN101078088A	失效	成分	1	14
	2008	CN101560592B	有效	热处理：循环相变	2	6
	2016	CN107653421B	有效	成分：Cr、Mo配合	6	16
	2021	CN113755677A	在审	热处理：循环相变	1	0
日立公司	1986	JP1986047215B2	有效	成分：元素配合提高韧性	4	30
	1991	JP3342501B2	失效	成分：减少Nb、V和Mo的添加	8	55
	2011	WO2012002208A1	失效	成分：不添加Co	4	32

续表

申请人	年份	公开号	法律状态	技术手段（成分、热处理、冶炼、锻轧）	同族数量/件	被引次数/次
奥贝特迪瓦公司	2005	FR2885141A1	有效	成分：控制 Ni/Al 比	26	91
	2005	CN100580124C	有效	成分：Mo 与 W 的联合使用，降低成本	26	91
	2006	CN101248205B	有效	热处理：固溶＋深冷＋时效	24	69
	2009	EP2310546B1	有效	热处理：软化回火＋固溶＋深冷＋低温回火＋时效	18	37
宝武公司	2012	CN102605279B	有效	成分：添加 Ni＋Co＋Mo＋W	2	11
	2013	CN103255351B	有效	冶炼：改进真空精炼	2	13
	2020	CN113774285A	在审	冶炼：超低碳工业纯铁的冶炼	1	0
奎斯泰克公司	2006	EP1848836B1	有效	成分：添加 Ni、Cr、Mo、Cu 和 W	16	48
	2008	CN102016083B	有效	成分：添加 W、V，降低 Co	44	234
	2009	DE602009003964T2	有效	成分：利用 W、V 替换部分 Co	1	0
哈尔滨工业大学	2021	CN113699463A	失效	成分：添加 Nb、Ti、Mo、Si	1	0
北京科技大学	1985	CN85107993B	失效	成分：去 Co 降 Ni	1	10
	2016	CN105568151B	有效	成分	1	27
AK 钢铁公司	1944	US2482097A	失效	成分：Cr、Ni、Cu	1	12
哈尔滨工程大学	2021	CN113046642A	审中	成分：通过增加 Mn 的含量替换一定 Mo、Ti	1	15

续表

申请人	年份	公开号	法律状态	技术手段（成分、热处理、冶炼、锻轧）	同族数量/件	被引次数/次
中国航发北京航空材料研究院	2021	CN114317897A	审中	热处理：预备热处理－一次高温回火＋不完全退火＋二次高温回火	1	0
	2019	CN110423955B	有效	成分：添加 Co、V、Nb 结合 Mo 和 W	1	12
	2021	CN114318167A	审中	锻轧：反复镦拔变形	1	0
川崎制铁公司	1981	JP1984053327B2	失效	热处理	1	6
中科院金属所、波音公司	2021	US20210340640A1	审中	成分：调节 Cr、Ni、Mo 和 Ti 的元素比	6	16

5.2.1 成分改进

表 5-2-1 示出了飞机起落架用钢技术发展过程中的重点专利，其中涉及的成分改进可分为针对低合金、中合金、高合金钢。

在低合金钢的发展上，具有代表性的重要申请人为国际镍公司、卡本特公司、中科院金属所、钢铁研究总院。例如，国际镍公司早在 1954 年申请了一种低合金马氏体钢，后续被认为是飞机起落架用 300M 钢的基础专利 US2791500A，其通过使用 C、Si、Mn、Mo、Cr、Ni、Al 元素的合理搭配，获得了强度和延伸率均十分优异的合金，屈服强度达到 1575～1706MPa，延伸率达到 10%～12%。接着在 1959 年，国际镍公司提出专利 US2919188A，通过增加 Ni 和 Mo 的含量，使得屈服强度进一步提升至 1800MPa 以上。1988 年，卡本特公司申请的专利 US4886640A 通过在低合金马氏体钢成分改进中配合使用 Cr、Mo、V 元素，使得低合金钢的延伸率得到了提升，获得 15% 的延伸率，但是相应的屈服强度和抗拉强度略有降低，屈服强度仅达到 1600MPa，抗拉强度达到 1800MPa。后续低合金马氏体钢的发展在一段很长的时间内，没有太大的进展。2006 年，我国中科院金属所申请的专利 CN101078088A 通过成分进一步改进，使得合金的屈服强度提升至 1888MPa。2018 年，我国钢铁研究总院申请的专利 CN109338241B 通过在低合金马氏体钢中省略了 Ni 元素，采用 C、Si、Mn、Cr、Mo、V、Ti、Nb、B、Al 协同，使得抗拉强度 ≥2000MPa，延伸率 ≥12% 和夏比冲击功 KV_2（－40℃）≥12J，由于相比较最早期专利 US2791500A 在性能基本相当条件下省略了 Ni 元素，具有一定的经济性提升。

2014 年，钢铁研究总院申请的专利 CN104328359B，提出设计一种中合金钢的概念，相对高合金钢降低了成本，且屈服强度在满足 1830MPa 时，断裂韧性可以达到 120MPa·m$^{1/2}$。

高合金钢的发展最早开始于 AK 钢铁公司 1944 年申请的专利 US2482097A，通过合金成分上 Cr、Ni、Cu 的设计使用，获得第一代马氏体沉淀硬化不锈钢，但其屈服强度仅达到 1240MPa，性能较低。

在 20 世纪 50～60 年代，高合金钢的研发主要集中在以国际镍公司为代表的企业中，其中以生产马氏体时效钢为主，主要从成分上进行改进以满足更高的强度需求，例如专利 US3093519A 作为 18Ni 钢的基础专利，通过合金成分设计具有 1724MPa 屈服强度，专利 US3453102A 在此基础上降低了高含量的 Ni，提高 Ti 的含量，以获得强度的进一步提升，屈服强度达 2456MPa，专利 US3532491A 通过添加了 Be 以及设计 Zr 和 V 的搭配，获得了强度、冲击韧性以及焊接性能的综合提升。然而早期的马氏体时效钢虽然具有非常好的强度指标，但由于高 Ni、Co 含量的设计使用，限制了在产业上的应用推广。

到了 20 世纪 80～90 年代，超高强度钢的专利申请以卡本特公司以及日立公司为代表，研发方向主要侧重于马氏体时效钢、马氏体二次硬化钢、马氏体沉淀硬化不锈钢和马氏体时效不锈钢。1988 年，卡本特公司申请的专利 US4832909A 相比较 20 世纪 60 年代的马氏体时效钢有了进一步的改进，降低了 Ni 以及 Co 含量，节省了成本，并且通过控制 %Co/%Mo≥0.3，%Ti+%Nb≥1.0，析出了如 Ni$_3$Mo、Ni$_3$Ti 的沉淀相，获得了强度以及断裂韧性的综合提升，屈服强度可达 1830MPa，断裂韧性达到 100MPa·m$^{1/2}$。1990～1996 年，卡本特公司研发出 AerMet 系列的马氏体二次硬化钢，马氏体二次硬化钢的一大优势就是显著降低了 Ni 的含量，专利 US5087415A、WO1991012352A1、US5866066A 不断尝试从成分上改进，通过控制 Ce/S 比，提高 Co 含量，放宽 Ti、Al、Mn 含量的范围等，获得了优于 300M 钢的强度，抗拉强度可以达到 2200MPa，断裂韧性可高达 143.4MPa·m$^{1/2}$，同时还具有与 AF1410 相当的耐海水蚀性，其中专利 US5087415A 提到的 AerMet100 钢后续被广泛应用于舰载机起落架中。1991 年，日立公司申请的专利 JP3342501B2，研发出一种马氏体沉淀硬化不锈钢，随后在 1995～1996 年，卡本特公司针对这种马氏体沉淀硬化不锈钢，通过 Cr、Ni、Ti 和/或 Mo 的含量控制，生产出强度更高、综合性能更好的 Custom 系列马氏体时效不锈钢。

21 世纪伊始，超高强度钢的专利申请以奎斯泰克公司、奥贝特迪瓦尔公司、中科院金属所为主，研发方向侧重马氏体二次硬化钢、马氏体沉淀硬化不锈钢和马氏体时效不锈钢。例如，奥贝特迪瓦尔公司在 2005 年申请的专利 FR2885141A1 针对马氏体二次硬化钢通过控制 Ni/Al 比获得屈服和抗拉强度均高于 2000MPa 的高强钢，同年申请的专利 CN100580124C 通过 Mo 与 W 的联合使用进一步降低马氏体二次硬化钢成本。奎斯泰克公司在 2008 年申请的专利 CN102016083B 通过添加 W、V，降低 Co 含量，以降低昂贵 Co 元素的使用，取得了 1800MPa 以上屈服强度、144MPa·mm$^{1/2}$ 断裂韧性的优异效果，在该阶段，中科院金属所开始在马氏体时效钢上进行研发突破。

2010～2021 年，超高强度钢的专利申请以国内的钢铁研究总院、中科院金属所、宝武公司、中国航发北京航空材料研究院为主，主要侧重于马氏体二次硬化钢、马氏体沉淀硬化不锈钢以及马氏体时效不锈钢的研发，2014年钢铁研究总院申请的专利CN103820729B，通过在成分上引入高Ti和Co，将屈服强度控制到1800MPa以上，且具有较高的耐蚀性。2021年，中科院金属所与波音公司合作申请了专利US20210340640A1，通过成分调整改进马氏体时效不锈钢，调节Cr、Ni、Mo和Ti的元素配比获得2000MPa以上的强度。

5.2.2　冶炼改进

国外的专利针对冶炼工艺的改进较少，该工艺的改进较为集中在国内，原因可能是国内炼钢技术起步较晚，早期生产技术相对不成熟，即使合金成分公开，成功复制生产出国外钢种也较为困难，因此，国内针对生产冶炼技术进行了集中研发突破。具有代表性的重要申请人为宝武公司、钢铁研究总院。例如，2013年，宝武公司申请的专利CN103255351B通过改进真空精炼工艺，采用VIM + VAR冶炼工艺，保证化学成分和残余元素O、N等的控制要求，同时较低的浇铸温度（1520 ~ 1550℃）形成大量等轴晶，并减少偏析；VAR重熔以及4000t快锻机锻造出钢棒，获得低倍组织中的白斑、暗斑、径向偏析、年轮状偏析分别达到A、A、A、B级别，横向力学性能达到纵向力学性能的92%以上的均质化合金，其生产的马氏体时效钢断裂韧性可达到121MPa·mm$^{1/2}$。2020年，宝武公司申请的专利CN113774285A提出通过其冶炼工艺控制生成超低碳工业纯铁，与工业纯铁相比，超低碳工业纯铁的各种杂质元素含量更低，洁净度更高，可用于超高强度马氏体时效钢、超高强度不锈钢等高端钢种冶炼时的原料。2021年，钢铁研究总院在生产马氏体时效钢时，提出专利CN114682784A采用激光选区熔化（SLM）打印工艺，该工艺可以生产出抗拉强度1930MPa以上、屈服强度1880MPa以上、延伸率9%以上且断面收缩率47%以上的超高强度钢。

5.2.3　锻轧改进

锻轧改进的工艺也主要集中在国内，代表性的重点企业有钢铁研究总院、中国航发北京航空材料研究院。例如，2019年，钢铁研究总院申请的专利CN101713046B通过设计热轧、热连轧和冷连轧工艺处理低合金马氏体钢使其屈服强度达到1800MPa以上，并且获得较好的断裂韧性、冲击韧性以及焊接性能。2021年，中国航发北京航空材料研究院申请的专利CN114318167A通过设计反复墩拔变形的锻轧工艺处理马氏体沉淀硬化不锈钢，将钢材的断裂韧性提高到80 MPa·mm$^{1/2}$以上。

5.2.4　热处理改进

2006年，奥贝特迪瓦尔公司申请的专利CN101248205B，通过优化热处理工艺参数，获得耐蚀性、断裂韧性和强度均较高的马氏体时效不锈钢，2009年，该公司申请的专利EP2310546B1，通过采用软化回火 + 固溶 + 深冷 + 低温回火 + 时效的热处理工艺，获得屈服强度1800MPa以上的马氏体二次硬化钢，2008年、2021年，中科院金属所分别申请的专利 CN101560592B、CN113755677A，通过循环相变的热处理改进，获得屈服强度为 1800MPa 以上的马氏体时效钢。

5.3 钢铁研究总院

5.3.1 申请趋势分析

钢铁研究总院是国内冶金行业最权威的综合性研发机构，2007 年，中国大飞机项目正式立项，我国对于航天航空钢材的需求快速增长，钢铁研究总院研发的符合飞机起落架用钢性能需求的钢材相关专利申请共有 35 项，如图 5-3-1 所示。在 2007~2012 年属于技术萌芽期，申请量较少，但也一直在该领域持续研发，并在 2013~2015 年进入技术的高速发展期，其间共申请专利 13 项。2018 年我国 C919 飞机主起落架的关键锻件实现国产化并试飞成功，标志着我国飞机起落架用钢的研发和生产能够满足实际应用的需求，此后，钢铁研究总院在飞机起落架用钢方面的研发速度放缓，但在 2021 年集中申请了 6 项专利。

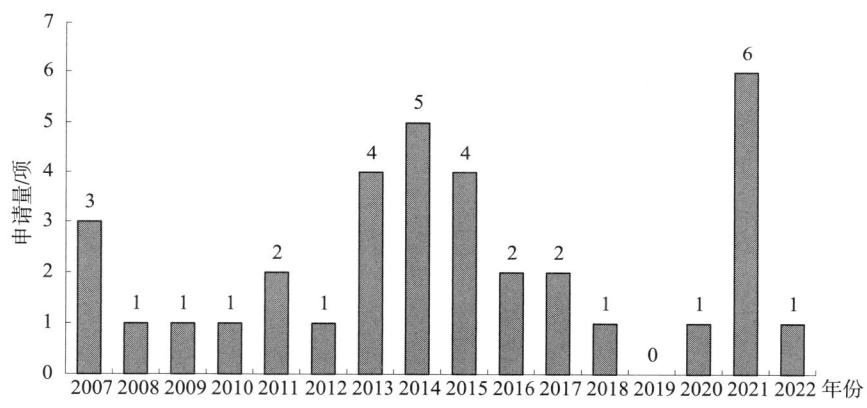

图 5-3-1 钢铁研究总院飞机起落架用钢专利申请发展趋势

5.3.2 目标市场

钢铁研究总院申请的专利均为国内申请，由此可见，钢铁研究总院作为国内起落架领域的重点申请人，在专利布局方面存在明显的不足。

5.3.3 专利被引用情况分析

图 5-3-2 示出了引用钢铁研究总院在飞机起落架用钢领域的专利的申请人，除了钢铁研究总院自身以外，引用排名前五的申请人有哈尔滨工程大学、中国航发哈尔滨东安发动机有限公司、宝山钢铁公司、北京航空航天大学。其中，哈尔滨工程大学和宝山钢铁公司是飞机起落架用钢领域的重点申请人，表明我国关于飞机起落架用钢的研发集中度较高。钢铁研究总院在 2013 年申请的高钼高强度二次硬化超高强度钢及

其制备方法的专利（CN103695802A），实现了2235MPa的屈服强度、2387MPa的抗拉强度，且延伸率为8%，相比于用于起落架的AerMet100钢、AerMet310钢、AerMet340钢具有更加优异的力学性能，因此被引用次数多达28次。

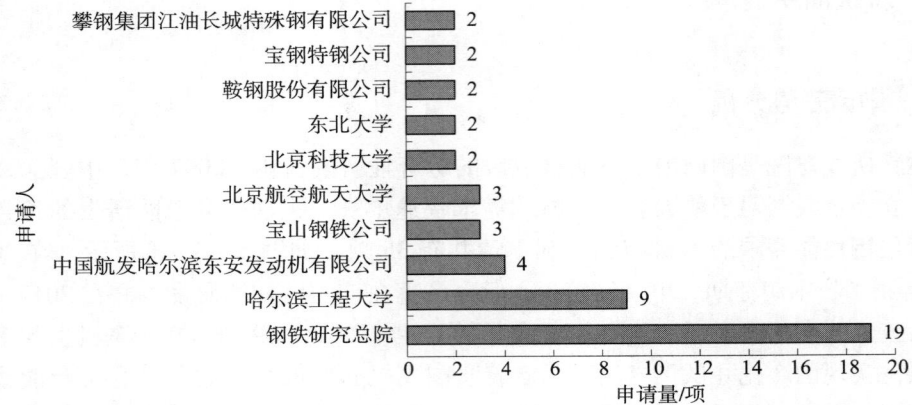

图5-3-2 引用钢铁研究总院飞机起落架用钢专利申请的主要申请人

5.3.4 技术发展路线

图5-3-3显示了钢铁研究总院的技术功效，钢铁研究总院的专利申请关注了合金的强度、塑韧性、耐蚀性、成本和稳定性的改进，且对于塑韧性的研究多于强度，而塑韧性中更加侧重延伸率的提升，其将成分的调控作为最关键的技术手段来实现各项性能的提升，其中，仅采用成分的调整就能改善合金的稳定性。此外，还通过热处理工艺调控强度、延伸率和断裂韧性，而锻轧也是调控强度、塑韧性和成本的有效手段，并且对于断裂韧性的提升最为明显。

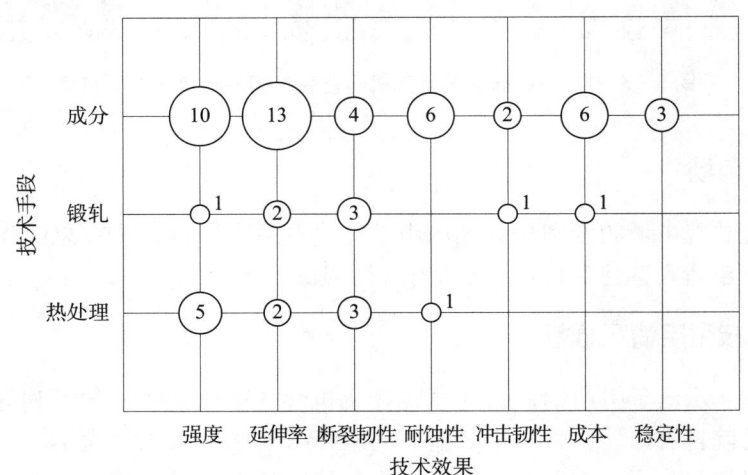

图5-3-3 飞机起落架用钢申请人钢铁研究总院专利申请技术功效

注：图中数字表示专利申请量，单位为项。

钢铁研究总院在高合金超高强度钢方面的技术发展如下。

2007～2010 年，钢铁研究总院开始了对高合金超高强度钢的研究，关注对高合金成本问题的控制，通过以下手段解决降低成本的问题：第一，省略昂贵的 Co 元素，适当提高了 Ni 和 Cr 含量，Cr（8%～10%）、Ni（11.50%～14.50%），并增加了 Mo 和 Ti；第二，节 Ni 型无 Co 马氏体时效钢，以 Cr 代替 Ni 减少了 Ni 的使用，综合性能达到与 C250、T250 钢相当。通过上述方式制备得到的合金并不能达到 1800MPa 以上屈服强度的要求，2016～2018 年，钢铁研究总院节约了昂贵的 Co 元素，提出高 C 高 Mo 含 Cu 含 Al 无 Co 的合金，实现了 AerMet100 钢和 M54 钢的性能超越。一直到 2022 年，钢铁研究总院提出了采用粉末冶金的方式来降低生产成本问题，传统真空感应气雾化制粉（VIGA）制备 SLM 工艺用超高强度钢 15～53μm 粉末范围的粉末成本较高，需要研发一种超低成本的制粉方法，以解决国内 SLM 增材制造领域，特别是超高强度钢粉末耗材的成本瓶颈问题。

2007～2010 年，钢铁研究总院开发出一种马氏体时效钢，公开号为 CN101403076B，能达到拉伸强度不小于 2100MPa 的要求，通过采用合金碳化物（M_2C）和金属间化合物（NiAl）复合强化的方式，使其具有超高强度、高塑韧性、高抗疲劳性能，能够提供 2100MPa 以上抗拉强度和良好塑韧性的综合性能，但其含有高 Ni（10%～13%）和 Co（12%～15%）。2011～2014 年，钢铁研究总院研发出一种 W、Mo 复合强化高韧性马氏体时效钢，公开号为 CN103451557B，加入合金元素 W 并提高 Co 含量，利用 Mo_2C 和 W_2C 复合强化的方式达到高的屈服强度和抗拉强度，同时提高钢中的 Ni 含量保证足够的韧性，具有屈服强度 2115MPa、抗拉强度 2228MPa、延伸率 10%；同期还研发出一种 Ti 强化高 Co 马氏体时效钢，公开号为 CN103820729B，在 Fe – Cr – Ni – Co 高韧性无碳马氏体基体上，采用高 Ti、高 Co 共同强化的方式，利用 Ni_3Ti 和适量 Fe_2Mo 共同强化获得超高强度；为保证相应的抗应力腐蚀性能，钢中 Cr ≥7%，具有屈服强度 1967MPa、抗拉强度 2031MPa、延伸率 8% 的性能。2016～2018 年，钢铁研究总院开发出一种马氏体时效钢，公开号为 CN104911499B，在节省了 Co 元素战略资源的前提下，采用无 Co 元素的合金设计思想，同时提高钢中 C、Mo 含量，提高 M_2C 相驱动力，特别是添加 Cu 和 Al，形成富 Cu 相和 NiAl 金属间化合物，通过 M_2C、富 Cu 相和 NiAl 相复合析出获得高强度，这种钢具有超高强度、高塑韧性、高回火稳定性和抗过时效能力，能够提供 2000MPa 以上抗拉强度和良好塑韧性的综合性能，回避了战略 Co 资源，具有良好的经济性。2021 年，钢铁研究总院提出用 SLM 工艺来生产 1900MPa 级超高强度钢，公开号为 CN114682784A，通过采用 SLM 工艺，致密度可达 99.5% 以上，采用了固溶 + 时效热处理制度，使得最终用 SLM 工艺制备的标准件具备了较好的力学性能，其抗拉强度可达到 1930MPa 以上，屈服强度可达到 1880MPa 以上，断后延伸率可达到 9% 以上，断面收缩率可达到 47% 以上。

钢铁研究总院在中合金超高强度钢方面的技术发展如下。

2011～2013 年，钢铁研究总院提出了开发多元合金配置的中合金超高强度钢，以解决如马氏体时效钢等因含有较多 Co、Ni 和 Mo 元素导致成本较高的问题，并于 2014 年时研发出一种中合金钢，公开号为 CN104328359B，在节省成本的同时能够获得高断裂韧性以及高强度，在低碳的纯铁中提高 C、Cr 和 Ni 的含量，同时添加 Mo、Nb 和 V，形成中合金低温回火马氏体钢，通过锻后试棒首先进行正火、退火热处理：正火处理 950℃×1h，退火处理 680℃×5h，然后送试样段加工拉伸、冲击及断裂韧性试样毛坯，最后进行淬火、回火热处理：淬火处理 910℃×1h（油淬）、回火处理 300℃×2h，以获得抗拉强度 1850MPa、屈服强度 1830MPa、延伸率 11.5%、断裂韧性 120MPa·M$^{1/2}$ 的优异性能。

钢铁研究总院在低合金超高强度钢方面的技术发展如下。

2011～2013 年，钢铁研究总院开发了一种高韧性超高强度钢，公开号为 CN102212760A，通过在淬火组织中仅保留适量的（Nb，V）（C，N）化合物，间接提高设计钢的韧性，即通过阻止奥氏体晶粒长大，细化板条马氏体尺度提高韧性，以实现 120MPa·m$^{1/2}$ 以上的断裂韧性。

2016～2020 年，钢铁研究总院提出了通过加入稀土元素改善低合金钢的塑性，降低钢的氢脆敏感性，使得其抗拉强度满足 1500～1600MPa、其氢脆敏感性低于现有的 40CrNi3MoV 钢；除此之外，还研发出一种 2000MPa 级 M$_3$ 型高韧塑性无 Ni 钢，公开号为 CN109338241B，采用含 Mn 无 Ni 的成分体系，减少合金成本，形成多相、亚稳、多尺度的 M$_3$ 微观组织特征以获得高强度和高韧塑性配合，采用淬火+低温回火的热处理工艺处理，达到抗拉强度 2005MPa、屈服强度 1634MPa、延伸率 12.5% 的性能。

2021 年，钢铁研究总院开发出一种屈服强度 2000MPa 以上的低合金钢，公开号为 CN114351058A，其目标在于对低合金超高强度钢的强度做出进一步的提升，低合金超高强度钢越来越倾向于多元合金化以提高强韧性，如从 Cr、Ni、Mo 合金化的 AISI 4340 超高强度钢演变出 Cr、Ni、Mo、Si 合金化的 300M 钢；通过提高 C 含量，增加少量淬透性元素 Mn、Cr 和 Mo，少量纳米碳化物稳定元素 Si、Al，以及微合金化元素 Nb、V 和 Ti 相结合的化学成分设计的基础上，利用组织细化、纳米碳化物析出和残余奥氏体控制等多步热处理工艺相结合，实现超低合金中高碳钢的抗拉强度 2519MPa、屈服强度 2039MPa、延伸率 9.1%、室温冲击韧性 41J/cm^2 的性能需求，在实现高性能的同时降低材料成本。

5.4　国际镍公司

5.4.1　申请趋势分析

国际镍公司的申请趋势如图 5-4-1 所示，1954 年国际镍公司开发了 300M 钢，并将其用于飞机起落架，具有超高的屈服强度和断裂韧性，至此，300M 钢成为飞机起落架用钢的主流钢材。国际镍关于飞机起落架用钢的专利申请集中在 1954～1975 年，且在 1958 年以后其关于飞机起落架用钢的研发进入高速发展期，除了 300M 钢的研发，其后续还开发了具有更高屈服强度的 18Ni 系马氏体时效钢，性能同样满足飞机起落架用钢的性能需求。此后，国际镍公司的研发重点为 Ni 基合金，并在 1998 年被 SMC 集团下的焊接产品公司兼并，联合组成 SMC 国际超合金集团（Special Metals Corporation）。

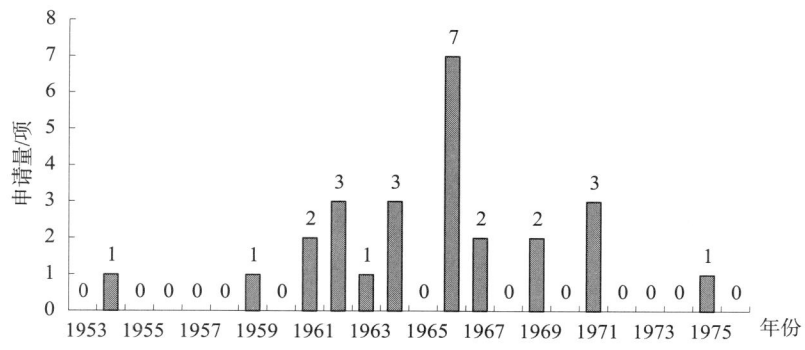

图 5 - 4 - 1　飞机起落架用钢国际镍公司专利申请发展趋势

5.4.2　目标市场

国际镍公司作为飞机起落架用钢行业的龙头公司，其专利除了在美国本土布局，还在其他国家进行了大量的布局，图 5 - 4 - 2 示出了国际镍公司在各个主要国家/地区的专利申请量，主要的目标国包括英国、奥地利、德国、法国、瑞士、西班牙等欧洲发达国家，同时也在积极开拓加拿大、日本等国家/地区的市场。由于国际镍公司的专利申请集中在 20 世纪 50 ~ 70 年代，此时，中国还未形成专利保护制度，因此，国际镍公司并未在中国布局。

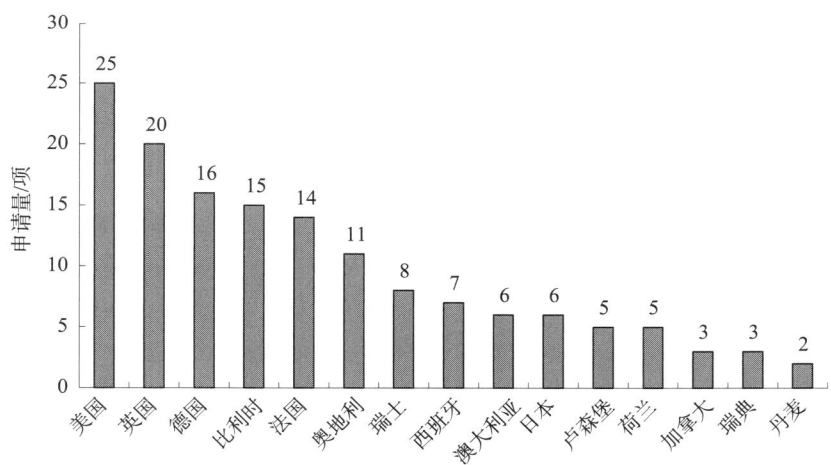

图 5 - 4 - 2　飞机起落架用钢国际镍公司专利申请目标国

5.4.3　专利被引用情况分析

图 5 - 4 - 3 示出了引用国际镍公司关于飞机起落架用钢专利的申请人分布，其中，除了该公司自己的引用以外，其最主要的申请引用人为卡本特公司、胜利聪明集团、三菱重工株式会社、日立公司等，申请引用人多为飞机起落架用钢领域的主要申请人，足见国际镍公司在飞机起落架用钢领域的领先地位。此外，国际镍公司关于飞机起落

架用钢专利申请中首次关于 300M 钢（US2791500A）的专利被引用次数高达 20 次，且首次提出 18Ni 钢（US3093519A）的专利含有的 7 个简单同族，总共的引用次数为 48 次，说明国际镍在飞机起落架用钢领域具有较强的先进性和明显的创新性，拥有较多的核心专利，在产业中处于技术强势地位，具有较高的国际影响力，对行业的技术创新具有引领和带动作用。

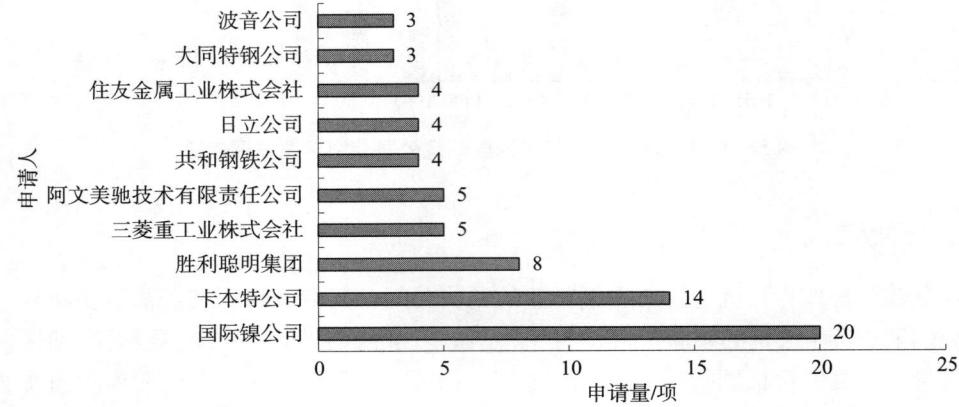

图5-4-3　飞机起落架用钢国际镍公司专利引用排名前十位专利申请人

5.4.4　技术发展路线

图5-4-4 显示了国际镍公司的技术功效，国际镍公司的专利申请关注了合金的强度、塑韧性和耐蚀性的改进，且对于强度的研究占据主导，而在塑韧性的改进中更加侧重延伸率的提升，其主要的技术手段为成分和热处理工艺的调整，其中，对于强度、延伸率和断裂韧性而言，采用成分和热处理都能有效地实现强度的提升，而对于耐蚀性的改进方面仅涉及成分的调整，此外，通过冶炼工艺也能调控合金的延伸率。

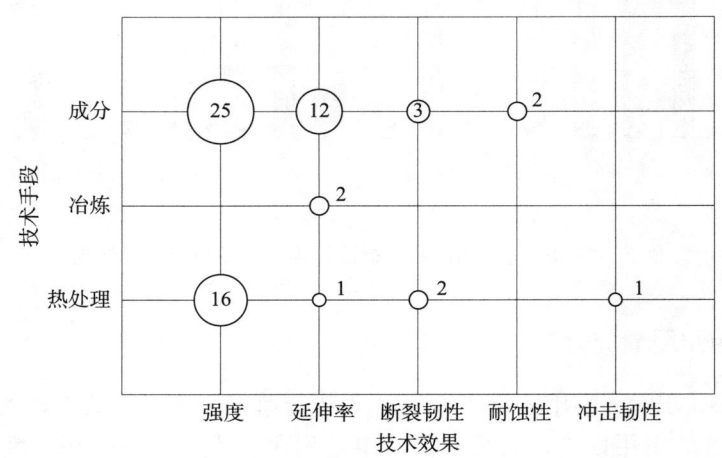

图5-4-4　飞机起落架用钢申请人国际镍公司专利申请技术功效

注：图中数字表示专利申请量，单位为项。

　　国际镍公司在飞机起落架用钢领域的研究开展较早，1954 年，国际镍公司开发出低合金马氏体钢（300M 钢），此后在 1961 年开发出高合金马氏体时效钢（18Ni 钢），并在 1959～1975 年不断对低合金马氏体钢和高合金马氏体时效钢的性能和成本进行改进，与此同时，还开发了二次硬化中合金钢和低温回火中合金钢。而 300M 钢和 18Ni 钢因为其较高的屈服强度和塑性广泛地应用于起落架，成为飞机起落架用钢的典型钢种，也成为后续研发飞机起落架用钢的基础。

　　关于国际镍公司满足飞机起落架用钢性能需求的相关技术的演化情况，在低合金钢方面，1954 年国际镍公司为了解决高强度钢通常韧性较低的问题，开发了一种用于飞机起落架的锻造高强度结构元件（US2791500A），采用超高强度低合金钢，其抗拉强度为 2068MPa、屈服强度为 1738MPa 以及延伸率为 9.5%，其是在 4340 钢的基础上调整 Al（0.02%～0.10%）和 Si（1.30%～2%）的用量，使其在 400～600℉（即 204～315℃）的温度范围内回火，强度并不会显著降低，且能改善延展性。300M 钢在 1966 年后作为美国的军机和主要民用飞机的起落架材料而获广泛的应用，F－15、F－16、DC－10、MD－11 等军用战斗机都采用了 300M 钢，此外，波音 747 等民用飞机的起落架及波音 767 飞机机翼的襟滑轨、缝翼管道等也采用 300M 钢制造。在高合金钢方面，马氏体时效钢是以无 C（或微 C）马氏体为基体的、时效时能产生金属间化合物沉淀硬化的超高强度钢。1959 年，国际镍公司研发了高 Ni 钢（Ni 含量为 24%～30%），合金中不应存在 Cr 和/或 Mo，在 1100～1400℉（即 590～760℃）下进行第一次时效处理，并冷却至 90℉（即 32℃），并在 1200℉（即 649℃）下进行第二次时效处理，除合金在机械特性方面的柔韧性外，与碳钢相比，该合金还具有有利的抗氧化和抗腐蚀性能，该高镍合金的屈服强度可达 1900MPa，拉伸强度为 1975MPa，且延伸率为 9%（US3093518A）。1961～1962 年该公司在铁镍马氏体合金中加入不同含量的 Co、Mo、Ti，通过时效硬化得到屈服强度分别达到 1400、1700、1900MPa 的 18Ni（200）、18Ni（250）和 18Ni（300）钢（US3093519A、US3132938A）。在 18Ni 钢的基础上，国际镍公司进一步降低 Ni 的含量至 15%～17.80%，并提升合金中 Ti 的含量，通过冷却转变后，在 800～1000℉（即 427～538℃）的温度下加热约 10h，在 900℉（即 482℃）空气气氛中时效硬化 3h，不仅提高合金的强度特性，而且还提供耐腐蚀的表面层，其屈服强度为 1725MPa，抗拉强度为 1794MPa，延伸率为 9.50%（US3132937A、US3166406A）。此外，还开发了一种含 Si 的时效硬化钢，它能够在时效条件下提供高屈服强度和良好的韧性，通常，当 Si 的含量超过 0.50% 时，会严重损害合金的延展性和韧性，但该合金控制 Si 的含量为 2.75%～3.30%，通过时效热处理使其完全转化为马氏体，在不降低强度的基础上也能够获得优异的塑性，其屈服强度为 1524MPa，抗拉强度为 1566MPa，延伸率为 14%（US3294527A）。同年，国际镍公司还针对高合金钢韧性低的技术问题，提出一种高韧性的马氏体时效钢，通过降低 Si 含量（不超过 0.15%）以及控制合金中 B 和 Zr 的用量，并在 800～1000℉的温度下进行时效处理以抑制奥氏体的形成，从而实现高的屈服强度和韧性（US3262777A）。为了进一步提升马氏体时效钢的强度和韧性，国际镍公司于 1966 年在 18Ni 钢的基础上，调整各成分的含量，主要包括降低 Ni 的含量提升 Ti 的含量，实现了屈服强度 2456MPa、抗拉强度 2505MPa、延伸率 11%（US3453102A）。同年，国际镍公司研发了含 Be 的马氏体时效钢，通过控制 Be 的添加量，降低 Ni 和 Co 的用量实现了高强度和高韧性的结合，其中，屈服强度为 1860MPa，抗拉强度为 2277MPa，延伸率为 9%（US3396013A）。1969 年，国际镍公司针对 18Ni 系列合金（例如 18Ni200、18Ni250 和 18Ni300），降低合金中 Mo 和 Ti 元素的含量，提升 Co 和 Al 的含量，实现了屈服强度大于 2000MPa，且延伸率能够保持在 10%（US3532491A）。

为了提升合金钢的耐腐蚀性，国际镍公司在 1964 年还开发了马氏体沉淀硬化不锈钢，具有高的强度和良好的韧性，其屈服强度可达 1625MPa，延伸率为 15%（US3342590A）。并在 1971 年研发了马氏体时效不锈钢，具有高的 Ni（15% ~ 25%）、Cr（10% ~ 28%）和 Co（25%）含量，其屈服强度为 1724MPa，抗拉强度为 1793MPa，延伸率为 9%。

5.5 卡本特公司

5.5.1 申请趋势分析

卡本特公司也是飞机起落架用钢领域的国外重要申请人，其申请量仅次于国际镍公司。图 5 - 5 - 1 示出了卡本特公司在飞机起落架用钢领域的申请趋势，可以大致分为三个阶段，在 1988 年卡本特公司公开了一种低合金工具钢（US4886640A），实现了屈服强度 1646MPa，且延伸率为 9.20%，能够满足飞机起落架用钢的需求，在随后的三年内，又继续开发了用于起落架的可时效硬化的马氏体钢（DE69019578T2），进一步获得屈服强度为 1800MPa、断裂韧性为 110MPa · $m^{1/2}$ 的 Aermet100 钢，相比于 300M 钢，其具有更高的断裂韧性。随后在 1992 ~ 2002 年共申请了 6 项专利，其研发的重点转到高强度的马氏体沉淀硬化不锈钢。而在 2009 ~ 2022 年共申请了 17 项申请，涉及高强度高韧性钢材，并拓展了其应用领域。

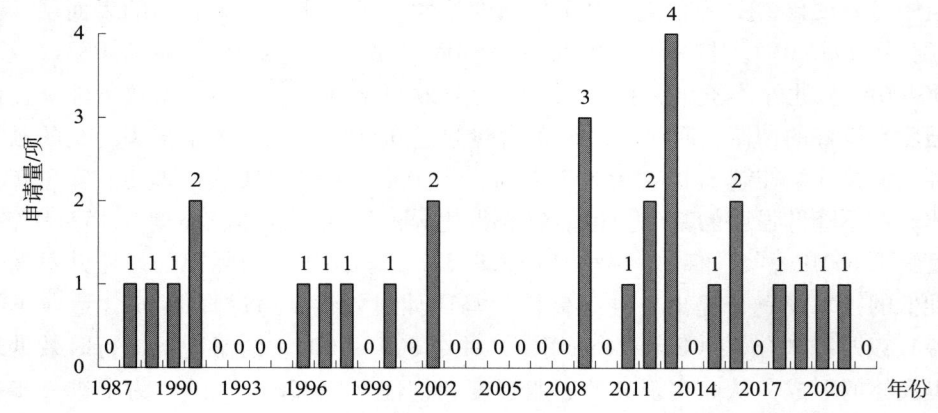

图 5 - 5 - 1　飞机起落架用钢申请人卡本特公司专利申请发展趋势

5.5.2 目标市场

图 5 - 5 - 2 示出了卡本特公司专利申请的目标地，卡本特公司是美国一家特种金属合金生产商，其专利申请的目标地除了美国以外，还在世界各地进行了专利布局，主要分布在欧洲各国，以及加拿大、日本、韩国、巴西、中国等。和国际镍公司不同的是，卡本特公司虽然也起步较早，但在飞机起落架用钢领域持续研发，其不仅在欧洲各国进行专利布局，还注重亚洲市场，其在韩国、中国和日本也有大量的专利布局。

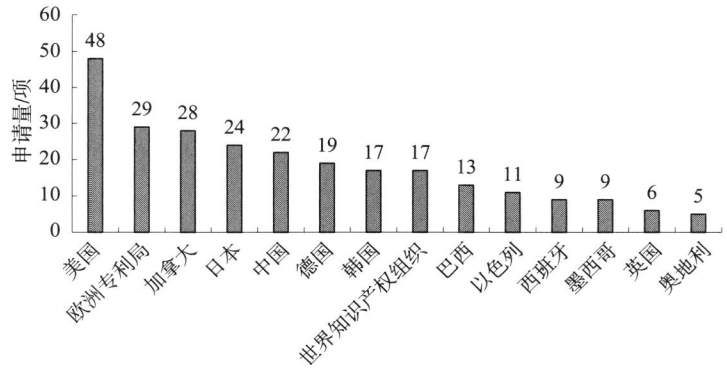

图 5 - 5 - 2 飞机起落架用钢卡本特公司专利申请目标地

5.5.3 专利被引用情况分析

图 5 - 5 - 3 示出了引用卡本特公司专利的申请人，除了卡本特公司本身，主要有大同特钢公司、奥贝特迪瓦尔公司、株式会社东芝、卡斯腾制造公司、奎斯泰克公司等，其中，大同特钢公司、奥贝特迪瓦尔公司以及奎斯泰克公司都是飞机起落架用钢领域的重要申请人。卡本特公司在 1991 年申请的高强高韧合金钢（US5268044A）被引用高达 62 次，其原因在于该专利是以卡本特公司在 1990 年申请的 AerMet100 钢（DE69019578T2）作为基础，在成分上进一步优化以及在撰写上公开了更具体的信息，其屈服强度和抗拉强度也都要优于首次申请的 AerMet100 钢，而 AerMet100 钢相比于300M 钢具有更高的强度和韧性，因此其作为飞机起落架用钢成为后续研发的重点。

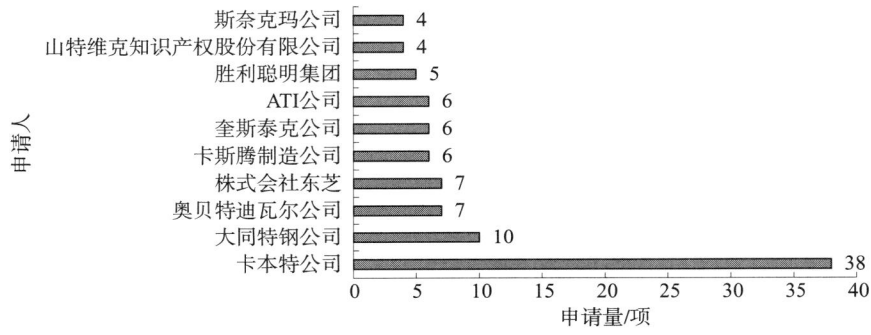

图 5 - 5 - 3 飞机起落架用钢引用卡本特公司专利的申请人排名前十位

5.5.4 技术发展路线

图5-5-4显示了卡本特公司的技术功效，和国际镍公司一样，卡本特公司的专利申请关注了合金的强度、塑韧性和耐蚀性的改进，且对于强度和塑韧性的研究占据主导，而在塑韧性的改进中更加侧重断裂韧性的提升，其主要的技术手段为成分和热处理工艺的调整，其中，对于延伸率、耐蚀性和冲击韧性，仅采用了成分的调整。

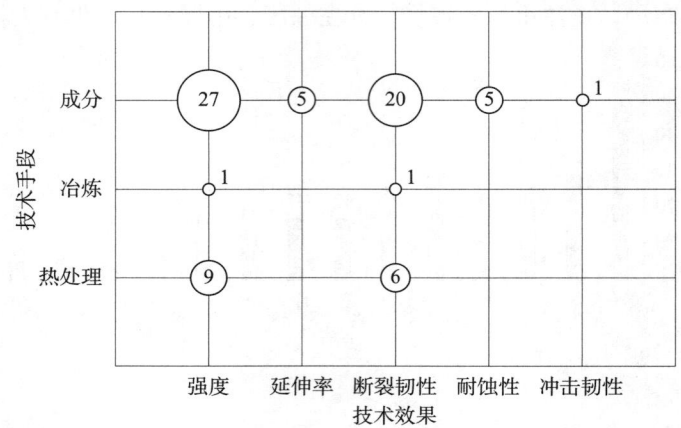

图5-5-4 飞机起落架用钢申请人卡本特公司专利申请技术功效

注：图中数字表示专利申请量，单位为项。

卡本特公司在低合金超高强度钢领域布局的专利较少，其1988年提出的US4886640A，利用Cr（3.50% ~ 6.00%）、Mo（1.50% ~ 3.00%）、V（0.50% ~ 1.50%）的成分组合获得屈服强度可达1600MPa，抗拉强度可达1800MPa，延伸率可达15%的力学性能，同时具有较优的回火抗性。在之后的20年中卡本特公司未在低合金超高强度钢领域进行布局，直到2009年，其专利技术WO2010011447A2提出了一种中低合金成分组合，C（0.35% ~ 0.50%）、Mn（0.60% ~ 1.20%）、Si（0.90% ~ 2.50%）、P（≤0.01%）、S（≤0.001%）、Cr（1.00% ~ 1.50%）、Ni（3.50% ~ 4.50%）、Mo（0.40% ~ 1.30%）、Cu（0.50% ~ 0.60%）、Co（≤0.01%）、V（0.25% ~0.35%），余量为Fe。利用2 < （%Si +%Cu） / （%V + （5/9）×%Nb） < 14的配比，通过防止脆性相和流变元素形成在晶界上来增强合金的晶界。其抗拉强度高达2100MPa，屈服强度高达1700MPa，断裂韧性高达71.4 Ksi·In$^{1/2}$。

卡本特公司未在马氏体时效钢方向保持持续的研究状态，该公司仅于1988年为了解决高成本的问题，在专利US4832909A中控制%Co/%Mo≥0.3, %Ti +%Nb≥1.0，使得其能够在低Co含量（0.50% ~5%）的情况下用沉淀含Ni - Mo（如Ni$_3$Mo）和Ni - Ti（如Ni$_3$Ti）的金属间化合物获得高强度和高韧塑性，其采用双真空冶炼，屈服强度可达1830MPa，抗拉强度可达1894MPa，断裂韧性150 MPa·m$^{1/2}$，大大降低了生产成本。其具有与无Co - 18Ni和含Co - 18Ni相当的强度且具有与含Co - 18Ni相当的韧性。

在马氏体沉淀硬化不锈钢的研发上，卡本特公司具有深厚的研发实力，1967年，其布局了第一件关于马氏体沉淀硬化不锈钢的专利（US3364013A），通过对 Cr、Co 和 Mo 元素进行控制，仅需相对简单的热处理就可以将其从易于锻造和热或冷加工的状态转变为具有高强度特性的沉淀硬化马氏体，其抗拉强度可达 1700MPa 以上，屈服强度可达 1250MPa，延伸率 15% 以上。在专利 US3364013A 的基础上，专利 US3861909A 提出了一种 Cr – Co – Ni – Mo 马氏体沉淀硬化不锈钢，其降低了 Cr、Co 的含量而提高了 Ni 的含量，能够最大限度提高韧性而不对强度产生不利影响，屈服强度可达 1900MPa，抗拉强度可达 2000MPa，延伸率也能达到 9%。随后，在专利 US4049430A 中关注到了成本问题，由于添加 Ti 时需要降低 S、N 等含量，因此成本提高，该发明在含 Cr – Ni 的基础上添加了 Cu、Al 和 Nb，其共同参与析出强化从而实现较优的强度塑性配合。随着性能的要求越来越高，1996 年提出了专利 WO1997012073A1，公开了一种 Cr – Ni – Ti – Mo 马氏体沉淀硬化不锈钢，通过 Cr、Ni、Ti 和/或 Mo 的含量控制，并借以对 Cu、N、P、S 的控制，可通过 VIM 或 VIM 然后 VAR + 固溶 + 深冷 + 时效，使其具有高强度的同时，保持高的耐缺口韧性和耐蚀性。2002 年，专利 WO2002070768A2 提出了一种沉淀硬化马氏体不锈钢，不含易氧化的 Ti、Al 等，在较宽的成分范围内即可实现空气条件下的铸造，提供了高强度、硬度、延展性和耐腐蚀性的优良组合，不需要特殊的冶炼气氛，大幅降低了成本。同年，其提出了 Cr – Co – Ni – Mo – Al 体系的沉淀硬化马氏体不锈钢，具有优异的强度、韧性和耐蚀性。2009 年，专利 WO2009108892A1 公开了一种沉淀硬化马氏体不锈钢的冶炼方法，通过在 VIM 期间添加 Ni – Ca 化合物，在合金处于熔融状态时将 Ca 添加到合金中，由此 Ca 与可用的 S 和 O 结合以形成选自 CaS、CaO 及其组合的 Ca 基夹杂物；处理所述合金以去除至少一部分 Ca 基夹杂物，从而在合金中不使用稀土金属添加物，在所述加工和凝固步骤之后，所述合金基本上不包含稀土基夹杂物并且任何残留的 Ca 基夹杂物稀疏地分散在合金中。Ca 基夹杂物的极小尺寸和稀疏分散有利于合金提供的强度、韧性和抗疲劳性。2013 年，提出了一种 Cr – Ni – Ti – Mo 体系的马氏体沉淀硬化不锈钢，具有优异强度、韧性和耐蚀性的组合。2014 年，专利 US20180363105A1 公开了一种与已知的耐腐蚀调质钢相比，具有更好的耐腐蚀性，并且可以以价格折扣（大大降低 Co）的方式生产沉淀硬化不锈钢的方法，将 Fe 合金组合物熔化成液体，将液体雾化并固化成粉末颗粒，从粉末颗粒表面除去氧气，以将体积氧含量减少到约 ≤ 20ppm，并将粉末颗粒固结成整体制品，获得至少约 280ksi 的抗拉强度和 $65 Ksi \cdot In^{\frac{1}{2}}$ 的断裂韧性，并且具有良好的腐蚀性能。2021 年，专利 WO2021173976A1 公开了一种专门用于飞机起落架的马氏体沉淀硬化不锈钢，其成分为：Ni（10.50% ~ 12.50%）、Co^2（1% ~ 6%）、Mo（1% ~ 4%）、Ti（1.50% ~ 2%）、Cr（8.50% ~ 11.50%）、Al ≤（0.50%）、Mn（≤ 1%）、Si（≤ 0.75%）、B（≤ 0.01%），余量 Fe，其可达到 1980MPa 的强度、$65 MPa \cdot m^{1/2}$ 的断裂韧性，同时具有优异的耐腐蚀性能。

马氏体二次硬化钢一直是卡本特公司生产的重点钢种，自 1990 年以来一直保持着持续研发状态，其中广泛应用于起落架的 AerMet100 钢就是卡本特公司的代表性技术，该钢种的基础专利产生于 1990 年，在专利技术 US5087415A 中首先被披露，具体成分为 C（0.20%~0.33%）、Mn（0.20%以下）、Si（0.10%以下）、Cr（2%~4%），Ni（10.50%~15%）、Mo（0.75%~1.75%）、Co（8%~17%）、Al（≤0.01%）、Ti（≤0.01%），余量为 Fe，其具有与 300M 钢相当的强度和与 AF1410 合金相当的断裂韧性且海水条件下获得良好的抗应力腐蚀开裂性能，其实际抗拉强度超过 1930MPa，断裂韧性超过 109MPa·m$^{1/2}$。1991 年，在专利 US5087415A 的基础上，专利 WO1991012352A1 进一步公开了 Ce/S 的比例在 2~15，能够进一步提升断裂韧性，使其断裂韧性高达 143.4 MPa·m$^{1/2}$，屈服强度高达 1800MPa，抗拉强度高达 2000MPa，同时具有抗应力腐蚀开裂的独特组合。1996 年，在专利 WO1991012352A1 的基础上，专利 US5866066A 进一步提高了 Co 含量，放宽了 Ti、Al、Mn 的含量范围，能够获得 2200MPa 的抗拉强度，同时断裂韧性还能达到 70 MPa·m$^{1/2}$。随着时间的迁移，卡本特公司一直朝着高强度的方向推进，2020 年，其专利 US20210198762A1 公开了一种抗拉强度高达 2500MPa 的钢，其组成为：C（0.30%~0.46%）、Mn（≤0.04%）、Si（≤0.03%）、Cr（1.65%~2.90%）、Ni（10.50%~13%）、Mo（1.20%~3.40%）、Co（15.40%~18.60%）、Al（≤0.02%）、Ti（≤0.02%）、O（≤0.001%）、N（≤0.001%），余量为 Fe，将 Co/C 的比例设置为 43~100，Ce/S 的比例和 La/S 的比例控制为 4~20，较好地控制了硫化物形状，以提供优异的强度、延展性、冲击韧性和断裂韧性的组合。

5.6 本章小结

本章对飞机起落架用钢重点申请人的专利技术进行分析。

首先，课题组分析了飞机起落架用钢领域专利申请量排名前 20 位的重点申请人，梳理了重点申请人在不同钢种、不同国别以及研发侧重的性能指标上的分布情况。

重点申请人主要分布在中国和美国，其次是日本，此外，在排名前 20 位的申请人中还有来自法国的奥贝特迪瓦尔公司以及来自加拿大的 VARTANOV GREGORY；在飞机起落架用钢领域，中国、美国和日本都在高合金钢方面的研发相比于低合金和中合金钢投入得更多。钢铁研究总院、国际镍公司、卡本特公司是排名前三的重点申请人，国际镍公司由于开发了 300M 钢和 18Ni 系列钢而在飞机起落架用钢领域占据重要地位，其除了关注低合金马氏体钢以外，在以 18Ni 为基础的马氏体时效钢方面也进行了大量的研发，钢铁研究总院和卡本特公司对低合金马氏体钢、马氏体沉淀硬化不锈钢、马氏体二次硬化钢、马氏体时效不锈钢以及马氏体时效钢均有专利布局，不同的是，钢铁研究总院侧重的是低合金马氏体钢和马氏体二次硬化钢研发，而卡本特公司更关注低合金马氏体钢和马氏体沉淀硬化不锈钢。AK 钢铁公司、川崎制铁公司的研发更为专注和单一，仅分别对低合金马氏体钢和马氏体时效钢进行了专利布局。从研发侧重的性能指标上，强度、延伸率和断裂韧性是国内外重点企业的关注重点，其次是耐蚀性和冲击韧性，奥贝迪瓦尔公司对成本问题进行了重点关注，同时焊接性能和稳定性也有所提及。

其次，课题组梳理出飞机起落架用钢材料的发展路线。

　　飞机起落架用钢的专利申请最早来源于德国 1942 年申请的专利 DE933154C，获得了第一代低合金马氏体钢，通过采用 C（0.47%）、Si（0.37%）、Mn（0.52%）、Cr（2.72%）、V（1.03%）以及 Mo（1.10%），取得了屈服强度 1479MPa、抗拉强度 1637MPa、延伸率 11.50%、断面收缩率 46% 的超高强度钢。在 20 世纪 50～60 年代，飞机起落架用钢的研发集中在以国际镍公司为代表的企业中，以生产马氏体时效钢和低合金马氏体钢为主，该阶段以追求更高的强度为主要目标。到 20 世纪 80～90 年代，超高强度钢的专利申请以卡本特公司、日立公司为代表，并且出现了马氏体二次硬化钢和马氏体时效不锈钢这样的新钢种，该阶段低合金马氏体钢的延伸率得以进一步提升，但略微牺牲了一部分强度，马氏体时效钢降低了 Ni 和 Co 含量，成本得以进一步降低，以 AerMet 系列为代表的马氏体二次硬化钢的出现取得了优于 300M 低合金马氏体钢强度、断裂韧性、耐海水腐蚀性的综合性能，在 20 世纪 90 年代末，卡本特公司为解决低合金马氏体钢和马氏体二次硬化钢仍须表面涂层的问题，开发出耐蚀性更好的 Custom 系列马氏体时效不锈钢。到 21 世纪初，随着中国大飞机项目的启动，中国的专利申请量开始增加，中科院金属所将低合金马氏体钢的强度再一次提升，奥贝特迪瓦尔公司进一步提升了马氏体二次硬化钢的强度以及降低了成本，奎斯泰克公司也开始以降低战略性 Co 元素含量为前提的高强度、高断裂韧性钢种的研发。在 2010～2021 年，飞机起落架用钢的研发集中在国内，以追求高强度、断裂性能、焊接性能、稳定性和低成本的综合性能为研发着力点。

　　最后，课题组针对排名前三的重点申请人，即钢铁研究总院、国际镍公司、卡本特公司分别对申请趋势、目标市场、专利被引用情况进行分析，并且梳理出该重点申请人的技术发展路线。

第6章 飞机起落架用钢重要专利分析

6.1 重要钢种的技术发展路线

课题组梳理了可用于飞机起落架上的超高强度钢的重要专利技术，并对各个专利技术进行了深入分析，比较了相应的重要专利技术与钢产品之间的关系，以期为相关企业进行专利方面的申请与布局提供参考。重要专利的筛选综合考虑了同族被引用次数、同族数、维持年限、专利的保护范围、该专利是否有相应的钢产品产出等因素。下文将以二级技术分支为基础，对低合金马氏体钢、马氏体时效钢、马氏体沉淀硬化不锈钢、马氏体二次硬化钢、马氏体时效不锈钢的重要专利技术进行分析。

6.1.1 低合金马氏体钢

1954 年，国际镍公司提出了一项能够用于飞机起落架的超高强度钢的专利 US2791500A，该钢的提出是为了解决大型飞机的出现 SAE4340 钢不能满足强度要求的问题，其成分为：Ni（1.50% ~ 3.50%）、Cr（0.70% ~ 1.50%）、Mo（0.10% ~ 0.50%）、C（0.35% ~ 0.45%）、Si（1.30% ~ 2%）、Mn（0.50% ~ 1%）、Al（0.02% ~0.08%）、V（≤0.10%），余量为 Fe，该钢能够达到屈服强度 1700MPa，抗拉强度 2000MPa，延伸率 10%，V 型缺口冲击功 16.5J，在 400℉、500℉甚至 600℉的回火温度下消除特殊钢的应力，而不会出现明显的脆化现象。通过与美国宇航材料标准 AMS6417 相比较可知，其成分与美国 C – 5A 大型军用运输机起落架 300M 钢几乎相同，可见，该专利构成了 300M 钢的基础专利。在此后的近 70 年里，该钢成为飞机起落架中最常用的钢种，我国于 20 世纪 80 年代中期开始仿制，在 C919 大飞机上采用了我国成功仿制的 300M 钢，但该仿制品并未进行相应的专利布局。由此可见，国际镍公司的策略是先专利申请，再积极推动应用，同时伴随着标准的制定，若该专利一旦成为标准必要专利，便会进一步增强专利控制力。

6.1.2 马氏体时效钢

国际镍公司除了在低合金马氏体钢的研发上取得了重大突破，其强大的研发能力还扩展到了马氏体时效钢上。为了解决现有的钢易于成型、焊接并且在缺口条件下承受应力腐蚀开裂和裂纹扩展表现出良好的抵抗力的同时强度不能达到 250000psi（即 1700MPa）的问题，该公司 1961 年提出了一种高 Ni 的马氏体时效钢的专利申请 US3093519A，其合金成分为：Ni（17% ~ 19%）、Mo（4.60% ~ 5.10%）、Co（7% ~ 8%）、C（0.01% ~ 0.03%）、Ti（0.30% ~0.50%）、Al（≤0.15%）、Si（≤0.10%）、Mn（≤0.10%）、B

（≤0.10%）、Zr（≤0.25%）、Ca（≤0.10%），余量为 Fe。在具有韧性、抗应力腐蚀开裂、在缺口条件下抗裂纹扩展和可焊性优异性能组合的情况下，屈服强度超过1380MPa，抗拉强度超过 2068MPa。该专利也构成了 18Ni（250）的基础专利。仅一年后，国际镍公司为了进一步解决现有钢低温（100℉，即 37.8℃）强韧性不足的问题，提出了另外一件专利申请 US3132938A，在 US3093519A 的基础上降低了 Mo、Ti 含量并相应提高了 Co 的含量，具体成分为：Ni（17%～19%）、Co（8%～9%）、Mo（2.80%～3.50%）、Ti（0.05%～0.25%）、Al（0.05%～0.15%）、Si（≤0.20%）、Mn（≤0.20%）、S（≤0.01%）、C（≤0.03%）余量为 Fe。经过比较分析，该专利构成 18Ni（300）的基础专利。但该技术得到的延伸率偏低，也严重限制了其应用范围。后期在飞机起落架用钢方面的应用，主要还是以 18Ni（250）为主。

6.1.3 马氏体沉淀硬化不锈钢

1944 年 AK 钢铁公司提出了一项专利 US2482096A，其为 17-4PH 的基础专利，该技术为了解决现有的不锈钢在高温软化后钢表面质量变差且形状尺寸不可控的问题，以及使用 Ti 进行硬化但 Ti 在冶炼过程中烧损严重的情况，提出了一种铬镍不锈钢。该不锈钢可以通过加热到足够低的温度而硬化，从而避免或最小化氧化和不适当的变形。虽然该技术解决了上述问题，但其获得的强度很低，屈服强度最高只能达到 1380MPa。随着飞机起落架用钢高强化的要求，其必然会被逐渐淘汰。1966 年，AK 钢铁公司在专利 US3556776A 中公开了一种严格控制 C、S 和 N 含量的 Cr-Ni-Cu-Mo 马氏体沉淀硬化不锈钢，其在专利 US2482096A 的基础上添加了 1.75%～2.50% 的 Mo，从而获得一种只需要一次热处理就可达到屈服强度 1550MPa，抗拉强度 1700MPa，且具有较好的焊接性能的合金钢。经核实，该专利为 13-8Mo 的基础专利。

6.1.4 马氏体二次硬化钢

1965 年，美国钢铁企业公司在专利 US3502462A（HY180）中为了克服强度、塑韧性不能同时提高的问题，提出了一种利用淬火和回火钢的强化原理与马氏体时效钢的强化原理相结合的思路，使钢从碳化物沉淀获得一部分强化，而从金属间化合物的沉淀获得一部分强化。利用 Ni（9.50%～14%）、Co（6%～10%）、C（0.06%～0.16%）、Mo（0.70%～1.50%）和 Cr（0.50%～3%）的组合获得了高的屈服强度，高达 1500MPa 和冲击韧性 0℉下 54～80J，同时低 C 含量使其获得了优异的焊接性能。1976 年洛克希德马丁公司在专利 US4076525A（AF1410）中提出了一种可焊的马氏体二次硬化钢，其组成为C（0.12%～0.17%）、Cr（1.80%～3.20%）、Mo（0.90%～1.35%）、Co（11.50%～14.50%）和 Ni（9.50%～10.50%）的组合，上述组合在 1450～1690MPa 屈服强度和1518～1863MPa 的抗拉强度下，可以获得 125MPa·m$^{1/2}$ 的断裂韧性，在 3.50% NaCl 溶液中 1000h 具有 60MPa·m$^{1/2}$ 以上的断裂韧性（优异的抗应力腐蚀能力）。为了进一步突破专利 US4076525A 中强度的不足，同时克服专利 US2791500A 中韧性的不足，1990 年，卡本特公司在专利 US5087415A 中公开了一种马氏体二次硬化钢，经过分析，该技术为AerMet100 钢的基础专利，具体成分为：C（0.20%～0.33%）、Mn（≤0.20%）、Si（≤

0.10%)、Cr（2% ~ 4%）、Ni（10.50% ~ 15%）、Mo（0.75% ~ 1.75%）、Co（8% ~ 17%）、Al（≤0.01%）、Ti（≤0.01%），余量为 Fe。其具有与专利 US4076525A 相当的断裂韧性，与专利 US2791500A 相当的强度且海水条件下获得良好的抗应力腐蚀开裂性能，其实际抗拉强度超过 1930MPa，断裂韧性超过 109MPa·$m^{1/2}$。为了进一步提升专利 US5087415A 的强度同时将断裂韧性保持在合适的范围内，卡本特公司于 1996 年在专利 US5866066A（AerMet310）中进一步提高了 Co 含量，放宽了 Ti、Al、Mn 的含量范围，最终能够获得 2200MPa 的抗拉强度，同时断裂韧性还能达到 70MPa·$m^{1/2}$。2005 年卡本特公司提出了专利 US20070113931A1（AerMet340），在专利 US5866066A 的基础上优化了各成分的比例，使其在断裂韧性相当的前提下，抗拉强度达到 2344MPa，同时具有优异的抗疲劳性能。奎斯泰克公司注意到不论是 HY180、AerMet 还是 FerriumS53 均含有较高的 Co 含量，大大提高了钢材的制造成本。2009 年，该公司提出了专利技术 WO2009 131739A2（FerriumM54），期望通过降低 Co 含量实现成本的降低，但 Co 含量降低意味着 M_2C 形成的热力学驱动力下降，所以该专利利用 W、V 替换部分 Co，在保持 M_2C 形成具有足够驱动力，大大降低了钢材的生产成本，同时获得与 AerMet100 相当的强度和韧性。

6.1.5　马氏体时效不锈钢

1995 年，卡本特公司发现由于含 Ni、Cu 马氏体沉淀硬化不锈钢只能在较低的温度下退火来进行沉淀强化，然而低温下不能获得充分的再结晶组织，硬化元素不能发挥有效的作用，所以该公司在其专利 US5681528A（Custom465）中公开了一种 Cr – Ni – Ti – Mo 马氏体沉淀硬化不锈钢，具有较高强度和延伸率，其中屈服强度能够达到 1700MPa，而抗拉强度能够达到 1800MPa，延伸率在 12% 左右。同时保持相同水平的缺口韧性和耐腐蚀性，特别是抗应力腐蚀开裂性，这在飞机工业中特别有用，因为由这种合金制造的结构构件重量更轻，可以提高燃油效率。随着服役条件越来越苛刻，追求高强韧化成为其设计目标，虽然 300M 钢和 AerMet100 钢能够达到超过 260Ksi 的抗拉强度，但其不具有优异的耐蚀性，只能进行耐蚀涂层的处理。如何在具有腐蚀介质的条件下还能获得超过 260Ksi 甚至高达 300Ksi 钢成了业界普遍面临的问题。卡本特公司于 2002 年提出了专利 US6630103B2（Custom475），该专利披露了一种 Cr – Co – Ni – Mo – Al 马氏体沉淀硬化不锈钢，利用多种强化机制不仅实现了优异的耐蚀性，还将抗拉强度提高至 2100MPa，屈服强度也接近 2000MPa，同时能够保持 5% ~ 12% 的延伸率。同年，奎斯泰克公司提出了专利 US7235212B2（FerriumS53），该技术利用 Co、Ni 和 Cr 的组合获得板条状亚结构的马氏体和纳米尺寸的 M_2C，从而得到 2100MPa 级的抗拉强度，此外高 Cr 含量使其表面无须涂覆耐腐蚀涂层。

6.2　基于 300M 钢改进重要专利分析

6.2.1　300M 钢介绍

1954 年，国际镍公司申请专利 US2791500A 公开了一种超高强度的特殊结构材料，适合用作重型飞机的结构元件，提供一种飞机起落架元件，其特征在于高强度重量比，并具有高强度性能和韧性的全方位组合。申请中提到了一种特殊高强度钢，包含 Ni（1.50% ~ 3.50%）、Cr（0.70% ~ 1.50%）、Mo（0.10% ~ 0.50%）、C（0.35% ~ 0.45%）作为关键和必要元素，Si（1.30% ~2%），Mn（0.50% ~1%）和至少 0.02%的 Al，组成的其余部分基本上是 Fe；通过从 871 ~954℃范围内的温度进行炉冷却来对钢进行归一化；然后将钢在奥氏体化温度 815 ~898.9℃的范围内淬火；然后在 204 ~315℃的范围内回火。该合金后也就是最早期的 300M 钢，其能够达到屈服强度 1575 ~1706MPa、抗拉强度 1931 ~2027MPa，延伸率 10% ~12%，断面收缩率 31% ~36%，冲击功 16 ~18J，300M 钢的断裂韧性为 79.32MPa·m$^{1/2}$，耐应力腐蚀抗力为 K_{ISCC}/K_{IC} 为 0.24。

6.2.2　300M 钢改进的技术路线分析

300M 钢具有优异的综合性能，一直以来是用作飞机起落架主承力构件的钢种。此后，国内外创新主体一直围绕该钢进行改进。

1961 年，巴特尔发展公司申请的专利 US3181945A 相比较 300M 钢多添加 V（0.16% ~0.35%）、B（0.0003% ~0.01%），使得钢材的强度又有了进一步提升，屈服强度可达到 2068MPa，抗拉强度可达到 2310MPa，延伸率 8%。到了 1963 年，ATI 公司申请了专利 GB997641A，通过减少 Si、Ni 含量，添加 V 元素，加入 Si（0.23% ~0.45%）、Ni（0.35% ~0.70%）、V（0.49% ~1.00%），获得与 300M 钢性能相当的合金。共和钢铁公司在 1965 年申请了专利 US3252840A 通过提高 C，降低 Si，与 300M 钢强度相当，将延伸率提高到 12%，其中加入 C（0.48% ~0.53%）、Si（0.20% ~0.35%）。由此可见，自 300M 钢研发成功后，一直没有在强度和韧性提高上有非常大的突破。

1985 年住友金属工业株式会社（以下简称"住友公司"）申请的专利 JP1987107046A 在钢材的断裂韧性上取得一定的进展，通过添加 Co、V、Nb、Ca，使得屈服强度达到 1660MPa、抗拉强度 2000MPa 时，延伸率达到 14%，断裂韧性提高到 91.77MPa·m$^{1/2}$，其中添加了 Co（0.50% ~2.50%）、V（0.02% ~0.10%）、Nb（0.01% ~0.06%）、Ca（0.010%），添加 Co 在提高强度方面是有效的，并且进一步提高了马氏体相变（M_s 点）温度以获得具有良好韧性的组织，添加 Ca 形成硫化物改性，从而改善韧性（Nb、V 通过细化晶粒来提高韧性），但是，该申请断裂韧性虽然得到提高，但也损失了一些强度指标。

1992 年，俄罗斯的专利 RU2031179C1 通过在成分中提高 C 含量、添加 Ti 和稀土 Ce 之后，使得钢种在塑形保证不变时，屈服强度和冲击功得到进一步提升，具体获得的性能为屈服强度 2010MPa，抗拉强度 2330MPa，延伸率 11.70%，断面收缩率 41.10%，冲击功 37J。具体成分添加了 C（0.50% ~0.62%）、Ti（0.02% ~0.12%）、Ce（0 ~0.02%），其中 Ti 作为一种强碳化物形成剂，对晶粒生长有抑制作用，可提高材料的强度和延展性，添加 Ce 达到脱氧、脱硫和磨削结构的目的。但是，由于加入了较昂贵的元素，成本提高。这可能是未得到广泛应用的原因。

2005 年，国务院发布《国家中长期科学和技术发展规划纲要（2006—2020 年）》，确定大型飞机重大专项项目，随后中国掀起一波创新浪潮。2006 年，中科院金属所申请的专利 CN101078088A 通过省略 Ni，增加 Al，在保证材料的强度不变时，适当提高材料的塑韧性，钢材的抗拉强度为 2018MPa，屈服强度为 1780MPa，延伸率 10.20%，断面收缩率 48.30%，冲击功为 30J。因为 Ni 元素在钢中是强烈的奥氏体形成元素，会增加热处理后钢中的残余奥氏体含量，使得材料的强度在一定程度上有所降低，所以在新材料的成分设计中没有添加 Ni 元素。一定含量的 Al 元素能很好地改善材料的韧性，为了减小材料的过热倾向，并细化晶粒，提高材料的韧性，在钢中增加了 Al（1% ~ 2.50%）的含量。由于 Al 相比较 Ni 更便宜，因此也适当降低了成本。

2008 年，专利 CN101229586A 提出通过采用激光成型工艺，可以获得与 300M 钢相当的性能，采用该技术成本降低 2/3，制造周期减少 1/2 以上。但由于该技术较前沿且不能大批量产，未得到广泛使用。

2009 年，钢铁研究总院申请的专利 CN101713046B 通过采用设计热轧、热连轧和冷连轧工艺，可以使得钢材的强度略微得到提高，屈服强度提高到 1850MPa，抗拉强度达到 2120MPa，延伸率 12%，冲击功为 23J。同年，宝山钢铁公司申请的专利 CN1018 99622B，通过添加 V（0.15%），在强度大幅度提高的同时，不降低钢材的冷加工塑性和韧性，特别是断裂韧性，同时，通过控制自耗重熔速度，冶炼过程保持极限真空度以进一步去除气体和易挥发有害杂质元素以获得高纯度材质，使其钢锭熔炼的纯度效果可以达到 $S + P + H + O + N \leqslant 100ppm$，从而保证材料的断裂韧性 $> 90MPa \cdot mm^{1/2}$。发明人 VARTANOV GREGORY 在同年申请的专利 US8414713B2 通过在钢中加入 0.10% ~ 0.60% 的 Cu 以改善材料的耐腐蚀性能，但同时材料的强度受到一些损失，其性能为屈服强度 1614MPa，抗拉强度为 1700MPa，延伸率 14%。

2012 年，哈尔滨工业大学申请的专利 CN102534132A 中提到通过采用"奥氏体化 – 淬火 – 碳分配"的方式能够同时提高材料的强韧性，使材料达到抗拉强度 2025MPa，屈服强度 1947MPa，延伸率 9%，断面收缩率 42%。首先将中碳硅锰低合金钢经奥氏体化后，淬火到马氏体转变温度区间（M_s ~ M_f）的某一温度进行不完全淬火或等温淬火，得到部分马氏体和残余奥氏体，随后在 230 ~ 500℃等温配分热处理以改变淬火马氏体和残余奥氏体中碳分布，获得由低碳马氏体和残余奥氏体及其转变组织构成的复相组织，从而使处理后的中碳硅锰低合金钢呈现高强度和高塑性的良好配合，提高应力腐蚀抗力，降低氢脆敏感性，并可以在较大范围内调整高强度与高塑性的配合。同年，卡本特公司申请的专利 BR112013019167B1 通过增加了 Ni、V、Cu、Nb 元素含量，使钢材的断裂韧性有进一步提高，控制了（%Si +9/14%Cu）:（%V +（5/9）×%Nb）为 2 ~ 34，采用"固溶 + 深冷 + 低温回火"的工艺，使在屈服强度 1626MPa、抗拉强度 2049MPa 时，将断裂韧性提高到 83MPa · $m^{1/2}$。2013 年，钢铁研究总院申请的专利 CN103147020A 通过在合金中增加 Ni、Co、Nb、Ti，具体为 Ti（0.01% ~ 0.03%）、Nb（0.01% ~ 0.05%）、Ni（3% ~ 6%）、Co（2% ~5%），通过热加工后在 680℃下软化处理，释放内应力，再进行固溶 + 低温回火，得到合金与 300M 钢相当的抗拉强度和屈强比，而断裂韧性却更高，达到 89.5MPa · $m^{1/2}$。

2016 年，宝钢特钢公司申请的专利 CN107312974A 提出通过控制真空精炼加电渣重熔（ESR）工艺，提高钢的洁净度和组织均匀性，达到高纯度高均匀性的要求，使钢材的断裂韧性达到 90MPa·m$^{1/2}$ 以上。同年，美国卡内基梅隆大学申请的专利 US10428410B2 在 300M 钢的基础上，提高 Ni、Cr，加入 V、W 元素，使钢材的断裂韧性达到 120MPa·m$^{1/2}$ 以上。俄罗斯申请的专利 RU2617070C1 通过增加 C、Ce、V、Cu、Ca 含量，使钢材的强度和韧性有略微提升，加入 C（0.50%～0.70%）、V（0.02%～0.12%）、Ce（0.005%～0.02%）、Cu（0.03%～2.00%）、Ca（0.005%～0.015%），获得屈服强度 1719MPa，抗拉强度 2126MPa，延伸率 12%，断面收缩率 40% 的性能。

2017 年，四川三洲特种钢管有限公司申请的专利 CN106834970A 针对 300M 钢抗应力腐蚀的性能差问题进行改进，与 300M 钢相比多添加了 0.10%～0.20% 的 Ti、0.04%～0.06% 的 Rb、0.10%～0.20% 的 V，且工艺加入了 Ti 元素和稀土 Rb 元素，降低了 C 含量，其目的在于减小或消除钢中高含量 Si 的影响，防止钢管形成圈裂及其他内表面缺陷，获得断裂韧性 K_{IC} 为 88.56MPa·m$^{1/2}$，抗应力腐蚀性能优于普通 300M 钢，结果显示 K_{ISCC}/K_{IC} 为 0.32，而普通 300M 钢的 K_{ISCC}/K_{IC} 为 0.24。

2020 年，东北大学申请的专利 CN112375990B 通过增加 Mn 和 V 元素含量，省略了昂贵的 Ni、Mo 元素，使材料的屈服强度和抗拉强度有了较大的提升，材料屈服强度 >2000MPa，抗拉强度 >2200MPa，延伸率 >10%，具体为 C（0.20%～0.40%）、Mn（6%～9%）、Si（1%～2%）、V（0.10%～0.30%）。同时，在方法上采用了锻炼—预变形—回火工艺，通过预变形和回火配分处理结合的方式，可以调控碳原子和位错间的状态，从而在拉伸前期诱导吕德斯带，一定变形量的吕德斯带将增加材料的塑性。

2021 年，中航上大高温合金材料股份有限公司申请的专利 CN113667904B 通过控制真空冶炼工艺，匹配了采用"正火、一次回火、淬火、二次回火和三次回火"的工艺，保证在屈服强度 1800MPa、抗拉强度 2020MPa 基础上，延伸率 15%、断面收缩率 37%，冲击功 59J。同年，钢铁研究总院申请的专利 CN114107821B 通过提高 W、Nb、V 含量，使材料的性能达到断面收缩率 46%～56%，冲击功达到 52～78J，断裂韧性达到 98～130MPa·m$^{1/2}$，由此看出在该阶段断裂韧性取得了较大的突破。

从图 6-2-1 所示 300M 钢的技术发展路线可以看出，国内外研发围绕三个方面进行改进。在 20 世纪 50～60 年代，国外创新主体聚焦于如何在不同元素的替代选择上获得性能相当的材料，到 20 世纪 80～90 年代，美国、日本和俄罗斯开始关注如何进一步改善断裂韧性，以及保证韧性时强度的进一步提升，但该阶段问题在于在断裂韧性提高同时会损失一些强度，或者引入昂贵的元素导致成本增高。到 2006 年之后，我国的创新主体活跃度提高，从冶炼、热处理等多个维度出发，将合金的屈服强度提升到 2000MPa 以上，或者在不损失原有 300M 钢强度的基础上，实现了断裂韧性 130MPa·m$^{1/2}$ 的突破，但一些是通过工艺流程的复杂化带来的性能提升，势必会导致成本提高的问题，对我国创新主体而言，今后的发展可以在对工艺流程的简化上进行发力，或者在合金元素增量时考虑以 Al、Mn 等元素替代一部分昂贵元素进行持续的创新研发。

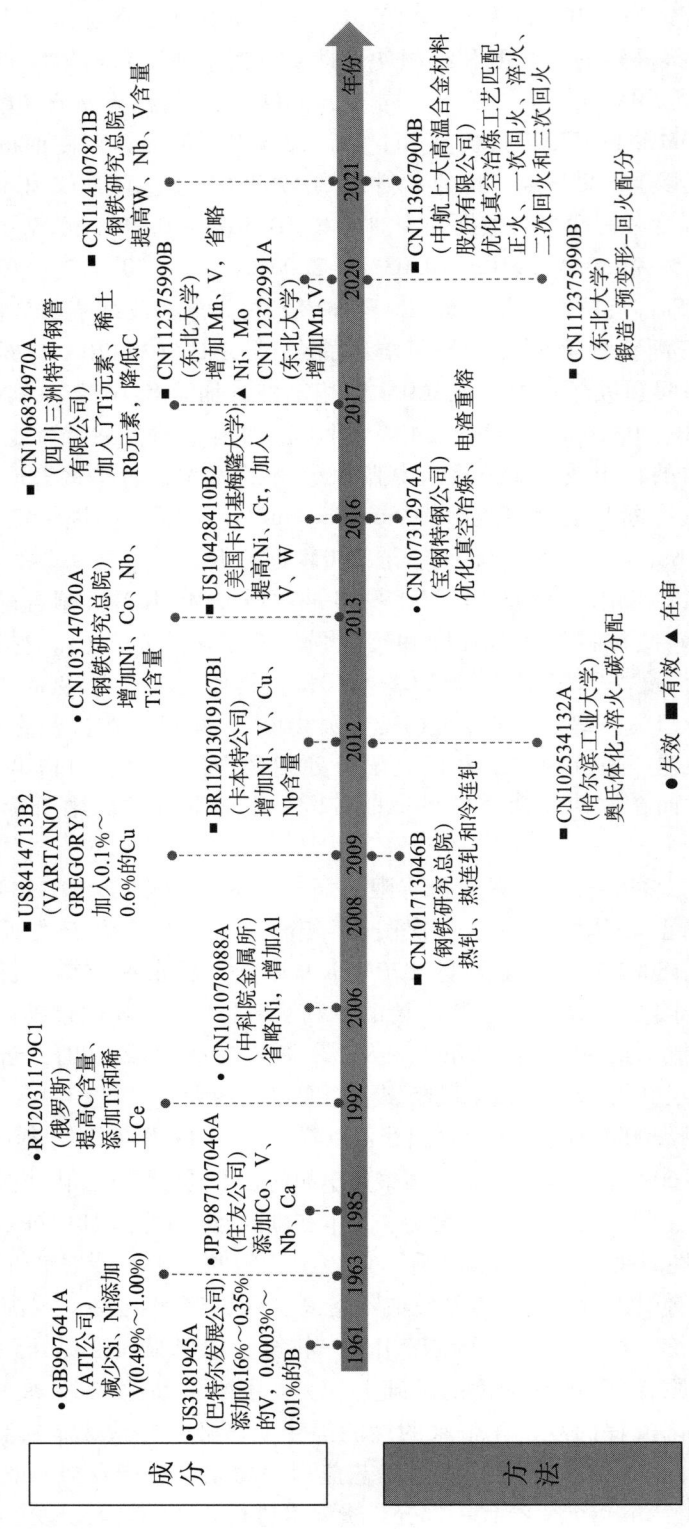

图6-2-1 飞机起落架用300M钢的技术发展路线

6.3 基于 AerMet100 钢改进的重要专利分析

6.3.1 AerMet100 钢介绍

AerMet100 钢是卡本特公司在 AF1410 超高强钢的基础上，研制的一种新型 Co – Ni 二次强化超高强钢。AerMet100 钢具有强度高、延展性优良、耐腐蚀和抗腐蚀开裂性好等优点，是下一代飞机起落架的首选材料，因此，AerMet100 钢也受到国内外金属材料科研工作者的广泛关注。

1990 年，卡本特公司提出了一种高强度、高断裂韧性的二次硬化钢的专利申请 US5087415A。该专利为 AerMet100 的基础专利，其成分含量为 C（0.20% ~ 0.33%）、Cr（2% ~ 4%）、Ni（10.50% ~ 15%）、Mo（0.75% ~ 1.75%）、Co（8% – 17%），余量为 Fe 和不可避免的杂质元素，利用均匀化 + 锻造 + 退火 + 油淬 + 深冷 + 时效，最终抗拉强度可达 1900MPa、屈服强度可达 1800MPa，延伸率高达 12%，硬度高达 HRC53，断裂韧性 $100MPa \cdot m^{1/2}$。课题组梳理了自 1990 年以来所有基于 AerMet100 改进的专利申请，以期为国内企业在该类钢的研发和改进上提供启示。

6.3.2 AerMet100 钢改进的技术路线分析

图 6 – 3 – 1 中看出，基于 AerMet100 钢改进主要是围绕着强度、塑韧性、耐蚀性、成本进行的，而相应的手段主要集中在成分、冶炼、锻轧和热处理上，但国外钢铁行业巨头的改进侧重点通常在于成分和含量方面，几乎不涉及制备方法，而我国的创新主体，例如钢铁研究总院、中国航发北京航空材料研究院等，既涉及成分方面的改进，也涉及制备工艺方面的改进。

在成分方面，整体思路是高强韧化或者在保持与 AerMet100 钢机械性能相近的同时进一步改善耐蚀、降低成本。1991 年，卡本特公司在 AerMet100 钢的基础上，进一步将 Ce/S 比控制在 2 ~ 15：1，使其断裂韧性从 $100MPa \cdot m^{1/2}$ 提高至 $143.4 \ MPa \cdot m^{1/2}$。1996 年，卡本特公司提出专利 US5866066A，进一步提高 AerMet100 钢中的 Co 含量，限定 Co/C 比为 43 ~ 100，从而能够获得 2200MPa 的抗拉强度，同时断裂韧性还能达到 $70 \ MPa \cdot m^{1/2}$，其中 Co 为 14% ~ 22%。奥贝特迪瓦尔公司于 2005 年提出专利 FR2885142B1，降低 Co 含量（5% ~ 7%），调控 Al、Mo、W、Ni 的含量（Al 1% ~ 2%，Mo + W/2 1% ~ 4%，Ni≥ 7 + 3.50Al），最终屈服强度可达 2100MPa，抗拉强度高达 2300MPa。该公司在 2008 年提出了专利申请 EP2164998B1，在专利 FR2885142B1 基础上进一步降低 Co 含量，仍然能够获得 2000MPa 以上的抗拉强度，同时获得更低的生产成本。同年，钢铁研究总院提出专利 CN101403076B，加入合金元素 Al（0.50% ~ 1.5%），并提高 Co 含量（12% ~ 15%），利用 NiAl 和 M_2C 共同强化达到高的屈服强度和抗拉强度，抗拉强度可达 2100MPa 以上。奎斯泰克公司也于 2008 年提出专利申请 US9051635B2，降低 Co 含量（4% ~ 8%），添加

W 和 V 弥补 Co 减少造成的碳化物驱动力降低［W（0.50% ~ 5.90%）、V（0.05% ~ 0.20%）］，并通过 M_2C 型碳化物精密尺度分布来加强强度，M_2C 型碳化物最长尺寸小于 20nm，大大降低了生产成本。2009 年，奎斯泰克公司申请了专利 DE602009003964T2，其关注了抗应力开裂性能，低的 Co 的合金添加物和包括 W 和 V 的其他合金添加物，获得的强韧性与 AerMet100 钢相当的情况下，大大提升了抗应力腐蚀开裂性、降低了生产成本。同年，专利 US8137483B2 提出了一种低成本的 AerMet100 的替代钢种，机械性能与 AerMet100 钢相当，成分为：C（0.30% ~ 0.45%）、Cr（最多 2.50%）、Mo（最多 1%）、Ni（最多 3.50%）、Mn（0.30% ~ 1.50%）、Si（0.10% ~ 1.30%）、Cu（0.10% ~ 1%）、Cu < Si、V + Ti + Nb（0.10% ~ 1%）、Al（最多 0.25%），合金元素的总和小于约 11.50%，余量主要是 Fe 和余量的杂质。2013 年，钢铁研究总院提出了专利 CN103695802A，通过进一步提高 Mo 含量，获得合金碳化物 Mo_2C 和金属间化合物 Fe_2Mo 复合强化的方式，能够提供 2200 ~ 2500MPa 抗拉强度和良好塑韧性的综合性能。2014 年，北京理工大学提出了专利 CN104498834B，取消了 Co 元素的使用，减少了 Ni 含量（2.50% ~ 4%），与 AerMet100 钢相比，大幅降低使用成本。能够获得 2100MPa 的抗拉强度，并且其他力学性能与 AerMet100 钢相当。2015 年，钢铁研究总院提出了专利 CN104911499B，提高钢中 C 含量 Mo 含量［C（0.20% ~ 0.50%）、Mo（1% ~ 5%）］，提高 M_2C 相驱动力，特别是添加 Cu 元素和 Al 元素［Cu（1% ~ 5%）、Al（1% ~ 3%）］，形成富 Cu 相和 NiAl 金属间化合物，通过 M_2C、富 Cu 相和 NiAl 相复合析出获得 2000MPa 抗拉强度的钢。2015 年，中国航发北京航空材料研究院提出了专利 CN105177455B，以 Al、Mo 联合强化［Mo（1.30% ~ 2%）、Al（1.30% ~ 2%）］，获得抗拉强度 ≥2400MPa、屈服强度 ≥2100MPa。2020 年，美国西北大学提出了专利 US20220213569A1，在 AerMet100 钢基础上降低 Co、Ni 含量，由纳米级 β - NiAl 和 M_2C 实现强韧化，抗拉强度为 2020 MPa，断裂韧性为 105 MPa·m$^{1/2}$，其力学性能与 AerMet100 钢相当的同时实现了成本的降低。同年，韩国国防科学研究所提出了专利 KR102359303B1，添加 0.50% ~ 1% 的 V 实现 MC 碳化物强化，能够实现拉伸强度为 2100MPa 以上，屈服强度为 1800MPa 或更高。

我国在 AerMet100 钢的工艺改进有以下四个方面。

（1）冶炼方面

2009 年，宝武公司提出了专利 CN101831524B，$CaO - CaF_2 - CaC_2$ 的新脱硫渣系，能够实现有效脱硫，同时保证 Si、Al 的含量符合控制要求，可充分利用现有装备而制造出超高纯度纯铁，能够应用于 AerMet100 钢的冶炼。由于我国的高纯铁大多依赖进口，价格普遍较高，利用现有技术制造用于超高强度钢的纯铁，能够大幅降低制造成本。2019 年，攀钢集团江油长城特殊钢有限公司提出了专利 CN110804700B，通过设定真空自耗炉的熔炼控制方式、结晶器规格、电极棒规格、真空度、冷却水进水温度、真空自耗参数、起弧参数、熔炼参数和补缩参数，大大降低了诸如 A100 等铸锭的偏析。2020 年，北京理工大学提出了专利 CN112692281B，利用放电等离子体烧结—放电等离子体变形，获得了高强度和高韧性，为 AerMet100 钢的制备方式提供了另一种路径。

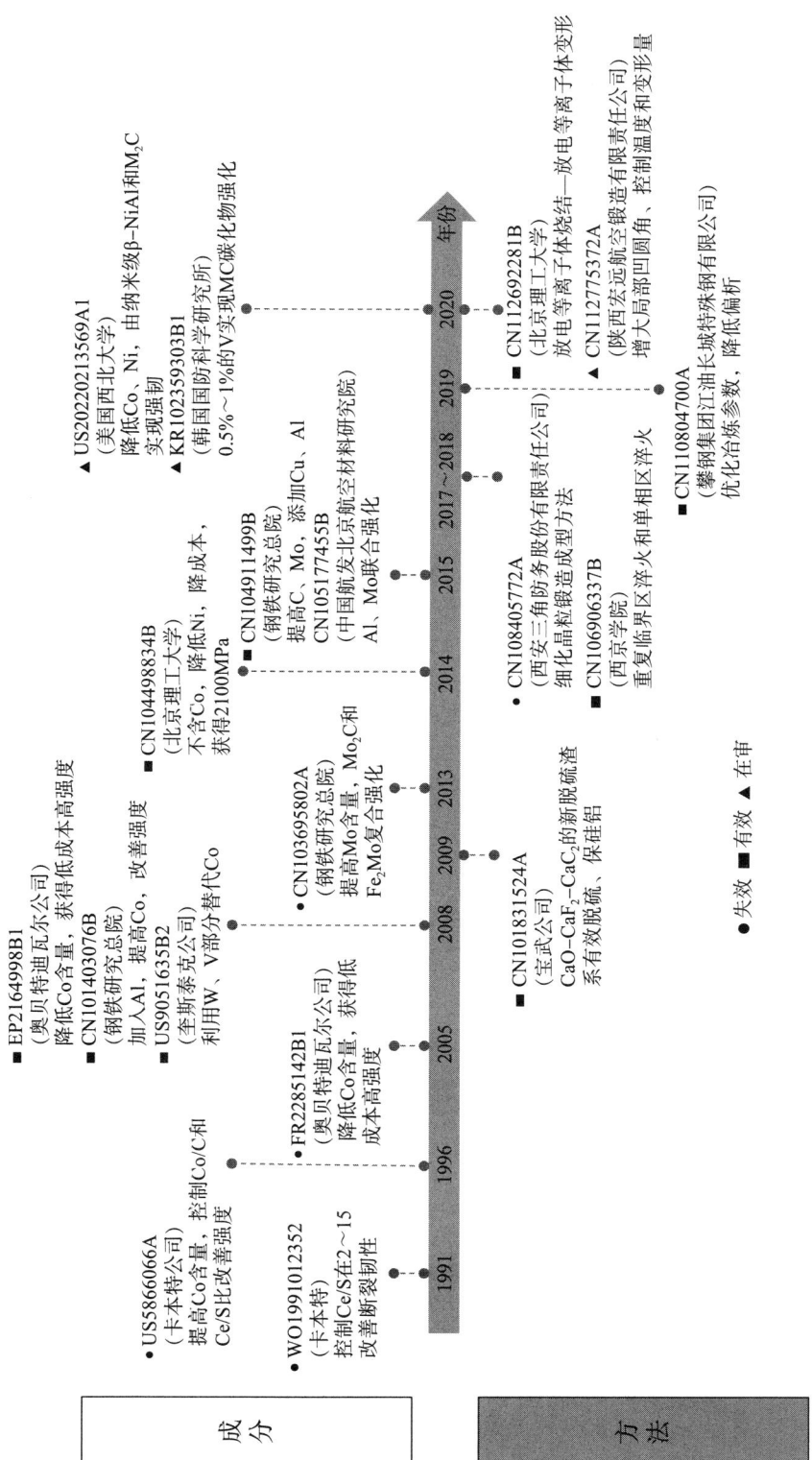

图6-3-1 飞机起落架用AerMet100钢的技术发展路线

（2）锻轧方面

我国专利技术在 AerMet100 钢锻轧方面的起步较晚，直到 2018 年，我国专门经营航空航天锻件产品的西安三角防务股份有限公司提出了专利 CN108405772A，利用细晶化锻造成形方法，可使 AerMet100 超高强度钢锻件晶粒细化，晶粒度稳定且达到 8 级以上。2020 年，陕西宏远航空锻造有限责任公司提出专利 CN112775372A，采用增大局部凹圆角 + 锻造加热温度应控制在 1050℃ 以下 + 锻造时每火次变形量不小于30%，且应尽量减少锻造加热火次，可将晶粒细化至 8 级以上。1 年以后，该公司继续深耕 AerMet100 钢的锻造技术，提出了利用制坯 + 模锻的 7 型锻造方法加工AerMet100 钢，该方法能够减少锻造火次，节约生产成本，避免粗晶风险。

（3）热处理方面

2017 年，西京学院的专利 CN106906337B 提出了利用临界区淬火、单相区淬火、重复临界区淬火和单相区淬火 n 次，获得板条马氏体 + 逆转变奥氏体 + 碳化物，改善 AerMet100 钢的强度和韧性。2018 年，专利 CN108754101B 提出了先进行油淬火，空冷至室温后再进行深冷处理，避免急冷和急热对材料的损伤，深冷处理过程中，将试样冷至 − 100℃ 以下，AerMet100 钢的抗拉强度提高 2.8%，延伸率提高 1.2%，疲劳极限提高了 19%。

（4）其他工艺步骤

2017 年，西北工业大学对 AerMet100 钢的磨削工艺进行了探索。其中，专利CN106863019B 通过确定磨削工艺参数与表面完整性特征的关系，获得了超高强度钢AerMet100 表面完整性高效低应力磨削工艺参数，不仅能有效防止磨削裂纹的产生，而且能有效控制磨削表面残余应力。另一件专利 CN106872303B 通过建立磨削工艺参数与表面完整性特征的关系，采用多元线性回归分析进行模型求解，获得高疲劳寿命。

6.4　基于 18Ni 钢改进的重要专利分析

6.4.1　18Ni 钢介绍

1961 年国际镍公司开发了高镍钢，在铁镍马氏体合金中加入不同含量的 Co、Mo、Ti，通过时效硬化得到屈服强度 1700 MPa 的 18Ni 钢（US3093519A），属于高合金马氏体时效钢。高镍钢相比于低合金马氏体钢，具有更加优异的塑性，满足飞机起落架用钢的力学性能需求。其合金成分为：Ni（17% ~19%）、Mo（4.60% ~5.10%）、Co（7% ~8%）、C（0.01% ~0.03%）、Ti（0.30% ~0.50%）、Al（≤0.15%）、Si（≤0.1%）、Mn（≤0.1%）、B（≤0.1%）、Zr（≤0.25%）、Ca（≤0.1%），典型的热处理工艺为：在 1500℉（即 816℃）下固溶处理 1h（形成奥氏体），然后从奥氏体转变为马氏体，使马氏体在 900℉（即 482℃）时效 1h 后再次冷却。而 18Ni 钢作为典型的高合金马氏体时效钢，由于高合金元素的使用，必然存在成本较高的问题而阻碍其大规模地应用于起落架。此外，随着航空航天的发展，对起落架的强韧性以及耐蚀性提出了更高的要求。基于此，如图 6 - 4 - 1 所示，从成分、热处理、冶炼和锻轧四个方面梳理了 18Ni 钢的技术发展。

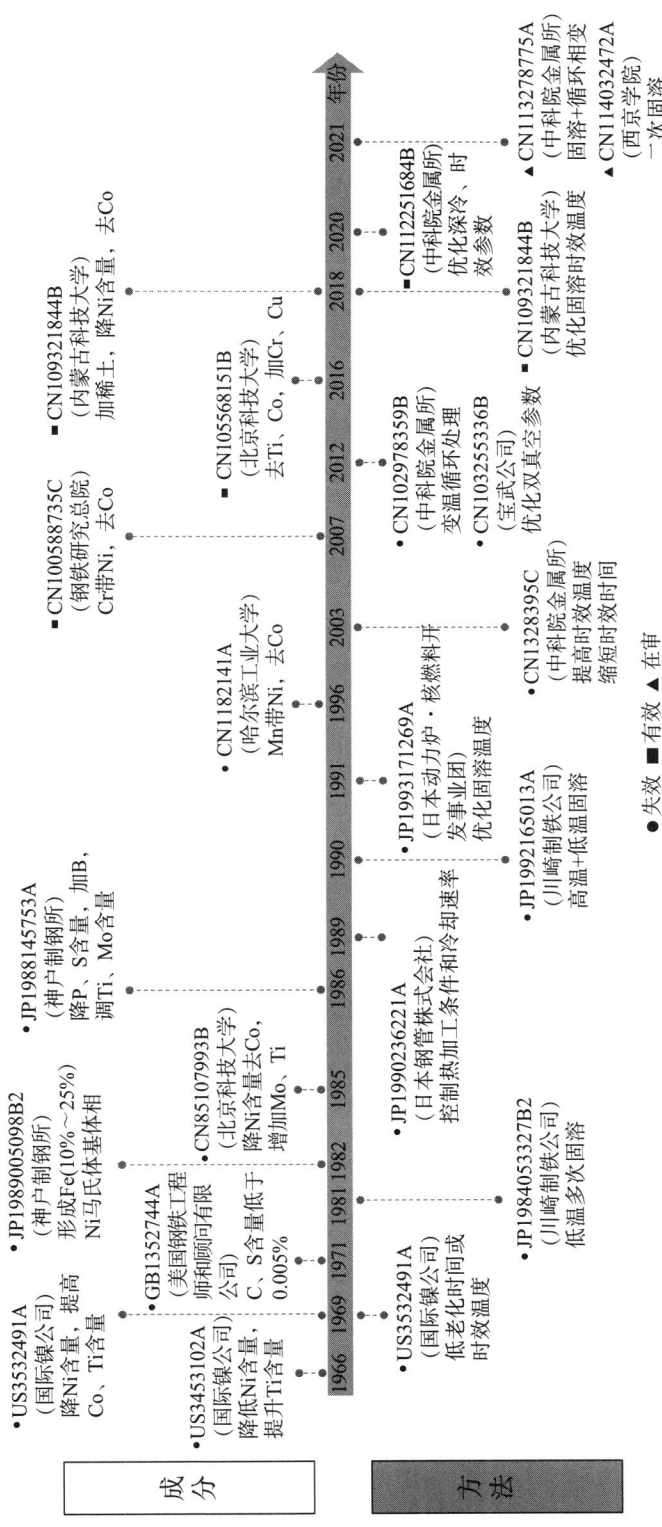

图6-4-1 飞机起落架用18Ni钢的技术发展路线

6.4.2　18Ni 钢改进的技术路线分析

　　针对成分的改进，为了进一步提升马氏体时效钢的强度，国际镍公司于 1966 年在 18Ni 钢的基础上，通过降低 Ni 的含量提升 Ti 的含量，实现了屈服强度 2456MPa、抗拉强度 2505MPa，延伸率 11% 的力学性能，相比于 18Ni 钢，具有更加优异的屈服强度（US3453102A）。随后，针对 18Ni 钢的冲击韧性，国际镍公司进一步提升 Co 和 Al 的含量分别至 18% 和 0.10%，降低 Mo 和 Ti 的含量分别至 3% 和 0.10%，并添加元素 Zr，合金中同时含有 Zr 和 V 能够获得较高的强韧性，在保持超高屈服强度的同时其冲击功达到 8.5J（US3532491A）。通常，通过部分或完全用相应量的 W 取代 Mo 能够有效提升韧性，但也会显著降低强度，而专利 GB1352744A 在 18Ni 钢基础上，将 C 和 S 的含量严格控制在低于 0.005% 的水平，韧性可以明显增加，并达到 103ft·ibs 以上。同样在提升 18Ni 钢韧性方面，1982 年神户制钢所利用与 18Ni 马氏体时效钢相似的金属间化合物的析出强化，但通过降低 Co 和 Mo 的含量而增加 Ti 和 Al 的含量以实现析出强化，形成 Fe（10%~25%）Ni 的韧性优良的马氏体基体相，并含有 Ti 和 Al 作为析出强化元素。同时尽可能降低 C 含量，并将 P 和 S 作为杂质元素抑制得尽可能低，以确保超合金中的韧性（JP1989005098B2）。此后专利 JP1988145753A 同样通过减少 P 和 S 的含量，并调节其总量，此外还添加 B，并进一步调节 Ti 和 Mo，其中，S 防止晶界偏析，该高合金马氏体时效钢具有优异的耐延迟断裂性。

　　目前所采用的 18Ni 型马氏体时效钢，其中含 Ni、Co 和 Mo 等贵重合金元素占 30% 以上。我国缺少 Ni、Co 资源，马氏体时效钢在应用范围受限其主要原因是合金的成本昂贵，所以，减少 Ni、Co 等合金元素含量，降低钢的成本是目前马氏体时效钢的重要研究方向。1985 年，原北京钢铁学院（现为北京科技大学）提供了一种不含 Co 的马氏体时效钢，将 Ni 的含量降低至 14%~17%，增加 Mo 和 Ti 的含量分别至 6%~7.30% 和 0.80%~1.30%，在达到 18Ni 钢的力学性能的基础上，由于避免了使用元素 Co 和降低了 Ni 的含量，能够有效降低成本（CN85107993B）。1996 年，专利 CN1182141A 公开一种以我国资源丰富的 Mn 替代一部分 Ni，去掉 Co，即一种少 Ni 无 Co 的新型马氏体时效钢，降低了马氏体时效钢的成本，扩大其应用范围。2003 年，专利 CN1328395C 在 18Ni 钢的基础上，避免使用 Co 元素，降低 Ni 的含量并提升 Mo 和 Ti 的用量，通过 Ti 和 Mo 在时效过程中析出的 Ni_3Mo 和 Ni_3Ti 作为强韧化的主要手段，而由于不含 Co 元素和降低了 Ni 的含量，该合金成分也一定程度上具有降低成分的优势。2007 年钢铁研究总院通过控制 Fe、Cr、Ni 的成分配比，形成 Fe–Ni–Cr 系合金，并降低 Mo、提高 Ti，力求使强度高于马氏体时效不锈钢、抗拉强度接近 18Ni（300）马氏体时效钢的水平，同时含有较高的 Cr，抗蚀性远高于 18Ni（300）马氏体时效钢。而从提高韧性的角度，通常马氏体时效不锈钢的 Ni 含量不超过 11.25%，将 Ni 含量最多提高到 14.50%，有利于钢在保持高强度的同时，又具有良好的韧性。该合金钢不含昂贵金属元素 Co，同时 Ni 和 Mo 含量也较低，因此原材料成本较低，应用前景广阔（CN100500922C）。同年，钢铁研究总院申请专利公开了不含有短缺金属 Co 元素，而且以 Cr 代替 Ni 降低了 Ni 的使用，节省了成本，节约了资源，综合性能达到与 C250、T250 钢相当（CN100588735C）。2008 年宝山钢铁公司开发了一种无 Co 马氏体时效钢，其力学性能达到 C250 钢水平，可以代替 C250 钢，由于不含 Co，成本低（CN101649413B）。2016 年北京科技大学提出了一种 Al 增强马氏体时效钢及其制备方法，去除了传统高强钢中的重要合金元素 Ti、Co 等有效抑制了粗大及晶界析出物的形成，从而制备出高密度超细 NiAl 粒子强化的超高强度钢，大幅降低成本的同时又表现出优异的韧塑性搭配，即屈服强度达 2300MPa。钢中一定量 Al 元素的添加将显著促进表层致密 AlN 的形成，适量 Cr、Cu 元素的添加使得所述钢材在抗氧化性、耐海水蚀性方面有显著的提升（CN105568151B）。2018 年，专利 CN109321844B 公开了一种稀土超强钢，通过在马氏体时效钢中添加微量稀土元素，减少了 Ni 的使用量，并且取消了 Co 的使用，显著降低了成本。

针对热处理的改进，1969 年国际镍公司在 18Ni 钢的基础上，采用较短的老化时间或较低的时效温度提高韧性（US3532491A）；而川崎制铁公司将 18Ni 马氏体时效钢材加热到 850 ~ 950℃ 的温度范围，进行固溶处理，然后冷却至室温，在温度范围为 800 ~ 850℃ 进行固溶，即采用多次固溶以及在较低的温度下固溶将断裂韧性提升至 300 ~ 350kgf/mm$^{3/2}$（JP1984053327B2）。1986 年三菱重工业株式会社通过将马氏体时效钢的固溶热处理温度提高到高于常规钢的固溶热处理温度来显著改善延展性和韧性。将 Fe 和 Mo 残留的奥氏体化温度升高到 820 ~ 850℃，然后将 Fe$_2$Mo 熔化进入基体，同时，通过立即淬火而没有给出晶粒粗化所需的时间，进一步增强了该效果（JP1987274054A）。

通常，细化 γ 晶粒的常规方法是冷加工和复杂的热处理的结合，这需要大量的设备和大量的工时，增加了制造成本。1989 年日本钢管株式会社通过精确地控制热加工期间的热加工条件和热加工之后的冷却速率，从而可以在不增加新工艺的情况下获得细小的旧 γ 晶粒，采用该种热加工方法用于 18Ni 钢能够有效节约成本（JP1990236221A）。目前 18Ni 钢是在 800 ~ 950℃ 的奥氏体温度范围内加热，然后冷却，以使合金元素固溶而使奥氏体晶粒细化，通过随后的冷却而获得马氏体组织，然后在 260 ~ 650℃ 的温度范围内进行时效处理 0.50 ~ 24h，以沉淀出诸如 Ni、Mo、Ti 等的金属间化合物以硬化。但是，在热加工期间会形成沉淀，或者在随后的热处理过程以及 800 ~ 950℃ 的常规固溶处理中成为形成核，造成延展性和韧性由于未完全形成固溶体而劣化。基于此，1990 年川崎制铁公司通过在高温和低温下进行两次固溶处理，可以获得远远优于常规断裂韧性、延展性和冲击特性的马氏体钢（JP1992165013A）。1991年，专利 JP1993171269A 公开了一种 18Ni 马氏体时效钢，通过限定固溶处理温度的下限为 820℃ 或更高，以完全溶解 Mo 并改善对 UF$_6$ 气体的耐腐蚀性。2003 年中科院金属所提出了一种 18Ni 型无 Co 马氏体时效钢，其与传统 18Ni 无 Co 马氏体时效钢加工工艺的最大区别是放弃了固溶处理的作用，提高了时效处理的温度，缩短了时效处理的时间，同样实现了 Ni、Mo、Ti 对板条马氏体的强韧性的影响。在该工艺中，终锻温度不能低于 850℃，以保证合金的变形均匀避免产生混晶；时效温度要控制在 500℃ 或更高温度，以达到析出强化和去应力的双重目的（CN1328395C）。2012 年贵州大学提出一种超细化 C250 马氏体时效钢晶粒的变温循环处理方法，它通过控制热处理工艺参数，达到更好的细化晶粒的效果。具体为将 C250 马氏体时效钢加热到 700～780℃，并保温 1～10min，然后水冷淬火至室温，实现第一次循环处理；将经过第一次循环处理的材料加热到 900～960℃，并保温 1～10min，然后水冷淬火至室温，实现第二次循环处理；通过以上两次变温循环处理，同时实现了 C250 马氏体时效钢晶粒的细化和均匀化。利用了马氏体组织在加热向奥氏体逆转变时发生相变冷作硬化再结晶的特点，通过两次变温循环处理，在无须塑性变形的情况下，有效地使奥氏体晶粒充分细化和均匀化，经上述温循环处理后的奥氏体晶粒度则可达到 8～9 级，有效改善了强韧性（CN102978359B）。2018 年内蒙古科技大学提供了稀土超强钢的制备方法，在 905±15℃进行保温处理，析出的 NbC 相作为辅助强化相，在 500℃±50℃保温时效热处理过程中析出大量 B2 结构的 Ni（Al、Fe）作为主要的强化相；而且通过保温过程中稀土原子在 Ni（Al、Fe）与马氏体基体界面区域的偏聚，进一步降低共格界面的界面能，一方面促进小尺寸 Ni（Al、Fe）的弥散分布析出，另一方面达到稳定 Ni（Al、Fe）析出颗粒的作用，从而保证了稀土超强钢的强度并增强了其韧性（CN109321844B）。2020 年中科院金属所对精锻加工所得坯料在 1000℃以上保温一段时间后，快速冷却至室温，获得微纳米板条前驱体；对所得微纳米板条前驱体进行热变形，获得微纳米晶组织，对微纳米晶组织进行液氮深冷，随后进行时效处理，最终获得微纳米晶马氏体时效钢，所制备的微纳米晶马氏体时效钢具有较高的强度与良好的塑性（CN112251684B）。随后中科院金属所通过固溶处理、循环相变热处理以及时效热处理能显著细化材料晶粒尺寸，并且能保证纳米级析出相的稳定存在，这种细小且均匀的晶粒使得产品的力学性能能够满足产品的技术要求，且显著提升了冲击韧性（CN113278775A）。2021 年，西京学院通过快速时效处理，提高时效温度，缩短时效时间，可显著改善时效析出效果，避免晶粒粗化；其中，析出金属间化合物呈纳米尺度，均匀弥散分布于基体，达到时效强化的目的，提高强韧性（CN114032472A）。

针对冶炼和锻轧的改进，马氏体时效钢的塑性、韧性与其洁净度密切相关，C、O、N、S、P 等杂质元素含量越低，其洁净度越高，马氏体时效钢的塑性、韧性也就越好。大量研究证明，真空感应熔炼与真空电弧重熔的双重冶炼工艺能够有效降低 C、O、N、S、P 等杂质元素含量，是生产洁净度较高的无 Co 马氏体时效钢的有效方法。2012 年宝山钢铁公司提供了一种高洁净度无 Co 马氏体时效钢的制造方法，其制造的高纯净度无 Co 马氏体时效钢的洁净度达到：C≤0.01%、Si≤0.10%、Mn≤0.10%、P≤0.008%、S≤0.005%、O≤15ppm、N≤10ppm。制造这种高洁净度无 Co 马氏体时效钢的方法依次包括下列步骤：真空感应熔炼→浇注电极→电极空冷→真空电弧重熔→钢锭空冷。通过合理控制真空感应精炼期及二次精炼期温度、真空度、保持时间、多次搅拌，为碳氧反应，C、O、H、N 原子的扩散提供了更好的动力学条件，获得较纯净的电极，并通过合理控制真空自耗重熔速率，进一步降低钢中 H、O、N 含量，去除夹杂物（CN103255336B）。在锻轧改进方面，2021 年西京学院提出一种新型无 Co 马氏体时效钢及其强韧化处理工艺，其采用三阶段形变工艺"高温锻造、一次室温预变形、二次室温预变形"细化微观组织，其中，三阶段形变工艺的变形方向互相垂直，显著细化晶粒的同时避免形成形变织构，从而提升了马氏体时效钢的强韧性（CN114032472A）。

基于上述 18Ni 钢改进分析可知，针对 18Ni 钢的改进涵盖了强度、塑韧性、耐蚀性和成本四个方面。其中，降低成本和提高塑韧性占据了 18Ni 钢发展的主导方向，并在后期尤为突出，这是因为 18Ni 钢的强度本身就较高，当其力学性能已经能够满足实际应用需求时，降低成本使其能够得以规模化应用是大势所趋。而成分的调控主要是降低 18Ni 钢的成本，主流思路为降低 Ni 的含量，避免 Co 元素的使用，同时提升 Mo、Ti、Al 等元素的含量或是添加稀土元素以弥补降低 Ni 和去除 Co 对 18Ni 钢力学性能的不利影响。而热处理的调控主要是提升 18Ni 钢的塑韧性，通过合理的控制固溶和时效的温度、次数等热处理参数，实现塑韧性的提升。此外，还有少量研究通过控制冶炼和锻轧的具体参数和方式来改进 18Ni 钢的强韧性。总体而言，在 18Ni 钢的改进方面，早期以美国和日本的申请人为主，改进的方向集中在通过成分和热处理的工艺调整改善强韧性。而在 2006 年，我国大型飞机重大专项被确定为 16 个重大科技专项之一，中国在飞机起落架用钢方面的研究也日益增加，在前人的研究基础上，18Ni 钢的力学性能已经非常优异。因此，中国对于 18Ni 钢的改进主要聚焦在通过成分和热处理工艺的调控实现更低的成本，以满足我国飞机起落架用钢的应用需求。

6.5　本章小结

本章梳理了飞机起落架用钢领域的重要钢种的技术发展路线，包括低合金马氏体钢、马氏体时效钢、马氏体沉淀硬化不锈钢、马氏体二次硬化钢和马氏体时效不锈钢。其中，飞机起落架用钢的专利申请最早来源于德国 1942 年申请的专利 DE933154C，获得了第一代低合金马氏体钢，为后续 300M 钢奠定了很好的基础。

最早出现的能够用于起落架的高合金钢种是 1944 年由 AK 钢铁研发的 17 - 4PH 钢，是马氏体沉淀硬化不锈钢，但由于其屈服强度仅有 1380MPa，随着飞机起落架用钢高强度的需求，17 - 4PH 钢逐渐被淘汰。而在 1954 年国际镍公司研发的低合金马氏体钢 300M 钢，不仅具有超高强度，其韧性也符合飞机起落架用钢的要求，加之其属于低合金钢，在成本控制上具有优势，一举成为飞机起落架用钢的主流钢种。我国也于 20 世纪 80 年代中期开始仿制，在近几年亮相的 C919 大飞机上，采用了我国成功仿制的 300M 钢，可见 300M 钢应用在起落架上极具优势。在强度已经满足飞机起落架用钢需求的基础上，国际镍公司进一步在 1961 年提出了高合金马氏体时效钢 18Ni 系列，在保证高强度的基础上也能实现良好的塑韧性，但其高合金含量导致成本的升高而限制了其实际大规模应用于起落架。1965 年，美国钢铁企业提出马氏体二次硬化钢 HY180，在同时获得高强度和高韧性的前提下，提升了焊接韧性。而在随后的几十年，针对马氏体二次硬化钢的研究一直很活跃，相继出现了 AF1410、AerMet100、AerMet310、AerMet340 和 FerriumM54 等综合性能优异的钢种，围绕马氏体二次硬化钢的断裂韧性、耐蚀性和成本进行优化。在 20 世纪 90 年代末，针对耐蚀性的高需求，卡本特公司提出了马氏体时效不锈钢 Custom465，随后还发展出 Custom475 和 FerriumS53 系列钢种。整体上，飞机起落架用钢从早期的追求高强度和塑韧性，发展至后期，除了进一步提升强韧性，还在焊接性能、耐蚀性、稳定性和成本上开展了研究，使得飞机起落架用钢的综合性能得以提升，能够满足更加多元化的应用需求。

此外，本章还分析目前应用最为广泛的低合金马氏体钢 300M、高合金马氏体二次硬化钢 AerMet100 和高合金马氏体时效钢 18Ni 改进的技术路线。其中，对于 300M 钢，早期国外创新主体聚焦于如何在不同元素的替代选择上获得性能相当的材料，而在后期更多地关注如何改善断裂韧性，但同时会损失一些强度，或者引入昂贵的元素导致成本增高。到 21 世纪，我国开始在航空航天领域发力，我国的创新主体活跃度开始提高，并从冶炼、热处理等多个维度出发获得超高强度和韧性。对我国创新主体而言，今后的发展可以在对工艺流程的简化上进行发力，或者在合金元素增量时考虑以 Al、Mn 等元素替代一部分昂贵元素进行持续的创新研发。对于 AerMet100 钢，其改进主要是围绕着强度、塑韧性、耐蚀性、成本等技术效果进行的，相应的手段主要集中在成分、冶炼、锻轧和热处理上，但国外钢铁行业巨头的改进侧重点通常在于成分和含量方面，几乎不涉及制备方法，而我国的创新主体既涉及成分方面的改进，也涉及制备工艺方面的改进。在成分调控方面，整体思路是高强韧化或者在保持与 AerMet100 钢机械性能相近的同时进一步改善耐蚀、降低成本。而工艺方面的改进涵盖了冶炼、锻轧和热处理多种手段。对于 18Ni 钢，其改进涵盖了强度、塑韧性、耐蚀性和成本四个方面，其中，降低成本和提高塑韧性成为 18Ni 钢发展的主导方向，并在后期尤为突出。早期以美国和日本的申请人为主，改进的方向集中在通过成分和热处理的工艺调整改善强韧性，而在后期中国对于 18Ni 钢的改进主要聚焦在通过成分和热处理工艺的调控实现更低的成本，以满足我国飞机起落架用钢的应用需求。

第 7 章　飞机起落架用钢产业需求技术问题分析

7.1　成本降低问题

低合金超高强度钢是以 300M 为代表（成分如表 7 - 1 - 1 所示）的一类可用于飞机起落架的超高强度钢，早在 1964 年该钢就已经成功应用于美国 C - 5A 运输机的飞机起落架上，从 20 世纪 70 年代开始美国 90% 以上的军民用飞机起落架都采用 300M 钢制造。由于该类合金成分的总含量较低，因而其具有天然的成本优势。但即便如此，世界各国仍一直追求更低成本的低合金超高强度钢的制备。

表 7 - 1 - 1　300M 钢的成分范围

元素	C	Cr	Ni	Mn	Si	Mo	V
含量	0.41% ~ 0.46%	0.65% ~ 0.95%	1.60% ~ 2.00%	0.65% ~ 0.90%	1.45% ~ 1.80%	0.30% ~ 0.40%	>0.05%

与低合金超高强度钢相比，高合金超高强度钢由于加入了大量的合金化元素，使钢在保持超高强度的同时具备了一定的耐蚀、耐高温等性能，但与此同时大量 Co、Mo、Ni 的引入也大大提高了钢的制造成本，并且根据前期调研的结果可知，由于合金元素过多的加入，在冶炼、锻造等制造环节也有一定的难度，同样存在成本较高的问题。

飞机起落架用超高强度钢属于特种钢，对于力学、耐腐蚀等性能具有特殊要求，因而需要对成分进行精准控制以及杂质元素的超低控制。这无形当中增加了冶炼的难度，提高了冶炼成本。另外，飞机起落架用钢通常是大尺寸锻件，尺寸的增加加大了锻造和热处理的难度，也增加了成本。因而，飞机起落架用超高强度钢在冶炼、锻造等工艺流程及参数的控制也成为控制成本的突破口。

课题组通过对屈服强度 1400MPa 及以上、断裂韧性超过 $30MPa \cdot m^{1/2}$ 或延伸率超过 8% 的起落架用钢的相关专利进行了深入分析，从成分和工艺两个维度入手总结了专利技术中起落架用钢降低成本的具体手段，如图 7 - 1 - 1 所示（见文前彩色插图第 1 页），以期为相关企业提供参考。

7.1.1　合金元素的控制

7.1.1.1　低合金超高强度钢的合金元素控制

低合金超高强度钢的成本控制在专利技术中主要体现为 Ni 含量的控制，解决成本问题的思路主要是通过添加 Al、Mn 以及微量元素 B 或稀土用以替代贵金属 Ni，在保持优异力学性能的同时达到降低成本的目的。具体而言，元素设计思路有以下三个策略，如图 7 – 1 – 1（a）所示。

策略一：利用 Mn 实现成本的降低，例如专利 CN109338241B 公开了一种 2000MPa 级低合金钢，通过含 Mn 无 Ni 的成分体系设计大大降低了低合金钢的生产成本，其中 Mn 的含量为 2% ~ 4%。专利 CN112375990B 公开了一种屈服强度 > 2000MPa 的超高强度钢，该钢将 Mn 的含量提高至 6% ~ 9%，而不添加任何的 Ni 和 Mo 等贵金属元素。同样实现了成本的降低。

策略二：利用 Al 实现成本的降低，例如专利 CN101078088A 公开了一种低合金超高强度钢，其利用 Al 完全替代 Ni，Al 的添加量是 1% ~ 2.50%，Ni 元素在钢中是强烈的奥氏体形成元素，会增加热处理后钢中的残余奥氏体含量，使材料的强度在一定程度上有所降低。因此在新材料的成分设计中没有添加 Ni 元素。一定含量的 Al 元素能很好地改善材料的韧性，因此，为了减小材料的过热倾向，并细化晶粒，提高材料的韧性，在钢中增加了 Al 的含量。

策略三：利用微量元素实现成本的降低，例如专利 CN1254555C 公开了一种低合金马氏体钢，利用微量元素 B，稀土元素 Ce、La 和 Ti 三元共用而省略了 Ni、Mo 等元素实现钢的低成本化，其中上述元素的添加量分别为 B（0.0005% ~ 0.005%）、Ti（0.01% ~ 0.06%）、Ce（0.01% ~ 0.045%）、La（0.01% ~ 0.035%）。专利 IN070KOL2005A 公开了一种具有低成本效应的低合金超高强度钢，利用微量的 V、Al、Nb 和 Ti 以及少量的 C，降低了 Ni、Mo 的添加量，Ni 和 Mo 的含量分别减少至 0.65%、0.25%。

7.1.1.2 高合金超高强度钢的合金元素控制

（1）马氏体沉淀硬化不锈钢

马氏体沉淀硬化不锈钢是飞机起落架的常用类别，其是通过改进 Cr13 型马氏体不锈钢而发展起来的。1946 年美国 Carnagic Illinors 公司研发了第一个马氏体沉淀硬化不锈钢。1948 年 AK 钢铁公司开发了沉淀硬化不锈钢 17 – 4PH 和最具代表性且应用最广泛的 17 – 7PH 钢，1965 年，其开发了 15 – 5PH 沉淀硬化不锈钢，钢中 δ – 铁素体的体积分数降低至 2% 以下或基本不含，使得钢具有很好的横向塑韧性；1968 年，其通过降低钢中的 Cr 含量，增加 Ni 含量，研发了强度级别更高的 PH13 – 8Mo 钢。马氏体沉淀硬化不锈钢中导致其高成本的主要合金元素是 Co、Ni、Mo 和 Cr，由于该类钢种性能要求具备优异的耐蚀性，因而需要保持较高的 Cr 添加量，故 Cr 含量普遍在 9% 以上，大部分相关专利的 Cr 含量均集中在 12% 左右。故相关专利将降低专利成本的目标转向了控制 Co、Ni 和 Mo 的含量上。现有的专利技术中，Co、Ni 和 Mo 元素的添加上限分别高达 16%、14% 和 6%，降低上述贵金属元素的总体思路是采用含量较低、价格也较低的 Cu、Al、W、Nb、V、Ti 替代大量的 Co、Mo 或 Ni，在保证强韧性不降低的前提下，实现了成本的降低。具体而言，元素替换路径有以下两个策略，如图 7 – 1 – 1（b1）和（b2）所示。

策略一：利用 Al 或 Al + Ti 实现成本的降低，例如专利 JPWO2012002208A1 公开了一种析出强化型超高强度不锈钢，其将 Co 的含量控制在 0 ~ 3.50%（包含 0）的范围内，不添加 Co 能够大幅降低生产成本，由于 Co 的减少造成的强度损失主要由 0.25% < Al <

1%、0.75% < Ti ≤ 2.50% 弥补，Al、Ti 能够与 Ni 生成金属间化合物用以实现弥散强化。专利 JPWO2014050698A1 公开了一种析出强化超高强度不锈钢，其未添加贵金属 Co，该专利认为如果 Al 的添加量达到 0.9% ~2% 的范围，不添加 Ti 也可获得优异的强化效果。

策略二：利用 Cu 或 Cu + Ti/Nb/V 实现成本的降低，例如专利 CN113106356B 公开了一种高强度马氏体沉淀硬化不锈钢，利用 2.00% ≤ Cu ≤ 3.50%、0.30% ≤ Ti ≤ 0.50% 而不添加贵金属 Co 和 Mo，Cu 在时效过程中会形成一种细小、弥散分布的特殊金属间相，在提高强度的同时还不会降低钢的韧性。专利 US2850380A 公开了一种不含 δ 铁素体的马氏体沉淀硬化不锈钢，其实施例中添加了 3.72% ~4.12% 的铜，不需要添加贵金属 Co、Mo，且 Ni 的含量可以低至 0.88%，同时其也未添加 Al 和 Ti，钢的制造成本大大降低。

（2）马氏体时效钢

马氏体时效钢是以无 C（或微 C）马氏体为基体的，时效时能产生金属间化合物沉淀硬化的超高强度钢。与传统高强度钢不同，它不用 C 而靠金属间化合物的弥散析出来强化。这使其具有高强韧性、低硬化指数、良好成形性等性能。马氏体时效钢以 18Ni 为典型钢种。在专利技术中，马氏体时效钢在成分方面的成本控制基本上聚焦在 Co 和 Ni 含量的降低，其具体的策略如下，如图 7-1-1（c）所示。

利用 Cu 或 Cu 与 Al、Ti、B 等的组合实现成本的降低，例如专利 CN104451343A 仅利用 1% ~5% 的 Cu 作为时效强化元素，可以省略 Co、Mo 等金属元素，达到了降低成本的目的。专利 CN114150232A 利用 Al + 1/2Ti + 1/2Cu = 1.50% ~3.50%，与 Ni 配合形成马氏体基体中的共格 NiAl 纳米相、共格富 Cu 纳米相和非共格 Ni$_3$Ti 纳米相，除去了贵金属 Co 的使用。该专利中还加入了 0.01% ~0.06% 的 B。专利技术 US3365343A 通过控制 0.50% ~ 7.50% 的 Cu、1% ~3.50% 的 Ni、最多 0.75% 的 Mn 并将 Cu + Ni + Mn 限制为 10% ~12% 实现了低成本的控制。

（3）马氏体二次硬化钢

马氏体二次硬化钢通常是经过加热淬火后在 480 ~550℃ 温度范围回火时，析出合金碳化物以产生弥散强化效应，以美国生产的 AerMet100 钢为典型钢种。根据详细分析，在专利技术中，降低马氏体二次硬化钢成本的主要思路是利用 Cu、Al、V 等，以及 Mo、W 的配合来降低生产成本。其具体策略如下，如图 7-1-1（d）所示。

策略一：利用 Al 或 Al +（Mo + W/2）实现成本的降低，例如专利 CN100580124C、CN101815797B、CN102131947B、IN758DELNP2011A、EP2310546B1、DE602006026700T2 均公开了一种马氏体二次硬化钢，其通过将铝控制在 1% ~2% 以及将 Mo + W/2 控制在 1% ~4% 的范围，实现了贵金属 Co 的降低。用 W 替代至少一部分 Mo，W 与 Mo 相比在固化过程中较少偏析，且通过形成对温度表现稳定的碳化物，另外利用 Al 与 Ni 形成 NiAl 硬化相，弥补了由 Co 降低导致的力学性能的劣化。专利 CN105039862B 公开了一种 Co - free 复合强化二次硬化超高强度钢，其添加了 0.50% ~3% 的 Al，利用 NiAl 相和碳化物复合强化，从而不使用 Co，改善了二次硬化钢的经济性。

策略二：利用 Cu 实现成本的降低，例如专利 CN104911499B 公开了一种 Cu 强化

Co-free 二次硬化超高强度钢，其中通过添加 1%～5% 的 Cu，利用其在时效处理中析出的富 Cu 相进行复合析出强化，最终可不使用 Co，大大降低了生产成本。

（4）马氏体时效不锈钢

马氏体时效不锈钢的提出源于国际镍公司开发的马氏体时效钢，卡本特公司提出了第一件有关马氏体时效不锈钢的专利申请，其制备出的第一款马氏体时效不锈钢是含 Co 的 PyrometX-12。此后，美国一些公司先后开发了 AM363、Almar362、In763、Unimar CR 等。20 世纪 90 年代，卡本特公司成功开发出了一种优质马氏体时效不锈钢 Custom465。专利技术中利用组分降低马氏体时效不锈钢成本主要聚焦在降低 Co 含量上，由于 Co 不仅是贵金属，而且是战略稀缺资源，如何能够有效降低该成分并且仍能够获得优异的力学性能具有战略意义。其次在于 Ni 含量的降低。其具体策略如下，如图 7-1-1（e）所示。

思路一：利用 Mn、Mo、Ti、Al 和/或微量元素的联动实现成本的降低。通过对专利技术分析可知，方式一是通过提高 Mo、Ti 的含量充分形成 B2-Ni（Ti，Mn）和 η-Ni3（Ti，Mo）等沉淀相，由于 Mo 也属于贵金属，虽然其添加量相较于 Co 少，但是无形中会增加成本，因而希望通过增加 Mn 的含量替换一定的 Ti、Mo 等，实现上述纳米析出相的生成，在降低成本的同时保证了力学性能，例如专利 CN113046642A、CN113046654A、CN113699463A 等。方式二是利用 Mn 参与纳米相析出，同时添加 Al，形成 Ni（Mn，Al）金属间化合物，因而可替代 Ni 元素，降低成本，例如专利技术 CN108251760A。方式三是利用微量的 V、W 实现分散的特殊碳化物，同时利用微量的 Ce、Mg 在冶炼过程中实现强化相的分散，同时不添加 Co，获得较低的成本，例如专利 RU2738033C1。

思路二：控制 Cr、Mo 等元素的总含量实现成本的降低。例如专利技术 US3767389A，其通过含有 10%～12% 的 Cr、8.50%～10% 的 Ni 和 1.80%～2.30% 的 Si，并保证 Cr 和 Ni 之和不大于 22%，且不含 Co，实现了低成本化。

综上，对于可用于飞机起落架的超高强度钢而言，无论是低合金还是高合金，其在成分上均是以经济性的"元素替代"为主，但各个钢种的元素替换手段有所区别，图 7-1-2（见文前彩色插图第 2 页）对各个类型的钢种降低成本的思路进行了汇总，以期为企业提供参考。

7.1.2 工艺控制

对于飞机起落架用钢而言，主要的控制成本的方法集中在冶炼方面，包括高纯度纯铁的制备、冶炼过程中工艺的选择及冶炼过程中工艺参数的调整等。图 7-1-3 示出了国内外飞机起落架用钢制备方法方面控制成本的基本模式，国外主要是依靠钢产品本身的成分组合设计实现冶炼条件的拓宽，即从条件苛刻的双真空冶炼逐渐放宽为单真空冶炼甚至空气条件下冶炼，由于冶炼条件的拓宽将大大降低冶炼成本，而国内在 2011 年才开始申请关于通过成分组合拓宽冶炼条件的申请，起步相对滞后。此外，国内在制备工艺方面还关注了高洁净纯铁的冶炼，期望能够利用自主知识产权的高纯铁冶炼技术打破依赖国外进口的壁垒，从而降低钢产品的生产成本。

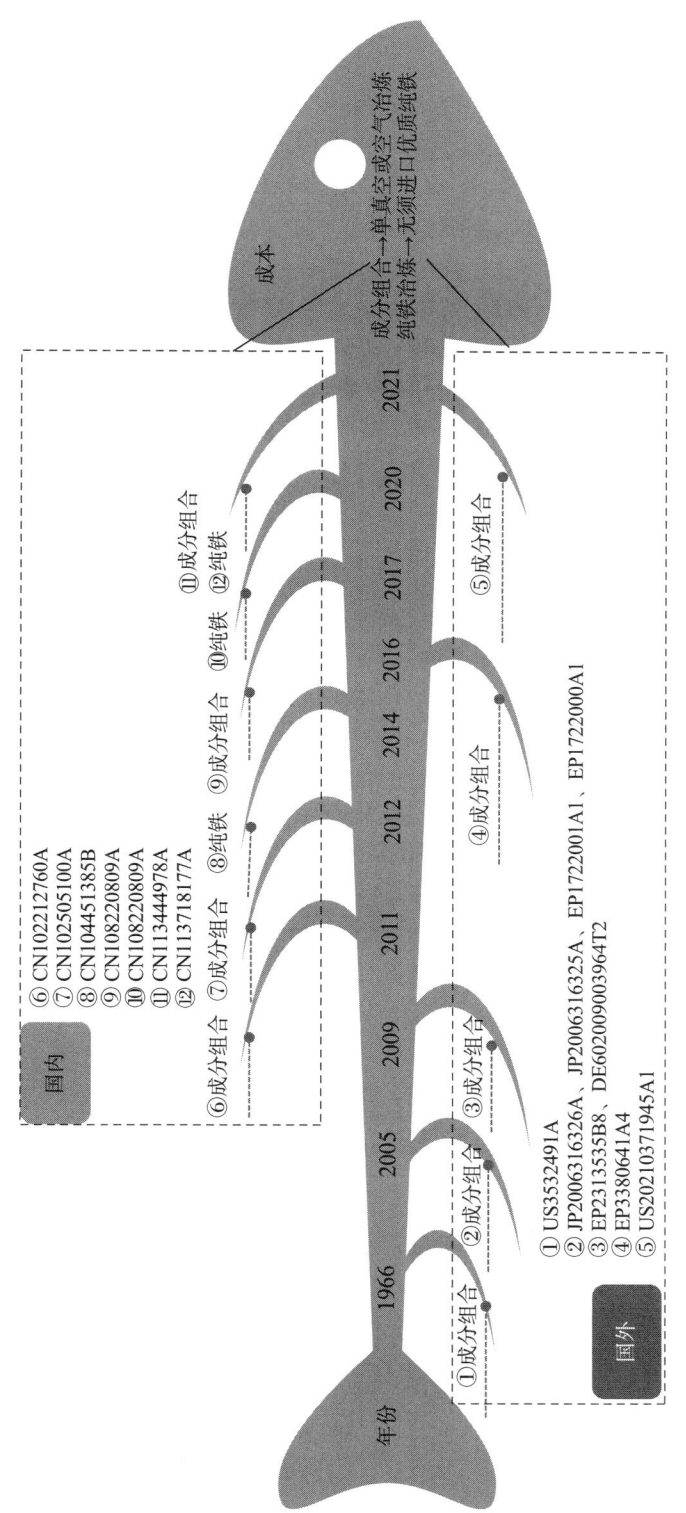

图7-1-3　飞机起落架用钢国内外利用制备方法控制成本的基本模式

国内

⑥ CN102212760A
⑦ CN102505100A
⑧ CN104451385B
⑨ CN108220809A
⑩ CN108220809A
⑪ CN113444978A
⑫ CN113718177A

国外

① US3532491A
② JP2006316326A、JP2006316325A、EP1722001A1、EP1722000A1
③ EP2313535B8、DE602009003964T2
④ EP3380641A4
⑤ US20210371945A1

成本

成分组合→单真空或空气冶炼
纯铁冶炼→无须进口优质纯铁

下面将对具体的工艺控制方法进行分析。

7.1.2.1　高纯度纯铁的制备

我国大部分优质纯铁依赖进口，而不掌握定价权无疑大大增加了我国生产超高强度钢的成本。如何通过现有的工艺调整获得杂质含量超低的纯铁，进而降低生产，是企业的研发重点和研发方向。

成都先进金属材料产业技术研究院的专利 CN113718177A 公开了一种适宜生产更加优质的中低合金超高强钢的中碳工业超纯铁，以现有的铁水为基础通过采用 KR 法铁水预脱硫、转炉双渣法脱磷冶炼、钢包精炼炉（LF）双渣深脱硫，最后连铸或浇铸获得方坯或圆坯的生产流程制备所述重量份组分的中碳工业超纯铁 C（0.30%~0.50%）、Si（≤0.04%）、Mn（≤0.03%）、S（<0.001%）、P（≤0.0025%）、Al（≤0.005%）、Ti（≤0.003%）以及 RE（0.001%~0.01%），余量为 Fe，其他杂质<0.001% 的中碳工业超纯铁，并将其中的铼（RE）控制为以 Ce、La、钕（Nd）和镨（Pr）为主的稀土元素。这样，由于工业纯铁碳含量得到严格控制，并严格控制了所有杂质的含量，该申请提供的工业纯铁适宜生产更加优质的中低合金超高强钢，解决了现有技术中没有适合制造高端产品，不适合用于生产 C 含量为 0.30%~0.50% 的中低合金超高强钢用的原材料工业纯铁的技术问题。

宝武公司的专利 CN113774285A 公开了一种超低碳工业纯铁的制备方法。步骤一：选择废钢、生铁为原料，将所述原料利用电弧炉进行脱磷处理和脱碳处理，至 C 含量不超过 0.08%，P 含量不超过 0.002% 后，再利用 LF 炉进行第一次脱硫处理，至钢水中 S 含量不超过 0.003%；步骤二：将步骤一中得到的钢水转入氩氧精炼法的精炼设备（AOD 炉）中进行吹氧去 C 处理，至 C 含量不超过 0.01% 后，加入 Al 进行预脱氧，进行扒渣，同时加入 CaO 和 CaF₂；步骤三：向步骤二中得到的钢水中分批次加入 Al、CaO 和 CaF₂，并保持温度不低于 1680℃，进行第二次脱硫处理，至 S 含量不超过 0.0015% 后，在氮气的保护下进行浇注，得到工业纯铁钢锭；步骤四：将步骤三中得到的工业纯铁钢锭加热至 1150~1200℃ 下进行保温后进行锻造或轧制，得到工业纯铁棒材，将所述工业纯铁棒才加工成块料后，去除所述块料表面的氧化皮和铁锈，得到超低碳工业纯铁。利用所获得的超低碳工业纯铁冶炼的超高强度马氏体时效钢（C250）和超高强度不锈钢（S46500），均达到美国宇航材料标准（如 AMS 6512、AMS 5936）所规定的强度、塑性和韧性指标。

抚顺特钢公司的专利 CN104451385B 采用现有的电弧炉（EAF）+ LF + VOD + VHD 冶炼工艺装备，LF 炉出钢 C≥0.25%。由于要求的低碳工业纯铁 C 含量≤0.09%，不是超低碳工业纯铁，VOD 真空吹氧时不存在过吹现象，降低了钢中回 S 的因素，利用 VOD 使钢液中 C 与 O 发生反应，降低钢中 N 含量，后续真空电弧加热脱气精炼炉（VHD）生产不需要进行强脱氧，即可生产高氧、低氮的工业纯铁。真空感应炉冶炼过程中，碳具有很强的脱氧能力，冶炼时的真空室压强均在≤5Pa，碳的脱氧能力已超过许多强脱氧元素，通过高氧工业纯铁增加钢液中的氧含量，钢液在真空下产生强烈的碳沸腾，能加快脱氮速度，使脱氮和脱氧同时进行。在纯洁度提高的同时缩短冶炼时间、提高效率；利用现有冶炼设备即可生产工业纯铁新品种，降低成本。

7.1.2.2 冶炼过程中工艺的选择及冶炼过程中工艺参数的调整

不论低合金超高强度钢还是高合金超高强度钢，合金元素的加入，特别是易氧化元素的加入，均会使冶炼过程需要在真空环境下进行，另外，由于上述钢种对于 P、S 等气体杂质的含量限制较为严格，而采用真空熔炼能够有效去除钢中的气体，从而减少氧化物、氮化物等夹杂物。严格的工艺控制，例如双真空冶炼，造成生产成本的大幅上升，如何实现在冶炼过程避免苛刻工艺条件的使用成为降低生产成本的一个设计思路。通过对专利技术的分析，课题组发现，现有专利中降低成本的思路是通过成分的设计使仅通过单真空甚至是在空气条件下即可实现冶炼的目的。

例如专利 JP2006316326A 和 EP1722001A1 涉及的马氏体时效钢以及专利 JP2006316325A 和 EP1722000A1 涉及的马氏体时效不锈钢，采用了不添加 Al、Ti 的合金设计思路，不添加易氧化元素，使钢在冶炼过程中不需要真空熔融和真空铸造，在大气环境下即可完成冶炼，大大降低了生产成本。国际镍公司、卡本特公司以及钢铁研究总院等的专利 CN102212760A、CN102505100A、CN108220809A、CN113444978A、US3532491A、US20210371945A1、EP3380641A4、EP2313535B8、DE602009003964T2 通过成分的设计也能够实现在空气中进行冶炼和铸造或者采用单真空冶炼即可。

上述专利的合金具体组成如表 7-1-2 所示。

表 7-1-2　能实现空气冶炼的合金成分专利示例

公开/公告号	合金组成/wt%
JP2006316326A	C：0.16～0.23，Si：0.21～1.53，Cr：2～5，Cu：0.23～2，Mo：0.83～3，Ni：7～12，Co：13～17，余量 Fe
JP2006316325A	Si：0.31～1.53，Cr：9～13，Mo：2.51～4.53，Ni：4～7，Co：7～13，W：0.22～2，余量 Fe
EP1722001A1	C：0.16～0.23，Si：0.21～1.53，Cr：2～5，Cu：0.21～2，Mo：0.81～3，Ni：7～12，Co：13～17，余量 Fe
EP1722000A1	C：≤0.08，Si：0.32～1.53，Cr：9～13，Mo：2.52～4.53，Ni：4～7，Co：7～13，W：0.21～2，余量 Fe
US3532491A	C：≤0.15，Si：≤1，Mn：≤1，Ni：4～22，Co：12～25，Mo：0.92～4，Ti：≤0.40，Zr：≤0.10，V：≤2，Mg≤0.025，Cr：≤3，Al：≤0.4，W：≤2，B：≤0.01，Be：≤1，Cu：≤6，Nb：≤3，Ta：≤4，N：≤0.40，余量 Fe
US20210371945A1	C：≤0.03，Si：≤0.07，Mn：≤1.0，Ni：10.52～12.53，Co：1～6，Mo：1～4，Ti：1.52～2，Cr：8.52～11.52，Al：≤0.52，B：≤0.01，余量 Fe

续表

公开/公告号	合金组成/wt%
EP3380641A4	C：0.01～0.52，Si：0～1，Ni：0～8，W：1～6，Cu：1～4，Cr：0.12～2，V：0.01～1，Ti：0.01～0.10，B：0.001～0.01，Ca：0～0.13，余量 Fe
EP2313535B8	C：0.35～0.50，Mn：0.60～1.20，Si：0.90～2.50，P：≤0.01，S：≤0.001，Cr：1～1.50，Ni：3.50～4.50，Mo：0.4～1.30，Cu：0.50～0.60，Co：≤0.01，V：0.25～0.35，余量 Fe
DE602009003964T2	C：0.20～0.33，Co：4～8，Ni：7～11，Cr：0.80～3，Mo：0.50～2.50，W：0.50～5.90，V：0.05～0.20，Ti：≤0.02，余量 Fe
CN102212760A	C：0.20～0.35，Mn：0.50～2.0，Si：1.25～2.25，Cr：2～5，Ni：0.50～2.50，Mo：0.30～0.80，Nb：0.01～0.10，V：0.05～0.30，S：≤0.005，P：≤0.01，余量 Fe
CN102505100A	C：0.20～0.40，Mn：0.30～2，Si：1.25～2.25，Cr：3.25～5，Ni：0.50～2.50，Mo：0.30～1，W：0.30～2，Nb：0.01～0.10 和/或 V：0.05～0.3，S：≤0.008，P：≤0.01，余量 Fe
CN108220809A	C：0.35～0.50，Si：0.10～0.30，Mn：0.50～0.80，P≤0.005，S≤0.002，Cr：0.80～1.60，Ni：3.50～5.50，Mo：0.80～1.20，V：0.10～0.25，RE：0.001～0.0035，余量 Fe
CN113444978A	C：0.38～0.43，Mn：0.65～0.90，Si：0.15～0.35，Cr：0.70～0.90，Ni：1.65～2，Mo：0.20～0.30，Al：0.02～0.30，Cu：≤0.35，P≤0.01，S≤0.01，O≤0.0010，N≤0.003，余量 Fe

7.2 实现进一步高强化问题

飞机起落架用钢作为飞机的主承力部件，需要足够的强度支撑，随着航线变化、载客量增多，对于起落架的强度要求越来越高。下文以屈强强度 1800MPa 以上的超高强度钢为研究目标，统计专利文献中的相关发明点，如图 7 - 2 - 1 所示，得出以强度为功效，其中 38% 为热处理改进，53% 为成分改进，4% 为冶炼改进，5% 为锻轧改进。

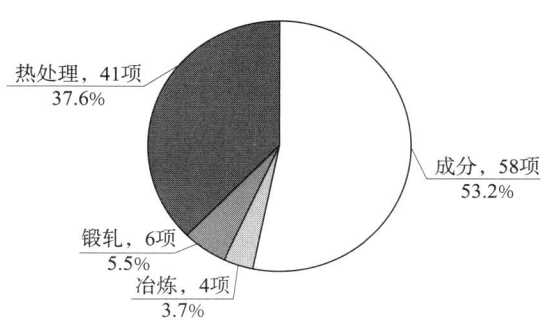

图 7 – 2 – 1　飞机起落架用钢改进强度的手段占比

7.2.1　在成分工艺改进方面

在成分改进方面，可以将其归纳统计为 7 种方式，分别为促进板条马氏体形成、形成 NiAl 金属间化合物、形成 β – NiAl + M₂C 相化合物、形成复合金属间化合物、形成复合金属间化合物及碳化物、形成碳化物以及元素配合。

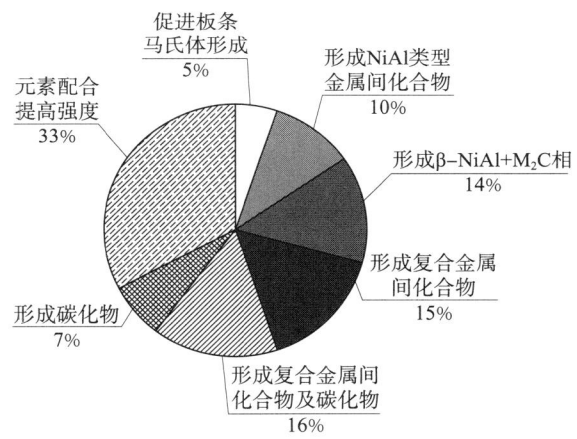

图 7 – 2 – 2　飞机起落架用钢改进成分的手段占比

如表 7 – 2 – 1 所示，为了获得超高强度的飞机起落架用钢，在获得高强度功效的手段上，有以下四个策略。

策略一：通过元素配合设计改进。在低合金马氏体钢高强度上，主要侧重于通过添加碳化物稳定元素和微合金化稳定元素进行改进，例如专利 CN112159932A 添加稀土元素提高强度；专利 CN114351058A 提出通过加入纳米碳化物稳定元素 Si 和 Al 以及微合金化元素 Nb、V 和 Ti 相结合的化学成分设计改进。对于高合金钢种而言，针对马氏体时效钢，国际镍公司申请的专利 US3453102A 提出通过将 Ni、Co、Mo 和 Ti 的特殊关联满足以下条件：20（Ni – 15%）＋ 11（Co – 8%）＋ 68（Mo – 2.50%）＋ 66.5（Ti – 1.30%）不大于约 247，可以保证马氏体的足够的转变，该公司申请的专利 US3396013A 中提出在马氏体时效钢中添加 0.03% 的 Be 可以保证同时提高强度和韧性，专利 US3093518A 提出了控制 Nb＝（10～100）C，C＝0.01% 以下可确保强韧性同时提高，专利 JP3852078B2 提出配合 Co 和 C，使 Co／C 为至少 43 以确保强度和韧性同时提高。卡本特公司针对马氏体时效不锈钢，申请的专利 US3861909A 通过设计聚类性能评估（ARI）＝% Ni＋0.80（% Cr）＋0.60（% Mo）＋0.30（% Co），18%～22.82% 以保证获得强度的提高。

策略二：通过促进碳化物相或马氏体相形成改进。马氏体是保证钢材高强度的关键，专利 KR102359303B1 中提到通过增加 Co 元素含量可以提高 Ms 点，有利于板条马氏体的形成。对于稳定碳化物相而言，专利 US20160376686A1、CN102016083B 提出通过添加 W、Mo、V 以提供 M_2C 碳化物形成所需的充足驱动力。马氏体二次硬化钢，是一类基于添加主碳化物形成元素二次硬化强化的钢种，针对这类钢，奥贝特迪瓦尔公司等申请的多篇专利中均提到专利 CN100580124C、CN102131947B、EP2310546B1、JP5149156B2 中提出的通过控制 Mo＋W/2＝1%～4% 可以稳定碳化物形成。

策略三：通过促进 NiAl 金属化合物相的形成改进。马氏体二次硬化钢以及马氏体时效钢金属间化合物主要以 NiAl 相存在，针对 NiAl 相的形成改进方式比较统一，均是以控制 Ni≥7＋3.50Al，Al 优选 1.40%～1.60% 的方式促进 NiAl 纳米金属间相形成，可参见奥贝特迪瓦尔公司申请的专利 FR2885141A1、EP2310546B1、US9045806B2。

策略四：通过促进复合金属间化合物相的形成改进。由于马氏体时效钢、马氏体沉淀硬化不锈钢以及马氏体时效不锈钢的合金成分更多，种类更复杂。因此，多以形成复合金属间化合物的形式来强化合金，其中马氏体时效钢和马氏体沉淀硬化不锈钢除了形成复合金属间化合物，还存在碳化物析出强化。针对马氏体时效钢而言，以形成 Ni_3Mo、NiAl、Ni_3Ti、R 相复合金属间化合物相和碳化物相，例如专利 US20210371945A1、JP2002285290A，对于马氏体沉淀硬化不锈钢，以形成 M_2C 碳化物、Ni_3Al、Ni_3Mo、Fe_2Mo、R 相等，例如专利 US20200080164A1、JP1988134648A、EP1848836B1、CA2442068C、JP2003514990A，对于马氏体时效不锈钢，以形成富 Mo 的 R 相、Ni_3（Ti、Mo）、富 Ti 的 η 相（Ni_3Ti）或富 Ni 的 β 相（NiAl）的复合金属间化合物相，例如专利 CN113699464A、WO2021254028A1、US20210340640A1、EP2439288B1、US3508912A。

表 7 - 2 - 1　飞机起落架用不同钢种成分改进强度的手段

钢种	成分设计	改进手段
低合金 马氏体钢	元素配合提高强度	添加 La、Ce 稀土
		添加碳化物稳定元素 Si 和 Al 以及微合金化元素 Nb、V 和 Ti
		添加 Ni、Cr
		添加 Ni、V、Cr
		添加 Cr、Ni、Cu、W
马氏体二次 硬化钢	形成 β - NiAl 和 M_2C 相	Ni≥7＋3.50Al，Al（1.40%～1.60%），促进 NiAl 纳米金属间相
		控制 Mo＋W/2＝1%～4% 稳定碳化物
	促进板条马氏体相 形成	添加 Co 含量可以提高 M_s 点，有利于板条马氏体的形成

续表

钢种	成分设计	改进手段
马氏体时效钢	形成 NiAl 类型金属间化合物	Ni≥7 + 3.50Al，Al（1.40% ~ 1.60%），促进 NiAl 纳米金属间相
	形成复合金属间化合物及碳化物相	形成 Ni_3Mo、NiAl、碳化物
	形成复合金属间化合物	形成 Ni_2Ti 相、R 相
	元素配合提高强度	20（Ni – 15%）+ 11（Co – 8%）+ 68（Mo – 2.50%）+ 66.50（Ti – 1.30%）不大于约 247
		配合 Co 和 C，使得比率 Co/C 为至少 43
		配合 Nb =（10% ~ 100%）C，C = 0.01% 以下
		添加 0.03% 的 Be
		采用 Zr、V 的组合
		采用 N、W、Ni 的组合
		采用 Co、C、Mn 的组合
		采用 Mo、Co、Al、Ti 的组合
		采用 Co、Ni 组合
马氏体沉淀硬化不锈钢	形成复合金属间化合物及碳化物相	添加 W、Mo、Nb、V、Cr 形成 M_2C 碳化物，添加 Ni、Co、Mo、Al 促进形成 Ni_3Al、Ni_3Mo 强化相
		添加 Nb、V 形成 MC 碳化物，添加 Mo 形成 Mo_2C 和 Fe_2Mo 相
		形成复杂纳米析出相和碳化物，$(Ni, Me_1)_3(Ti, Me_2)$，$(Ni, Me_1)_3(V, Me_2)$ 和 $(Ni, Me_1)_3(Mo, Me_2)$，其中 Me_1 是 Co、Fe、Cu、Mn、Re、Ir、Pd，其他过渡金属和其他用于 Ni 位取代的元素中的一种或多种，Me_2 是 V、Mo 中的一种或多种，Ti、Nb、T、W、Hf、Zr、Fe 等过渡金属 Al 和 Si 替代 Ti、V 和 Mo 位
		添加 Mo、Ti 以形成 Ni_3Ti，Ni_3Mo 相
		添加 Ni、Cr、Mo、Cu 和 W，形成金属间 $\eta - Ni_3Ti$ 颗粒、$B_2 - NiAl$ 和 TiC 颗粒
		添加 Co、Ni、Al，形成 R 相，富含 Co – Cr 富沉淀物以及 NiAl
		添加 Co、Mo、Cr，结合形成 Ni_3Mo、NiAl 以及沉淀碳化物
	形成碳化物相	添加 V，通过相变诱发塑性（TRIP 效应）形成纳米 VC
	元素配合提高强度	添加 1.5% 的 Ti，以通过富镍钛相的析出来提高合金强度
		通过 Co、Cr、Mo、Ni、Ti，避免 δ 铁素体的产生，获得高强度

续表

钢种	成分设计	改进手段
马氏体时效不锈钢	元素配合提高强度	ARI = % Ni + 0.80 （% Cr） + 0.6 （% Mo） + 0.30 （% Co），18% ~22.80%
	形成复合金属间化合物	形成富 Mo 的 R' 相、Ni_3 （Ti、Mo） 纳米相、逆转变奥氏体
		形成 B_2 纳米粒子共格析出强化
		形成 Ni_3Ti 和 Ni_3 （Ti、Mo）
		形成富 Ti 的 η 相 （Ni_3Ti） 或富 Ni 的 β 相 （NiAl） 微粒

7.2.2　在热处理工艺改进方面

在热处理工艺改进方面，将其归纳统计为八种方式，分别为固溶+深冷+时效、固溶+时效、预备热处理、奥氏体化+等温淬火、奥氏体化+回火、淬火+低温回火、淬火+配分热处理、锻造+深冷+低温回火（见图7-2-3）。

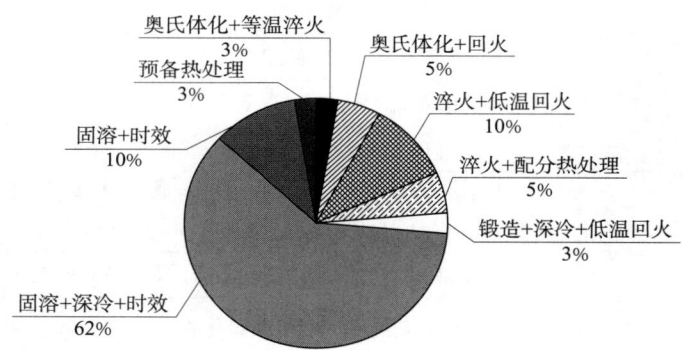

图 7-2-3　飞机起落架用钢改进热处理的手段占比

如表7-2-2所示，为了获得超高强度的飞机起落架用钢，在热处理工艺的改进方面，采取以下两个策略。

策略一：针对低合金马氏体钢，以淬火+低温回火为主，辅助多种热处理改进。在淬火+低温回火工艺的基础上，发展出淬火+深冷+低温回火、淬火+高温回火+淬火+低温回火以及淬火+低温回火+稳定化时效热处理工艺。专利 WO2014008564A1 提出在接近液氮（-196℃）的温度下进行深低温处理，稳定马氏体和回火后残留奥氏体的转变。专利 CN114351058A 提出在淬火+低温回火的基础上增加淬火+高温回火，通过上述方式可以进一步实现钢基体组织细化、马氏体基体硬化、纳米碳化物和纳米薄板奥氏体均匀化和大量化。专利 CN100497708C 提出通过在淬火+低温回火后增加稳定化时效工艺，可以省略深冷工艺，起到稳定组织、释放残余应力、稳定尺寸的目的。专利 CN102534132A 提出一种淬火+碳分配的热处理工艺，通过等温配分热处理获得由低碳马氏体和残余奥氏体及其转变组织构成的复相组织，高强度与高塑性的配合。除此之外，国内还提出了锻造＋深冷＋回火、奥氏体化＋等温淬火的改进方式。

　　策略二：针对高合金钢，以固溶＋深冷＋时效为主，辅助多种热处理工艺改进。其中马氏体时效钢、马氏体沉淀硬化不锈钢、马氏体时效不锈钢均可以采用固溶＋深冷＋时效的热处理方式，表7-2-3示出了代表性专利的参数供参考。在固溶＋深冷＋时效热处理的基础上，专利IN250847B、EP2310546B1改进为软化回火＋固溶＋深冷处理＋去应力退火＋时效热处理工艺，软化回火为了实现钢在随后将要进行的固熔热处理过程中的完全重结晶，粗马氏体的软化处理，在150～250℃下去应力退火可以对深冷后的粗马氏体进行软化处理。专利CN114032472A提出通过两次固溶处理以及快速时效操作可以细化板条马氏体尺寸，避免组织粗大，析出金属间化合物呈纳米尺度，从而提高钢材的强度。针对马氏体时效钢，中科院金属所在申请的专利CN101560592B、CN113278775A、CN113755677A中，提出固溶＋循环相变＋时效的热处理方式，通过循环相变利用快速升温、短时保温、快速淬火冷却的方法对晶粒进行细化，位错密度明显升高，改善了应力集中，保证了材料的强韧性。专利CN108251760A提出通过高低两次时效处理马氏体时效钢来析出复合析出相；中国航发北京航空材料研究院申请的专利CN114317897A提出通过预备热处理的方式来处理马氏体沉淀硬化不锈钢，采用一次高温回火＋不完全退火＋二次高温回火预备热处理，使得锻件消除了组织遗传和残余应力，并为最终热处理做好组织准备。

表7-2-2　飞机起落架用钢不同钢种热处理改进手段

钢种	热处理形式		改进原理
低合金马氏体钢	淬火＋低温回火	淬火＋低温回火	消除淬火应力
		淬火＋深冷＋低温回火	深冷稳定马氏体和回火后残留奥氏体的转变
		淬火＋高温回火＋淬火＋低温回火	实现钢基体组织细化、马氏体基体硬化、纳米碳化物和纳米薄板（1/4）奥氏体均匀化和大量化
		淬火＋低温回火＋稳定化时效	稳定化时效：一是稳定组织，二是释放残余应力，稳定尺寸，省略深冷处理
		淬火＋配分热处理	等温配分热处理获得由低碳马氏体和残余奥氏体及其转变组织构成的复相组织，高强度与高塑性的配合
		锻造＋深冷＋回火	通过锻造的热加工方式调控原始奥氏体的形态，使其呈现出三维空间为杆状的仿生结构，增加界面滑移塑性
		奥氏体化＋等温淬火	保持高强度的同时具有良好的塑性，实现了强韧性配合

续表

钢种	热处理形式		改进原理
马氏体 时效钢	固溶+时效	固溶+两步时效	低温+高温时效，形成复合析出相
		固溶+循环相变+ 时效	循环相变利用快速升温、短时保温、快速淬火冷却的方法对晶粒进行细化，位错密度明显升高，改善了应力集中，保证了材料的强韧性
马氏体时效 不锈钢、 马氏体沉淀 硬化不锈钢、 马氏体时效钢、 马氏体二次 硬化钢	固溶+深冷+ 时效	固溶+深冷+时效	析出二次相而使得能够弥散硬化
		软化回火+固溶+ 深冷+去应力 退火+时效	形成 β–NiAl 型金属间化合物和 M_2C 型碳化物
		改善淬火介质	采用真空气冷淬火代替冷速相对较快油冷淬火
		两次固溶+深冷+ 快速时效	两次固溶细化板条马氏体尺寸，快速时效，避免组织粗大，析出金属间化合物呈纳米尺度
马氏体时效 钢、马氏体时 效不锈钢	奥氏体化+回火		在奥氏体化热处理期，成核 Laves 相，由于 Laves 相的稳定性，利用其从奥氏体中析出的析出物可以进行较短的回火，从而提高强度、疲劳和抗蠕变性
马氏体沉淀 硬化不锈钢	预备热处理		一次高温回火+不完全退火+二次高温回火预备热处理，使得锻件消除了组织遗传和残余应力，降低了硬度，改善了切削加工性能，并为最终热处理做好组织准备

表7-2-3 列出飞机起落架用钢中固溶+深冷+时效代表性专利。

表7-2-3 飞机起落架用钢中固溶+深冷+时效工艺代表性专利

公开号	热处理工艺参数
US3093519A	1300~2000℉（即 704~1093℃）下固溶处理 0.1~10h，随后进行冷却和/或冷加工以诱发马氏体转变，在 500~1100℉（即 260~590℃）的温度下进行 0.1~100h 的时效处理
US8192560B2	900℃固溶热处理 1h，然后空冷；−80℃低温处理操作 8h；在 495℃下硬化时效操作 5h，然后在空气中冷却
JP1988134648A	在约 900℃ 的温度下固溶处理，然后根据需要对其进行零度以下的处理（−196℃），然后进行时效处理来制造，时效温度优选在 500~550℃ 的范围内
IN758DELNP2011A	在 900~1000℃ 下的热处理至少 1h，然后在油或空气中充分快速冷却；包括在 −50℃ 或更低，优选 −80℃ 和 −100℃ 或更低但不低于 −110℃ 的低温处理，优选 490~525℃ 的硬化 5~20h

续表

公开号	热处理工艺参数
DE602014056023T2	在奥氏体域中，在800~940℃的温度下，将半成品完全溶解；将半成品淬火至小于或等于－60℃，优选小于或等于－75℃的最终淬火温度；时效处理在450~600℃进行4~32 h
ES2763971T3	半成品在800~940 ℃的温度下完全溶解在奥氏体域中；将半成品快速冷却至最终冷却温度小于或等于－60℃，优选小于或等于－75℃；时效处理在450~600 ℃进行4 ~ 32 h。
BRPI0613291B1	在850~950℃对熔融所述半成品进行热处理，随后立即进行低温处理，将其快速冷却至低于或等于－75℃的温度；进行450~600℃的时效处理，等温维持时间为4~32h。
US3093519A	在1600℉（即871℃）下固溶处理1h，然后空气冷却至室温，在－105℉（即－76℃）下进行18h的额外冷冻处理，在－320℉（即－196℃）冷藏3h，在800~1000℉（即427~538℃）的温度下时效处理1~10h。
MX245378B	在927~1038℃下固溶退火1h，然后淬火；深冷处理包括将合金冷却至约－73℃以下约1h；在482~621℃的温度下时效处理4h
JP1988134648A	在约900℃的温度下固溶处理，然后根据需要对其进行零度以下的处理（－196℃），然后进行时效处理来制造；时效温度优选在500~550℃的范围内

综上所述，如图7-2-4所示（见文前彩色插图第3页），手段1为淬火+低温回火，手段2为固溶+深冷+时效，在通过热处理强化的改进方面，对于低合金钢以淬火+低温回火为主辅助多种方式，高合金以固溶+深冷+时效为主辅助多种方式，对于常规的热处理形式，表7-2-3给出了相关的重点专利示例，以供企业参考。

7.2.3 在冶炼工艺改进方面

为了获得超高强度的飞机起落架用钢，在冶炼工艺改进方面，有以下三个策略。

策略一：选择使用激光成形技术工艺。专利CN101229586A公开了一种利用激光成形技术制造起落架的方法，利用激光熔化沉积（LMD）技术，实现了300M钢整体起落架制造，而且不需要锻造，对原材料规格无特殊要求，就能够使强度与塑性达到了锻件水平，同时，该类方法也具有降低成本的优势，但在产业上并未得到推广使用。

策略二：采用真空感应＋真空自耗降低杂质含量。专利 CN106756583A、CN113667904B 提出通过优化冶炼工艺，将钢中杂质元素含量降到较高级别，保证钢材具有高强度的同时兼顾良好的韧性，采用了真空感应＋真空自耗的冶炼工艺，降低了钢材的杂质含量，然而，上述方式带来的问题是，真空处理会导致制作成本增加。

策略三：设计脱硫渣系，确保有效脱硫。专利 CN101831524B、CN102382925A 采用设计了 CaO – CaF$_2$ – CaC$_2$ 脱硫渣系，能够实现有效脱硫，同时能保证硅、铝的含量也符合控制要求。专利 CN113718177A 采用了 LF 双渣深脱硫，通过预脱硫和深脱硫两个工艺步骤进一步降低了硫含量，从而确保的原料的洁净度，进一步改善钢种的强度。

7.2.4 在锻轧工艺改进方面

为了获得超高强度的飞机起落架用钢，在锻轧工艺改进方面，有以下策略。

设计锻造类型，改变组织的晶粒度。专利 CN101899622B 通过加工工艺由"快锻＋径锻，加工比 >10"取代原来的"快锻或汽锤，加工比 >5"；通过将钢锭加热温度至 1200 ± 10℃，保温 3h 以确保透烧，使可塑性处于最佳状态，再烧温度控制下限，再烧保温时间控制在 1h，为使加工比（加工前钢锭的截面积与成材后的钢材截面积之比）>10，开锻首先进行一次墩粗，最后成材火次控制 1160 ± 10℃，加工比 >2，终锻温度 >850℃，整支完成以保持其均匀性，以解决原钢种由于锻造不均匀所造成的晶粒度、组织不均匀的问题。专利 CN111455146A 提出一种"高温锻造＋中温锻造"的工艺，用来解决室温锻造时，高强钢产生显著的加工硬化现象，加工难以实施以及在高温锻造时，晶粒产生回复与再结晶，甚至晶粒长大现象，导致晶粒细化效果不明显的问题。专利 CN112375990B 通过控制锻造将奥氏体晶粒形态控制为在三维空间呈现杆状的仿生结构，限制马氏体沿非轴向方向的生长，相较于等效的等轴原奥氏体晶粒，可以显著细化马氏体 Block 和 Packet 尺寸，从而提升材料的强度，获得 2000MPa 以上的屈服强度；具体方式是对在旋转状态下的所述铸坯或钢锭进行多道次锻造时，保持所述铸坯或钢锭在 A$_3$ 温度以下进行锻造，从而制备出杆状的原奥氏体晶粒。

7.3 综合性能发展问题

7.3.1 实现高强化下综合韧性提升

钢材的强度和韧性通常是此消彼长的关系。在满足超高强度的前提下，还能进一步的保证材料的韧性，是目前产业的需求。以屈强强度 1800MPa 以上的超高强度钢为研究目标，统计专利文献中的相关发明点，得出以延伸率、断裂韧性、冲击韧性为功效，如图 7 – 3 – 1 所示，其中 53.4% 为成分改进，46.6% 为工艺改进，其中 33% 为热处理工艺改进，6.8% 和 6.8% 分别为冶炼和锻造的工艺改进。

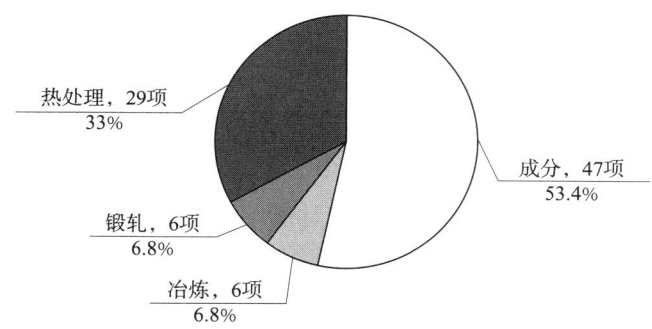

图 7 - 3 - 1 飞机起落架用钢改进综合韧性的手段占比

7.3.1.1 在成分改进方面

图 7 - 3 - 2 示出了通过成分控制改进塑韧性的手段,具体为通过残余奥氏体的韧化、沉淀相细化的韧化、纯净化合金的韧化、元素配合提高韧化、添加特定元素的韧化以及逆变奥氏体的韧化,其中以沉淀相细化的韧化和元素配合提高韧化占比最高。

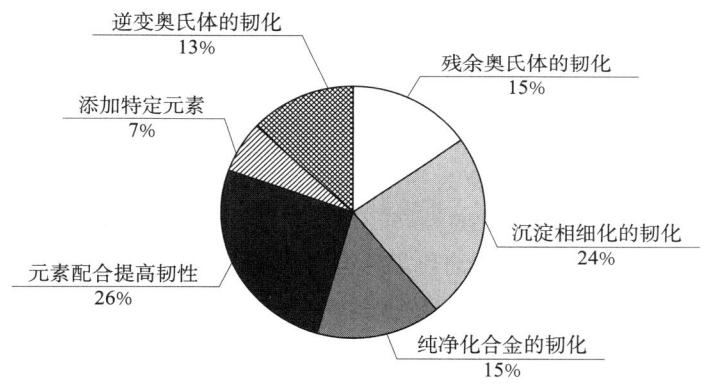

图 7 - 3 - 2 飞机起落架用钢成分上改进韧塑性的手段占比

如表 7 - 3 - 1 所示,为了实现高强化下综合韧性的提升,从成分的改进角度出发,主要依赖于六大途径,通过对专利文献统一分析,梳理出以下实现六类途径的手段。

(1)残余奥氏体的韧化

主要通过提高镍含量来促进残余奥氏体的生成。不同类型的高合金钢,在具体的镍含量的选择上有所不同。例如,国内的中国航发北京航空材料研究院、钢铁研究总院以及日本的胜利聪明集团提出的马氏体二次硬化钢改进中,提出添加 7% ~12% 范围内的 Ni(CN105177455B、CN104073736A),马氏体沉淀硬化不锈钢中加入了添加 4% ~9% 的 Ni 降低解理断裂倾向,促进合金渗碳体的回溶,促进残余奥氏体;在低合金钢中,主要通过加入少量 Ni 以及添加 2.22% 以下的 Si 可抑制残余奥氏体向 Fe_3C 的分解转变(CN104328359B)。

(2)逆变奥氏体的韧化

哈尔滨工程大学在 2021 年提出 6 件相关的系列申请,提出通过添加 7% ~9% 的

Ni、0.31%～2%的 Ti、3%～6%的 Mo、0.08%～0.30%的 Si 的含量形成富 Mo 的 R`相与 Ni₃（Ti、Mo）纳米相，形成位错源，较高位错密度以及细小的马氏体板条大大降低了逆变奥氏体形核所需要的能量，从而促进逆变奥氏体的生成，提高材料的韧性。

（3）纯净化合金的韧化

钢的塑性、韧性与其洁净度密切相关，其中，C、O、N、S、P 等杂质元素含量越低，其纯净度越高，高合金钢的塑性、韧性也就越好。在成分改进方面，专利 US20210371945A1 公开了一种高断裂韧性、高强度、可沉淀硬化不锈钢，主要通过添加元素 Ce 使其与 S 和 P 结合以去除杂质，实现钢液的洁净化，进而提升马氏体沉淀硬化不锈钢的断裂韧性。卡本特公司在 1986 年提出通过添加少量的元素 Ca 以全部或是部分取代稀土元素 Ce 或 La，能够与元素 S 形成硫化物以去除杂质元素，进而实现钢液的净化，提升合金的断裂韧性（US5268044A），随后在 2007 年提出控制 Ce 的添加量与合金中 S 的存在量之比至少约为 1：1，以控制硫化物的生成（MX245378B）；2021年，卡本特公司作为主要申请人的专利中，Ce/S 比至少为 8：1，但不大于约 10，减少硫化物的生成，降低对断裂韧性的不利影响（US20210198762A1）。

（4）沉淀相细化的韧化

在 2013～2016 年，钢铁研究总院提出通过添加 8%～12%的 Co 以促进马氏体二次硬化钢中细小弥散分布合金碳化物 Mo_2C 形成（CN103695802A、CN104073736A、CN103451557B），碳化物相变得更为细小，因此降低了沉淀相对于韧性的危害，相当于提高了韧性。奎斯泰克公司 2009 年申请的专利 CN102016083B 在马氏体二次硬化钢中形成含有富 Ti 碳化物，其可细化晶粒尺寸，也能够提高钢的韧性和强度。日本神户制钢所 1988 年提出的专利 JP1988134648A 在马氏体沉淀硬化不锈钢种控制预定量的 Mo 和 Ti 与 Ni 一起添加，即 Ni（5%～15%）、Mo（0.50%～6%）、Ti（1%～3%），在时效处理后在基体马氏体相中沉淀这些元素的金属间化合物通过增加其强度和韧性。美国西北大学在 2019 年申请的专利 US20220213569A1 中提出增加 Al 形成 NiAl 弥补 Co 减少的强度降低，纳米级 β–NiAl 和 M_2C，形成 β 析出物的平均颗粒半径约为 1.4nm，确保了强塑性。

（5）元素配合提高韧性

在 20 世纪 60 年代，国际镍公司就意识到通过元素之间适配来保证强韧性的问题，于 1959 年申请的专利 US3093518A 提出 C 保持在约 0.01%以下，Nb 在合金中的含量最好至少为 C 含量的约 10 倍，最高为 C 含量的 100 倍或更高，保证高延展性和强度；在 1969 年申请的专利 US3453102A 中提到大量的 Co、Ti、Al 的添加会降低韧性，为了确保强韧性匹配，控制 20（Ni－15%）＋ 11（Co－8%）＋68（Mo－2.50%）＋66.5（Ti－1.30%）不大于约 247；在 1969 年申请的专利 US3532491A 提出马氏体时效钢，通过采用 Zr 和 V 的组合获得最优的强度和韧性，无偏析，有利于锻造，改善材料冲击韧性。日立公司在 1982 年时申请的专利 JP1986047215B2 中提出马氏体时效钢中 Si、Co 具有促进 Ti 或 Mo 析出作用，若添加过量将导致断裂韧性降低，因此，控制 1/3（Co＋

10Si%）＋ 3Ti% ＋ Mo% 限于 8。卡本特公司还发现了可进一步控制 Co、C 的比例已达到强韧性匹配的目的。1997 年，其申请的专利 JP3852078B2 中提到在马氏体时效钢种中平衡 Co 和 C 的含量，使其含量满足关系式% Co ＝ 35 － 81.8% C，能够确保该合金钢具有高的断裂韧性；2020 年，其申请的专利 US20210198762A1 中提到在马氏体时效钢中平衡 Co/C 优选不大于 75，获得强度、延展性、冲击韧性和断裂韧性的优异组合。除此之外，法国的斯奈克玛公司和奥贝特迪瓦尔公司在 2007 年共同申请的专利 IN250847A1，其中提到在马氏体时效钢中控制 Ni、Al 含量为 Ni ＞ 7 ＋ 3.50Al，Al ＝ 1% ~ 2%，确保回复奥氏体的潜在含量足以保持适合预期应用的延展性和韧性水平。

（6）添加特定元素

专利 US3861909A 除了元素配合提高强韧性，卡本特公司、国际镍公司和日立公司分别提出了加入特定的元素可以改善材料的强韧性。专利 US3396013A 提出添加 0.03% 的 Be 可以改善强韧性，专利 US3861909A 添加少量的 0.001% ~ 0.003% 的 B 保证韧性，专利 WO2014156327A1 添加 0.0040% 以下 Mg，保持马氏体钢的强度水平的同时改善延展性和韧性，但未披露机理。

表 7 – 3 – 1　飞机起落架用不同钢种成分上改进韧塑性手段

韧化途径	韧化性能	钢种	具体韧化手段
残余奥氏体的韧化	延伸率、冲击韧性、断裂韧性	马氏体二次硬化钢、马氏体沉淀硬化不锈钢、马氏体时效钢	添加高 Ni，促进残余奥氏体形成
		低温回火中合金钢	添加 2.20% 以下的 Si 可抑制残余奥氏体向 Fe_3C 的分解转变
逆变奥氏体的韧化	延伸率	马氏体沉淀硬化不锈钢	控制 Ni、Ti、Mo、Si 含量形成富 Mo 的 R 相与 Ni_3（Ti、Mo）纳米相，形成位错源，较高位错密度以及细小的马氏体板条降低了逆变奥氏体形核所需要的能量。
纯净化合金的韧化	延伸率、冲击韧性、断裂韧性	马氏体二次硬化钢、马氏体沉淀硬化不锈钢、马氏体时效钢	控制 Ce/S 比至少 1∶1 以上，减少硫化物生成，降低杂质含量
			控制 Ca 含量，去除 S
			控制 N、Ti、Al 含量，避免形成 Ti，Zr 和 Al 氮化物

续表

韧化途径	韧化性能	钢种	具体韧化手段
沉淀相细化的韧化	延伸率、冲击韧性、断裂韧性	马氏体二次硬化钢	添加高 Co 促进细小弥散分布合金碳化物 Mo_2C 生成
			含有富 Ti 碳化物，其可细化晶粒尺寸
		马氏体时效钢	添加高 Mo 阻止析出相沿晶界分布，得到纳米析出相
			添加 Mn、Al、Ni 形成高密度有序 Ni（Al，Mn）纳米颗粒
		马氏体沉淀硬化不锈钢、马氏体时效不锈钢	控制 Cr、Mo、Ni、Ti 等形成细化金属间化合物
元素配合提高韧性	延伸率、冲击韧性、断裂韧性	马氏体时效钢	控制 C/Co 比
			控制 Ni/Al 比
			控制 Nb/C 比
			控制 Co、Ti、Al、Si、Mo、V、Ti 等，确保强韧性
		马氏体二次硬化钢	控制 C/Co 关系
		马氏体时效不锈钢、低温回火中合金钢	控制 Cr、Ni、Co 等，确保强韧性
添加特定元素的韧化	延伸率、断裂韧性	马氏体时效不锈钢	添加 Mg
			添加 B
		马氏体时效钢	添加 Be

7.3.1.2　在工艺改进方面

图 7-3-3 示出了通过工艺控制改进塑韧性的手段，而工艺控制主要从锻轧、冶炼、热处理方向进行改进，具体为通过逆变奥氏体的韧化、纯净化合金的韧化、沉淀相细化的韧化、位错马氏体的韧化、马氏体束细化的韧化以及特殊工艺的改进，其中以沉淀相细化韧化和逆变奥氏体的韧化占比最高。

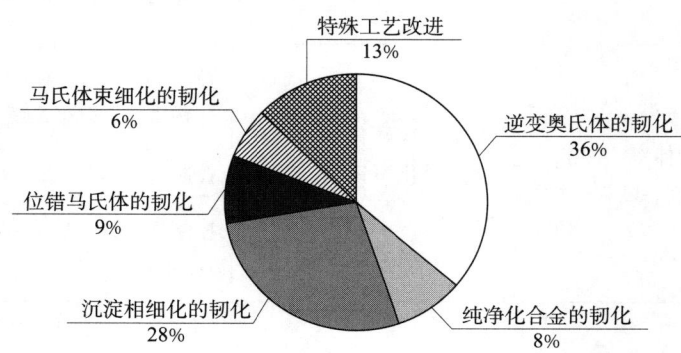

图 7-3-3　飞机起落架用钢工艺上改进韧塑性的手段占比

如表 7 - 3 - 2 所示，在工艺改进实现韧化方面，主要从冶炼、热处理、锻轧手段进行统计分析，梳理出以下实现韧性的七类途径。

（1）逆变奥氏体的韧化

1962 年国际镍公司申请的专利 US3093519A、2008 年法国的斯奈克玛公司和奥贝特迪瓦尔公司申请的专利 INPCT2007CHE04782A、IN250847A1，以及 2014 年日立公司申请的专利 WO2014126012A1，均提出通过对马氏体时效钢、二次硬化钢、马氏体沉淀硬化不锈钢等高合金钢采用"固溶 + 深冷 + 时效"工艺，形成由 $\beta - NiAl$ 类型的金属间化合物和 M_2C 类型的碳化物共同进行的硬化，并且基于在硬化时效过程中形成的回复奥氏体的存在，通过夹心结构（马氏体板条之间的奥氏体）来赋予马氏体延展性，深冷温度的处理调整残余奥氏体含量，时效促进逆转奥氏体和/或稳定残留奥氏体的形成。也有一些新的处理方式，例如专利 CN106906337B 中提到采用"临界淬火 + 单相区淬火 + 循环处理 + 深冷 + 回火"来实现组织细化，获得"板条马氏体 + 逆转变奥氏体 + 碳化物"混合组织，有效阻碍裂纹扩展，显著提高超高强钢的强韧性；专利 JP1984053327B2 提到采用"较低的固溶处理"，在 800 ~ 850℃ 的温度范围内再加热，形成奥氏体的逆转变，可以显著提高断裂韧性。

（2）沉淀相细化的韧化

沉淀相在产生沉淀强化的同时，往往导致材料韧性降低，位错在沉淀相与基体界面处塞积到一定程度后，将诱发微裂纹萌生，减少沉淀相尺寸；使其保持在纳米尺度，可降低沉淀相对韧性的危害，相当于提高了韧性。对此，在锻轧工艺实现晶粒细化方面，中科院金属所申请的专利 CN112251684B 提出在马氏体时效钢中采用"热变形温度 + 应变速率 + 总应变量"控制，获得块体纳米晶金属材料，热变形温度为 710 ~ 740℃，应变速率为 $0.80 ~ 1.40s^{-1}$，总应变量≥90%；专利 CN111455146A 提出采用"高温锻造 + 中温锻造"联合工艺，在高温锻造阶段，在 A3 温度（奥氏体转变温度）以上实施热锻，获得致密、均匀、细小的原始奥氏体组织，在中温锻造阶段，在 A1 温度（共析转变温度）以下，实施 70% ~ 90% 大锻造比，以进一步细化奥氏体晶粒，淬火后获得细小层片状板条马氏体，形成的高密度位错阻碍裂纹扩展，可显著提高强度、韧性与塑性。在热处理工艺改进方面，卡本特公司在 2019 年申请的专利 CA2893272C 中提出采用"合适的退火温度"，在 1010 ~ 1066℃ 范围内，完全溶解合金基质中的任何沉淀物并充分地重结晶晶粒结构，防止过量的晶粒生长将损害合金的断裂韧性。专利 CN113278775A 提出了一种马氏体时效钢 18Ni（350）：C（≤0.001%）、Ni（18.10% ~ 18.20%）、Co（11.10% ~ 11.50%）、Mo（4.94% ~ 4.98%）、Ti（0.94% ~ 0.98%）、O（≤0.0013%）、N（≤0.0008%），余量为 Fe 和不可避免的杂质。利用快速升温、短时保温、快速淬火冷却的循环相变热处理对晶粒进行细化，有效阻碍了裂纹扩展，改善了应力集中，在保证强度等级的前提下，显著提升钢的冲击韧性。专利 CN113755677A 提出了一种马氏体时效钢：Ni（15% ~ 20%）、Co（10% ~ 14%）、Mo（4% ~ 7%）、Ti（0.50% ~ 1.50%），余量为 Fe。经过 4 次或 4 次以上循环淬火处理后，再在 480 ~ 520℃ 下进行 3 ~ 5h 的时效处理。钢基体中存在弥散分布的等轴块状奥氏体相，奥氏体相尺寸小于1um，奥氏体含量小于10%；在不降低材料的屈服强度和抗拉强度的前提下大大提升了冲击韧性。专利CN114369769A提出一种贝氏体时效钢：Ni（15%～20%）、Co（10%～14%）、Mo（4%～7%）、Ti（0.50%～1.50%），余量为Fe。利用等温淬火+时效获得细小的贝氏体组织并在基体中获得弥散析出纳米析出相，在不降低屈服强度和抗拉强度的条件下提高冲击韧性。

（3）纯净化合金的韧化

钢液的洁净度提升能够提高合金的韧性。前述已经表明，对于合金成分的调控能够有效提升钢液的洁净度，而VIM和VAR的双重冶炼工艺也能够有效降低C、O、N、S、P等杂质元素含量。2015年宝武公司公开了一种高洁净度无Co马氏体时效钢的制造方法（CN103255336B），依次进行真空感应熔炼→浇注电极→电极空冷→真空电弧重熔→钢锭空冷，制造的高洁净度无钴马氏体时效钢的洁净度达到：C≤0.010%、Si≤0.10%、Mn≤0.10%、P≤0.008%、S≤0.005%、O≤15ppm、N≤10ppm。通过合理控制真空感应精炼期及二次精炼期温度、真空度、保持时间、多次搅拌，为碳氧反应，C、O、H、N原子的扩散提供了更好的动力学条件，通过合理控制真空自耗重熔速率，进一步降低钢中氢、氧、氮含量，去除夹杂物，实现了101MPa·m$^{1/2}$的高断裂韧性。与此同时，钢中含较多的碳化物形成元素如Cr、Mo、V和Nb等，使得钢液在凝固过程中由于枝晶偏析会形成大量粗大共晶碳化物，这些共晶碳化物在随后的热加工变形和热处理过程中，无法固溶而残留下来，从而显著降低钢的韧性和疲劳性能。中国航发北京航空材料研究院提出了一种超高强度高韧性沉淀硬化型渗碳钢及制备方法（CN114318167A），加热温度为1100～1180℃，保温时间为1～3h，采用反复镦拔变形，镦拔次数不少于5次，加热温度逐次降低，每次镦拔变形的锻造比不小于2，在扩散退火基础上，通过5次以上反复镦拔变形，每次镦拔变形的锻造比不小于2，以降低钢的各向异性，提高致密性和均匀性，细化晶粒，并使材质进一步均匀化，从而提高钢的强韧性和疲劳性能。

（4）位错马氏体的韧化

国内申请的专利CN104911501B、CN112375990B提出在低合金马氏体钢中实现位错马氏体韧化。西安交通大学发现采用"控制热处理加热温度和保温时间"，调控奥氏体晶粒尺寸，得到全位错马氏体或者以位错亚结构马氏体为主并伴有孪晶亚结构马氏体。东北大学发现通过预变形和回火配分处理结合的方式，可以调控碳原子和位错间的状态，从而在拉伸前期诱导吕德斯带，一定变形量的吕德斯带将增加材料的塑性。中科院金属所申请的专利CN113278775A采用"固溶+循环相变+时效"方式，循环相变利用快速升温、短时保温、快速淬火冷却的方法对晶粒进行细化，晶粒细化有效阻碍了裂纹扩展，改善了应力集中，有效地提升了材料的韧性。

（5）马氏体束的韧化

中科院金属所2021年申请的专利CN113755677A提出采用"4次以上循环淬火"，形成板条束的马氏体尺寸，并使马氏体时效钢基体中存在弥散分布的等轴块状奥氏体相，从而可以进一步提高合金的韧性。

（6）特殊工艺改进

专利 CN101229586A、CN111793767B 提出通过控制激光成型参数，改善组织缺陷，从而提高合金强韧性能。东北大学于 2021 年申请的专利 CN112322991A 采用"多道锻造 + 控制锻造比"方式，调控出仿生呈杆状结构的奥氏体，形成"仿生结构增塑 + 亚稳相增塑"的新思路以改善材料的韧性，具体将所述铸坯或钢锭加热至完全奥氏体化温度850～900℃，保温 2～3h 后，对在旋转状态下的所述铸坯或钢锭进行多道次锻造，获得具有圆形或方形截面的试样，终锻温度大于 450℃，铸坯或钢锭的锻造比大于 9。专利 CN111926152A 提出采用"真空气冷淬火代替冷速相对较快的油冷淬火"，减少退火应力产生，改善材料的断裂韧性。

（7）参数选择

除上述六种途径之外，还有专门针对传统"固溶 + 深冷 + 时效"工艺中参数设置来提高韧性的方法。热处理工艺也是影响合金断裂韧性的重要因素，为了提升马氏体时效钢18% 的 Ni 的断裂韧性，专利 JP1984053327B2 将 18% 的 Ni 马氏体时效钢材加热到 850～950℃ 的温度范围，进行固溶处理，然后冷却至室温后在温度范围为 800～850℃ 再加热形成马氏体组织，并发现固溶处理后再进行低温固溶处理以及重复上述热处理工艺能够有效提高18% 的 Ni 马氏体时效钢的断裂韧性。同时，奥贝特迪瓦尔公司发现对于马氏体不锈钢，当时效温度增加时获得的最大强度变小，而延展性和韧性的值增加（CN101248205B）。此外，波音公司进一步提出时效温度的提高以及时效时间的延长能够提升合金的断裂韧性（US11286534B2），也为提升合金的断裂韧性提供了新的改进方向。

表7-3-2 飞机起落架用不同钢种工艺上改进韧塑性手段

韧化机理	韧塑性类型	工艺	钢种	具体手段
逆变奥氏体的韧化	延伸率	热处理	低合金马氏体钢	采用"淬火 + 碳分配"，改变低碳马氏体和残余奥氏体的分布
			马氏体时效钢、马氏体二次硬化钢、马氏体时效不锈钢	采用"固溶 + 深冷 + 时效"工艺，形成板条马氏体间逆转变奥氏体薄膜的夹心结构
		锻轧	双相钢	采用"临界区（$\alpha' + \gamma$）温度范围合理控制退火温度和退火时间"
	断裂韧性	热处理	马氏体时效钢	采用"较低的固溶处理"，促进奥氏体逆转变，提高断裂韧性
				采用"临界淬火 + 单相区淬火 + 循环处理 + 深冷 + 回火"获得板条马氏体间逆转变奥氏体，阻碍裂纹扩展

续表

韧化机理	韧塑性类型	工艺	钢种	具体手段
沉淀相细化的韧化	延伸率、冲击韧性、断裂韧性	锻轧	马氏体时效钢	采用"热变形温度+应变速率+总应变量"控制，获得块体纳米晶金属材料
			低合金马氏体钢	采用"热连轧+冷连轧+淬火"的工艺，形成纳米相TiC析出相
		热处理	马氏体沉淀硬化不锈钢、马氏体时效不锈钢	采用"固溶+深冷+时效"工艺，通过提高固溶温度避免形成晶界析出物成为裂纹源；通过长时间淬火形成纳米相沉淀物
			低合金马氏体钢	采用"高温锻造+中温锻造"联合工艺
				采用"低温时效"，在低温时效时弥散形成细小晶粒尺寸的沉淀相
			马氏体沉淀硬化不锈钢	采用"合适的退火温度"，防止过量的晶粒生长将损害合金的断裂韧性
				采用"一次高温回火+不完全退火+二次高温回火"预备热处理，获得细小的晶粒
				采用"等温淬火+时效"，获得贝氏体+纳米析出相
纯净化合金的韧化	延伸率、断裂韧性	冶炼	马氏体时效钢	改进"真空精炼"工艺，降低杂质提高洁净度
			低合金马氏体钢	采用"空气熔融+真空电弧自耗"重熔提高洁净度
位错马氏体的韧化	延伸率冲击韧性	热处理	低合金马氏体钢	采用"控制热处理加热温度和保温时间"，调控奥氏体晶粒尺寸，得到全位错马氏体或者以位错亚结构马氏体为主
				采用"预变形+回火配分处理"结合，调控碳原子和位错间的状态，拉伸前期诱导吕德斯带
			马氏体时效钢	采用"固溶+循环相变+时效"，通过循环相变改善应力集中

续表

韧化机理	韧塑性类型	工艺	钢种	具体手段
马氏体束细化的韧化	冲击韧性	热处理	马氏体时效钢	采用"4次以上循环淬火",形成板条束的马氏体尺寸,并使得马氏体时效钢基体中存在弥散分布的等轴块状奥氏体相
特殊工艺的改进	延伸率断裂韧性	冶炼	低合金马氏体钢	采用"激光成型技术"改善组织缺陷
		锻轧	低合金马氏体钢	采用"多道锻造+控制锻造比"方式,调控出仿生呈杆状结构的奥氏体,形成"仿生结构增塑+亚稳相增塑"的新思路
		热处理	马氏体时效钢	采用"锻造+无固溶+时效",用较高终锻温度和相对较高的时效温度,对实现强韧化
				采用"真空气冷淬火代替冷速相对较快的油冷淬火",减少退火应力产生

综上所述,在改善韧塑性手段方面,课题组梳理出9种改善韧塑性的机理,如图7-3-4所示(见文前彩色插图第4页),分别从成分、冶炼、锻轧、热处理的维度上,给出了如何实现上述韧塑化机理的相应途径,并且从不同钢种维度上如何实现上述韧塑性机理来解决延伸率、断裂韧性以及冲击韧性的问题,给出了对企业的相关建议。

7.3.2 实现高强化下稳定性提升

对于马氏体二次硬化钢,钢铁研究总院提出,在典型二次硬化钢 AerMet 系列的高 Co、Ni 合金成分基础上,抑制 Cr 含量、提高 Mo 含量,并相应提高 C 和 Co 的含量,将单一 $(CrMo)_2C$ 强化转变为合金碳化物 Mo_2C 和金属间化合物 Fe_2Mo 复合强化,可以显著提高强化相抗过时效的能力,可以在更高更宽的温度范围进行时效,实现优异的强韧性配合和热处理批次稳定性(CN103695802A、CN104073736A、CN104087859A)。而 Co 元素的使用无疑会增加成本,基于此,钢铁研究总院以 AerMet100 钢和 M54 钢为参照,采用无 Co 元素合金设计,同时提高钢中 C 含量 Mo 含量,提高 M_2C 相驱动力,添加 Al 元素形成 NiAl 金属间化合物,通过 M_2C 和 NiAl 相复合析出获得高强度,这种钢具有超高强度、高塑韧性、高回火稳定性的能力和抗过时效能力(CN105039862B)。此外,钢铁研究总院进一步添加了元素 W(含量不应少于1%),其中 W 是主要的强化元素,是 W_2C 碳化物的主要形成元素,强烈地产生二次硬化反应,是形成二次硬化峰的原因，而随着 W 含量的增加，二次硬化峰值硬度提高，屈服强度提高，同 Mo 相比 W 可以显著降低合金碳化物的过时效敏感性，提高合金回火稳定性（CN103451557B）。除了添加 Mo 和 W 提高稳定性，中国航发北京航空材料研究院则通过添加 Co、V、Nb 结合 Mo 和 W 来改善马氏体二次硬化钢的稳定性，其中 Co 通过延缓马氏体亚结构的回复和沉淀相的聚集长大，以提高钢的回火抗力和稳定性。而固溶于奥氏体中的 V 和 Nb 增加过冷奥氏体稳定性，在淬火后的回火过程中将从马氏体中析出 MC 型碳化物（如 VC、NbC 等）而产生沉淀硬化，MC 型碳化物不易聚集长大，有效提高了钢的回火稳定性和热强性（CN110423955B）；此外，奥贝特迪瓦尔公司还提出在马氏体二次硬化钢中的 Ni 促进了逆变奥氏体的形成和/或在时效循环中稳定了残余奥氏体能够提高钢的结构稳定性（EP2310546A1、EP2164998A1）。

而针对马氏体沉淀硬化不锈钢，专利 CN113930672A 提出在合金中添加 Mo + W 能够实现高的稳定性，其中 Mo 在马氏体不锈钢中，可以增加回火稳定性和二次硬化效应，同时增加钢的强度，而韧性并不降低；W 在马氏体不锈钢中，可以增加回火稳定性提高钢的抗高温性能，与 Mo 一样具有提高抗点蚀性能的能力。宝武公司也提出一种具有高热稳定性的马氏体二次硬化钢，其关键手段为添加 Ni + Co + Mo + W 的组合，其中，Ni 可以提高不锈钢的淬透性和淬硬性，同时还可提高回火稳定性；Co 提高钢的相变点和固溶强化作用，增加钢的回火稳定性；Mo 能够增加回火稳定性并强化二次硬化效应；W 的作用与 Mo 相似，主要增加钢的回火稳定性、红硬性和热强性（CN102605279B）。此外，在成分的调控上，上海交通大学提出将 N 与 Nb、V 相互配合，在基体中形成的氮化物析出粒子具有极强的高温热稳定性，可以有效提高焊接的线能量，细化热影响区组织，Co 可以固溶于马氏体基体中提升组织稳定性和蠕变抗性，Si 的加入提高了钢的回火稳定性（CN112063921B）。除了成分，热处理工艺也会影响稳定性，南京理工大学提出在热处理工艺上，首先在 350 ~ 450℃ 时效 10 ~ 120min，纳米铜团簇大量析出，其他析出相在此温度和时间下尚无足够的热动力学条件析出，其次在 500 ~ 750℃ 时效 30 ~ 600min，随着时效时间的增加，首先析出 β – Ni（Mn, Al）、γ′ – Ni$_3$（Al, Ti, Si）和 η – Ni$_3$（Ti, Mo）相，并偏聚于富铜纳米团簇周围，随后形成富 Cr 的 α′ 相，最终形成富 Mo 的 R′ 相和含 Si 的 G 相。后析出的相倾向于在先析出相周围异质形核，形成复合析出相。这种复合析出的行为阻碍了元素扩散并降低晶格畸变能和界面能，从而提高纳米相热稳定性（CN108251760A）。

此外，对于马氏体时效不锈钢，劳斯莱斯有限公司提出了一种合金配方，在合金成分设计时，采用 Cr 代替 Ni 并添加 Mo 和 W，有利于形成 Laves 相，Laves 相在低压涡轮（LPT）轴的工作温度下具有热力学稳定性，可防止粗化和生长（EP2439288B1）。对于马氏体时效钢，上海电机学院提出一种新的合金设计理念，发展一种通过高密度有序 Ni（Al、Mn）纳米颗粒强化的超高强韧马氏体时效钢，通过在最低错配度下获得最大程度的弥散析出和高剪切应力，即一方面通过"点阵错配度最小化"，显著降低金属间化合物颗粒析出的形核势垒，促进更小尺度（2 ~ 10nm）的 Ni（Al、Mn）纳米颗粒均匀弥散分布，并显著提高强化颗粒的体积密度和稳定性（CN108103400A）。

7.3.3 实现高强化下焊接性提升

焊接性是指金属材料在采用一定的焊接工艺，包括焊接方法、焊接材料、焊接规范及焊接结构形式等条件下，获得优良焊接接头的能力。飞机起落架用钢在制作加工成起落架的过程中需要对各部件进行焊接，因此如何在保证超高强度的同时提升焊接性能，课题组对屈服强度在 1800MPa 以上的飞机起落架用超高强度钢进行了重点分析，其改善焊接性能的主要思路如下。

思路一：降低 C 元素的使用，利用 Mn、Ti、Nb、V 等元素弥补 C 降低带来的强度降低，从而达到改善焊接性能的目的。例如专利 CN112375990B、RU2617070C1、CN114622145A 等。

思路二：在不降低或不明显降低 C 元素使用的情况下，利用合金元素的合理配比实现焊接性能的改善。例如专利 CN101713046B、US3532491A、CN112063921B 等。实现上述思路的典型专利技术如表 7-3-3 所示。

表 7-3-3 低、高合金超高强度钢改善焊接性能的典型专利

钢的类型	公开/公告号	关键技术手段
低合金	CN101713046B	合理的成分设计，即 C（0.08%~0.45%）、P（≤0.020%）、S（≤0.015%）、Ti（0.06%~0.25%），N（≤0.008%）、Mn（0.80%~2.3%）；在此基础上添加以下一种或多种元素：B（0.0005%~0.005%）、Ni（0.10%~3%）、Cr（0.20%~3%）、Mo（0.20%~0.80%）、Si（0.30%~2.30%），余量为 Fe 和不可避免的杂质元素，结合合理轧制工艺和冷却工艺获得纳米级的 TiC 等细小弥散析出相，改善钢的焊接性能
	CN112375990B	采用低成本 Fe-C-Si-Mn-V 低合金中 Mn 成分，同时 C 含量较低，材料的焊接性能良好
	US3532491A	成分的整体设计，使得即使在 C 含量相对较高的情况下，也能够获得良好的焊接性能。C（0.40%~0.50%）、Mn（0.58%~0.93%）、Si（0.13%~0.32%）、Ni（0.35%~0.75%）、Cr（0.87%~1.23%）、Mo（0.88%~1.12%）、P（≤0.010%），其余为 Fe 和附带的杂质
	RU2617070C1	加入 0.02%~0.12% 的 V 改善了高强度结构钢的可焊性
高合金	CN112063921B	N 与 Nb、V 相互配合，在基体中形成的氮化物析出粒子具有极强的高温热稳定性，可以有效提高焊接的线能量，细化热影响区组织
	CN114622145A	不含贵金属元素和影响焊接性能的 Co 和 C 元素，降低了合金的制备成本、提高了焊接性能
	US3093519A	通过成分的设计实现优异的焊接性能，Ni（17%~19%）、Mo（4.60%~5.10%）、Co（7%~8%）、C（0.01%~0.03%）、Ti（0.30%~0.50%）、Al（≤0.15%）、Si（≤0.10%）、Mn（≤0.10%）、B（≤0.10%）、Zr（≤0.25%）、Ca（≤0.10%），其余基本上为 Fe

7.3.4　实现高强化下耐蚀性提升

飞机起落架用钢除了需要具有较高的强度和韧性，当飞机起落架在海洋环境或其他特殊环境中服役时对耐蚀性也提出了要求。通常需要依靠表面涂层（例如铬镀层）来改善耐蚀性，但涂层存在易氧化、结合强度不足等缺点，从而容易剥落和开裂。此外，Cr 的大量使用也会对环境造成影响，而直接改善飞机起落架用钢的本征耐蚀性能够有效地规避上述问题。下面针对屈服强度高于 1800MPa 的合金钢在耐蚀性方面的改进进行分析。

具有极高强度的钢对应力腐蚀非常敏感。对于马氏体时效不锈钢，至少含有 9% ~ 11% 的 Cr，以便在其表面上形成富 Cr 的氧化物膜来赋予钢在潮湿气氛中抵抗腐蚀的能力。然而，这种保护膜在大气环境被硫酸盐或氯化物离子污染的情况下是不够的。硫酸盐或氯化物离子可通过点蚀然后通过裂隙产生腐蚀，点蚀和分裂两者均能提供引起脆化的氢。奥贝特迪瓦尔公司公开了一类马氏体不锈钢，通过 Cr（9% ~ 13%）＋ Mo（1.50% ~ 3%）＋ Ni（8% ~ 14%）元素的配合获得了高的抗腐蚀性（CN101248205B、BRPI0613291B1），其中，元素 Mo 本身对与氯化物或硫酸盐所污染的水介质中的腐蚀相关的钝化膜的强化具有非常有利的作用。在此基础上，中科院金属所和波音公司同样采用 Cr ＋ Mo ＋ Ni 元素组合，但提高了 Cr（13% ~ 14%）的含量并降低了 Ni（5.50% ~ 7%）和 Mo（3% ~ 5%）的用量，同样能够实现较高的耐腐蚀性（US20210340640A1）。此外，专利 CN1108396C 进一步公开了对于 Cr ＋ Mo ＋ Ni 元素组合，当 Mo 与 N 同时存在时，由于 Mo 与 N 的协同作用可以显著提高抗腐蚀性。专利 CN1869270A 提出 Cu 与 Cr，Ni 和 Mo 一起能够提高合金的耐腐蚀性。而对于马氏体沉淀硬化不锈钢，除了采用 Cr ＋ Mo ＋ Ni 元素组合实现耐蚀特性，专利 US20200080164A1 还提出通过 VIM、VAR 或 ESR 将铸锭熔化，多种 VAR 或 ESR 工艺可改善优质铸锭的机械性能和耐腐蚀性。

对于非不锈钢而言，合金中的 Cr 含量相对较低。其中，对于马氏体二次硬化钢，虽然合金中也含有 Cr ＋ Mo ＋ Ni 元素组合，但耐腐蚀性能仍然不能满足实际应用需求。因此，为了改善马氏体二次硬化钢的耐蚀性，在 Cr ＋ Mo ＋ Ni 元素组合的基础上，进一步添加元素 W，使其获得较高的耐蚀特性。例如奎斯泰克公司在 AerMet100 钢的基础上添加 W 元素能够允许回火温度的轻微变化，并能得到抗应力腐蚀开裂性能（CN102016083B）。对于马氏体时效钢，采用 Cr ＋ Mo ＋ Ni ＋ Cu 的元素组合并结合一定量的 Ti 和 Al 也能获得较高的耐蚀性（US20060081309A）。其中，虽然 Cr 的含量相比于马氏体不锈钢而言较低，但马氏体时效钢中含有更多的元素 Ni 以及添加元素 Cu，能够一定程度的弥补降低 Cr 含量对耐蚀性的不利影响。

综上所述，对于高强化下的稳定性的提升，关键在于析出相类型的控制。对于高强化下的焊接性能的提升主要聚焦在降低 C 元素对焊接性能的不利影响。而对于高强化下耐蚀性方面的提升，基本思路是在 Cr ＋ Mo ＋ Ni 基础上设计 Cu、N、W 的添加类型和含量范围（如图 7 - 3 - 5 所示）。

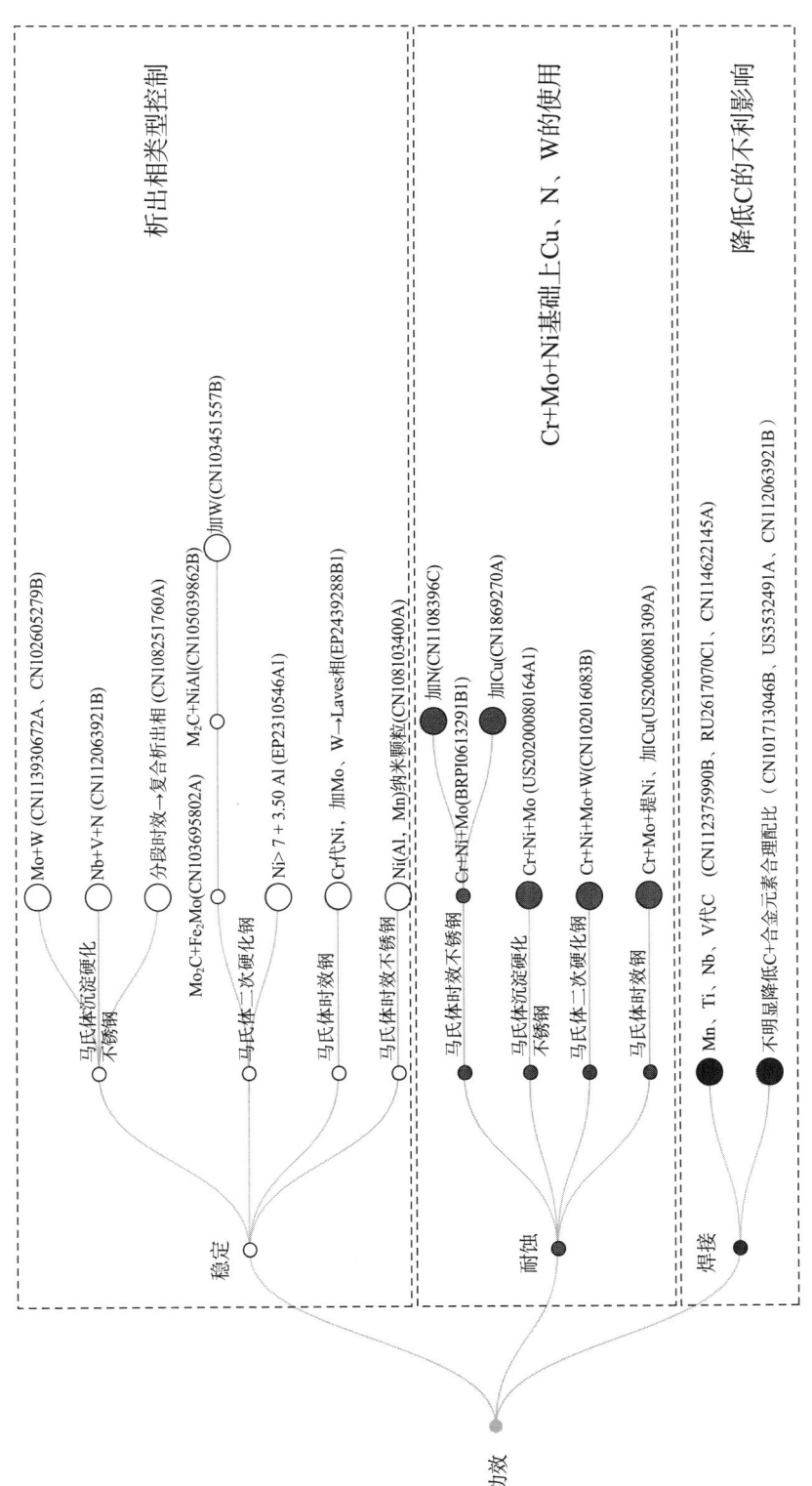

图7-3-5 飞机起落架用钢高强化下稳定性、焊接性和耐蚀性改善模式

7.4 解决 300M 钢替代产品问题

7.4.1 实现低合金钢高断裂韧性

断裂韧性是决定合金钢能否应用到起落架的重要力学性能指标，而低合金马氏体钢普遍存在断裂韧性低的问题。图 7 - 4 - 1 示出了低合金马氏体钢实现高韧性的主要技术手段分布。可以看出，围绕着高断裂韧性的实现，低合金马氏体钢的主要手段有控制奥氏体含量和稳定性、细化晶粒、净化钢液、控制碳化物含量以及获得板条状马氏体组织等。其中，1979 年，美国加利福尼亚大学公开了一种制备高强韧合金钢的方法，在合金中添加一定量的 Cr 以及 Ni/Mn，在 1000 ~ 1100℃下形成奥氏体相，并经过后续冷却后得到由稳定的残余奥氏体的连续薄边界膜隔开的均匀分散的位错马氏体的微观结构，使断裂韧性极大提高，并提出低合金马氏体钢中元素 Ni、Mn 等能够促进奥氏体形成并稳定奥氏体（US4170499A）。随后，住友公司在 300M 钢的基础上通过添加一定量的 Nb 以细化晶粒从而提升断裂韧性，表明晶粒尺寸调控对于断裂韧性提升的积极意义（JP1987107046A）。在细化晶粒方面，后续研究表明除了 Nb 元素，Mo、V 以及稀土和 B 元素的添加也能有效的细化晶粒，细小的晶粒有更多的晶界阻碍位错的运动，减轻裂纹的扩展，同时，稀土元素的添加还能够去除钢液中的 O、H 和 S 元素，使钢液得到净化，从而获得高的断裂韧性（CN1132264A）。对于钢液净化，在合金中添加一定量的 Ca 同样能够去除钢液中的 S 元素，使钢液得以净化并提升低合金马氏体钢的断裂韧性（IN488DELNP2011A）。此外，众所周知，对于低合金马氏体钢而言，金属碳化物的形成能够有效提升强度，但过多的碳化物损害合金的断裂韧性，而通过控制低合金中 C 的含量，以保证加热淬火后获得全部低碳马氏体组织，能够为高韧性奠定基础（CN1040396A）。

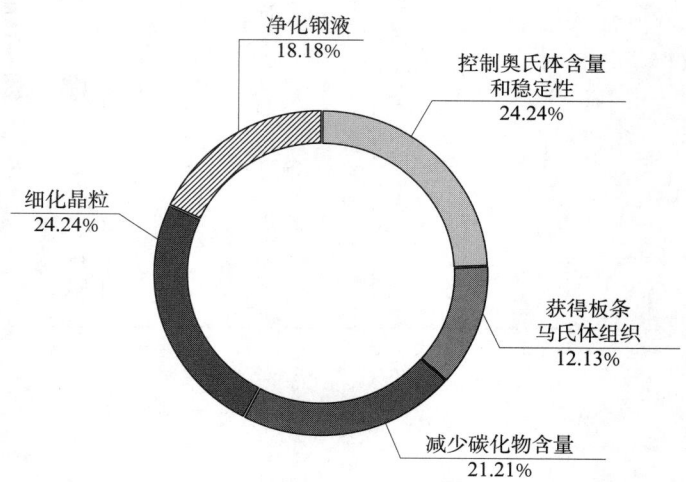

图 7 - 4 - 1　起落架用钢高韧性低合金马氏体钢主要技术手段分布

7.4.2　实现低合金钢超高强度

以 300M 钢为代表的低合金马氏体钢是飞机起落架用钢的主流钢种，但 300M 钢仍然存在屈服强度无法满足更高的应用需求的问题。因此，改进低合金马氏体钢的屈服强度是研究的重点。而合金成分是影响低合金马氏体钢屈服强度的主要因素，其中，合金成分对于屈服强度的影响表现在四个方面，包括在合金中形成碳化物、细化晶粒、残余奥氏体控制以及形成金属间化合物强化相。图 7-4-2（见文前彩色插图第 5 页）中示出了高强度低合金马氏体钢的成分（成分 1），作为低合金马氏体钢的典型钢牌，国际镍公司开发的 300M 钢成分设计原理在于元素 V 能够形成碳化物，元素 V、Mo、Al 能够细化晶粒，元素 Al 和 Ni 能够形成金属间化合物强化相，通过元素 Ni 和 V 控制残余奥氏体的含量。随后，国际镍公司进一步在 300M 钢的成分基础上，降低 Ni 含量且省略元素 Al，同时提高了 Mo 元素的含量（成分 2）在满足延伸率的同时能够实现屈服强度 1829MPa（US2919188A）。其中，降低 Ni 含量且省略元素 Al 将会减少金属间化合物强化相，但 Mo 元素含量的增加有利于晶粒细化且形成碳化物，弥补了由于缺少金属间化合物强化相对屈服强度的影响，实现了更高的屈服强度。

进一步地，专利 RU2031179C1 涉及中低合金马氏体高强度钢（成分 3）：Ce（0～0.05%）、Ti（0.02%～0.12%）、Mo（0.15%～0.60%）、Al（0.02%～0.15%）、Cr（1.10%～1.40%）、Ni（0%～2.40%），其屈服强度为 2180MPa，且延伸率为 9.50%，满足飞机起落架用钢的性能要求。其中，元素 V 和 Ti 在低合金马氏体钢中具有相似的作用，都能够形成碳化物、细化晶粒且控制残余奥氏体。因此，将 Ti 取代 V 元素同样能够获得超高的屈服强度，且 Ti 相比于 V 在成本上更具优势。在此基础上，钢铁研究总院将 Ti 替代 V 且省去 Ni，获得合金（成分 4）：稀土（0.002%～0.005%）、Ti（0.06%～0.25%）、Mo（0.10%～0.80%）、Al（0.015%～0.06%）、Cr（0.2%～3%），也能实现 1960MPa 的屈服强度（CN101713046B）。完全去除 Ti 或 V，可获得低合金马氏体钢（成分 5）：Ce（0.005%～0.02%）、Mo（0.30%～0.60%）、Al（0.02%～0.15%）、Cr（0.80%～2%）、Ni（1.50%～3%）、Cu（0.03%～0.20%），虽然屈服强度和延伸率有所降低，但由于稀土元素 Ce 和元素 Cu 的引入，也能够获得 1843MPa 的屈服强度（RU2617070C1）。其中，Cu 元素虽然不能形成碳化物对合金进行强化，但能够以原子状态存于奥氏体中，能够控残余奥氏体，对合金强度也具有促进作用。

美国巴特尔发展公司提出提高 V、Al 的用量，省去元素 Mo 和 Cr 制备得到了具有 2069MPa 的超高屈服强度（成分 6）：V（0.35%）、Al（2%）、Ni（1.20%～1.80%）。其中，元素 Al 和 Mo 均能够细化晶粒，Cr 和 Ni 均能够形成碳化物并控制残余奥氏体，而提升 V 和 Al 的含量不仅能够替代 Mo 和 Cr，还有利于形成更多的金属间化合物进行强化（US3181945A）。上海加宁新材料科技有限公司提出了一种超高强度稀土 4340 钢（成分 7）：La（≥0.10%）、Ce（≤0.20%）、Mo（0.20%～

0.30%）、Cr（0.70%～0.90%）、Ni（1.65%～2%）。相比于传统4340钢，其屈服强度高达1980MPa，且延伸率≥10.5%。从其成分可以看出，合金元素中省去V、Ti、Al元素，同时添加两种稀土即能实现优异的强度，为超高强度低合金马氏体的成分设计提供了新的思路（CN112159932A）。中科院金属所以Mo、Al和Cr作为合金元素获得了低合金超高强度马氏体钢（成分8）：Mo（0.10%～0.40%）、Al（1%～2.50%）、Cr（0.80%～2%）。由于Ni元素在钢中是强烈的奥氏体形成元素，会增加热处理后钢中的残余奥氏体含量，使得材料的强度在一定程度上有所降低，而Mo和Al能够细化晶粒提升强度，其仅仅采用三种合金元素就能获得1880MPa的超高屈服强度（CN101078088A）。

此外，西安交通大学采用V+Ti+Nb的组合，还添加了Mo、Cr、Ni和Cu作为合金元素（成分9）：V+Ti+Nb（0.06%～0.45%）、Mo（0.80%～2%）、Ni（0.05%～0.30%）、Cr（0.80%～2%）、Cu（0.05%～0.40%），在合金中添加适量的细化晶粒的元素V、Ti及Nb，并通过热处理过程中加热温度和保温时间的调整控制奥氏体晶粒尺寸的长大，使奥氏体的晶粒尺寸控制在10μm以内，得到超高强度高碳位错型马氏体钢的显微组织为全位错马氏体或者以位错亚结构马氏体为主并伴有孪晶亚结构马氏体。其中孪晶亚结构马氏体的体积分数为显微组织的20%以内，显微组织中还允许存在少量的未溶碳化物，获得2052MPa的屈服强度（CN104911501B）。同时，钢铁研究总院也采用V+Ti+Nb的组合。不同的是，其添加Mo、Al和Cr作为合金元素，能够获得2128MPa的屈服强度，并控制各合金含量（成分10）：V+Ti+Nb（0.10%～0.40%）、Mo（0.50%～1.50%）、Al（1%～2%）、Cr（1%～2%）。其中，V、Nb和Ti是重要的微合金化元素，产生大量纳米析出，抑制奥氏体化过程中奥氏体晶粒尺寸粗化，形成细晶组织，提升钢材结构性能的均匀性和一致性，最终提升强度和韧性。但微合金化元素成本高，会提高钢材成本，故而适合微合金化方式添加，为保证晶粒细化和析出强化，要求0.10≤Nb+V+Ti≤0.40；Al抑制Fe_3C形成。由于ε-碳化物共格强化作用而使钢保持高强度，但塑韧性不降低，Cr、Mo还可以稳定碳化物，促进细化碳化物弥散析出，且与Nb、V和Ti等微合金化元素一起，产生纳米析出强化，大幅度提升钢的强度（CN114351058A）。

7.5 飞机起落架用钢高价值专利培育

飞机起落架用钢属于高端钢铁材料，新钢种的成功研制通常会先应用于军用飞机上，因而该技术领域是否有培育高价值专利的必要性成为首先要回答的问题。课题组在第5.2节曾挑选出该领域的多项重点专利，而经过仔细比对发现，大多数重要专利均具有相应的钢产品，如图7-5-1（a）、（b）和（c）所示，而其中能够生产这些钢产品的企业至今仍处于垄断地位。由此可见，在飞机起落架用超高强度钢领域，仍然需要高价值专利"打头阵"，并且需要预先完成对全球的战略性布局。

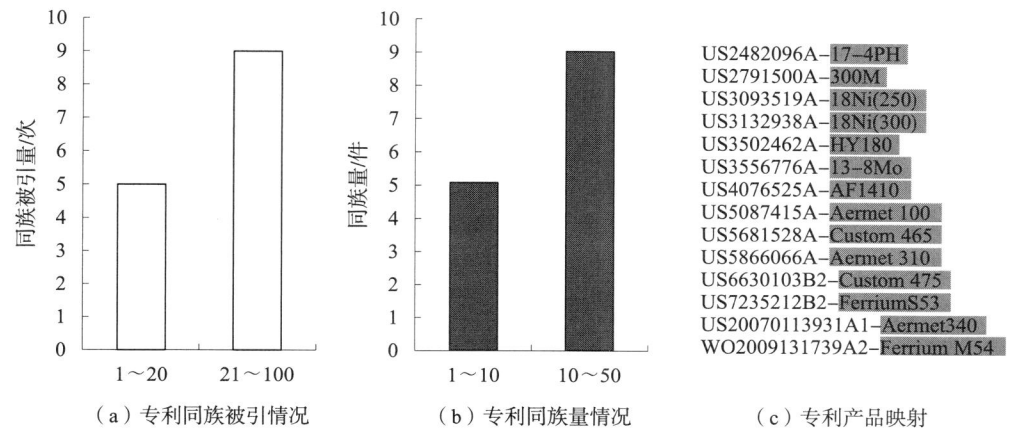

（a）专利同族被引情况　　　　（b）专利同族量情况　　　　（c）专利产品映射

图 7-5-1　飞机起落架用钢重点专利布局情况及产品映射

专利权是一种排他性权利，其是法律意义上的一种私权。专利要发挥价值，前提条件是能够获得该权利，即其技术实质应当至少满足专利法规定的新颖性、创造性和实用性。也就是说应达到最基本技术含量的门槛，即具有一定的技术价值。另一方面，该权利还应当是稳定的，能够经受住来自其他现有技术的挑战而不被无效。专利的稳定性和可授权性成为专利价值一票否决的因素，即高的法律价值是专利是否具备高价值的基础和保证。专利权的获得最终的目的是帮助自己获得某一方面的利益，即具有高的市场价值，应当是能在市场上应用并因此获得主导地位、竞争优势或巨额收益的专利。对于企业而言，这些专利要么能较强地攻击和威胁竞争对手，要么能构筑牢固的技术壁垒，要么能作为重要的谈判筹码，或者兼而有之。最终专利的价值还需要通过市场进行检验，但高的市场价值一定是需要同时具备技术价值和法律价值的专利技术。因此，在前端保护阶段，高的技术价值、法律价值应是创新主体追求的目标，只有在高技术价值和法律价值的基础上，该专利技术才可能形成强大的市场控制力从而获得高的市场价值。

7.5.1　具备技术先进性的高价值专利培育

由图 7-5-2 可知，2003 年以前，国内可用于飞机起落架的 2000MPa 级超高强度钢未有任何申请。相较而言，1954 年国际镍公司提出了第一件抗拉强度超过 2000MPa，屈服强度超过 1600MPa，延伸率在 10% 左右的超高强度钢的专利申请（US2791500A）。该钢可用于飞机的承力结构，例如飞机起落架。自 1957 年至今，国外一直致力于2000MPa 级超高强度钢的研发，但其年均申请量均未超过 5 项。自 2003 年起，我国才出现第一件 2000MPa 级超高强度钢的专利申请（CN1328395C）。其利用省略固溶处理而提高时效温度、降低时效时间的方式制备获得了三种 18Ni 系无钴马氏体时效钢，并使其强度达到 2000MPa 级，从此拉开了我国创新主体在超高强度钢上持续发力的帷幕。2013 年以后，我国的 2000MPa 级超高强度钢已经可以与国外分庭抗礼，甚至有赶超趋势。在研究过程中发现，2016 年波音公司主动与中科院金属所寻求合作，并作为共同申请人申请了1件有关马氏体时效不锈钢的专利（CN201610592044.7）。该超高强度合金能够达到抗拉强度 $\sigma_b \geqslant 2000MPa$，屈服强度 $\sigma_{0.2} \geqslant 1700MPa$，延伸率 $\delta \geqslant 8\%$ 的性能。该专利的发明构思在于通过降低 Co 含量至 5% 左右有效降低材料的生产成本，同时通过固溶＋深冷＋时效的热处理方式以获得具有优异的耐海水腐蚀性能，点蚀电位 $Epit \geqslant 0.15V$（VS SCE），且具有高的强韧性匹配。该钢的性能对标卡本特公司的 Custom475，其强度指标与 Custom475 相当，但其延伸率明显高于 Custom475，同时其抗点蚀能力与 PH13 – 8Mo 沉淀硬化不锈钢相当。由此可见，该专利中披露的马氏体时效不锈钢具有优异的综合性能，能够满足飞机起落架用钢日益提高的性能要求。该专利于 2019 年 12 月获得授权。波音公司和中科院金属所于 2017 年以前述专利为优先权在美国再次提出 PCT 专利申请 US16/315475，并于 2021 年以 US16/315475 为母案再次提出专利申请，并在美国获得授权。

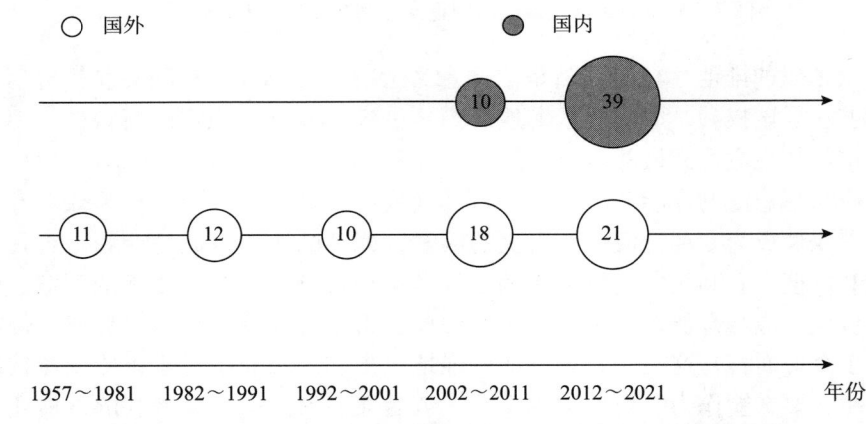

图 7 – 5 – 2　起落架用钢国内外 2000MPa 级超高强度钢申请趋势

注：图中数字表示专利申请量，单位为件。

为什么作为航空领域巨头的波音公司会选择与中科院金属所进行合作？为什么其会选择在马氏体时效不锈钢领域寻求合作？下面将进行重点分析。

从市场层面而言，2012～2021 年，我国的航空航天技术处于火力全开的状态，发展势头迅猛。特别是 2015 年 11 月 2 日我国自主研发的大飞机 C919 完成总装下线，其性能与国际新一代的主流单通道客机相当，并拿到累计 28 家客户 815 架订单。波音公司曾对中国民航产业提出高度评价，提出其与中国航空业合作伙伴关系历经近半个世纪，要"双方紧密合作，互相学习，共同成长"。可以看出，随着中国过去十年来航空运力的突出表现，国外看中了中国航空的巨大市场，以谋求与中国的深度合作。

从技术层面而言，马氏体时效不锈钢是由低碳马氏体相变强化和时效强化两种强化效应叠加而强化的高强度不锈钢，是 20 世纪 60 年代中期发展起来的新钢类。它具有马氏体时效钢的全部优点，又具有马氏体时效钢所不具备的不锈性，同时还对沉淀硬化不锈钢的某些性能进行了改进。由于马氏体时效不锈钢具有优异的综合性能，可以满足复杂的工况条件，因而用马氏体时效不锈钢逐步代替沉淀硬化不锈钢是高强度不锈钢发展的重要趋势。因此研制具有自主知识产权的新型超高强度马氏体时效不锈钢迫在眉睫。

由表 7-5-1 可以看出,自 2003 年以来,中科院金属研究所共申请了 23 件专利,其中低合金 3 件、高合金 18 件、中合金 2 件,其中高合金超高强度钢占比 78.30%。由此可见,中科院金属研究所的研究以生产高合金的超高强度钢为主。如图 7-5-3 所示,在高合金的研究中,其中以马氏体时效钢和马氏体时效不锈钢为主,从 2003 年至今,中科院金属所在两类钢的研发上积累了深厚的技术经验。而反观波音公司,如图 7-5-4 所示,其于 1968 年和 1971 年以不锈钢为基础提出 2 件专利申请,但是 Co 含量较高,未考虑成本问题且屈服强度较低,其他申请也难以达到较高强度要求。而在之后的时间里,波音公司均未在超高强度不锈钢领域有所突破。通过对中科院金属所专利技术分析可知,其早在 2016 年以前关于高合金超高强度钢的研究中就关注了降 Co 保证成本的问题,且所制备的合金能够获得较高抗拉和屈服强度。因此,可以看出,波音公司看中了中国创新主体的研发实力,想要通过与中国进一步合作以获得超高强度钢研究领域的进一步突破。

表 7-5-1 飞机起落架用钢领域中科院金属所专利申请研究现状 单位:件

申请年	低合金马氏体钢	低温回火型中合金钢	马氏体沉淀硬化不锈钢	马氏体时效不锈钢	马氏体时效钢	其他
2003	0	0	0	0	1	0
2006	2	0	0	0	0	0
2008	0	0	0	0	1	0
2009	0	0	0	2	0	0
2010	0	0	0	0	0	0
2012	0	0	1	0	0	0
2015	0	0	0	0	1	0
2016	0	0	0	2	0	0
2017	0	0	0	0	1	0
2018	0	0	0	0	2	0
2019	0	0	1	0	0	0
2020	1	2	0	1	1	0
2021	0	0	0	1	2	1
总计	3	2	2	6	9	1

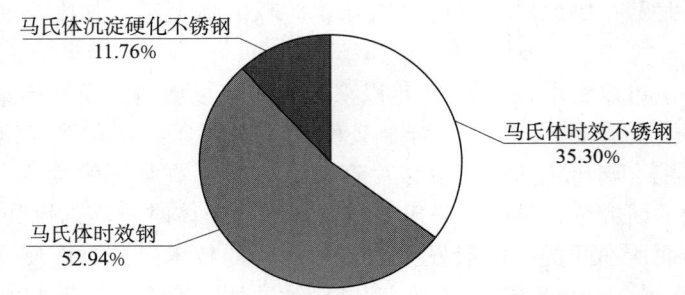

图 7 - 5 - 3　飞机起落架用钢领域中科院金属所高合金研究分布情况

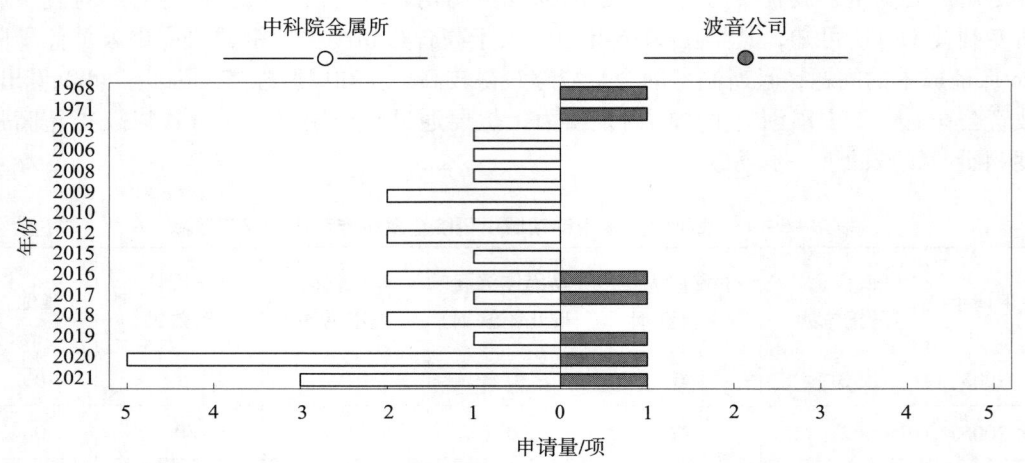

图 7 - 5 - 4　飞机起落架用钢领域中科院金属所与波音公司专利申请情况

　　由此可以看出，波音公司选择中科院金属所进行合作，一是看重中国未来市场的巨大潜力，二是利用未来具有发展潜力的超高强度钢种弥补自身技术的短板。同时也说明，不论从申请数量上还是技术先进性上，我国2000MPa级超高强度钢技术在诸多方面已经处于世界前列，具有较高的技术价值。获得专利的目的是形成对自身产品的控制力，仅仅具有高的技术价值是远远不够的，还需要具备高的法律价值。

　　经过分析发现，专利CN201610592044.7在中国授权的权利要求保护范围如下：

　　1. 一种耐海水腐蚀的超高强度马氏体时效不锈钢，其特征在于：

　　所述不锈钢的化学成分为重量百分比，C：≤0.03%，Cr：13%~14%，Ni：5.50%~7%，Co：5.50%~6%，Mo：3%~4.50%，Ti：2.10%~2.50%，Si≤0.10%，Mn≤0.10%，P≤0.01%，S≤0.01%，Fe：余量；

　　所述马氏体时效不锈钢的热处理工艺为：

　　（1）固溶处理：1050~1150℃保温1~2h，空冷到室温；

　　（2）深冷处理：液氮中保温5h以上；

　　（3）时效处理：450~520℃保温30min~16h，空冷。

而以专利 CN201610592044.7 为优先权的 PCT 申请 US16/315475 在美国获得授权，授权权利要求的保护范围如下：

1. 一种马氏体时效不锈钢，其特征在于：

所述不锈钢的化学成分为重量百分比，C：≤0.03%，Cr：13%～14%，Ni：5.50%～7%，Co：5.50%～7.50%，Mo：3%～5%，Ti：2.20%～2.50%，Fe：余量，该马氏体时效不锈钢是通过熔炼和铸造获得。

由于马氏体时效不锈钢大部分都是通过熔炼和铸造获得，故美国申请实质上是以纯组分而获得授权，其授权范围相较于中国申请而言范围更大。其中重要的原因是两个国家的审查标准有所不同。由于化学领域的技术效果可预期性相对较差，我国对于组合物权利要求的实验数据要求更高。从专利 CN201610592044.7 的说明书记载的内容可以看到，该申请的改进点实质上应当在于组分和含量的改进。但说明书未针对相应重要的改进点做进一步的实验进行论证，同时还记载了"在发明钢的成分范围确定以后，制备过程中的热加工工艺和热处理工艺对材料的组织性能起到决定性的作用"，使得审查员认为该申请兼备高强韧性和良好耐蚀性的获得与热处理工艺密切相关。说明书的撰写缺乏重点，导致在后续针对通知书的争辩空间变得很小，从而最终授权范围相对偏窄。由此可见，要想获得更强的专利控制力，仅仅具有技术价值是远远不够的。高质量的撰写水平是专利权利稳定和保护范围合理的基础和来源。那么，具备一定的技术价值的技术在形成专利的过程中如何提升法律价值？课题组对飞机起落架用超高强度钢的专利特点进行了梳理，找到了国内专利撰写方面的不足，并通过对国外高价值专利撰写特点进行分析，以期为国内创新主体培育高价值专利提供参考。

下面将结合上述案例以及飞机起落架用钢整体的专利特点给出当技术本身具有高创新水平时，如何通过撰写提升专利的法律价值。

7.5.1.1 背景技术撰写

背景技术是孕育技术问题的土壤。通常背景技术应当对申请日之前的现有技术进行客观描述和评价。由于大部分专利是改进型发明，因而需要至少引证一篇与该申请最接近的现有技术，必要时还可以引用几篇与该申请密切相关的技术，以使社会公众和审查员充分了解该申请的改进基础，从而更加明确该申请技术方案的改进点。然而，很多国内申请并不重视背景技术的撰写，常通过故意隐瞒与该申请主题密切相关的现有技术或者对现有技术整体不够了解，从而导致背景技术部分变成泛泛而谈。

例如专利 CN201610592044.7，其背景技术如下。

对于不锈钢的性能优化，核心的研究路线是在保证耐蚀性能的前提下提高不锈钢的力学性能，以满足更高的应用条件。传统的高强度不锈钢如 PH13-8Mo、15-5PH 等具有良好的耐蚀性，但其强度偏低，无法满足苛刻使用环境对结构件可靠性的要求。具有较高强度级别的 Custom475，虽然其抗拉强度达到了 2000MPa，但其塑性明显偏低（延伸率为 5% 左右），严重限制了它的应用前景。强度超过 1600MPa 的超高强度钢有低合金超高强度钢 300M 和含 Co 的 18Ni 马氏体时效钢。这些钢的强韧性较高，可以满足工业结构件的设计要求，但由于不含 Cr 元素，极差的耐蚀性使其应用受到了制约。

由此可见，如何在保证不锈钢耐蚀性能的前提下提高其强韧性，以满足工程应用对不锈钢综合性能提出的更高要求，是不锈钢领域的研究热点与难点。马氏体时效不锈钢同时兼备高强韧性和良好的耐蚀性，已经成为高强度不锈钢中最具应用前景的材料，在航空航天和海洋开发等领域具有广泛的应用前景。因此，研制具有自主知识产权的新型超高强度马氏体时效不锈钢迫在眉睫。

这些背景技术的描述，仅描述了现有一些经典钢种的缺陷和该申请想要达到的目标，仅记载了改进起点为马氏体时效不锈钢。但马氏体时效不锈钢种类繁多，经过背景技术的阅读并不知晓其改进的具体起点为何。

反观国外的高质量专利，以国外高质量专利 US9045806B2（被引用 37 次）为例，其背景技术如下。

美国专利 US5393388A 提出了一种在不添加 Ti 的情况下具有二次硬化的钢组合物。该钢组合物旨在改善热态下的抵抗力，尤其是改善疲劳、延展性和韧性方面的性能。该组合物的缺点是需要高含量的 Co（8% ~ 16%），这使得钢非常昂贵。专利 WO2006114499A3 提出了一种硬化马氏体钢的成分和优化的热处理操作顺序，但相较于专利 US5393388A 仅需要较低的 5% ~ 7%。通过相应地调整其他元素的含量和热处理操作的参数，可以获得具有令人满意的机械性能范围的部件，特别是在航空应用中。这些性能包括在冷态下的拉伸强度为 2200 ~ 2350MPa。但是，这种钢仍含有相对大量的 Co。由于该元件在任何情况下都是昂贵的，并且其价格容易受到原材料市场上的重大波动的影响，因此找到一种能够大幅度地进一步减少 Co 存在的方法，特别是在旨在用于更常见的机械应用的材料中，将是很重要的。

从技术背景的撰写可以看出，其既指出了现有技术中存在的缺陷和改进的方向，也给出了现有技术在降低 Co 方面所作出的尝试，使社会公众和审查员充分了解该申请的改进基础，从而更加明确该申请技术方案的改进点。

7.5.1.2　实验数据撰写

基于领域的特点，化学发明的技术效果往往难以预测，在预期性差的技术领域需要以实验数据的方式来证实确实解决了所述技术问题。而技术手段又通常是由一个或多个技术特征来体现的。因此落到实施例部分，则往往需要通过对比不同于现有技术的某一个或某几个技术特征对整个技术方案所达到的技术效果的影响，即通常意义上的平行实验或者单变量对比实验。因此，在原说明书中提供足够且恰当的实施例以及对比例对化学领域的专利申请显得尤为重要。

根据对飞机起落架用超高强度钢的国内专利申请的说明书进行分析可知，国内申请常常出现申请人提供了实施例，然而却出现没有实验数据或以不恰当的方式记载数据的问题。包括以下几种常见情形：①具体方案没有具体数据，只有断言性结论，即没有记载具体的确认数据或效果数据，只记载了例如"制备得到了钢具有高强度和高延伸率，可用于飞机起落架"这种断言性结论。起不到证实技术效果的作用。②对于整体方案仅给出一个整体的实验数据，而无从得知达到该效果的关键技术手段是什么。

以国外高质量专利 US9045806B2（被引用 37 次）为例，该专利请求保护一种可用于飞机起落架的超高强度马氏体钢，其利用该发明的组成与现有技术中相似组成的高强度钢进行对比以及通过现有技术之间的比较，突出了该发明成分设计的关键之处，还将相近的现有技术排除在改进的范围之外。试想一下，若申请人不进行如此细致的比较，由于该发明组成的设计与现有技术之间差别微小，最终能否授予专利权则可能会打上一个大大的问号。由于钢铁行业整体的成熟度较高，大部分专利属于改进型专利，且改动的幅度不会很大，因而需要对其体现发明构思的关键手段进行细致的描述和实验验证以增强原始申请本身的证明力。

可按照如下步骤考虑技术效果的撰写：①发明要解决的技术问题与所验证的能够达到的技术效果相对应；②发明要解决的技术问题与相应的关键技术手段相对应；③构建实施例与对比例，特别是与最接近的现有技术的对比，突出该发明关键技术手段在解决技术问题方面的优势。

7.5.1.3　权利要求分层次撰写

钢种在设计的过程中往往会涉及多个技术效果的改进，例如强度、延伸率、耐腐蚀性、冲击韧性、稳定性等，而不同的技术效果可能会对应于不同的技术手段。国内在权利要求的撰写上，特别是从属权利要求的撰写上不够重视，通常是将各个实施例作为对权利要求1的进一步限定，而各个实施例的效果各有优劣，不仅范围较小而且没有层次。再而以国外高质量专利 JPWO2012002208A1（被引用30次）为例，其权利要求如下（仅示出部分权利要求）。

1. 一种马氏体沉淀硬化不锈钢，以重量%，C：≤0.20%，7%≤Ni≤14%，0%≤Co≤3.50%，9.50%≤Cr≤14%，0.50%≤0≤3%，0.25%<Al<1%，0.75%<Ti≤2.50%，平衡由 Fe 和杂质组成，下面的公式（1）至（4）：

表达式（1）$1260 - 65Ni - 20Co - 40Cr \geq 0$

表达式（2）$670 + 75Ni + 40Co - 100Cr \geq 0$

表达式（3）$0.125 \leq (Al / Ti) \leq 1.25$

表达式（4）$1.45 \leq (Al + Ti) \leq 2.95$

如权利要求1所述的不锈钢，表达式（5）$4.5 \leq Ni / (Al + Ti)$。

该专利主要解决的技术问题是在不损害耐蚀性的基础上获得优异的强度和延伸率，其实施例部分论证了同时满足表达式（1）～（4）时能够解决上述技术问题。而通过说明书发明内容和发明例部分的比较还可以看出，当满足表达式（5）时，还能够进一步改善断裂韧性。申请人采用发明构思递进的撰写方式，使得权利要求的撰写层次清晰，大大提高了授权的可能性。对于分层次权利要求的撰写可采用如下策略。

第一，独立权利要求的撰写：独立权利要求仅需要体现出发明的基本构思即可，因而独立权利要求的撰写仅需要包含解决基本技术问题的必要技术特征。

第二，从属权利要求的撰写：从属权利要求应当体现出技术构思的递进关系，因而通常将解决高阶构思的必要技术特征写入即可。从属权利要求并非多多益善，过多包含非必要技术特征的权利要求既不能体现出发明的技术含量，还会大大增加申请人的经济负担。

7.5.2　从申请和审查端打造高价值专利

7.5.2.1　从申请端打造高价值专利

第7.5.1节详细阐述了具有高技术价值的专利如何通过撰写提高法律价值，但其前提是已经厘清技术方案的关键手段且具备形成优质专利的条件。然而有些具有潜在高价值的技术往往在方案和效果获得时，鉴于钢机理的复杂性，创新主体并没有掌握其获得优异效果的原理，无法知晓其中的关键技术手段，在形成专利时容易造成"发明构思"不明确，审查员在审查的过程中从严把握使该专利无法获得专利权。此时应如何实现对其技术的及时保护？

课题组在研究的过程中发现，哈尔滨工程大学于2021年分别提出了专利申请CN20211098437.3、CN20211098272.5、CN20211098272.1和CN20211098272.2。经梳理发现上述4件专利都涉及当前较前沿的可用于飞机起落架的马氏体时效不锈钢，而且均取得了优异的强度、延伸率和耐蚀性匹配。但上述4件专利申请几乎在同一时间全部撤回，并于2022年分别以各自为优先权提出了4件专利申请CN202210365528.3、CN202210365529.8、CN202210365532.X和CN202210365543.8。经比较，后申请的4件专利在说明书撰写的机理上进行了更深入、细致的阐述。显然，申请人在这不足一年的时间内利用有限时间对其技术进行了进一步的深入研究，最终厘清了获得优异性能的影响因素。

上述案例无疑已经给出了答案。专利技术作为一个技术文件，并不要求详细描述原理。因而当创新主体提出一个完整的技术方案并且具有优异的技术效果时，应当及时提出专利申请，利用可享有优先权的12个月的时间，继续深耕技术，对相应原理进行研究，厘清关键技术手段，然后以该申请为优先权，在技术方案、技术问题和技术效果不变的前提下，提出在后申请，详细描述原理和手段，从而使得发明构思趋于完善。这样做的好处是既能实现对智力成果的及时保护，同时又由于清晰的发明构思而增加获得专利权的可能性。

此外，为了实现高价值专利的快保护，创新主体可以主动寻求快速审查渠道。例如优先审查、专利审查高速路（PPH）等。

7.5.2.2　从审查端打造高价值专利

从第7.5.1节分析也可以看出，对于相同撰写方式的同族文献，申请技术方案比较新颖，国内国外不存在差距，但中国国家知识产权局（CNIPA）和美国专利商标局（USPTO）审查策略不同，国内申请人往往获得保护范围过小。因此对于飞机起落架用钢这类重点优势产业，建立有针对性的专利申请审查策略和模式可以促进该行业的发展，助力高价值专利培育。

在审查策略上，应适应性调整创造性高度。为了强化专利保护，激励创新，对正在大力推进创新型国家建设的我国来说，专利制度应当起到引导和保护创新活动的主导作用。作为专利授权核心要件的创造性，其审查标准的高低必然直接影响技术创新的质量。飞机起落架用钢技术正是我国亟待突破的关键核心技术，该产业正处于技术发展初期，上升势头明显。处于上升势头表明该产业对国内创新主体的导向作用在逐渐增强，从助力国内申请人进行专利布局的角度出发，可考虑降低创造性高度以使得创造性高度与国内申请人的创新步伐相一致。

在审查模式上，可尝试采用巡回审查或集中审查模式。通过制定适合于特定行业对应技术领域的审查模式，合理选取专利保护强度，既保证有效吸收先进技术和资本，也可以很好平衡国内公众利益，促进国内的技术创新和技术发展。对类似飞机起落架用钢这种战略性新兴产业，可充分发挥专利审查对创新主体的服务意识，直接采取巡回审查模式，即专利审查员赴申请人所在地区与专利申请人、专利代理人进行沟通交流，就发明专利申请开展实质审查工作。创新主体还可以通过举办技术说明会的形式向专利审查员对专利技术中研发要点进行说明。这也是一种辅助性的巡回审查模式。此外，为充分发挥专利审查对培育高价值专利的保障作用，还可以建立集中审查模式。配置优势审查资源，依法严格进行审查，目的是保证对同一批专利申请组合的审查标准执行一致，提升专利审查质量、特别是授权稳定性，真正体现"好钢用在刀刃上"。

7.6 本章小结

本章通过结合前期产业调研以及分析专利技术发展的趋势，通过专利统计分析梳理总结出相关技术手段，从而解决产业目前的需求问题。分别从300M钢替代产品研发、成本控制、高强化、综合性能提升四个方面给出相关策略建议。同时，聚焦具有先进性的技术如何进行高价值专利培育，并给出了相关的培育策略。

第一，300M钢作为目前全球应用最为广泛，市场认可度最高的飞机起落架用钢，其生产成本低具有天然的优势。我国目前已成功研究生产出300M钢，但追求更高断裂韧性和强度，仍是企业的难点所在。因此通过统计分析以300M改进的国内外相关专利，以期望从实现更高断裂韧性以及在原有300M钢成分上进行合金成分设计角度给产业以改进建议。

第二，为了追求高性能，需要增加合金元素得以实现。因此如何能够保证强度同时控制成本是产业亟待解决的问题。不同钢种具有类似的成分设计体系，课题组通过分类统计出不同钢种在成本控制维度上选择的合金含量，从而总结出针对不同钢种降低成本的策略。

第三，飞机起落架用钢作为飞机的主承力部件，需要足够的强度支撑。随着航线变化、载客量增多，对于起落架的强度要求越来越高。高强化仍旧是目前的产业需求之一。钢铁的生产主要为成分设计、冶炼处理、锻轧处理以及热处理强化，而成分和工艺共同会影响合金组织的形成，从而对强度、韧性等性能产生影响。课题组通过统计分析具有1800MPa以上屈服强度的主要国内外专利，从成分、热处理、冶炼、锻轧的角度出发，从而得出国内外专利如何通过组织机理设计的维度以提高合金的强度。

第四，飞机起落架的强度和塑韧性是此消彼长的关系，在追求高强度下仍需要关注塑韧性的问题。课题组通过统计分析在具有1800MPa以上屈服强度前提下如何改善塑韧性的国内外专利，从韧化机理的角度出发，统计国内外专利是如何通过成分、工艺角度实现相关韧化机理，并且具体对应到特定的钢种以及具体的手段。

第五，课题组统计分析出在满足高强化的前提下国内外专利是如何实现耐蚀、稳定性、焊接性综合性能的改善，从而总结出相关的策略建议。

第六，飞机起落架用钢属于高端钢铁材料。当前普遍用于起落架超高强度钢的经典牌号绝大部分都在产品问世前进行了全球性的专利布局，说明该领域具有技术先进性的技术进行高价值专利的培育具有必要性。经过数十年的发展，我国创新主体在超高强钢领域方面的技术已经有超越之势，诸如波音公司等商用飞机企业巨头也开始寻求与中国创新主体的合作。技术走出国门的趋势已不可阻挡。要想完成全球性专利布局并获得理想的专利权范围，需要国内的创新主体从背景技术、实验数据以及权利要求层次方面做足功夫，同时辅以申请端和审查端的策略和机制的完善，利用合理共同打造出高技术价值、高法律价值的专利，从而为后续市场价值的展现提供坚实的后盾。

第8章　飞机起落架用钢结论和建议

8.1　结论

（1）飞机起落架用钢研发势头强劲，国内创新主体的国际视野稍逊一筹

从飞机起落架用钢申请的专利技术来源国来看，排名前五的分别是中国、美国、日本、法国和瑞典。中国虽然在飞机起落架用钢方面的研发起步较晚，但是发展迅速，且成为最大的技术来源国，其总的申请量与美国相当。从目标国分布可见，中国关于飞机起落架用钢的专利申请集中在本国，而在其他国家的布局较少，表明国内创新主体在海外专利布局方面存在明显的不足。国外排名靠前的申请人均为大型企业，而国内则以高校/科研院所为主，可见国外在飞机起落架用钢领域的研究较为成熟且占据市场的主导地位，而国内飞机起落架用钢市场公司之间并没有明显的竞争。由于国外在飞机起落架用钢方面的研究起步较早，很多重要专利已经失效，因此对于国外处于期限届满的专利也可能成为我国能够利用的资源和研发的基础。

（2）国内飞机起落架用钢头部企业匮乏，部分钢种逐渐占据技术优势

飞机起落架用钢的重点申请人主要分布在中国和美国，其次是日本，且都在高合金钢方面的研发相比于低合金投入的更多，可见高合金相比较低合金更具备研发前景。钢铁研究总院、国际镍公司和卡本特公司是排名前三的重点申请人，钢铁研究总院研发的马氏体时效不锈钢具有明显的技术优势，引来波音公司的主动合作，此外，在排名前二十的重要申请人中还有来自法国的奥贝特迪瓦尔公司以及来自加拿大的VARTANOV GREGORY。由此可见，在重要申请人上，还是以国外为主。尽量我国的专利申请总量上实现赶超，还是需要学习和借鉴国外的重要专利以获得进一步发展。

（3）国内飞机起落架用钢改进思路多样，国外巨头聚焦基础成分创新

飞机起落架用钢的重要钢种包括低合金马氏体钢、马氏体时效钢、马氏体沉淀硬化不锈钢、马氏体二次硬化钢和马氏体时效不锈钢。其中低合金马氏体钢代表性钢种为300M，马氏体时效钢代表性钢种为18Ni，马氏体沉淀硬化不锈钢代表性钢种为17-4PH，马氏体二次硬化钢代表性钢种为AF1410、AerMet100、AerMet310、AerMet340和FerriumM54，马氏体时效不锈钢代表性钢种为Custom465、Custom475和FerriumS53。从专利申请中围绕改进最多的300M钢、AerMet100钢以及18Ni钢的分析出可以看出，对于300M钢，早期国外创新主体聚焦于如何在不同元素的替代选择上获得性能相当的材料，而在后期更多的关注如何进一步改善断裂韧性，但同时会损失了一些强度，或者引入昂贵的元素导致成本增高。而在到21世纪，我国开始在航空航天领域发力，我国的创新主体活跃度开始提高，并从冶炼、热处理等多个维度出发获得了超高强度和韧

性，对我国创新主体而言，今后的发展可以在对工艺流程的简化上进行发力，或者在合金元素增量时考虑以 Al、Mn 等元素替代一部分昂贵元素进行持续的创新研发。对于 AerMet100 钢，其改进主要是围绕着强度、塑韧性、耐蚀性、成本等技术效果进行的，相应的手段主要集中在成分、冶炼、锻轧和热处理上，但国外钢铁行业巨头的改进侧重点通常在于成分和含量方面，几乎不涉及制备方法。我国的创新主体既涉及成分方面的改进也涉及制备工艺方面的改进。在成分方面，在成分调控方面，整体思路是高强韧化或者在保持与 AerMet100 钢机械性能相近的同时进一步改善耐蚀、降低成本，而工艺方面的改进涵盖了冶炼、锻轧和热处理多种手段。对于 18Ni 钢，其改进涵盖了强度、塑韧性、耐蚀性和成本四个方面，其中，降低成本和提高塑韧性占据了 18Ni 钢发展的主导方向，并在后期尤为突出。早期以美国和日本的申请人为主，改进的方向集中在通过成分和热处理的工艺调整改善强韧性，而在后期中国对于 18Ni 钢的改进主要聚焦在通过成分和热处理工艺的调控实现更低的成本，以满足我国飞机起落架用钢的应用需求。

（4）服役条件日趋苛刻，飞机起落架用钢性能趋于多元化发展

从飞机起落架用钢材料的发展路线可以看出，最早出现的能够用于起落架的钢种是 1944 年由 AK 钢铁公司研发的 17-4PH，是一种马氏体沉淀硬化不锈钢。但由于其屈服强度仅有 1380MPa，随着飞机起落架用钢高强度的需求，17-4PH 逐渐被淘汰。在 20 世纪 50～60 年代，飞机起落架用钢的研发集中在以国际镍公司为代表的企业中，以生产马氏体时效钢和低合金马氏体钢为主，该阶段以追求更高的强度为主要目标。在该阶段国际镍公司生产的 18Ni 在保证高强度的基础上也能实现良好的塑韧性，但其高合金含量导致成本的升高而限制了其实际大规模应用于起落架，而其生产的 300M 钢，不仅具有超高强度，其韧性也符合飞机起落架用钢的要求，具有非常好的强韧性，加之其属于低合金钢，在成本控制上具有优势，而一举成为飞机起落架用钢的主流钢种。我国于 20 世纪 80 年代中期开始仿制，在近几年亮相的 C919 大飞机上，采用了我国成功仿制的 300M 钢，可见 300M 钢应用在起落架上极具优势。到 20 世纪 80～90 年代，超高强度钢的专利申请以卡本特公司以及日立公司为代表，并且出现了马氏体二次硬化钢和马氏体时效不锈钢这样的新钢种，该阶段低合金马氏体钢的延伸率得以进一步提升，但略微牺牲了一部分强度，马氏体时效钢降低了 Ni 和 Co，成本得以进一步降低，以 AerMet 系列为代表的马氏体二次硬化钢的出现取得了优于 300M 低合金马氏体钢强度、断裂韧性、耐海水腐蚀性的综合性能。在 20 世纪 90 年代末，卡本特公司为解决低合金马氏体钢和马氏体二次硬化钢仍需表面涂层的问题，申请了耐蚀性更好的马氏体时效不锈钢 Custom465，随后还发展出 Custom475 和 FerriumS53 系列钢种。到 21 世纪初，随着中国大飞机项目的启动，中国的专利申请量开始增加，中科院金属所将低合金马氏体钢的强度再一次提升，奥贝特迪瓦尔公司进一步提升了马氏体二次硬化钢的强度以及降低了成本，奎斯泰克公司也开始以降低战略性 Co 元素含量为前提的高强、高断裂韧性钢种的研发。2010～2021 年，飞机起落架用钢的研发集中在国内，以追求高强度、高断裂性能、成本、焊接、稳定性的综合性能为目标。

整体而言，飞机起落架用钢从早期的追求高强度和塑韧性，发展到后期，除了进一步提升强韧性以外，还在焊接性能、耐蚀性、稳定性和成本上开展了研究，使得飞机起落架用钢的综合性能得以提升能够满足更加多元化的应用需求。

8.2　建议

结合前期产业调研以及分析专利技术发展的趋势，本研究分别从 300M 钢替代产品研发、控制成本、高强化、综合性能提升四个方面给出相关策略建议。同时，聚焦具有先进性的技术如何进行高价值专利培育，并给出了相关的培育策略。

（1）拓展 300M 钢研发思路，提升 300M 钢的国产化水平

300M 钢是目前全球应用最为广泛，市场认可度最高的飞机起落架用钢，同时又是一种低合金钢，生产成本低。虽然我国钢铁企业已研制并生产 300M 钢，但如何在 300M 钢基础上，进一步提升强度和断裂韧性是企业面临的生产难题。在提高低合金钢断裂韧性方面，从控制奥氏体含量和稳定性、实现板条状马氏体组织、细化晶粒、净化钢液、减少碳化物的角度梳理出相关重点专利技术。在实现 300M 钢强度突破上，通过对比原有的 300M 钢成分，给出了可添加合金元素种类和含量的建议。例如，实现通过添加 Al，微合金化元素 V、Ti、Nb 来节省 Ni 的成分设计策略。

（2）聚焦飞机起落架用钢经济性，助力航空产业腾飞

为提高飞机起落架用钢强度，国内近年的研究多集中在增加合金元素，热处理工艺上采用双真空冶炼等，这也同时带来了成本增加的问题。如何能够保证强度同时控制成本是产业亟待解决的问题。课题组分别就低合金钢和高合金钢如何实现成本的降低给出了相应策略。对于高合金钢而言，分别根据不同的钢种给出相关成分调整策略：①针对马氏体沉淀硬化不锈钢，采用利用 Al 或 Al + Ti 实现成本的降低以及利用 Cu 或 Cu + Ti/Nb/V 实现成本的降低的策略；②针对马氏体时效不锈钢，采用利用 Mn、Mo、Ti、Al 和/或微量元素的联动实现成本的降低和控制 Cr、Mo 等元素的总含量实现成本的降低策略；③针对马氏体二次硬化钢，采用利用 Al 或 Al + （Mo + W/2）实现成本的降低以及利用 Cu 实现成本的降低策略；④针对马氏体时效钢，采用利用 Cu 或 Cu 与 Al、Ti、B 等的组合实现成本的降低的策略。对于低合金钢而言，分别根据不同钢种给出相关成分调整策略：利用 Mn 实现成本的降低，利用 Al 实现成本的降低，以及利用微量元素实现成本的降低。在工艺控制方面，包括实现高纯度纯铁的制备、冶炼过程中工艺的选择及冶炼过程中工艺参数的调整以降低成本。

（3）实现飞机起落架用钢超高强化，为飞机寿命提供坚实保障

我国的科研机构在超高强度钢领域取得了显著成果，仍与国外有显著差距。飞机起落架用钢作为飞机的主承力部件，需要足够的强度支撑，随着航线变化、载客量增多，对于起落架的强度要求越来越高。从成分、热处理、冶炼、锻轧的角度给出实现高强化的手段策略。①从热处理改进方面，针对低合金钢，实现以淬火 + 低温回火为主，辅助多种热处理改进，针对高合金钢，实现以固溶 + 深冷 + 时效为主，辅助多种

热处理工艺改进的策略；②从成分改进方面，采用通过元素配合设计改进、通过促进碳化物相或马氏体相形成改进、通过促进 NiAl 金属化合物相形成改进、通过促进复合金属间化合物相形成改进的角度；③从冶炼工艺改进方面，选择使用激光成形技术工艺、采用真空感应＋真空自耗降低杂质含量、设计脱硫渣系，确保有效脱硫等策略；④从锻轧工艺改进方面，通过使用设计锻造类型，改变组织的晶粒度来获得高强钢的策略。

（4）打造优异综合性能，拓宽起落用钢服役场景

起落架的强度和韧性是此消彼长的关系，强度提升会导致韧性下降。起落架在制作加工中需要对各部件进行焊接，产业对飞机起落架用钢焊接性能需求也越来越高，飞机起落架用钢服役环境越来越复杂，对其耐蚀性、稳定性也提出新的要求。因此如何在保证高强度的同时，进一步提高综合性能也是产业的重点需求。

首先，针对解决高强化下如何实现综合韧性提升的产业需求，通过以下机理来实现：①残余奥氏体的韧化，成分改进的角度为提高镍含量；②逆变奥氏体的韧化，成分改进的角度为添加特定的元素形成细小纳米相降低逆变奥氏体形核所需的能量，工艺改进角度为通过固溶＋深冷＋时效处理形成夹心结构（马氏体板条之间的奥氏体）来赋予马氏体延展性以及控制较低固溶温度等；③纯净化合金的韧化，钢液的洁净度提升能够提高合金的韧性，成分改进的角度为通过添加元素以降低 C、O、N、S、P 等杂质元素含量，以获得洁净度较高的合金，例如控制 Ce/S 比为（8～10）∶1，以减少硫化物的生成，降低对断裂韧性的不利影响，通过添加少量的 Ca 以全部或部分取代稀土等，工艺改进的角度为通过控制合理的真空自耗重熔速率，进一步降低钢中 H、O、N 含量等；④沉淀相细化韧化，成分改进的角度为通过添加 Co 等元素促进马氏体二次硬化钢中细小弥散分布合金碳化物的形成，由于碳化物变得更细小，因此降低了沉淀相对韧性的危害等，从工艺改进的角度为可通过适当的锻轧工艺选择，例如采用"高温锻造＋中温锻造"联合工艺、选择"合适的退火温度"等；⑤元素配合提高韧性，通过协同元素关系从而平衡对强度塑性的影响，例如控制 1/3（Co%＋10Si%）＋3Ti%＋Mo% 限于 8，Co/C 优选不大于 75 等；⑥位错马氏体、马氏体束的韧化，通过控制热处理的温度和时间调控奥氏体晶粒尺寸，得到全位错马氏体或者以位错亚结构马氏体为主并伴有孪晶亚结构马氏体等，通过多次循环淬火形成板条束的马氏体尺寸等方式；⑦其他，例如选择添加特定元素，选择特定的工艺步骤，添加适当的 Be、B、Mg 等，采用"多道锻造＋控制锻造比"方式，调控出仿生呈杆状结构的奥氏体，形成"仿生结构增塑＋亚稳相增塑"的新思路以改善材料的韧性等。

其次，针对解决高强化下焊接性提升的产业需求：①降低 C 元素的使用，利用 Mn、Ti、Nb、V 等元素弥补 C 降低带来的强度降低，从而达到改善焊接性能的目的；②在不降低或不明显降低 C 元素使用的情况下，利用合金元素的合理配比实现焊接性能的改善，并给出了典型专利示例。

再次，针对解决高强化下耐蚀性提升的产业需求：①对于不锈钢，通过控制 Cr 含量实现耐蚀，在此基础上，配合 Cr、Mo、Ni 关系实现进一步耐腐蚀；②对于非不锈钢，在

Cr + Mo + Ni 元素组合的基础上，进一步添加元素 W 等，还可以添加元素 Ni、Cu 等弥补降低 Cr 对耐蚀性的影响。

最后，针对解决高强化下稳定性提升的产业需求：①从生产质量的稳定性出发，需注意流程的标准化、精细化以及提高操作的专业度；②可采用成分改进材料的热处理稳定性，例如通过合理设计 Cr、Mo、Co 元素等可将单一（CrMo）$_2$C 强化转变为合金碳化物 Mo$_2$C 和金属间化合物 Fe$_2$Mo 复合强化以材料的热处理稳定性，针对不同钢种给出添加相应含量的 Ni、Co、Mo、Si 等提高回火稳定性的策略。

（5）打造高价值专利，为优质钢产品保驾护航

对于具有技术优势的新钢种，建议创新主体两步走。即先进行专利申请再推动标准制定，同时考虑目标市场的可能性从而进行全球布局，利用专利独占权的强大控制力为产品保驾护航。而强大的市场价值需要以专利的高法律价值为基石，打造高法律价值需要从专利撰写、申请和审查三个维度进行。

第一，专利撰写方面，需要从背景技术、实验数据和权利要求的层次性着手。①背景技术方面：应当详实记载技术改进的基础，特别是应当指明与本发明密切相关的技术，以印证的方式写入背景技术。②实验数据方面：应注意发明要解决的技术问题与所验证的能够达到的技术效果相对应；发明要解决的技术问题与相应的关键技术手段相对应；构建实施例与对比例，特别是与最接近的现有技术的对比，突出本发明关键技术手段在解决技术问题方面的优势。③权利要求撰写层次方面：独立权利要求仅需要体现出发明的基本构思即可，从属权利要求应当体现出技术构思的递进关系，因而通常将解决高阶构思的必要技术特征写入即可。权利要求中应当尽量避免出现必要特征以外的非关键技术手段。

第二，申请方面，巧用优先权。在形成完整技术方案并验证技术效果后，即使没有掌握关键手段和技术原理，也应当先进行专利申请。再利用 12 个月的优先权享有时间继续深入研究，并以在先申请为优先权，于在后申请中对技术原理进行补充以使发明构思更加完整，提高授权可能性。为了实现高价值专利的快保护，创新主体可以主动寻求快速审查渠道，例如优先审查、PPH、保护中心等。

第三，审查方面，飞机起落架用钢属于战略性新兴产业，因而需要建立与之相适应的创造性审查标准。此外，需要充分发挥专利审查对创新主体的服务意识，可尝试采用巡回审查或集中审查模式，保证与创新主体在技术上的密切联系。通过制定适合于特定行业对应技术领域的审查模式，合理选取专利保护强度，既保证有效吸收先进技术和资本，也可以很好平衡国内公众利益，促进国内的技术创新和技术发展。

关键技术二

航空发动机用轴承钢

第9章　航空发动机用轴承钢概述

9.1　技术现状

　　航空发动机用轴承的工作条件非常严苛，需承受高转速、高应力冲击与高温等恶劣环境，对于疲劳强度、抗冲击韧性、高温稳定性和抗磨性等有极高要求。因此轴承钢性能的好坏是决定航空发动机轴承使用寿命和可靠性的关键。相较于其他钢种，航空发动机用轴承钢是生产难度最大、质量要求最严、检验项目最多的钢种，被称为"钢中之王"，也是一个国家钢铁冶金水平的直接体现。

9.1.1　技术发展历程

　　国外在航空发动机用轴承钢的研发、产业应用等方面已经比较成熟。从 20 世纪 30 年代至今，航空发动机用轴承钢已发展到了第三代。第一代代表钢种为美国 AISI52100 钢（对应国内牌号 GCr15、俄罗斯牌号 ⅢX15、日本牌号 SUJ2、德国牌号 100Cr6、瑞典牌号 SKF3），使用温度小于 176.7℃，已不满足新一代航空发动机轴承的使用要求；第二代代表钢种是美国 M50 钢（对应国内牌号 8Cr4Mo4V、英国牌号 18 - 4 - 1）和美国 M50NiL 钢（对应国内牌号 G13Cr4Mo4Ni4V），使用温度小于 316℃；第三代代表钢种是美国 CSS - 42L 钢和德国 X30（Cronidur30）钢，使用温度高达 500℃。[1]

　　与国外相比，我国航天发动机用轴承钢的研发起步较晚。目前国内主要生产企业为江阴兴澄特种钢铁有限公司（以下简称"兴澄特钢公司"）、抚顺特钢公司、大冶特钢公司、宝钢特钢公司等，生产钢种以第一代 GCr15 为主，占据国内 80% 以上的产量，产品种类单一化现象较为严重，且以中低端产品为主。此外，国内企业还可以生产第二代航空发动机用轴承钢 8Cr4Mo4V（对应美国 M50）和 G13Cr4Mo4Ni4V（对应美国 M50NiL），但在产品稳定性、夹杂物均匀性等方面仍与国外先进企业存在较大差距。

9.1.2　代表性技术

　　（1）Ultrapremium™ 技术

Ultrapremium™ 技术是美国的铁姆肯公司研发的一种洁净钢生产工艺，该工艺克服了传统钢铁洁净度检测技术无法保证测量到足够范围的不足，使用能量色散 X 射线光谱仪（Energy - dispersive X - ray Spectroscopy，EDS）进行自动扫描电子显微镜（Scanning electron microscopy，SEM）扫描，从而实现对所生产的轴承钢进行大范围的夹杂物

---

　　[1]　李昭昆，雷建中，徐海峰，等. 国内外轴承钢的现状与发展趋势 [J]. 钢铁研究学报，2016，28（3）：1 - 12.

检测和准确的夹杂物测定。通过该工艺，能够减小氧化物夹杂的尺寸和降低其集中程度，还能实现同等强度下减少工件尺寸和重量、同等工件尺寸下增加工件强度以及大幅改善使用寿命的效果。

（2）SKF + MR 工艺技术

熔炼 + 精炼（SKF + MR）工艺是瑞典的斯凯孚公司研发的一种高洁净轴承钢冶炼工艺，该工艺分为以下两个阶段。

第一，在 SKF 双壳炉中的氧化条件下将钢快速熔化，然后在 ASEA – SKF 炉中的还原条件下进行精炼。

第二，MR 工艺阶段：MR 代表两个工艺操作，即氧化气氛下熔化和还原气氛下精炼，具体过程中可进行合金化、脱硫、脱氧等多种操作。SKF + MR 工艺，可大幅提高轴承钢的疲劳寿命，使其生产的轴承钢质量保持国际领先水平。[1]

（3）SNRP 工艺技术

山阳炼油新工艺（Sanyo New Refining Process，SNRP）是日本的山阳特钢公司针对高碳铬轴承钢研发的一种高纯净钢生产工艺，该工艺的流程如下：90t 超高功率电炉→偏心炉底出钢→LF + 循环式真空脱气法（RH）→立式连铸（CC）机。通过该工艺，山阳特钢公司可生产出氧含量低于 5ppm，夹杂物尺寸小于 $11\mu m$ 的超高纯轴承钢。[2]

（4）VIM + VAR 工艺技术

VIM + VAR 工艺是目前国外冶炼高品质轴承钢的代表工艺。这种工艺首先使用 VIM 熔炼出自耗电极坯，然后再将该自耗电极坯经 VAR，进一步提升了钢水的洁净度，氧含量达到 8ppm 以下，同时可以改善钢内部组织，使轴承钢晶粒细小均匀，致密度和力学性能得到提高。

（5）渗碳、渗氮技术

渗碳、渗氮工艺是轴承钢表面硬化的代表性工艺。通过在富碳、富氮的气氛中将轴承钢加热到一定温度后保温，使活性碳原子、氮原子渗入到轴承钢表面，使轴承钢的表面形成马氏体组织，以获得更高的硬度、耐磨性和抗疲劳能力，同时芯部仍保持足够的强度和韧性。

9.1.3 技术发展趋势

作为航空发动机的关键基础零部件，国外正在研发推重比为 15 ~ 20 的新一代航空发动机，更高的推重比意味着航空发动机用轴承的转速、工作温度以及承受的冲击载荷进一步提高。为满足新一代航空发动机用轴承的性能要求，具备更耐高温、耐腐蚀性能且可承受更高推重比的轴承钢是航空发动机用轴承钢的技术发展趋势。目前，国外已经研发第 3 代航空发动机用轴承钢，其代表性钢种为耐 500℃的高强耐蚀轴承钢 CSS – 42L 和耐 350℃高氮不锈轴承钢 X30（Cronidur30），中国也在紧跟国外的研发趋

［1］ 张立峰，王升千，段加恒. 轴承钢中非金属夹杂物和元素偏析［M］. 北京：冶金工业出版社，2017：112.

［2］ 干勇，倪满森，余志祥. 现代连续铸钢实用手册［M］. 北京：冶金工业出版社，2010：562 – 563.

势进行相关钢种和工艺的研发。

9.2　产业现状

9.2.1　国内外产业政策

目前，航空发动机用轴承产业基本上被美国、欧洲和日本的企业巨头所垄断。这也与国外较早出台相关政策，鼓励行业研究和探索特种钢技术发展有必然联系。例如，早在 1997 年，日本政府就确立了国家级课题"超级钢计划"。这是面向 21 世纪的结构材料计划。日本政府和科学界为该项计划投入了大量的科研力量，整个计划采用：材料研制→结构体化→评估→材料研制→……的螺旋式研究方式，以尽可能地发挥这种研究机构的整体优势。一方面确保更高的强度、高安全性、长的使用寿命；另一方面制造工艺要低成本、低能耗以节省资源，还要大大降低对环境的危害。❶ 2013 年欧盟委员会发布了《行动计划：建设更具竞争力和可持续性的欧洲钢铁工业》，提出要在钢铁需求、贸易环境、环保政策、监管法规、创新及社会领域着手行动，提高钢铁业的竞争力。❷

相较于国外，国内相关支持政策出台时间稍晚。2010 年后随着国内航空航天产业的迅猛发展，相关专题计划政策相继出台。科学技术部 2012 年印发了《高品质特殊钢科技发展"十二五"专项规划》，指出：要面向中国航天航空等领域发展需求，关键突破轴承钢等高性能特殊钢关键材料技术，形成具有国际优异水平的特殊钢材料体系和生产工艺步骤，获取一批自主知识产权，以点带面推进特殊钢产业结构调整和优化升级，大幅提升节能减排技术水平，实现高品质特殊钢材料国产化和规模应用。

2015 年印发的《中国制造 2025》提出大力推动重点领域突破发展，并指出：以特种金属功能材料等为发展重点，加快研发先进熔炼、凝固成型、气相沉积、型材加工、高效合成等新材料制备关键技术和装备，加强基础研究和体系建设，突破产业化制备瓶颈，积极发展军民共用特种新材料。

工业和信息化部、科学技术部、商务部、国家市场监督管理总局 4 部门 2018 年印发的《原材料工业质量提升三年行动方案（2018—2020 年）》指出：到 2020 年，我国原材料产品质量明显提高，部分中高端产品进入全球供应链体系。其中，对于钢铁行业，通用钢材产品的质量稳定性、可靠性和耐久性明显提高，高性能钢铁材料的批次稳定性和一致性稳步提高，钢材产品实物质量达到国际水平的产品比例超过 50%。航空航天等领域用高端钢材的研发和产业化取得积极进展，每年突破 3 ~ 4 个关键钢材品种。

---

❶ 陈鼎，黎文献. 日本的超级钢材料计划［J］. 中国锰业，2000（1）：46 – 48.
❷ 袁文. 保持欧洲钢铁产业持续就业和增长［J］. 冶金管理，2016（3）：6 – 12.

9.2.2 市场分析

根据国际市场研究机构 Markets and Research 的数据调查显示，随着新冠疫情后航空产业的恢复以及发展中国家航空航天产业的发展，航空轴承市场预计将从 2021 年的 96 亿美元增长到 2026 年的 147 亿美元，2021～2026 年的复合年增长率为 8.9%。根据地域划分，轴承市场可以分为北美、欧洲、亚太地区以及世界其他地区。北美仍是世界上最大的航空轴承市场，占比 45%；亚太地区次之，占比 30%；欧洲 20%；世界其他地区为 5%。而未来几年，亚太市场将以最高的复合增长率增长。这主要是因为中国和印度等国家经济的增长以及政府增加的航空航天的投资将推动市场增长。

根据材料类型，航空轴承市场已根据材料细分为金属、金属聚合物和工程塑料、纤维增强塑料和陶瓷。金属部分在 2020 年占据了航空轴承市场的最大份额，预计到 2026 年，金属轴承仍将引领航空轴承市场。根据应用将市场细分为发动机和变速器、飞行控制系统、起落架、机身、辅助系统、光电瞄准系统（EOTS）等，而发动机和变速箱预计将成为市场的主导部分。随着发动机和飞机变得更轻、更快、更省油，发动机的工作温度不断上升，从而产生了对耐高温轴承更高的需求。

9.2.3 代表性企业和核心产品

（1）铁姆肯公司

铁姆肯公司是全球领先的优质轴承、合金钢及相关部件和配件制造商，生产的 230 种类型、26000 个不同规格的圆锥滚子轴承，被广泛应用于世界各国及航空航天等各个领域。为保证优质的轴承钢供应，铁姆肯公司于 1975 年收购了美国拉特罗布钢铁公司。拉特罗布钢铁公司致力于制造高质量钢材，提供 300 多个等级的刀具、模具、高速钢、结构钢和轴承钢。此外，拉特罗布钢铁公司还研发了第三代航空航天轴承钢中的代表钢种 CSS－42L，并采用先进的生产工艺生产高品质的 M50、M50NiL 等航空航天轴承钢。

（2）斯凯孚公司

斯凯孚公司是一家专注开发、设计和制造轴承、密封件以及润滑系统的大型轴承厂商。斯凯孚公司是国产 C919 系列飞机定制化轴承的主要供应商，为 C919 系列飞机提供包括发动机主轴轴承、主起落架轴承等多款轴承。1986 年斯凯孚钢铁公司与芬兰奥沃科钢铁合并成立了奥沃科钢铁公司（以下简称"奥沃科钢铁公司"），该公司是斯凯孚的子公司，也是欧洲轴承钢的主要供应商，占市场份额的 40%。奥沃科钢铁公司生产的轴承钢以高的洁净度、稳定的化学成分、优异的疲劳强度以及均匀一致的淬透性和良好的切削加工性而闻名于世。奥沃科钢铁公司采用先进的工艺开发出了一系列优质的轴承钢，例如 BQ－Steel（Bearing Quality）、IQ－Steel 和 Hybrid Steel。BQ－Steel 是一种轴承质量洁净钢，通过严格控制钢的洁净度来优化疲劳强度。IQ－Steel 是一种各向同性的超洁净钢，其性能与重熔钢相匹配。Hybrid Steel 是一种非常创新钢铁系列，它具有工具钢、马氏体时效钢和不锈钢的特性，并结合了工程钢的生产经济性。

（3）舍弗勒公司

德国的舍弗勒公司是主流航空发动机轴承的生产商之一。空客 A380 的两款发动机 Trent 900 和 GP7000，都采用舍弗勒公司生产的 FAG 主轴轴承。美国"德尔塔"Ⅳ型火箭发射升空，也使用了 FAG 高精度角接触滚动轴承。FAG 航空航天轴承采用先进的材料，如 Cronidur30 特种钢（X30CrMoN15）；特殊的热处理，如二次淬硬等技术，能够提高轴承在严苛环境下的使用寿命。超耐蚀马氏体轴承钢 Cronidur30，具有极高的耐蚀性和耐磨性，能用于高端航空航天的轴承，其滚动疲劳寿命是常规轴承钢的 5 倍。

（4）NSK 公司

NSK 公司是日本最大的轴承企业，在全球轴承领域位居前列。NSK 公司能够生产适用于多种严苛环境的专用轴承，广泛运用于冶金设备以及飞机、人造卫星等航空航天领域的各种设备中。NSK 公司开发了 Z 钢、EP 钢和 BNEQUARET 等材料，以提高轴承的可靠性。其研发的 NSJ2 轴承钢和 TF 系列轴承钢能够满足严重污染润滑工况下轴承的疲劳寿命要求，有效提高轴承的服役寿命达 10 倍以上。NSK 公司使用特殊的熔炼工艺，以期减少非金属含量并延长疲劳寿命，热处理也是 NSK 公司重要的研究方向，NSK 公司的 SHX 钢要经过特殊的热处理提高耐磨性。此外，NSK 公司发现使用碳氮共渗等工艺对钢进行淬火，也能大幅提高轴承钢的使用寿命。

（5）山阳特钢公司

日本的山阳特钢公司在轴承钢生产方面处于行业领先地位。其独有的 SNRP 工艺生产的超纯净轴承钢的接触疲劳寿命较传统工艺生产的轴承钢延长了 5 倍，通过 SNRP 工艺得到的 SUJ2 高碳铬轴承钢是山阳特钢公司产量最大的轴承钢产品，且已经广泛用于各种轴承和汽车发动机和传动部件以及加工机械等许多领域。用 SUJ2 钢代替特殊熔炼材料可以大大降低用户的成本。

（6）兴澄特钢公司

兴澄特钢公司隶属中信泰富特钢集团股份有限公司。其轴承钢的产量在国内连续 16 年蝉联第一，在世界上也是连续 10 年产量第一，且产品大量出口至瑞典斯凯孚公司、德国舍弗勒公司、日本 NTN 公司等世界知名轴承公司。目前，兴澄特钢公司生产的 GCr15 轴承钢的洁净度指标已达世界先进水平（氧含量≤5ppm，钛含量≤10ppm，DS 类夹杂物≤0.5 级，无宏观夹杂物）。

9.3 产业需求

课题组通过行业调研和专利技术分析，总结出我国在航空发动机用轴承钢产业上需求主要有以下两种。

（1）第二代高温轴承钢和第三代不锈轴承钢成分和工艺研发

目前第一代高碳铬轴承钢已不满足高推重比的航空发动机需求，高温轴承钢和不锈轴承钢研发主要集中在国外大型轴承钢生产企业，对第二代和第三代轴承钢的成分和加工工艺研发是目前产业亟待解决的问题。

（2）轴承钢洁净度控制

国内外的轴承钢企业已经将氧、钛的含量降低到较小的范围内，但国内采用长流程冶炼，国外多采用先进的轴承生产设备。在考虑经济性的前提下，进一步提高钢的洁净度，降低钢中的氧和钛含量，达到轴承钢中的氧与钛的质量分数分别小于 6×10^{-6} 和 15×10^{-6} 的水平，减小钢中夹杂物的含量与尺寸，提高分布均匀性，也是目前企业亟待解决的问题。

第 10 章 航空发动机用轴承钢申请态势

10.1 全球专利态势分析

本节将以全球范围内航空发动机用轴承钢领域的专利为数据源，从专利申请发展趋势、目标国/地区专利申请态势、来源国/地区专利申请态势、申请人、技术发展态势等方面出发进行专利分析。本节涉及专利申请1265项，检索截止日期为2022年6月30日。

10.1.1 全球专利申请发展趋势分析

图10-1-1显示了航空发动机用轴承钢全球专利申请趋势，可以看出，航空发动机用轴承钢的专利申请在1934年即已出现，但在1959年之前25年的时间内仅出现了4项专利申请，技术发展缓慢。1960～1985年，专利申请数量开始增加，这段时间航空航天领域竞争激烈，美国在航空发动机轴承钢领域取得突破，开发了一系列高温轴承钢材料并申请了专利。1985年之后，得益于日本钢铁技术快速发展，专利申请量又开始增加。而在20世纪90年中期以及2007～2009年，出现了专利申请量连续多年下降的趋势，这可能是日本经济危机以及全球金融危机的影响导致的。

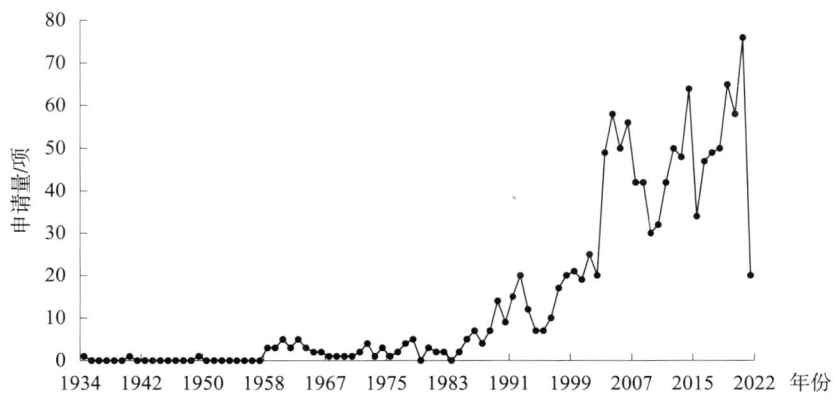

图 10-1-1 航空发动机用轴承钢全球专利申请趋势

10.1.2 目标国/地区专利申请态势分析

图 10 – 1 – 2 显示了航空发动机用轴承钢全球专利申请的目标国/地区分布。由图可知，航空发动机用轴承钢材料在日本的申请量是最大的，占总申请量的36%；其次为中国，占比22%；紧接着为美国、欧洲专利局、德国，其申请量占比分别为15%、8%和6%。分析可知，日本、中国、美国、欧洲在轴承钢领域的专利申请量处于全球前列，这些国家或地区是轴承钢相关企业最重视的市场。

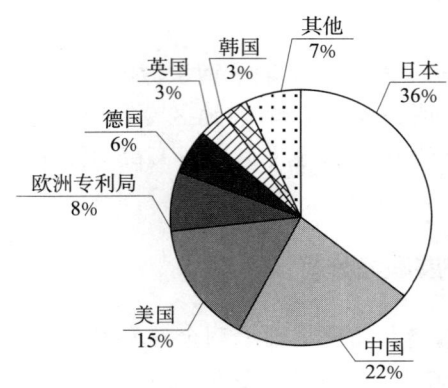

图 10 – 1 – 2　航空发动机用轴承钢全球专利申请目标国/地区分布

10.1.3 来源国/地区专利申请态势分析

图 10 – 1 – 3 显示了航空发动机用轴承钢全球专利申请技术来源国分布，可以看出，日本、中国、美国、德国、瑞典是该领域的主要技术来源国，来自这 5 个国家的专利申请达到1223 项，占到了全球专利申请总量的95%以上，说明轴承钢领域的研发力量非常集中。其中日本申请人占比最多，达到57%，中国和美国紧随其后。

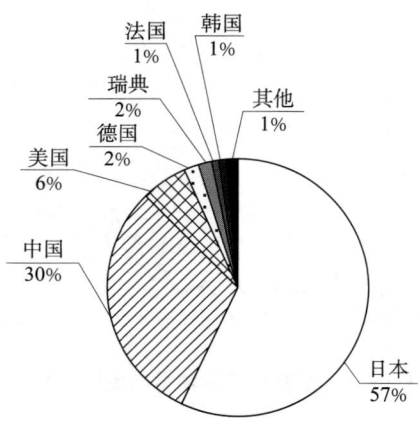

图 10 – 1 – 3　航空发动机用轴承钢全球专利申请技术来源国分布

10.1.4　申请人分析

图 10 – 1 – 4 显示了航空发动机用轴承钢领域全球专利申请人前 17 位的排名情况。日本申请人优势明显，其次为中国申请人。斯凯孚公司、铁姆肯公司以及舍弗勒公司分别来自瑞典、美国和德国，是世界最著名的轴承生产厂商。通过对前 17 名的申请人的类型进行分析，可以看出，NSK 公司、NTN 公司、捷太格特公司是轴承生产厂商，山阳特钢公司、新日铁住金公司、大同特钢公司、神户制钢所、JFE 公司等是钢铁生产企业。

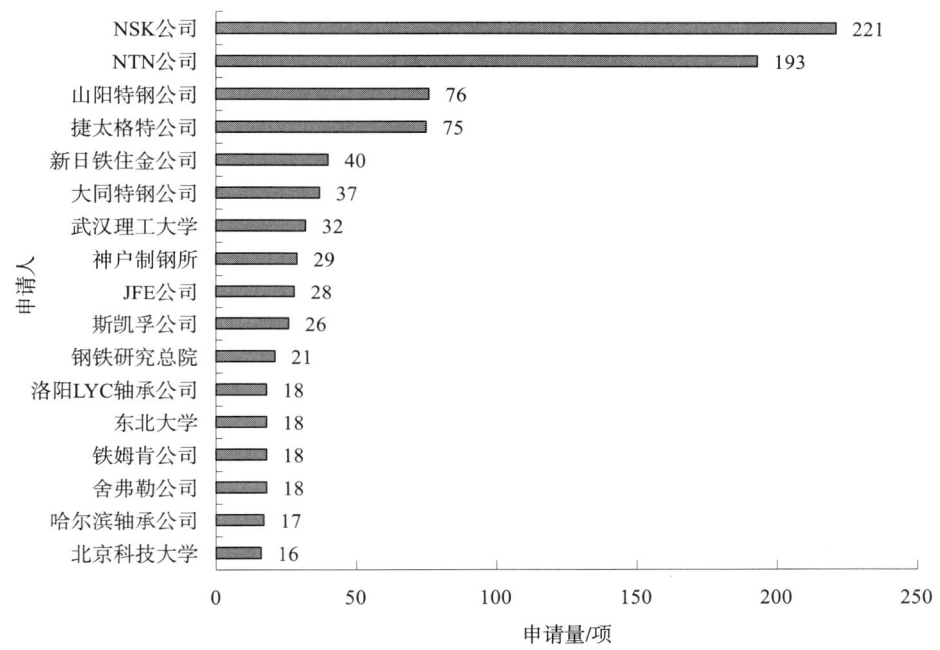

图 10 – 1 – 4　航空发动机用轴承钢全球专利申请人排名

表 10 – 1 – 1 列出了航空发动机用轴承钢领域全球专利申请各梯队的申请人。分析结论如下：位于第一梯队的 2 家公司具有绝对的申请量优势。其中 NSK 公司共申请了 221 项专利，占航空发动机用轴承钢领域申请量的 17.47%，其次为 NTN 公司，占比达到 15.26%。位于第二梯队的有 8 家公司，各家公司占比均为 2% 以上，主要是日本的钢铁制造企业，此外还包括来自中国的武汉理工大学和来自瑞典的斯凯孚公司。位于第三梯队的公司主要来自国内的高校/研究院所，如钢铁研究总院、东北大学等，以及轴承生产企业，如洛阳 LYC 轴承公司、中国航发哈尔滨轴承有限公司（以下简称"哈尔滨轴承公司"）。此外第三梯队中还包括了美国轴承巨头铁姆肯公司、德国轴承巨头舍弗勒公司。上述 17 家公司共占全球航空发动机用轴承钢材料专利申请量的约 70%，这表明轴承钢材料作为"钢中之王"，研发和生产的技术壁垒很高，日本、美国、欧洲、中国的一些巨头在着力布局。

表 10 - 1 - 1 航空发动机用轴承钢全球专利申请各梯队申请人名称

梯队	序号	公司名称	申请量/项	申请量占比
第一梯队	1	NSK 公司	221	17.47%
	2	NTN 公司	193	15.26%
第二梯队	3	山阳特钢公司	76	6.01%
	4	捷太格特公司	75	5.93%
	5	新日铁住金公司	40	3.16%
	6	大同特钢公司	37	2.92%
	7	武汉理工大学	32	2.53%
	8	神户制钢所	29	2.29%
	9	JFE 公司	28	2.21%
	10	斯凯孚公司	26	2.06%
第三梯队	11	钢铁研究总院	21	1.66%
	12	洛阳 LYC 轴承公司	18	1.42%
	12	东北大学	18	1.42%
	12	铁姆肯公司	18	1.42%
	12	舍弗勒公司	18	1.42%
	16	哈尔滨轴承公司	17	1.34%
	17	北京科技大学	16	1.26%

10.1.5 技术发展态势分析

航空发动机用轴承钢领域分为 3 个一级分支：高碳铬轴承钢、高温轴承钢、不锈轴承钢。一级分支是根据航空发动机轴承钢的发展趋势进行划分的，即高碳铬轴承钢是第一代航空发动机用轴承钢，不锈轴承钢是最新一代的航空发动机用轴承钢。

图 10 - 1 - 5 显示了航空发动机用轴承钢全球专利申请的一级技术分支分布。从图中可以看出，一级技术分支中申请量最大的是发展最早的高碳铬轴承钢材料，占比达到 68%，紧随其后的是高温轴承钢和不锈轴承钢，分别占比 22% 和 10%。这两类轴承钢一般应用于服役条件极为苛刻的条件，研究门槛高，专利申请量相对较少。

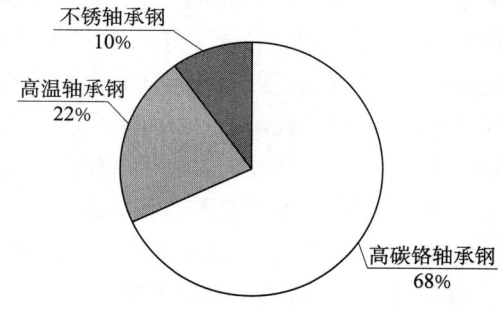

图 10 - 1 - 5 航空发动机用轴承钢全球专利申请的一级技术分支分布

图 10-1-6 显示了全球航空发动机用轴承钢各一级技术分支的申请趋势。由图中可知，高碳铬轴承钢在 1985 年之前，专利申请量相对较少。1986~2006 年，由于高碳铬轴承钢应用领域的扩展以及日本钢铁技术的发展，申请量快速增加。2008 年前后，由于全球金融危机的影响，专利申请量下降明显。金融危机之后，高碳铬轴承钢申请量又开始回升，这主要得益于中国专利申请量的快速增长。

对于高温轴承钢，1958~1966 年的专利申请较多，且这一时期美国航空航天技术快速发展，对材料创新的需求旺盛，美国也研发了一系列高温轴承钢。1967~2002 年，专利申请量增长缓慢。2003~2010 年，专利申请量有所增加，这主要是日本钢铁企业加大了高温轴承钢的研发力度，可能与日本在 2000 年左右启动的 MRJ 大飞机计划有关。而 2011 年以后的专利申请量增长则与我国高校/科研院所着力研发高温轴承钢密切相关。

对于不锈轴承钢，1990 年左右开始增长，这主要是由于经典钢种 CSS-42L 问世，刺激了该领域的相关研发。但整体来看，该领域申请量较少，还处于萌芽阶段。

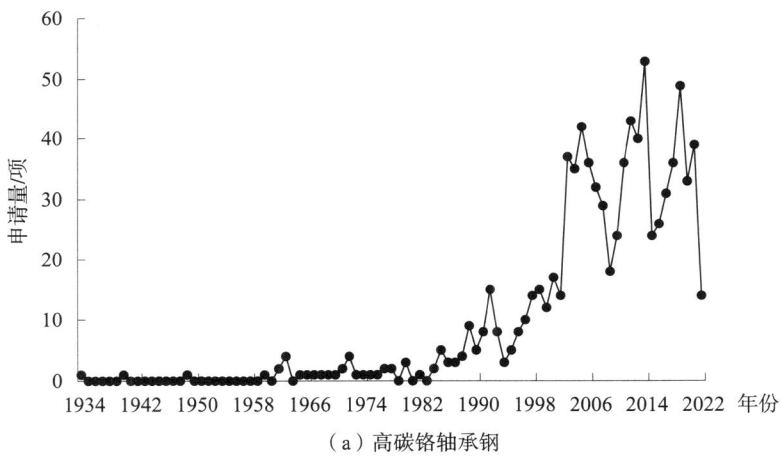

（a）高碳铬轴承钢

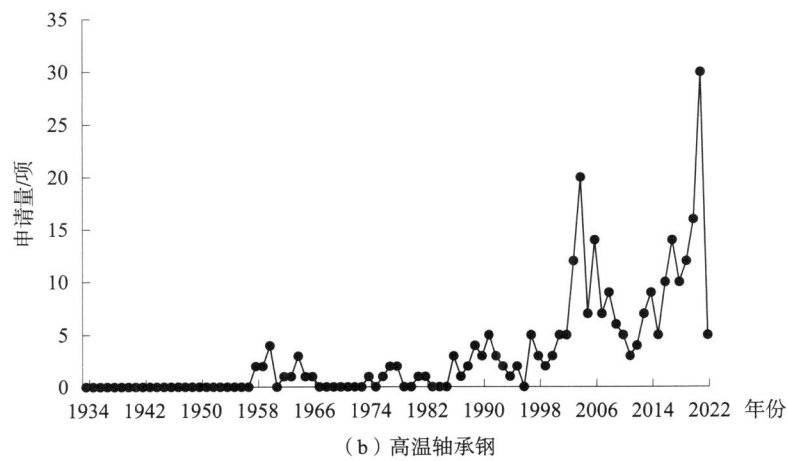

（b）高温轴承钢

图 10-1-6 航空发动机用轴承钢全球专利申请各一级技术分支的申请趋势

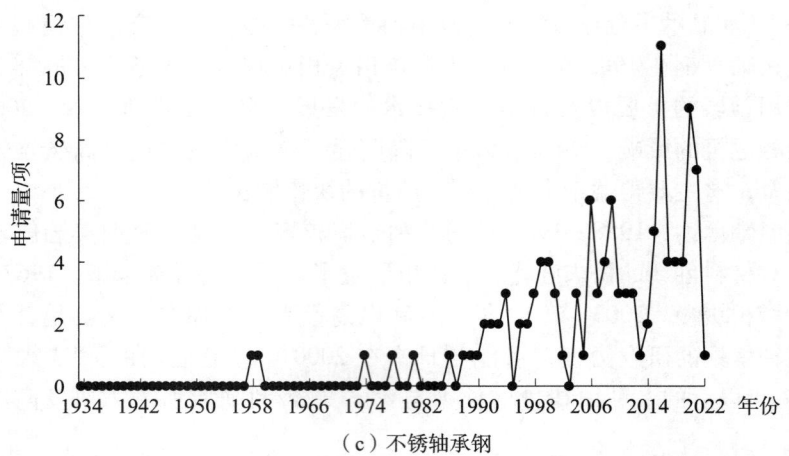

（c）不锈轴承钢

图10-1-6　航空发动机用轴承钢全球专利申请各一级技术分支的申请趋势（续）

10.2　中国专利态势分析

本节以中国航空发动机用轴承钢领域的专利申请为数据源，从专利申请发展趋势、申请人、法律状态、技术发展态势等方面出发，对轴承钢领域的中国专利申请状况进行分析。本节涉及专利申请502件，检索截止日期为2022年6月30日。

10.2.1　中国专利申请发展趋势分析

图10-2-1显示了航空发动机用轴承钢领域中国专利申请趋势。航空发动机用轴承钢材料在中国的专利申请整体呈现增长趋势，大致分为三个阶段。1985～1999年为起步阶段。在此期间，年最高申请量在5件以下。2000～2010年为缓慢发展期，从2000年的2件增长到2010年的12件。2010年以后，中国专利申请快速增长。这主要得益于中国政府对高精尖技术的刺激和导向，2005年，国务院发布《国家中长期科学和技术发展规划纲要（2006—2020年）》，将大型飞机重大专项确定为16个重大科技专项之一。

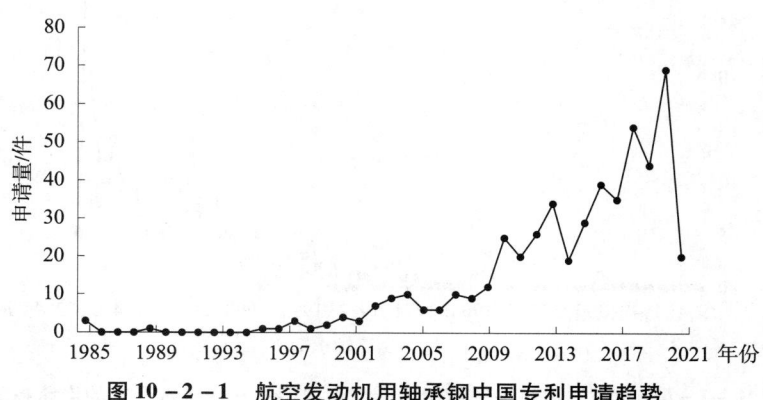

图10-2-1　航空发动机用轴承钢中国专利申请趋势

10.2.2 申请人分析

根据图 10 – 2 – 2 可以看出,排名前十的申请人有 3 家为日本公司,1 家为瑞典公司,4 家为中国高校/科研院所,2 家为中国公司。在国内,航空发动机用轴承钢的主要申请人是高校/科研院所如武汉理工大学、钢铁研究总院、东北大学和北京科技大学。而国外公司创新主体主要是公司,特别是轴承生产企业如 NTN 公司、捷太格特公司、斯凯孚公司。排名前十的申请人中只有 1 家钢铁企业即山阳特钢公司。

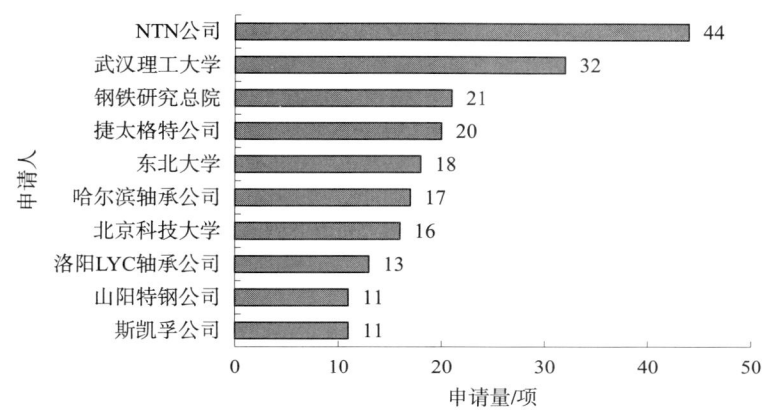

图 10 – 2 – 2 航空发动机用轴承钢中国专利申请前十位申请人排名

图 10 – 2 – 3 和图 10 – 2 – 4 对比显示了国内申请人和国外来华申请人类型。对于国内申请人,高校/科研院所与公司申请的比例都很高,公司申请占比 53%,高校/科研院所占比为 42%。而在合作申请方面,公司 – 高校/科研院所的合作申请占比为 3%。中国申请人的合作中,公司 – 高校/科研院所的合作占据主要地位,公司与公司的合作比例很小,主要是钢铁企业之间的合作。

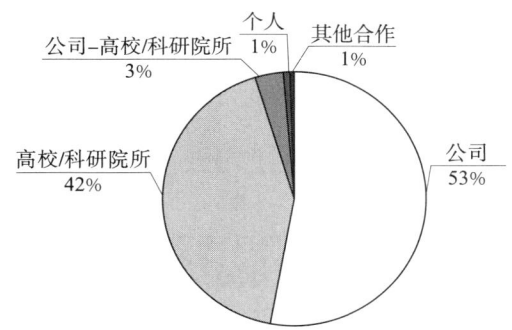

图 10 – 2 – 3 航空发动机用轴承钢中国专利申请的国内申请人类型构成

对于国外来华申请人,基本上为公司单独申请或合作申请,两者总占比达到 98%。而在合作申请方面,公司合作占据主导地位,只有 1 件专利为公司 – 高校/科研院所合作申请。公司合作集中在钢铁企业与轴承生产企业之间。在国外,特别是日本,钢铁企业与轴承生产企业的合作非常密切。

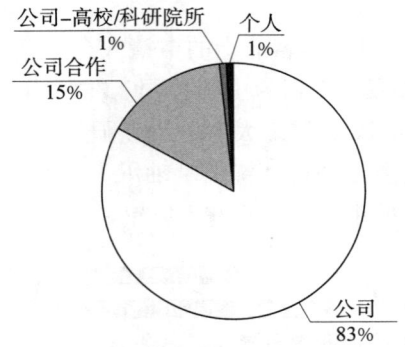

图10 - 2 - 4   航空发动机用轴承钢中国专利申请的国外申请人类型构成

10.2.3   法律状态分析

图10 - 2 - 5 显示了国内申请人和国外来华申请人法律状态。从授权率来看，国内申请人的授权率为47%，低于国外申请人的授权率61%。而在驳回率中，中国申请人驳回率达到19%，远高于来华国外申请人的11%。这主要是由轴承钢领域国内申请人的创新不足以及专利申请撰写质量低导致的，而国外申请人造成专利失效的主要原因是撤回，一方面可能是为达到防御性公开的目的，另一方面是部分专利技术创新水平不够。

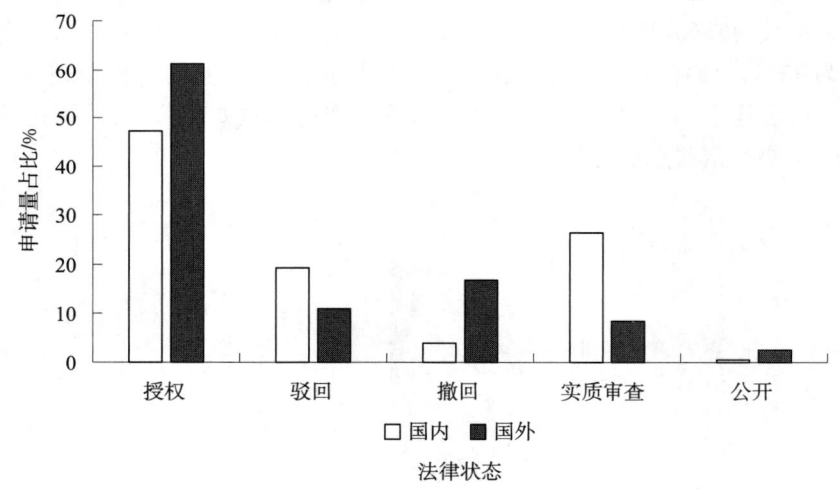

图10 - 2 - 5   航空发动机用轴承钢中国专利申请的法律状态

图10 - 2 - 6 显示了国内申请人主要省份的排名情况，排名前六名的省份分别是北京、辽宁、湖北、江苏、黑龙江和河南。其中，北京主要依靠各大高校/科研院所，如钢铁研究总院、北京科技大学、中科院金属所、中国航发北京航空材料研究院等。辽宁的主要申请人既有东北大学这样的高校/科研院所，也有抚顺特钢公司和瓦房店轴承

集团有限责任公司等重点企业。来自湖北的申请人中，武汉理工大学申请了 32 件发明专利。江苏的申请人主要是钢铁生产企业，而黑龙江、河南主要是依托轴承生产公司，如哈尔滨轴承公司、洛阳 LYC 轴承公司等。

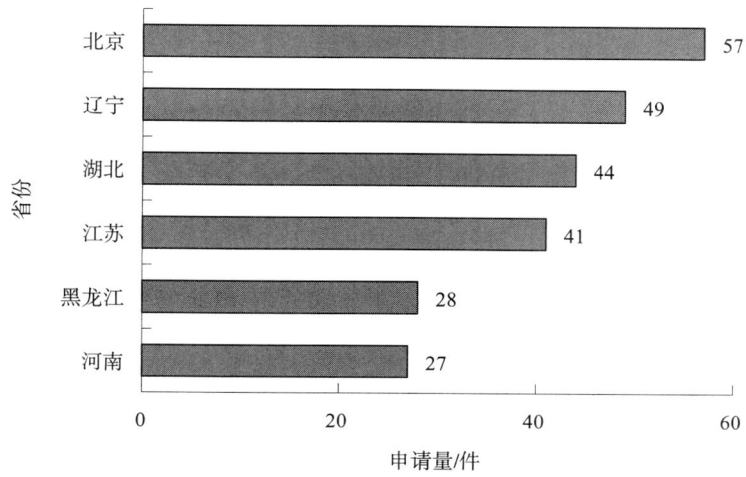

图 10 - 2 - 6　航空发动机用轴承钢中国专利申请的省份前六位排名

10.2.4　技术发展态势分析

如图 10 - 2 - 7 所示，在主要的技术分支中，高碳铬轴承钢的申请最多，占到了 69%；其次为高温轴承钢 22%，不锈轴承钢为 9%。

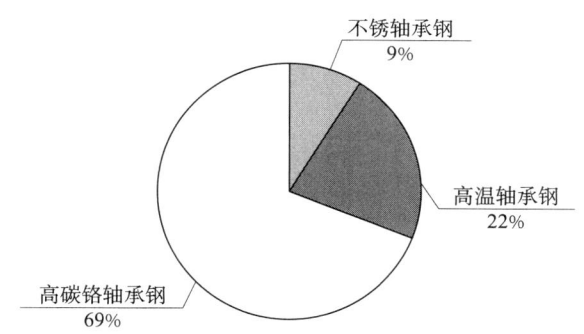

图 10 - 2 - 7　航空发动机用轴承钢中国专利申请的一级技术分支分布

如图 10 - 2 - 8 所示，高碳铬轴承钢的研发起步早，1985 年已经开始研发，但在 2000 年之前，申请量一直比较少。2000 ~ 2010 年属于初步发展期，申请量有所增长，而 2010 年以后，申请量进入快速增长阶段。高温轴承钢，在 2015 年之前属于技术萌芽期，从 2015 年开始，由于国家对航空航天产业的重视，以及国产大飞机项目对高性能轴承材料的需求增大，高温轴承钢的申请量快速增加。对于不锈钢轴承，申请量一直比较少，研发投入较少。

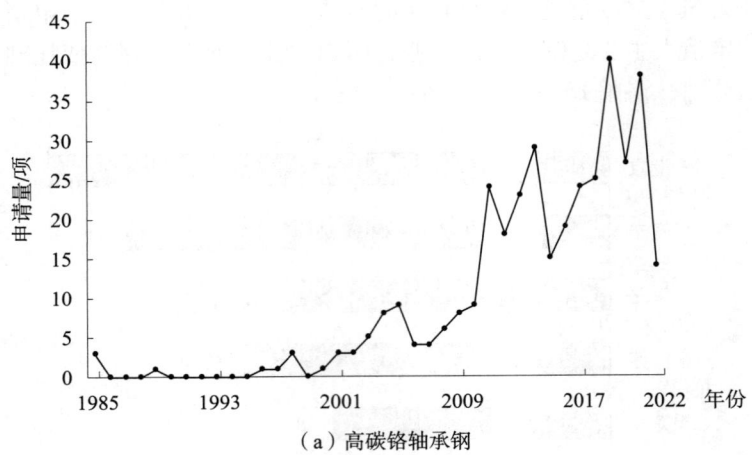

（a）高碳铬轴承钢

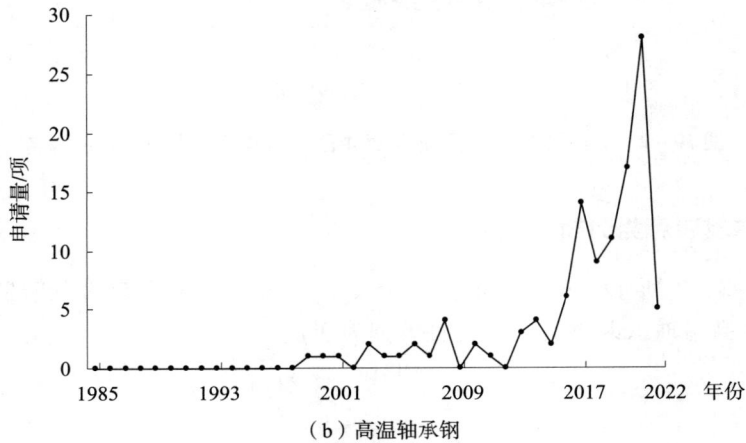

（b）高温轴承钢

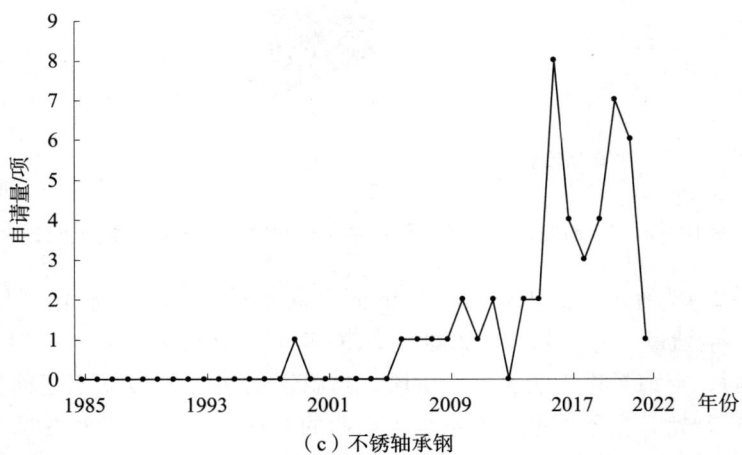

（c）不锈轴承钢

图 10 - 2 - 8　航空发动机用轴承钢中国专利申请各一级技术分支的申请趋势

10.3 本章小结

2000 年以后，航空发动机用轴承钢领域全球的专利申请量呈现波浪式上升的趋势，中国申请量呈现快速上升趋势，特别是 2015 年以后，该领域申请量增长显著。该领域技术研发主要集中在中国、日本、美国、德国和瑞典，其中来自日本的申请量无论是总量还是各技术分支，如高碳铬轴承钢、高温轴承钢和不锈轴承钢均高居全球第一，但 2004 年以后，来自日本的申请量开始下降，来自中国的申请量快速增加。中国、日本、美国和欧洲是该领域的主要目标市场。申请人方面，日本企业在全球申请量排名上占据绝对优势，而我国的技术研发以高校/科研院所为主，国内企业的研发能力和专利技术布局意识需要继续提升。

第11章　航空发动机用轴承钢专利技术分析

11.1　整体技术现状分析

11.1.1　全球技术发展现状分析

目前全球针对航空发动机用轴承钢的研究主要分为两个方面：一是基于现有的经典钢种，对其进行生产工艺上的改进与优化；二是研发与现有经典钢种成分不同的全新钢种。

图11-1-1显示了全球航空发动机用轴承钢钢种研究的现状，可以看出，三种不同类型的轴承钢中，高碳铬轴承钢新钢种的研发占比最低，仅为25%左右，但对于该钢种的经典钢种进行进一步的工艺改进占比却是最高的，高达74.6%。这说明在航空发动机用轴承钢领域，高碳铬轴承钢的成分已经趋于成熟和稳定，但由于这类轴承钢兼具较低的生产成本和较为优异疲劳性能，因此对于高碳铬轴承钢的研究重点更多的是对其经典钢种的冶炼工艺和表面硬化工艺进一步改进。

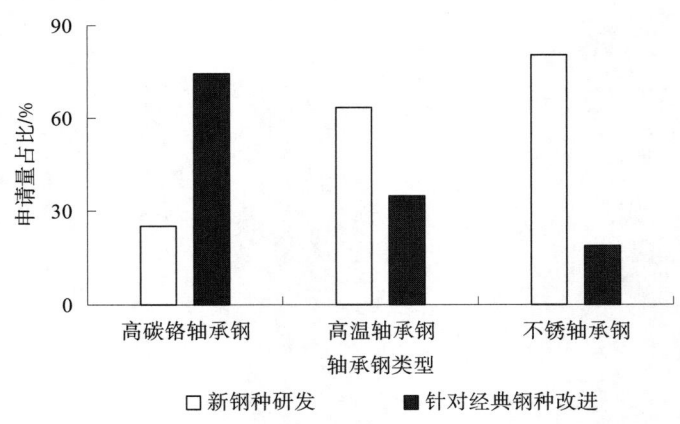

图11-1-1　航空发动机用轴承钢新研发钢种和针对经典钢种改进的专利量占比

与高碳铬轴承钢不同，航空发动机用高温轴承钢和不锈轴承钢中涉及新钢种的研发占比较高，分别为63.3%和80.3%。这说明在航空发动机用轴承钢领域，关于这两类钢的成分研发依旧是热点，这主要是因为这两类轴承钢的性能虽然较为优异，但相较于高碳铬轴承钢，其合金元素添加较多，生产成本较高。因此，兼顾优异综合性能和较低生产成本的航空发动机用高温轴承钢和不锈轴承钢依然是航空发动机用轴承钢成分研发的重点方向。而在经典钢种的工艺改进方面，由于航空发动机用高温轴承钢和不锈轴承钢的经典钢种较少，配套的冶炼、表面硬化和热处理工艺也相对成熟，且属于现阶段较为先进的工艺。因此，对于航空发动机用高温轴承钢和不锈轴承钢经典钢种的工艺改进相对有限。

图 11 - 1 - 2 显示了航空发动机用轴承钢的工艺改进现状，可以看出，在各类工艺的改进中，热处理工艺的改进对于各类轴承钢而言均属于研发的重点，这主要是因为热处理工艺对于轴承钢的力学性能影响较大，对于同一成分的钢种，是否进行热处理以及采用不同的热处理工艺均会导致截然不同的力学性能。因此，热处理工艺也是国外轴承巨头们的一项核心工艺。

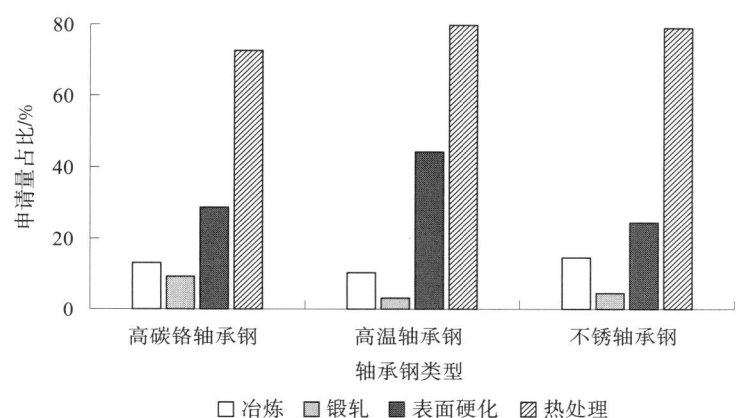

图 11 - 1 - 2　航空发动机用轴承钢针对工艺改进的专利量占比

除了热处理工艺，对于轴承钢的表面硬化处理也是轴承钢工艺改进的一个重要方面。相较于热处理工艺，表面硬化处理工艺种类比较有限，通常为渗碳、渗氮、碳氮共渗、喷丸等方面，可进一步拓展的空间也较小，但将表面硬化工艺与热处理工艺相结合可使轴承钢获得更加优异的力学性能。因此，"表面硬化 + 热处理整体硬化"的"双硬化工艺"也是目前航空发动机用轴承钢工艺研发的一个热点和趋势。

此外，在各类工艺改进中，冶炼和锻轧工艺的改进占比较低，这说明相较于表面硬化和热处理工艺，冶炼和锻造、轧制工艺的发展较为成熟，在技术方面可以进一步改进的空间较小。

现阶段，虽然仍有较多企业和高校/科研院所对航空发动机用轴承钢的成分进行研发，但从产业实践上看，目前在产业上大量应用的仍然是各代经典钢种。这是因为新研发的钢种需要经过大量的试验和不断的市场验证才能在工业上被普遍使用，在这种情况下，对于现有经典钢种的工艺进行改进从而使其性能得到进一步提升仍属于现阶段的一个研发重点。

图 11 - 1 - 3 显示了各代经典航空发动机用轴承钢的工艺改进占比，可以看出，对于第一代航空发动机用轴承钢 GCr15（国外对应牌号为日本 SUJ2、美国 AISI 52100、德国 100Cr6、瑞典 SKF3）的工艺改进占比高达 84.6%，远高于其他经典钢种。这一方面

由于 GCr15 轴承钢是历史最悠久、市场占有率最高的钢种，另一方面也是由于该钢种的冶炼工艺较为成熟，且生产成本较低，仅通过热处理或表面硬化工艺的改进便可使其在保证低成本的前提下获得更为优异的综合力学性能，因此，对于第一代航空发动机用轴承钢 GCr15 的工艺改进研究占比较多。

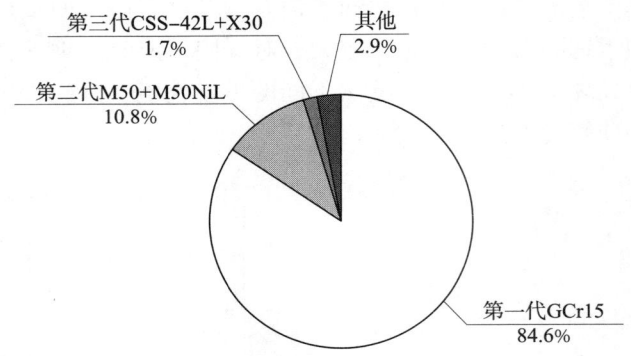

图 11 – 1 – 3　各代经典航空发动机用轴承钢的工艺改进占比

随着飞机发动机的转速和推重比越来越高，对于航空发动机用轴承钢的高温疲劳寿命和稳定性的要求也越来越高。因此，高温性能更加优异的第二代航空发动机用经典轴承钢 M50 和 M50NiL 的市场占有率也越来越高，目前已经成为市场上主流的航空发动机用轴承钢。近年来，针对 M50 和 M50NiL 工艺的改进也越来越多。

第三代航空发动机用轴承钢的经典钢种为美国的 CSS – 42L 以及德国的 X30，现阶段来看，这两种轴承钢还未进行大规模的产业应用，因此对其工艺的改进研发相较前两代经典轴承钢占比较少。但由于其兼顾优异的高温力学性能和耐腐蚀性能，仍具有很高的研究价值和市场应用潜力。

目前轴承钢的冶炼普遍采用转炉或电炉熔炼，这两种冶炼工艺发展较为成熟，成本较低，对不同钢种的适用性也较强，但所冶炼钢的洁净度水平不高，需后续配合精炼工序才能保证轴承钢具有高的洁净度和质量。随后发展的 VIM、VAR 能够对冶炼温度、熔体成分进行精准控制，所冶炼钢水的成分均匀、洁净度高。此外，通过粉末冶金和三维（3D）打印工艺生产的轴承钢致密度高、成分均匀、宏观缺陷少，也越来越多地应用于生产航空发动机用轴承钢。

图 11 – 1 – 4 显示了航空发动机用轴承钢冶炼工艺的改进占比，可以看出，真空冶炼工艺（VIM 和/或 VAR）在综合性能更加优异的航空发动机用高温轴承钢、不锈轴承钢中的使用占比最高。粉末冶金和 3D 打印工艺在航空发动机用高温轴承钢中的使用占比最高，而在高碳铬轴承钢中的使用最少。可见，虽然真空冶炼、3D 打印、粉末冶金的工艺的成本较高，但为了追求更高的洁净度和产品质量，依然较多地被用于冶炼性能更加优异的航空发动机用高温轴承钢和不锈轴承钢。而对于高碳铬轴承钢，由于其性能提升的上限有限，因此兼顾生产成本和钢性能的均衡是其冶炼工艺研发中需重点考虑的方向。

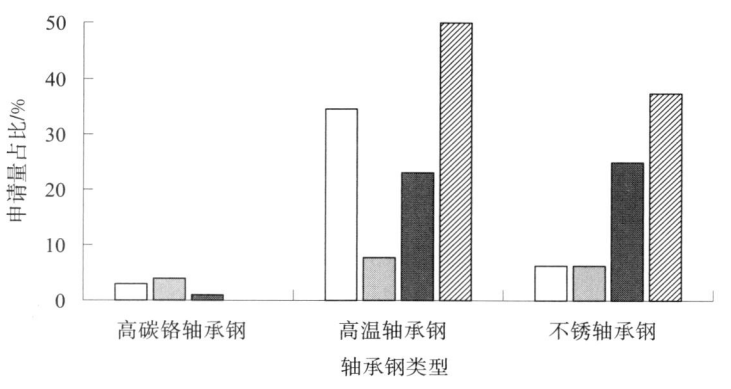

图 11 - 1 - 4 航空发动机用轴承钢冶炼工艺改进占比

图 11 - 1 - 5 显示了航空发动机用轴承钢表面硬化处理的类型占比，可以看出，在各类表面硬化工艺中，渗碳、渗氮和碳氮共渗这三种发展比较成熟的表面硬化工艺在航空发动机用轴承钢的表面硬化处理中占据了主导地位。此外，与渗碳和碳氮共渗表面硬化工艺相比，单独使用渗氮工艺进行表面硬化的占比较小，这说明渗碳和碳氮共渗属于目前航空发动机用轴承钢表面硬化工艺的重点研发方向。

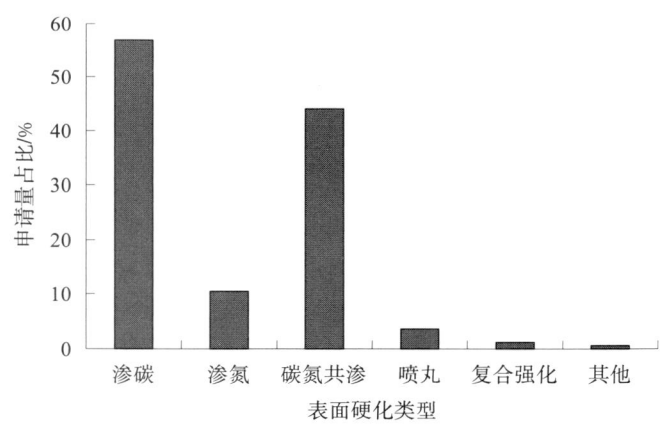

图 11 - 1 - 5 航空发动机用轴承钢表面硬化类型占比

11. 1. 2 主要申请国技术发展现状分析

综合考虑专利申请量、全球市场占比等因素，选取中国、日本、美国、德国和瑞典作为航空发动机用轴承钢专利的主要申请国，并从专利的角度对其航空发动机用轴承钢的研发情况进行分析和研究。

图 11 - 1 - 6 显示了主要申请国航空发动机用轴承钢的技术研发现状，可以看出，在新钢种研发方面，美国与瑞典处于领先位置，在其申请的航空发动机用轴承钢专利中，超过 60% 的专利涉及新钢种的研发，而关于经典钢种改进的占比不到 40%；与美

国、瑞典等轴承钢强国相反，我国关于航空发动机用轴承钢的申请中，超过70%的专利是针对现有经典钢种进行的工艺改进，新钢种研发的占比仅为26.7%，这说明我国现阶段还处在经典钢种基础上对其进行工艺二次改进的阶段，这也从侧面反映出我国对航空发动机用轴承钢新钢种的研发与创新能力与国外存在一定的差距。

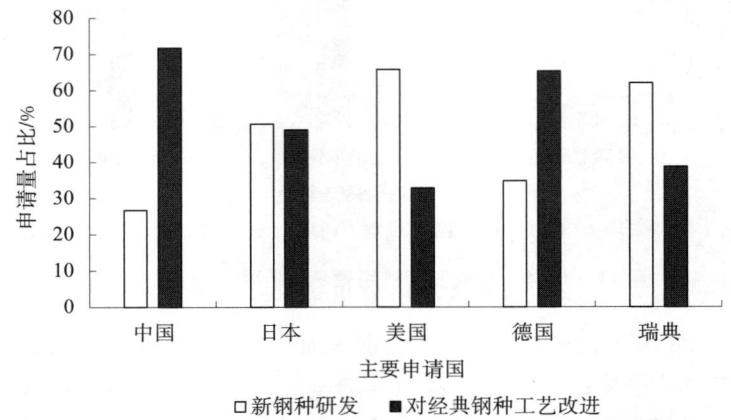

图11－1－6　航空发动机用轴承钢主要申请国技术研发现状

　　图11－1－7显示了主要申请国关于航空发动机用轴承钢生产工艺研发的侧重点占比，可以看出，与日本、美国、德国、瑞典这些轴承钢生产强国相比，我国在航空发动机用轴承钢冶炼、锻轧工艺改进的占比是最高的，而对表面硬化和热处理工艺的改进占比则是最低的。这说明日本、美国、德国、瑞典在轴承钢冶炼、锻轧工艺方面的发展已经趋于成熟，冶炼出质量稳定、洁净度高的钢已不再是技术难点，对轴承钢生产工艺的研发重点已经转移到能够大幅提高钢性能的表面硬化和热处理工艺上来。但我国的轴承钢生产企业现阶段仍需将较多的精力花费在如何冶炼出洁净度高、质量稳定的轴承钢上，这也是我国与这些轴承生产强国之间存在差距的原因之一。

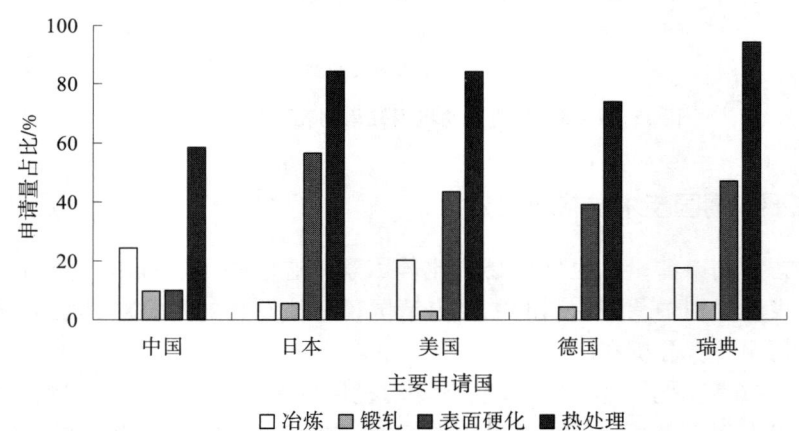

图11－1－7　航空发动机用轴承钢主要申请国工艺研发侧重点占比

图 11-1-8 显示了主要申请国对于各代经典航空发动机用轴承钢工艺改进的占比，可以看出，各国对于第一代经典钢种 GCr15 的工艺改进均开展了较多研究。这主要是由于 GCr15 兼顾较低的成本以及较为优异的疲劳寿命，在全球依然均有着较高的市场占有率和使用量。因此，通过对其生产工艺的不断改进以进一步提高其综合性能仍具有较高的研究价值。

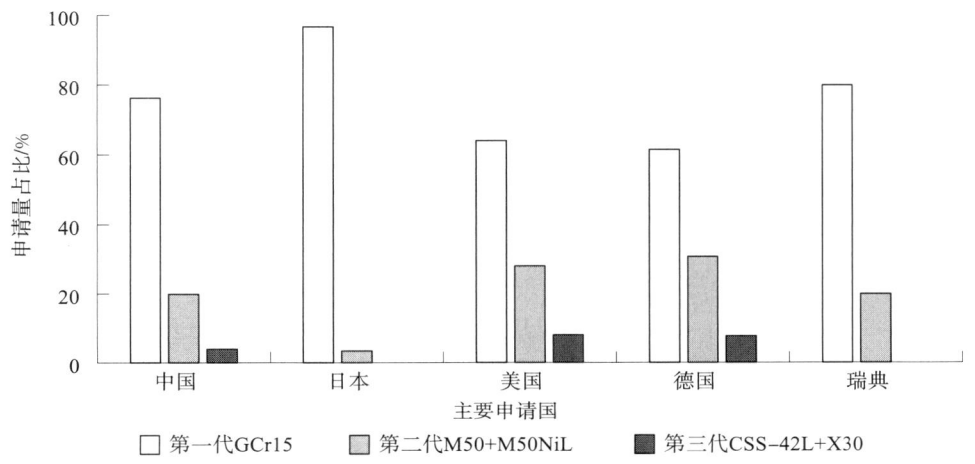

图 11-1-8　航空发动机用轴承钢主要申请国对经典轴承钢工艺改进占比

此外，从图 11-1-8 还可以看出，对于第二代经典钢种 M50 及其改进钢种 M50NiL 工艺的改进中，美国的占比较高，这主要是因为美国作为全球最大的飞机研发国和生产国，在航空发动机的研发领域处于领先地位，而 M50 航空发动机用高温轴承钢作为现阶段使用最多的航空发动机主轴承用轴承钢，在美国的使用量较大，市场占有率也较高，因此，美国轴承生产企业对于第二代经典钢种 M50 及其改进钢种 M50NiL 的生产工艺改进开展了较多的研究。

11.1.3　中国技术发展现状分析

图 11-1-9 显示了我国航空发动机用轴承钢专利的申请人类型与国外申请人类型对比，可以看出，国外在航空发动机用轴承钢的专利申请方面，企业占据了绝对主导地位，高校/科研院所的申请量占比非常少，这说明国外对于航空发动机用轴承钢的研发更多是基于企业自身发展和盈利的需要。与国外情况相反，我国航空发动机用轴承钢的专利申请中，高校/科研院所的占比较大，甚至高于国内的轴承钢生产企业，这也从侧面反映出目前我国对于航空发动机用轴承钢的研发依然较多地需要依靠国内的高校/科研院所，国内轴承钢生产企业的研发热情和研发能力仍有待进一步提高。但高校/科研院所由于自身没有工业实践能力，因此研发出的新钢种或新技术在产业应用和批量生产的方面存在较大的困难，现阶段仍存在"产、学、研"无法有效结合的问题。

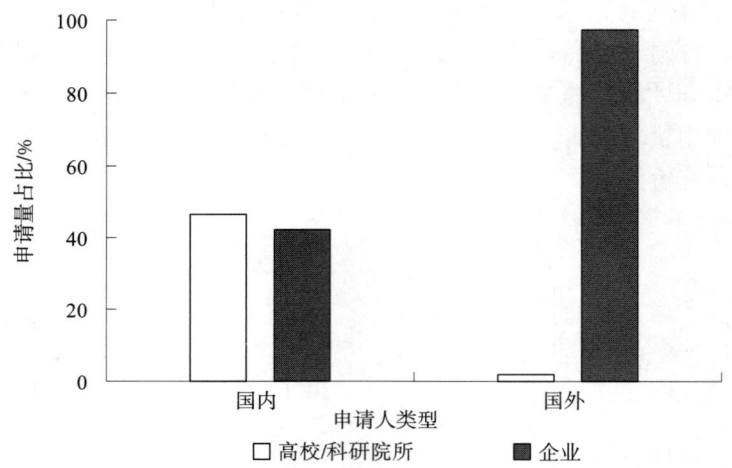

图 11 –1 –9　航空发动机用轴承钢国内外申请人类型占比

　　图 11 –1 –10、图 11 –1 –11 和图 11 –1 –12 显示了国内不同类型申请人针对航空发动机用轴承钢的研发情况对比。可以看出，在新钢种的研发方面，国内高校/科研院所针对性能更加优异的航空发动机用高温轴承钢、不锈轴承钢的研发占比显著高于国内生产企业。在工艺改进的侧重点方面，国内高校/科研院所对于工序前端的冶炼和锻轧工艺的改进占比低于国内生产企业，但对后端的表面硬化和热处理工艺的改进占比高于国内生产企业。在对各代经典钢种的工艺改进方面，国内高校/科研院所对于第一代经典钢种的工艺改进占比低于国内生产企业，但对第二代经典钢种的工艺改进占比要高于国内企业。这说明国内高校/科研院所在航空发动机用轴承钢的研发方向基本上与国外一致，而国内轴承钢生产企业对于航空发动机用轴承钢的研发要落后于国内高校/科研院所。

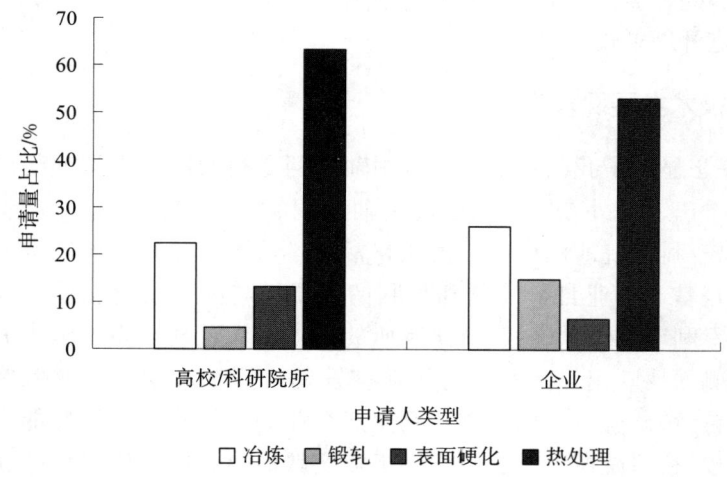

图 11 –1 –10　航空发动机用轴承钢国内申请人工艺改进占比

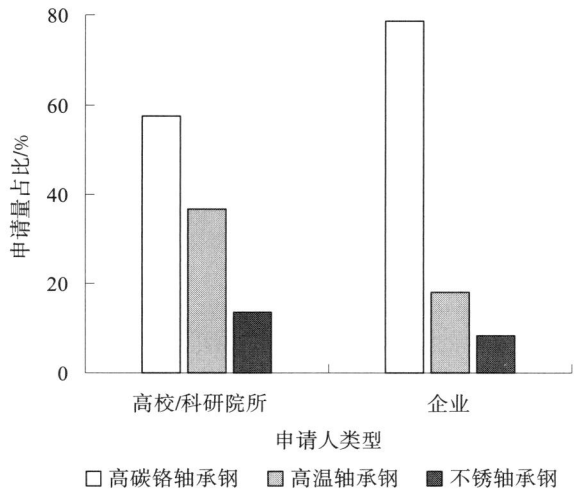

图 11 – 1 – 11　航空发动机用轴承钢国内申请人新开发钢种类型占比

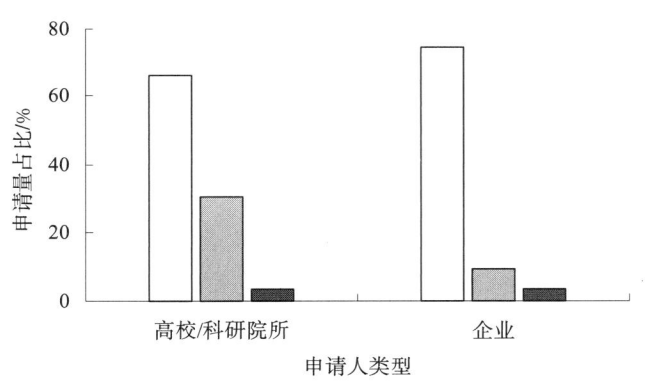

图 11 – 1 – 12　航空发动机用轴承钢国内申请人对经典轴承钢工艺改进占比

11.2　航空发动机用高碳铬轴承钢专利技术分析

11.2.1　技术发展态势分析

　　图 11 – 2 – 1 显示了航空发动机用高碳铬轴承钢全球专利申请各分支申请趋势。可以看出,全球航空发动机用高碳铬轴承钢的技术研发在 1980 年之前申请专利较少,之后申请量逐渐增加,进入 21 世纪以后专利申请量快速增加。具体到各个分支,成分设计、锻轧和表面硬化方面的研发主要集中在 1990 ~ 2010 年,此后申请量开始减少。冶炼申请量不大,但一直保持较为平稳的增长速度。热处理的专利申请量一直保持比较快的增长速度。

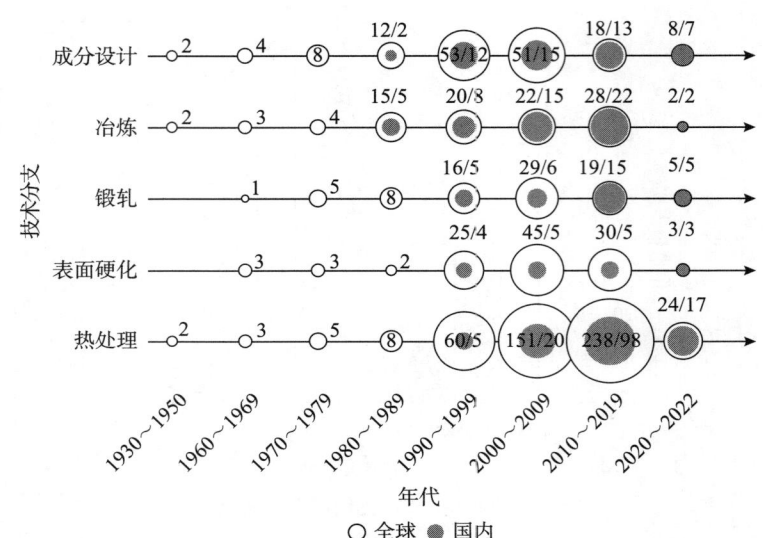

图 11 - 2 - 1　航空发动机用高碳铬轴承钢全球专利申请各分支申请趋势

注：图中斜杠前数字表示全球专利申请量，单位为项；斜杠后数字表示国内申请量，单位为项。

在国内，增长速度比较快的分支是冶炼工艺和热处理工艺，进入 21 世纪以后快速增长，而成分设计、锻轧工艺以及表面硬化文献量增幅较小，研究较少。

11.2.2　技术功效分析

图 11 - 2 - 2 显示了全球航空发动机用高碳铬轴承钢的技术功效分析情况，可以看出，成分设计和热处理工艺是改善高碳铬轴承钢的整体硬度、高温性能、微观组织和韧性的关键技术手段，而表面硬化工艺则是提高碳铬轴承钢表面硬度的主要技术手段。至于高碳铬轴承钢的洁净度和夹杂物控制方面，则主要受冶炼工艺的影响。此外，还可以通过锻轧工艺来细化晶粒、降低夹杂物尺寸，进而改善高碳铬轴承钢的微观组织，提高综合力学性能。

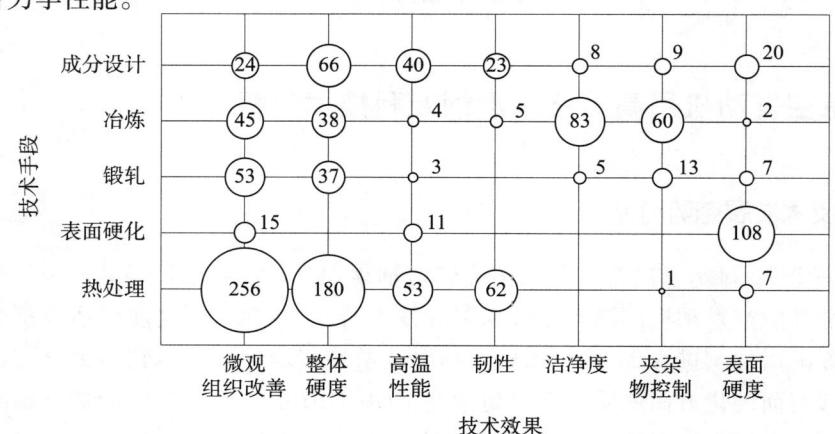

图 11 - 2 - 2　航空发动机用高碳铬轴承钢全球专利申请技术功效矩阵

注：图中数字表示专利申请量，单位为项。

　　根据前期调研结果，对于提高航空发动机用高碳铬轴承钢的疲劳寿命，目前最受关注的方面是如何提高洁净度并对钢中夹杂物的尺寸、形态等进行控制。结合前述技术发展态势可以看出，在我国冶炼工艺的相关文献增长速度很快，冶炼是影响洁净度和夹杂物控制的最重要的工艺。下面，我们将对航空发动机用高碳铬轴承钢的洁净度和夹杂物控制方面进行重点分析。

11.2.3　重点技术研发现状分析

　　钢中夹杂物组成、大小以及形态的控制是影响航空发动机用高碳铬轴承钢疲劳寿命最重要的因素。自 1970 年首次就该主题提出专利申请以来，累积提出了 91 项专利申请，涉及来自日本、中国、美国、德国等多个国家的申请人。如图 11 - 2 - 3 所示，1980 ~ 1999 年，申请量维持在每年 1 项左右，2000 年以后申请量有所增加，2010 年以后，由于中国轴承钢企业对钢中夹杂物的控制越来越重视，申请量快速增加。

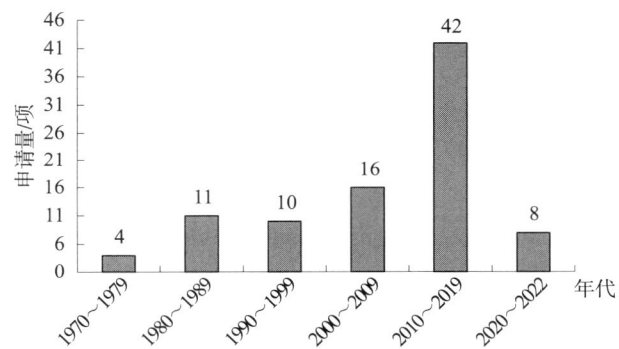

图 11 - 2 - 3　航空发动机用高碳铬轴承钢夹杂物控制全球专利申请趋势

　　对于钢中夹杂物的控制，主要的手段是控制精炼和锻轧工艺的相关流程和条件。通过控制杂质元素的含量以及添加某种特定元素以降低夹杂物数量或者改变夹杂物的组成和性质也是一种常见的手段。此外，检测方法虽然不会实质上改变轴承钢中夹杂物的数量以及大小，但评价的可靠性也是业界一直关注的问题。

　　图 11 - 2 - 4 显示了航空发动机用高碳铬轴承钢夹杂物控制方面各种技术分支的占比。可以看出，其中精炼工艺参数调整的专利申请量最大，达到 44%。其次是杂质元素控制，这方面的专利申请是指将杂质元素 O、N、P、S、Ti 以及脱氧元素 Si、Al 控制在合适的范围，但这部分专利多为日本申请，其说明书不会提及如何调整工艺参数以控制上述成分的含量。锻轧工艺参数也会影响夹杂物的形态，这部分的文献占比为 14%。成分改进方面占比 13%，其是通过添加稀土元素或其他元素等控制夹杂物的组成和形态。

　　图 11 - 2 - 5 显示了航空发动机用高碳铬轴承钢夹杂物控制领域相关技术的国内外对比情况。从图中可以看出，在精炼工艺参数、锻轧工艺参数、成分改进以及检测方法方面的申请量明显落后于国外的申请量。而在杂质元素控制方面，国内目前没有申请，一方面是杂质元素主要是由于 O、N、P、S、Ti 元素含量控制，国外早期申请已经研究比较深入，进一步研究意义不大；另一方面，国内企业布局缺少相应的布局策略。

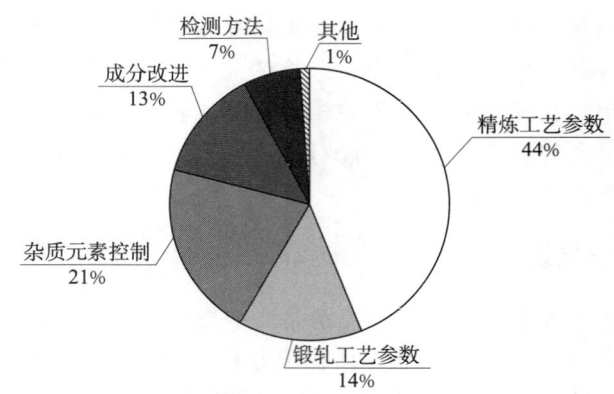

图 11 - 2 - 4　航空发动机用高碳铬轴承钢夹杂物控制全球专利申请的技术分布

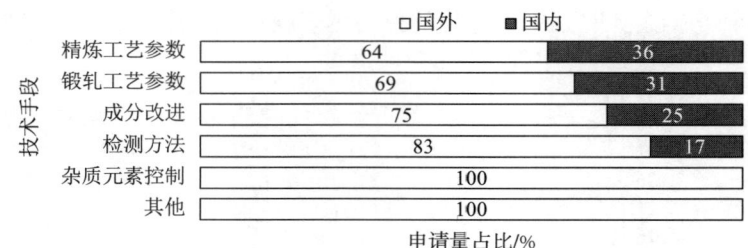

图 11 - 2 - 5　航空发动机用高碳铬轴承钢夹杂物控制的国内外技术对比

　　表 11 - 2 - 1 和表 11 - 2 - 2 列出了国内外高碳铬轴承钢夹杂物控制方面相关技术的时间分布情况。可以发现，国内外创新主体对精炼工艺的改进始终保持较高的研究热度，并且申请量在 2010 年后快速提升。对于锻轧工艺参数的改进，在 2010 年以后，国外申请量增加较多。在成分改进方面，国外申请量呈现增长的趋势，逐渐开始重视通过成分改进来控制夹杂物的组成和性质，而国内申请人在该技术分支下一直处在低位。对于夹杂物的检测方法，中国申请人仅在 2014 年有 1 项专利申请，而夹杂物的评价方法的可靠性是一个非常重要的研究目标。因此，国内企业一方面需要持续关注研发精炼工艺参数对夹杂物的影响，另一方面需要重视通过成分改进控制夹杂物组成和形态的技术，以及能够可靠评价轴承钢夹杂物结构的检测方法。

表 11 - 2 - 1　航空发动机用高碳铬轴承钢夹杂物控制国外专利技术手段的申请趋势

单位：项

技术手段	1980 年之前	1980 ~ 1989 年	1990 ~ 1999 年	2000 ~ 2009 年	2010 ~ 2019 年	2020 ~ 2022 年
精炼工艺参数	3	4	2	5	9	2
锻轧工艺参数	0	1	1	0	7	0
杂质元素控制	1	5	5	3	5	0
成分改进	0	1	2	3	3	0
检测方法	0	0	0	2	3	0

表 11-2-2 航空发动机用高碳铬轴承钢夹杂物控制国内专利技术手段的申请趋势

单位：项

技术手段	1980 年之前	1980 ~ 1989 年	1990 ~ 1999 年	2000 ~ 2009 年	2010 ~ 2019 年	2020 ~ 2022 年
精炼工艺参数	0	0	0	1	10	4
锻轧工艺参数	0	0	0	0	3	1
杂质元素控制	0	0	0	0	0	0
成分改进	0	0	0	1	1	1
检测方法	0	0	0	0	1	0

根据专利文献中所要解决的技术问题或达到的技术效果，将航空发动机用高碳铬轴承钢夹杂物控制专利技术效果分为减少夹杂物量、大尺寸夹杂物控制、控制夹杂物组成以及控制夹杂物微观结构。表 11-2-3 和表 11-2-4 显示了国内外创新主体所要达到的技术效果的时间分布情况。总的来看，在减少夹杂物量方面，国外呈现减少的趋势，而国内文献大部分关注该方面的效果。对于大尺寸夹杂物控制，国外呈现递增的趋势，国内在 2010 年以后也非常关注。对于控制夹杂物组成以及夹杂物微观结构方面，国外呈现增长趋势，国内相比国外研究较少。因此，对于国内轴承钢企业，一方面应当持续关注如何降低大夹杂物尺寸，另一方面也应加大控制夹杂物组成和夹杂物微观结构方面的技术研发。

表 11-2-3 航空发动机用高碳铬轴承钢夹杂物控制国外专利技术效果的申请趋势

单位：项

技术效果	1980 年之前	1980 ~ 1989 年	1990 ~ 1999 年	2000 ~ 2009 年	2010 ~ 2019 年	2020 ~ 2022 年
减少夹杂物量	4	7	3	3	2	0
大尺寸夹杂物控制	0	3	4	4	7	1
控制夹杂物组成	0	1	2	3	11	1
夹杂物微观结构	0	0	1	2	4	0

表 11-2-4 航空发动机用高碳铬轴承钢夹杂物控制国内专利技术效果的申请趋势

单位：项

技术效果	1980 年之前	1980 ~ 1989 年	1990 ~ 1999 年	2000 ~ 2009 年	2010 ~ 2019 年	2020 ~ 2022 年
减少夹杂物量	0	0	0	2	7	3
大尺寸夹杂物控制	0	0	0	0	4	2
控制夹杂物组成	0	0	0	0	2	1
夹杂物微观结构	0	0	0	0	1	0

11.2.4 重点技术发展路线分析

轴承的结构特点和服役条件要求轴承钢必须具备高的硬度、耐磨性、接触疲劳强度等性能。为了保证这些性能要求，轴承用钢的冶金质量必须达到特别高的纯净度并保证精确的化学成分控制，如有害元素氧含量的控制以及夹杂物形貌和含量的控制。

11.2.4.1 降低杂质元素含量重要专利分析

图 11 - 2 - 6 显示了航空发动机用高碳铬轴承钢杂质元素氧含量降低的国内外对比。

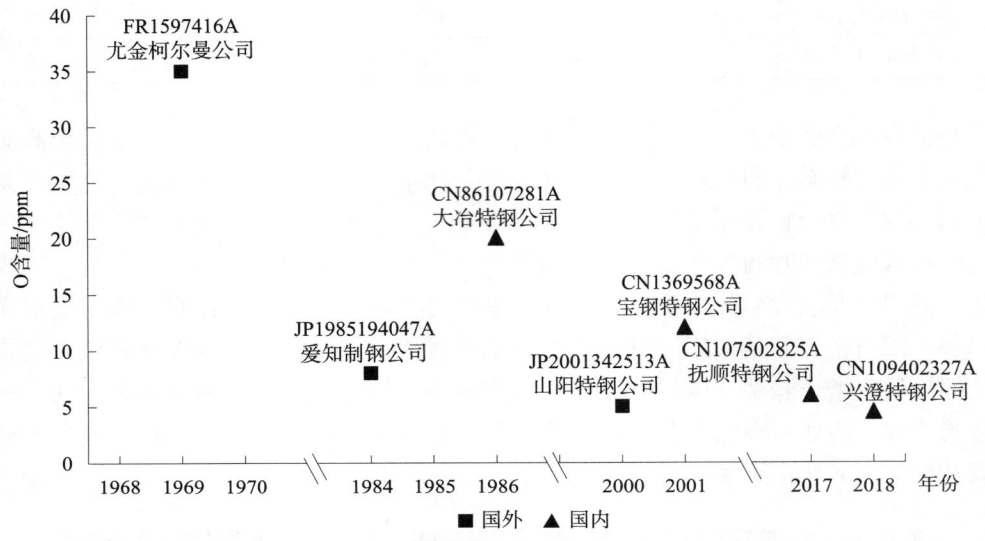

图 11 - 2 - 6　航空发动机用高碳铬轴承钢杂质元素氧含量降低的国内外对比

1969 年，法国的尤金柯尔曼公司提出精炼过程中采用真空脱气的方法来制备高碳铬轴承钢，O 的含量控制在 35ppm，S 的含量控制在 0.008% （FR1597416A）。1980 年，山阳特钢公司通过轧制或热挤压制成成型滚动轴承钢，经过软化退火后，进行一次断面收缩率 50% 以上的轧制，将 O 含量降低至 17ppm 以下（JP1982039126A）。1984 年，日本的爱知制钢株式会社（以下简称"爱知钢铁公司"）与捷太格特公司合作申请，首次提出了电炉熔炼—钢包精炼—循环脱气—连铸的工艺，将 O 的含量控制到 6 ~ 10ppm，Ti 的含量控制到 15ppm 以下。其具体的工艺条件是：①在电炉中对钢进行熔炼，以便氧化冲刷钢；②将炼钢倒入单独的容器钢包中，对炼钢进行脱磷，并用真空清渣器从漂浮在炼钢顶上的钢中吸收和除去含有氧化物的渣；③在碱度不低于 3 的高碱性炉渣存在下，在调节钢浴温度的同时，通过强烈搅拌冶炼的钢来进行钢的还原精炼，所述精炼在大于常压的惰性气氛下进行；④用循环真空脱气装置对钢进行真空脱气，该循环真空脱气装置在 2/3 的处理过程中提供强循环，在 1/3 的处理过程中提供弱循环；⑤通过在还原气氛中在常压下弱搅拌冶炼的钢来对钢进行还原精炼（JP1985194047A）。2000 年，山阳特钢公司通过控制从电弧熔化炉中转移到 LF 炉中钢水的温度和精炼时间，循环脱气过程中钢水的循环量以及脱气时间等，提高了轴承钢生产工艺中杂质氧含量控制的稳定性，O 的含量稳定在 4~6ppm（JP2001342513A）。2020 年，山阳特钢公司生产一种疲劳寿命优异的轴承钢，其 O 含量控制在 6ppm 以下（JP2022103819A）。

在国内，杂质元素控制方面。1986 年，大冶特钢公司采用 EAF、LF 的工艺，通过控制钢包精炼的条件（具体为钢包加盖状态下，包底吹入惰性气体或氮气净化处理），将钢中 O 含量控制在 20ppm（CN86107281A）。2001 年，宝钢特钢公司提出了一种超纯高碳铬轴承钢的冶炼方法，采用的也是四步法工艺流程 EAF 熔炼—LF—真空炉对精炼钢液处理—浇铸钢锭膜，通过调整电炉熔炼时特殊渣料的组成、钢包吹氩条件、真空处理的时间、真空度等，将 O 含量控制在 7~12ppm（CN1369568A）。2017 年，抚顺特钢公司提供了一种高碳铬轴承钢的制造工艺，采用 EAF 熔炼—LF—真空脱气—VAR—连轧成材的工艺，将 O 含量控制在 6ppm 左右（CN：107502825A）。2018 年，兴澄特钢公司开发了一种超纯净高碳铬轴承钢的炉外精炼生产方法，采用的工序为 KR 铁水预处理→氧气顶吹熔炼（BOF）→扒渣（RS）→LF→RH→CC→轧制，将杂质 O 的含量控制在 4.50~5.00ppm，Ti 的含量控制在 9ppm 以下（CN109402327A）。

通过国内外轴承钢生产工艺在 O、Ti 等杂质元素控制的对比可以看出，国外在 20 世纪 80 年代后期已经达到相当高的水准，O 元素的含量可以控制在 10ppm 以下，Ti 元素含量控制在 15ppm 以下，在 2000 年以前可以达到 O 元素含量控制在 5ppm 左右，但在此后的 20 年中，杂质元素含量并没有继续降低，而是维持在前述水准。国内在 2000 年以后，宝钢特钢公司、抚顺特钢公司、兴澄特钢公司等大型特钢生产企业，通过改进工艺流程，优化工艺条件，已经达到甚至超过了国外轴承钢巨头杂质元素含量的控制水平。

11.2.4.2 夹杂物控制重要专利分析

对于轴承钢洁净度的控制，除了尽可能降低钢中杂质元素 O、Ti 的含量，还在于控制夹杂物的成分组成，改善夹杂物的形貌和性质。

图 11-2-7 显示了国内外轴承钢生产企业在夹杂物控制方面的技术演进情况。1991 年，神户制钢所对疲劳寿命与洁净度之间的关系进行了深入研究，发现将平均粒径在 $10\mu m$ 以上的 Al_2O_3 夹杂物以及 Ti 系夹杂物的数量控制在 $0.10g/mm^2$ 以内（检测面积为 $10mm^2$）滚动疲劳寿命显著改善。对于其工艺，仅给出了采用 LF 以及熔渣组成，其他工艺参数并没有公开（JP1993117804A）。同年，NSK 公司对轴承钢疲劳寿命与夹杂物粒径以及分布之间的关系进行了研究，认为将氧化物性夹杂物的粒径控制在 $3~15\mu m/cm^3$（检测面积为 $80mm^2$），此外，其还认为氧化物夹杂物的累积尺寸应控制在合适范围内。而为了获得上述的夹杂物控制，其采用的工艺路线是大尺寸 EAF—偏心底部攻丝—钢包精炼—RH 脱气立式大方坯连铸，且高水平地优化从电炉底部吹入的温度和出炉温度（US5256213A）。1997 年川崎制铁公司和光洋精工共同研究指出，仅考虑非金属氧化物夹杂物的长度，不能可靠地估算轴承的疲劳寿命。在 $320mm^2$ 的观察区域中，厚度 $1\mu m$ 以上的非金属硫化物夹杂物的数量为 1200 以及非金属氧化物夹杂物的最大直径 $10\mu m$ 以下，可以显著地延长轴承的疲劳寿命。其采用的工艺是转炉熔化 +

RH 脱气 + 连续铸造和轧制（US5960250A）。

年份	国外	国内

1991

JP1993117804A
粒径分布：存在于钢中的平均粒径$10\mu m$以上的Al_2O_3夹杂物及Ti系夹杂物的数量控制在$0.1g/mm^2$以内

US5256213A
粒径分布：氧化物累积尺寸分布$0.40\sim0.60$，最大粒径在$10\sim15\mu m/cm^3$
优化工艺：偏心底部出钢，钢包精炼，RH脱气立式大方坯连铸，通过高水平地优化从电炉底部吹入的温度和出炉温度

1997

US5960250A
粒径分布：在$320mm^2$的观察区域中，厚度为$1\mu m$以上的非金属硫化物夹杂物的数量为1200个以下；非金属氧化物夹杂物的最大直径为$10\mu m$

2002

JPWO2003060507A1
粒径分布：大尺寸夹杂物对疲劳寿命危害更大，需要在更大范围内评估大尺寸夹杂物的可能性；每$1.00\times10^5 mm^3$探伤体积内存在的大尺寸夹杂物的总长度$<80mm$

JP2006063402A
粒径分布：减小在轴承滚动表面下的危险部位出现的非金属夹杂物的大小对于提高轴承的寿命是重要的；在$30000mm^2$的评价区内，氧化物、硫化物、氮化物的最大夹杂直径为$60\mu m$

2005

CN1621538A
粒径分布：$D_{细}\leq1.0$级，$D_{粗}\leq0.5$级，$D_{max}\leq27\mu m$；
优化工艺：电炉出钢用铝沉淀预脱氧、LF工位Fe-Si粉扩散渣脱氧和VD工位真空碳脱氧的综合脱氧工艺

2011

CN102634732A
粒径分布：B类夹杂物粗系评级≤1.0；
优化工艺：精炼过程Ti含量控制、精炼换渣和弱搅拌加碳化稻壳对渣系和夹杂物控制

2012

JPWO2013046678A1
粒径分布：对于大截面的铸锭材料，$30000mm^2$中的最大夹杂物直径的预测值为$60\mu m$以下；
优化工艺：锻压成型比为2以上的锻造，在$1150\sim1350℃$的加热超过10h的热处理

2013

JPWO2014175377A1
夹杂改质：通过添加REM而抑制$CaO-Al_2O_3$系夹杂物的生成；$CaO-Al_2O_3$夹杂物便改质成Al_2O_3系和/或REM_2O_3系夹杂物

2014

JP2015052134A
夹杂改质：像将钢材进行铸块时那样冷却速度慢的情况下，氧化物夹杂物成为软质夹杂物的MnS的析出的核，被覆率容易变高

CN105738656A
一种原位观察轴承钢钢液中夹杂物的实验方法

2015

JP2016135901A
夹杂改质：其平均组成以质量%计，含有$10\%\sim50\%$的CaO，$10\%\sim50\%$的Al_2O_3，$20\%\sim70\%$的SiO_2，$0\sim40\%$的TiO_2和余量的杂质；
上述氧化物夹杂物中与钢的界面生成TiN的氧化物夹杂物占夹杂物总量的30%以上

2018

CN105738656A
粒径分布：脆性Ds类夹杂物颗粒$\leq8\mu m$；
优化工艺：采用BOF、LF+RH、CC工艺

2021

JPWO2021256158A1
夹杂改质：当检查区域为$3000mm^2$时，MgO浓度在5质量%以上的$MgO-Al_2O_3$类介质的MgO浓度平均值小于10质量%；
优化工艺：①控制精炼处理中到处理结束的炉渣组成；②精炼过程中搅拌时间、速度的精细控制

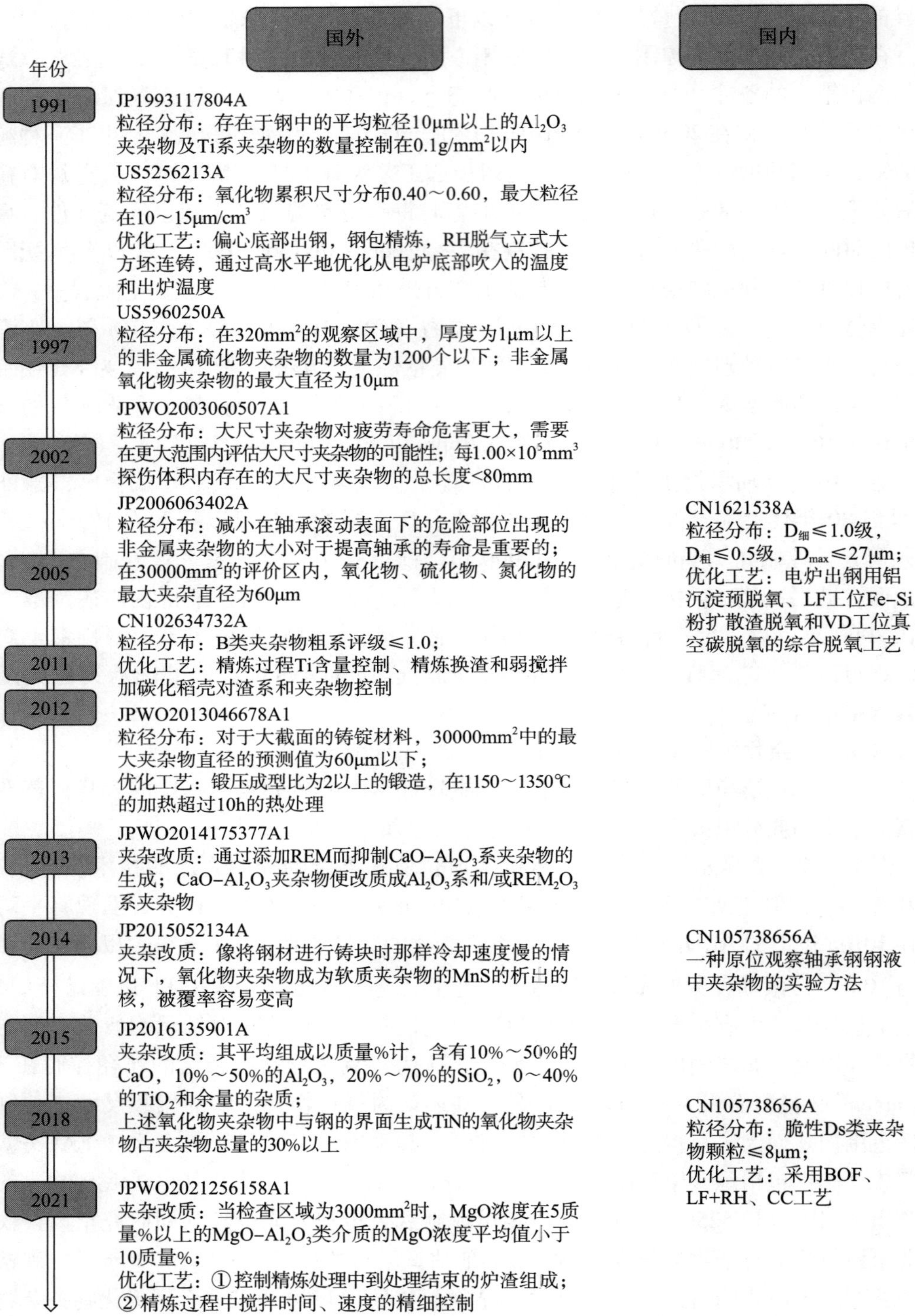

图11-2-7　航空发动机用高碳铬轴承钢夹杂物控制的国内外技术发展路线对比

2002 年，NSK 公司提出了一种轴承钢中大尺寸夹杂物的评估方法。其通过研究发现，现有的显微检测评估方法，检测区域一般为几百平方毫米，很难检测到少量的大尺寸夹杂物。其采用斜角超声探伤的方法检测轴承钢，进行探伤的体积至少为 $2.00 \times 10^{6} mm^{3}$。而具有优异的疲劳寿命的轴承钢应当是采用评估方法测算的大尺寸夹杂物中，每 $1.00 \times 10^{6} mm^{3}$ 探伤体积内存在的长度为 0.50mm 或更大的大尺寸夹杂物的总长度小于 80mm（JPWO2003060507A1）。2005 年，山阳特钢公司提出，当检查区域为 $30000 mm^{2}$ 时，氧化物、硫化物、氮化物每种夹杂物的最大粒径控制在 $40\mu m$ 以内，可以获得良好的疲劳寿命（JP2006063402A）。2012 年，JFE 公司和 NTN 公司共同指出在大截面化的轴承钢材料中，$30000 mm^{2}$ 中的最大夹杂物的直径需控制在 $60\mu m$ 以下。而所采用的关键手段在于锻造时锻压成型比为 2.00 以上，以及进行在 1150～1350℃的温度加热超过 10h 的加热处理（JPWO2013046678A1）。

2013 年，日本制铁株式会社提出了采用夹杂物改质的方式，在 Al 脱氧钢或 Al – Si 脱氧钢中加入 La、Ce、Pr、Nd 之中的 1 种或者 2 种以上的稀土类元素（REM），将 $CaO – Al_2O_3$ 系夹杂物改质成 Al_2O_3 系和/或 REM_2O_3 系夹杂物或者包含这些夹杂物的复合夹杂物（JPWO2014175377A1）。同年，NTN 公司提出在铸模铸造过程中，将铸块的冷却速度控制在一较慢的速度，可以使硬质夹杂物成为软质夹杂物 MnS 的核，提高了 MnS 对氧化物夹杂物的包覆，提高了轴承的疲劳寿命（JP2015052134A）。2015 年，神户制钢所提出控制 $1\mu m$ 以上的氧化物系夹杂物的组成以获得疲劳寿命优异的轴承钢，其氧化物夹杂物的组成为 CaO（10%～50%）、Al_2O_3（10%～50%）、SiO_2（20%～70%）、TiO_2（1%～40%），余量由杂质构成，并且满足 $CaO + Al_2O_3 + SiO_2 + TiO_2 \geqslant 60\%$；在所述氧化物系夹杂物与钢的界面生成有 TiN 的氧化物系夹杂物的个数比例是氧化物系夹杂物总体的 30% 以上。为了控制上述结构，在轧制、锻造或热轧的至少任意一项工序之前进行加热（700～1300℃）且保持 3～20h（JP2016135901A）。日本钢铁提出在使用钢包精炼设备和真空脱气设备生产轴承钢时，控制钢包精炼中的搅拌条件和渣组成，减少坚硬的夹杂物 $MgO – Al_2O_3$ 的量。具体地，当检查区域为 $3000 mm^{2}$ 时，MgO 浓度为 5% 以上的 $MgO – Al_2O_3$ 系夹杂物，其 MgO 浓度的平均值为 10% 以下（JPWO2021256158A1）。

2005 年，宝武公司通过电炉初炼的出钢用铝沉淀预脱氧、LF 工位 Fe – Si 粉扩散渣脱氧和 VD 工位真空碳脱氧的综合脱氧工艺，同时在 LF 工位采用高碱度渣脱硫，在 VD 工位采用低碱度渣，减少渣中自由 CaO 的新精炼工艺，达到减少细化钢中 D 类夹杂物的目的。$D_{细} \leqslant 1.0$ 级，$D_{粗} \leqslant 0.5$ 级，$D_{max} \leqslant 27\mu m$（CN1621538A）。2011 年，宝武公司通过精炼过程 Ti 含量控制、精炼换渣和弱搅拌加碳化稻壳对渣系和夹杂物控制，解决钢中非金属夹杂物中 B 类非金属夹杂物分布和聚集现象，B 类夹杂物粗系评级 ≤1.0（CN102634732A）。2014 年，宝武公司提出了一种原位观察轴承钢钢液中夹杂物的实验方法，具体步骤为：①将轴承钢样品线切割加工成圆柱形试样，试样经研磨抛光后放入高温加热腔内，腔内抽真空后通入纯氩气流保护试样不被氧化；②将试样升温至 1150～1250℃，然后将试样缓慢加热直至其上表面完全熔化，然后，将试样缓慢加热至最高温度，最高温度范围 $1420 \sim 1500 \, ℃$，在最高温度下保温 $20 \sim 40 \, s$，保温过程让夹杂有充分时间上浮到试样表面，保温过程可在高温下观察夹杂运动和碰撞行为，然后急速冷却至 $900 \sim 1000 \, ℃$，最后缓冷至室温；③试样取出后进入 SEM 内观察夹杂形貌并可用能谱分析其成分，急速冷却可使得夹杂物基本维持在炼钢温度下的状态，则实现对钢液中夹杂物的原位观察（CN105738656A）。2018 年，兴澄特钢公司采用 BOF→RS→LF→RH→CC 的工艺，通过完善生产流程并对关键工序进行优化，实现了全氧含量 $\leqslant 5 \, ppm$、$Ti \leqslant 9 \, ppm$、$Ds \leqslant 8 \, \mu m$（CN109402327A）。

将国内与国外轴承钢的夹杂物控制的技术进行对比可以看出，首先，夹杂物形态及评定的方法上有很大不同。国外在 2000 年之前，主要采用显微检测评估方法（检测区域一般为几百平方毫米）来评估轴承钢中夹杂物的平均尺寸和最大尺寸。2000 年之后，国外企业采用大面积、大体积的探测方法对轴承钢中夹杂物的尺寸进行评价，并研究其与轴承的疲劳寿命之间的关系。而在国内，轴承钢生产企业，主要依赖国家标准对轴承钢进行检测，即通过显微检测评估方法在 $200 \, mm^2$ 的区域内评估 A（硫化物）、B（氧化铝）、C（硅酸盐）、D（球状氧化物）、Ds（直径大于等于 $13 \, \mu m$ 的单颗粒夹杂物）五类夹杂物的尺寸和级别。从五类夹杂物的控制上看，其与国外轴承钢的尺寸相差不大，达到国外先进轴承钢生产企业的水平。但是这些指标并不能真实反映每一炉钢的总体质量状态。此外，除了上述夹杂物，TiN、TiCN 等夹杂物也会极大地影响轴承钢的疲劳寿命。而且采用显微检测方法对宏观夹杂物的评价缺乏准确性。因此，国内轴承钢企业在研究夹杂物的控制时，应考虑夹杂物评价标准的科学性，同轴承生产企业合作研究夹杂物与轴承钢疲劳寿命之间的关系，以开发能够科学准确地评价轴承钢夹杂物水平的检测方法。

通过分析夹杂物的控制工艺，发现主要应从以下几个方面进行调节和控制：初炼钢液的低氧化和低温化，初炼钢水的预脱氧，精炼过程精炼渣系的选择、残铝量、真空脱气的真空度以及真空时间。此外，国外企业侧重于采用新方法将硬性夹杂物转变为韧性夹杂物，如加入稀土金属元素控制脆性夹杂和韧性夹杂的比例，控制铸块冷却速度提高了 MnS 对氧化物夹杂物的包覆，而国内轴承钢生产企业在此方面的研究比较少。近年来，国外轴承钢生产企业更加关注夹杂物的微观组成和形态对疲劳寿命的影响，如 $MgO - Al_2O_3$ 系夹杂物中 MgO 浓度的影响，氧化物系夹杂物与钢的界面是否生成 TiN 等。总的来说，为了进一步提高轴承钢中夹杂物的控制水平，一方面轴承钢企业需要进一步优化熔炼、精炼、脱气过程中具体工艺参数，另一方面，还可采用夹杂物控制的方法将硬质夹杂物转变为韧性夹杂物。另外，从更微观的角度分析夹杂物的组成和形态有利于探究夹杂物与轴承疲劳寿命之间的关系，也就更有利于开发能够科学评价轴承钢夹杂物水平的方法。

在夹杂物的控制方法方面，特别是熔炼、精炼工艺过程的具体参数，国外轴承钢生产企业在专利中披露得较少，一般是在说明书中简单地提及需要注意哪些工艺流程的控制，权利要求中采用检测结果或微观结构来限定轴承钢，而国内企业则会在权利要求、说明书中详细地披露具体工艺流程以及各参数的具体范围。这一方面体现出国内企业一直在致力于改进工艺流程、优化工艺条件来精确地控制夹杂物的生成；另一方面也体现出国内企业在专利布局和撰写方面的不足，国内企业可采用检测方法限定的钢或微观组织提前进行专利布局。

11.3　航空发动机用高温轴承钢专利技术分析

11.3.1　技术发展态势分析

图 11-3-1 显示了国内外航空发动机用高温轴承钢专利技术发展态势。可以看出，国外航空发动机用高温轴承钢的技术研发在 20 世纪 50 年代开始起步，并在 90 年代之前研究热度一直保持平稳，增长较慢。进入 21 世纪以后，国外航空发动机用高温轴承钢的研发热度开始大幅提高，并在 21 世纪第一个 10 年达到顶峰，且研发重点主要集中在航空发动机用高温轴承钢的成分设计、表面硬化和热处理工艺上，而对于冶炼和锻轧工艺的研发热度则一直较低。2010 年以后，国外航空发动机用高温轴承钢技术研发的热度开始大幅下降，专利申请量开始被中国超过。

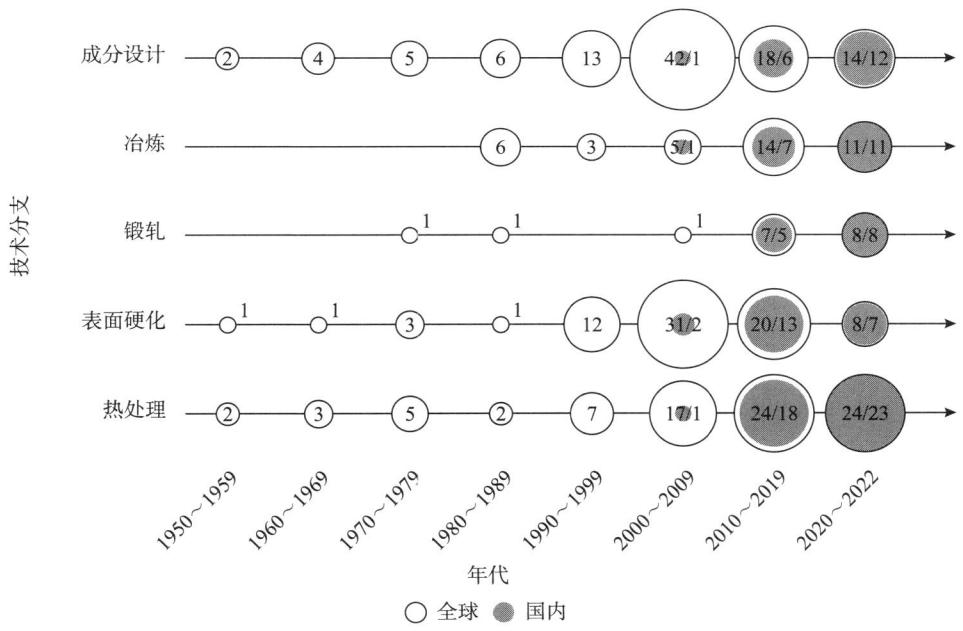

图 11-3-1　航空发动机用高温轴承钢技术发展态势

注：斜杠前数字表示全球专利申请量，单位为项；斜杠后数字表示国内专利申请量，单位为项。

相较于国外，国内关于航空发动机用高温轴承钢技术的研发起步较晚，但发展速度较快。在 2000 年以前，中国并未有关于航空发动机用高温轴承钢技术研发的专利申请，但进入 21 世纪以后，随着国外关于航空发动机用高温轴承钢技术研发热潮兴起，国内也随之开始了相关技术的研发与创新。21 世纪的第一个 10 年是我国航空发动机用高温轴承钢技术研发的起步阶段，与国外相比，此时我国的专利申请量还远不及国外；但2010年以后，我国航空发动机用高温轴承钢的技术研发进入了快速增长阶段，专利申请量快速提升，随着国外研究热度的减退，国内专利的申请量逐渐超过了国外；尤其是2020年以后，我国航空发动机用高温轴承钢的专利申请量已经远超国外，占全球申请量的94%。

整体来看，目前国外对于航空发动机用高温轴承钢技术的研究已经趋于成熟，专利申请量已经趋于低位稳定，而国内仍然处于起步和跟随阶段，研发热度仍保持较高的水平。

11.3.2 技术发展路线分析

根据专利的同族数目、被引用次数以及重要技术节点等因素，并按照专利的申请时间，绘制如图11-3-2所示的航空发动机用高温轴承钢技术发展路线。

1958年，铁姆肯公司研发了一种低合金成分的轴承钢（GB857308A），该轴承钢较于M50钢具有更低的合金含量，成本较低，且通过对其渗碳处理和热处理，可获得优异的高温性能和高温稳定性，能够用于315℃的高温环境。

1962年，法国ACIERIE DU TEMPLE钢铁厂研发了一种可用于涡轮喷气发动机轴承的高速钢（FR1350057A），通过在钢成分中添加较多高温合金元素W、Co、Mo、Cr、V，并配合淬火前的"阶梯式加热"及淬火后的"多次回火＋深冷循环"工艺处理，解决了高温热处理过程易产生缺陷的问题，使钢的使用寿命延长2.5~3.5倍。

1977~1978年，卡本特公司针对航空发动机用高温轴承钢的成分和工艺改进开展了相关研究，并在1977年申请的专利（US4036640A）中针对航空发动机常用的航空发动机用高温轴承钢M50进行了进一步改进，通过对钢成分进行微调和优化，并对热处理工艺进行进一步的改进，使得新研发的合金钢能够达到63HRC的室温硬度，并兼顾良好的韧性和耐磨性能；随后在1978年申请的专利（US4157258A）中又开发了一种渗碳表面硬化钢，该钢降低了合金元素的添加量，通过采用VIM＋VAR工艺，并配合渗碳表面硬化工艺以及淬火后"深冷＋回火"的热处理工艺，使其具有优异的冲击强度和断裂韧性以及较高的抗回火性和高热硬度。

1986年，大同特钢公司研发了一种轴承钢（JP1987205247A），通过添加较多的高温合金元素Cr、Mo、V、W、Co，使其具有优异的高温力学性能，并通过粉末冶金工艺，克服了传统冶炼工艺中易产生大尺寸碳化物和偏析等缺陷，使制备的轴承钢具有较高的使用寿命和优异的高温强度。

1995年，NSK公司研发了一种高温高速轴承用钢材料（US5560787A），其在优化钢成分的基础上，结合低温渗碳或碳氮共渗工艺，保证了较高的芯部韧性，改善了表面硬度，且经过热处理后可使在高速旋转和400℃以上高温环境中使用的滚动轴承寿命得到较大延长。

1997年，铁姆肯公司研发了一种新型航空发动机用高温轴承钢热处理工艺（US5879480A），该工艺通过对整体硬化后的航空发动机用高温轴承钢进行激光加工，进一步改善了轴承钢材料的微观组织，提高了力学性能。

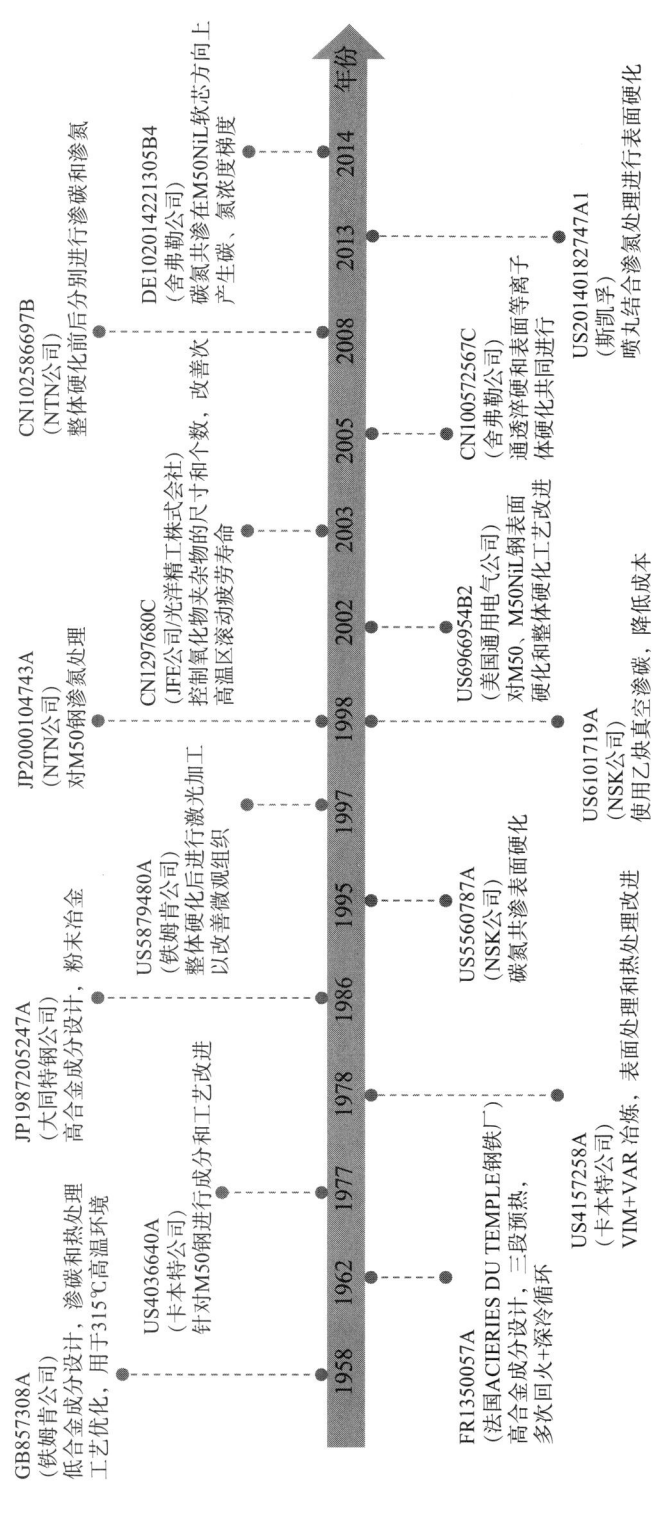

图11-3-2　航空发动机用高温轴承钢技术发展路线

1998 年，NSK 公司和 NTN 公司针对航空发动机用高温轴承钢的表面硬化工艺开展了相关研究。NTN 公司的专利申请（JP2000104743A）公开了一种 M50 钢的渗氮处理工艺，通过对整体硬化热处理后的航空发动机用高温轴承钢进行渗碳表面硬化，使制备的滚动轴承在高温和高表面压力下，也具备较长的使用寿命。此外，NSK 公司的专利申请（US6101719A）公开了一种低成本表面渗碳处理工艺，其通过在真空渗碳过程中使用乙炔代替常规使用的丙烷的烃基气体作为渗碳气体，相较于传统渗碳工艺成本更加降低。

2002 年，美国通用电气公司针对 M50、M50NiL 的表面硬化和热处理工艺进行了改进，其在专利号为 US6966954B2 的专利中公开：对于 M50 和 M50NiL 钢，首先通过热处理工艺最大限度地减少残余奥氏体的形成来控制合金的微观结构，然后对其进行表面渗氮处理，并在渗氮过程中控制氮化操作以避免晶间氮化物的形成，最终可以实现 M50 和 M50NiL 钢硬度和使用寿命的进一步提高。

2003 年，JFE 公司联合光洋精工株式会社，研发了一种表面淬火轴承用钢制备工艺（CN1297680C），通过优化合金元素含量，并在冶炼过程中延长 RH 炉外精炼的脱气时间，促进夹杂物的分离、细化、上浮，降低钢中氧化物夹杂物的含量和尺寸，之后利用渗碳工艺把表层 C 浓度调至 0.70% ~ 1.20%，可使轴承钢具有优良韧性和在次高温区滚动疲劳寿命。

2005 年，舍弗勒公司研发了一种航空发动机用高温轴承钢的硬化工艺（CN100572567C），该工艺通过在同一操作步骤中进行钢件的通透淬硬和表面层硬化，由于扩散元素更大的渗入深度，钢件表面层实现深度硬化，最终在表面区域产生高的压内应力，提高了疲劳强度。

2008 年，NTN 公司针对 M50 和 M50NiL 钢发了一种硬化工艺（CN102586697B），该工艺通过在热处理前后分别对钢表面进行渗碳和渗氮处理，使制备的轴承部件不仅在高温环境下的硬度下降得到抑制，异物混入环境下的耐久性以及耐蹭伤性得到提高，也可实现轴承空转性能的提高。

2013 年，斯凯孚公司研发了一种航空发动机用高温轴承钢表面硬化工艺（US20140182747A1），该工艺首先对轴承钢表面进行喷丸处理以赋予一定的压缩残余应力，随后通过对其进行氮化处理，使制得的轴承部件疲劳寿命得到大幅改善。

2014 年，舍弗勒公司研发了一种针对轴承钢的表面硬化工艺（DE102014221305B4），该工艺通过对 M50NiL 钢制轴承环的表面进行碳氮共渗，在软芯方向上产生能够自由调节的碳、氮浓度梯度，通过产生该浓度梯度，尤其是氮的浓度梯度，可以实现边缘层直至至少 0.30 mm 的深度达到至少 58HRC 的硬度。

11.3.3 技术功效分析

图 11-3-3 显示了全球航空发动机用高温轴承钢的技术功效分析情况，可以看出，成分设计和热处理工艺是改善航空发动机用高温轴承钢的整体硬度、高温性能、微观组织和韧性的关键技术手段，而表面硬化工艺则是提高航空发动机用高温轴承钢表面硬度的主要技术手段。至于航空发动机用高温轴承钢的洁净度，主要受冶炼工艺

的影响；此外，还可以通过锻轧工艺来细化晶粒、降低夹杂物尺寸，进而改善航空发动机用高温轴承钢的微观组织，提高综合力学性能。

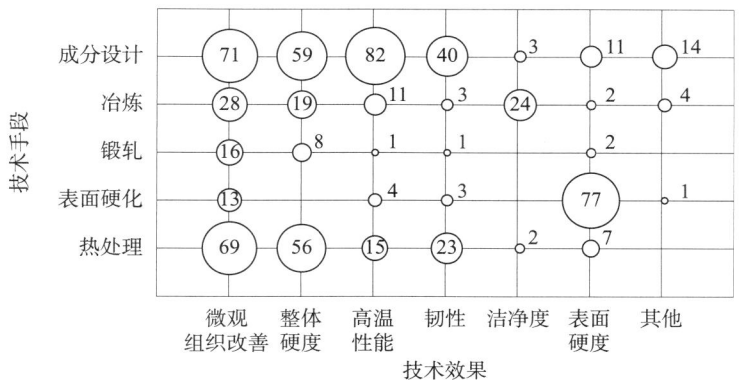

图 11 - 3 - 3 航空发动机用高温轴承钢技术功效矩阵分析

注：图中数字表示申请量，单位为项。

11.3.4 技术研发现状分析

图 11 - 3 - 4 显示了国内外航空发动机用高温轴承钢的技术研发现状，可以看出，成分设计、表面硬化和热处理工艺的改进是国内外航空发动机用高温轴承钢技术研发的重点和热点，占比高达 82.30%；而冶炼和锻轧工艺的研发热度则相对较低，占比仅为 17.70%。这一方面说明航空发动机用高温轴承钢的冶炼和锻轧工艺已基本趋于成熟，国内外均已掌握高纯度钢水的冶炼工艺和高质量钢坯的轧制方法；另一方面也间接说明冶炼和锻轧工艺对于航空发动机用高温轴承钢性能的提升程度已经趋于峰值，要获得更高性能的航空发动机用高温轴承钢，需研发出成分更优异的钢种以及对性能提升作用更大的表面硬化和热处理工艺。

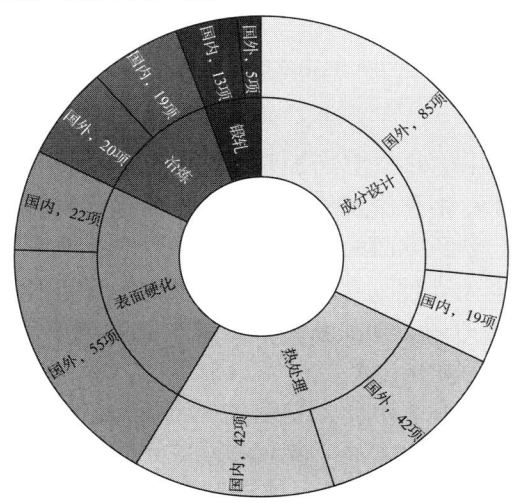

图 11 - 3 - 4 航空发动机用高温轴承钢技术研发现状统计

对比国内外航空发动机用高温轴承钢的技术研发现状可以看出，在锻轧工艺的研发上，国外关注较少，专利申请量低于国内；在冶炼工艺和热处理工艺的研发上，国内和国外的研发热度相当，专利申请量较为接近；但在成分设计和表面硬化工艺改进方面，国外研发热度较高，专利申请量显著高于国内，这说明相较于国外，我国在航空用航空发动机用高温轴承钢新钢种研发方面的能力较弱。

11.3.4.1 钢种成分设计研发现状分析

图11-3-5显示了国内外航空发动机用高温轴承钢的成分设计研发趋势，可以看出，国外在航空发动机用高温轴承钢新钢种研发方面起步较早，从20世纪50年代便开始有关于钢成分设计研发的专利申请，且专利申请数量也是逐渐提升；从20世纪90年代开始，国外对于航空发动机用高温轴承钢成分设计的研发热度开始大幅提升，申请量开始较快地增长，并在21世纪前10年达到顶峰。但在2010年以后，国外关于航空发动机用高温轴承钢成分设计研发的热度开始下降，申请量也开始逐渐降低。相较于国外，国内在航空发动机用高温轴承钢新钢种研发的方面起步较晚，在国外申请热度达到顶点的2000年以后，才有第一件相关的专利申请；进入2010年以后，随着国外研究热度下降，国内的研究热度迅速升高，申请量开始大量增加，并在2020年以后开始超过国外。

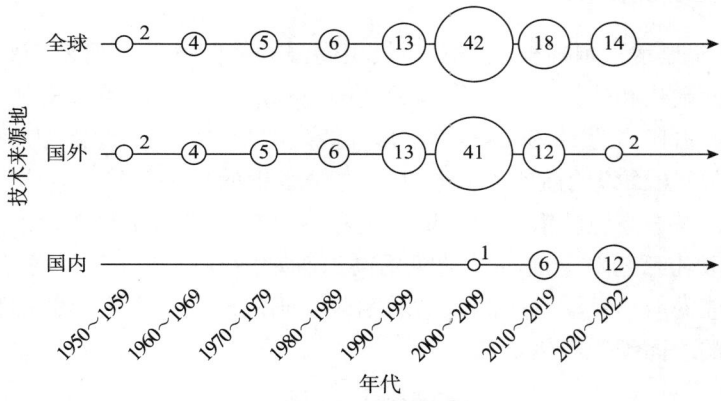

图11-3-5 航空发动机用高温轴承钢钢种成分设计研发趋势

注：图中数字表示申请量，单位为项。

图11-3-6显示了国内外航空发动机用高温轴承钢新钢种成分设计研发占比情况，可以看出，国外关于新钢种研发的申请量占比要远高于国内，这也反映了相较国外，我国在新钢种研发与创新方面的能力较弱，国内对于航空发动机用高温轴承钢的研发较多是对现有经典钢种进行工艺的改善，但受到钢种自身性能的限制，这种工艺的改善对于钢性能的提升有限，如要获得性能更加优异的航空发动机用高温轴承钢，依然需要在新钢种研发的方面作出努力。

高温轴承钢在高温下具有优异力学性能的主要原因是钢成分中添加了Cr、Mo、V、W等高温合金元素，这些合金元素属于碳化物形成元素，加入钢中会与碳结合生成碳化物，这些碳化物具有优异的高温硬度、高温耐磨性、高温接触疲劳强度、抗氧化性和高温尺寸稳定性，从而使轴承钢具有优异的高温力学性能。

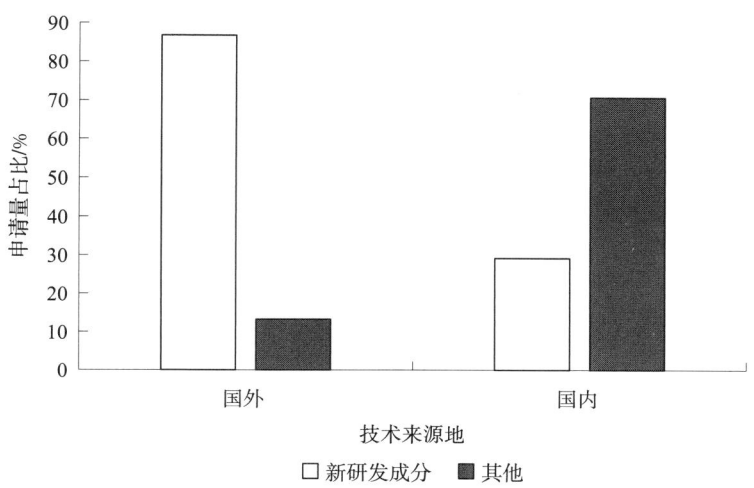

图 11 - 3 - 6　航空发动机用高温轴承钢国内外新钢种研发占比

　　课题组基于行业信息的调查结果以及国内外航空发动机用高温轴承钢专利中钢成分的统计结果，发现在航空发动机用高温轴承钢中主要添加的高温合金元素为 Cr、Mo、V。因此，课题组选择 Cr、Mo、V 元素作为航空发动机用高温轴承钢合金化设计的代表元素，通过对国内外航空发动机用高温轴承钢专利中记载的 Cr、Mo、V 元素含量进行统计，并选取各专利性能较佳实施例的 Cr、Mo、V 含量标记在元素含量三维分布图中，以展示国内外航空发动机用高温轴承钢主要合金元素的分布规律和趋势，并为我国航空发动机用高温轴承钢的成分合金化设计给出参考和借鉴。

　　图 11 - 3 - 7（见文前彩色插图第 6 页）显示了国内外航空发动机用高温轴承钢中 Cr、Mo、V 元素含量的分布情况，可以看出，国外航空发动机用高温轴承钢的 Cr、Mo、V 元素含量分布较为集中，国内分布的集中程度则不如国外。这说明国外对于航空发动机用高温轴承钢的成分设计趋于成熟和稳定，已经基本探索出最优的合金元素含量配比方案。而国内仍在对航空发动机用高温轴承钢的成分设计进行着试验与摸索，一方面希望研发出一种比国外经典航空发动机用高温轴承钢性能更加优异的新钢种，另一方面也是为了避开国外已经研发出来的元素含量范围。

　　此外，从图 11 - 3 - 7 显示的国内外 Cr、Mo、V 元素含量统计均值可以看出，国内外航空发动机用高温轴承钢的 Cr、Mo、V 元素含量的均值整体相差不大，且与经典航空发动机用高温轴承钢 M50 的元素含量 [Cr（3.75% ~ 4.25%）、Mo（4.00% ~ 4.50%）、V（0.10% ~ 1.10%）] 也趋于相似。与国外相比，国内航空发动机用高温轴承钢的 Cr、Mo 含量均值较高，尤其是 Mo 元素，国内均值比国外高了 1.72%，而国外航空发动机用高温轴承钢的 Mo 含量均值也比经典钢种 M50 低了 1% 左右，这说明国内在航空发动机用高温轴承钢成分设计时，仍然是通过增大高温合金元素的含量来获得更加优异的高温力学性能，而国外则把成分研发的重点放在了兼顾性能和成本的目标上，通过降低合金元素含量，并配合后续工艺的改进来获得成本和力学性能皆佳的航空发动机用高温轴承钢。

11.3.4.2 冶炼工艺技术现状分析

洁净度的高低影响航空发动机用高温轴承钢质量和性能的好坏，而决定钢洁净度的关键便是其冶炼工艺。

图 11 - 3 - 8 显示了国内外航空发动机用高温轴承钢冶炼工艺研发趋势，可以看出，国外在 20 世纪 70 年代开始关于航空发动机用高温轴承钢冶炼工艺的改进和研发，随后在 20 世纪 80 年代申请量开始增加，且整个 20 世纪 80 年代的申请量与航空发动机用高温轴承钢研发热度最高的 2000～2009 年相近，这与航空发动机用高温轴承钢其他工艺的研发趋势较为不同。随着 2010～2019 年国外航空发动机用高温轴承钢研发热潮结束后，国外从 2020 年开始便不再有关于航空发动机用高温轴承钢冶炼工艺研发的专利申请。而国内则在 2000～2009 年申请了第一件航空发动机用高温轴承钢冶炼工艺研发的专利，在 2010 年以后进入快速增长期，尤其是 2020 年以后，不到 3 年，国内关于航空发动机用高温轴承钢冶炼工艺研发的专利申请量便已经达到国内过去 20 年的总和。

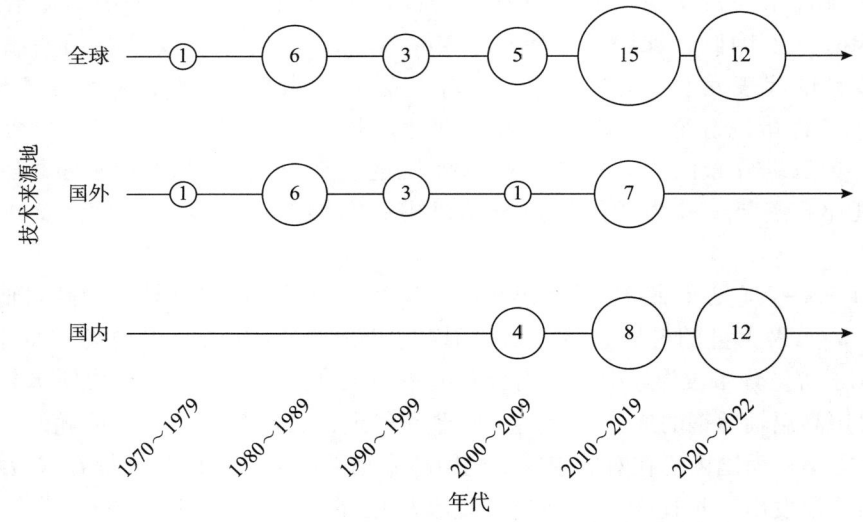

图 11 - 3 - 8　航空发动机用高温轴承钢冶炼工艺研发趋势

注：图中数字表示专利申请量，单位为项。

图 11 - 3 - 9 显示了国内外航空发动机用高温轴承钢冶炼工艺研发占比情况，可以看出，国内外在航空发动机用高温轴承钢冶炼工艺的研发上各有侧重。国外主要研究粉末冶金和真空冶炼的方法来冶炼航空发动机用高温轴承钢；而我国则主要侧重在真空冶炼的研发，未有关于粉末冶金的专利申请。此外，我国还有部分专利采用 ESR 的方式来冶炼航空发动机用高温轴承钢，而国外却没有使用该方式冶炼航空发动机用高温轴承钢的专利申请。但整体而言，真空冶炼工艺是国内外冶炼航空发动机用高温轴承钢的主要研究方向，专利申请量在各类冶炼工艺中占比最大。

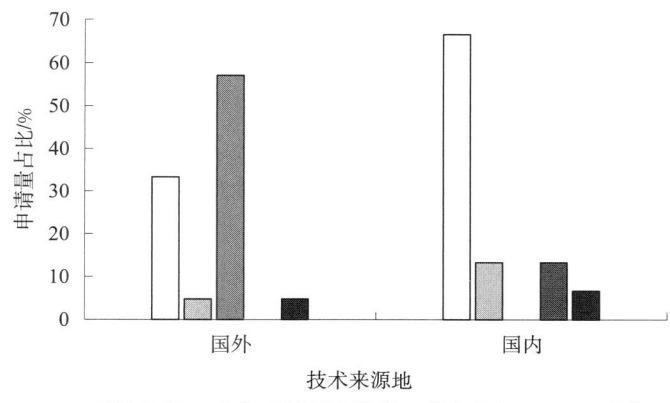

图 11 - 3 - 9 航空发动机用高温轴承钢国内外冶炼工艺研发占比

图 11 - 3 - 10 统计了国内外真空冶炼的具体种类和申请人情况,可以看出国内关于航空发动机用高温轴承钢真空冶炼研发的主体全部为高校/科研院所,国内轴承钢生产企业未有关于真空冶炼的专利申请。这与国外的情况截然相反,国外航空发动机用高温轴承钢真空冶炼的申请人全部为企业,高校/科研院所的占比为 0。这说明国内关于高温轴承钢真空冶炼工艺的研究基本上处在实验室试验阶段,而国外则已经在产业上进行了大规模应用。

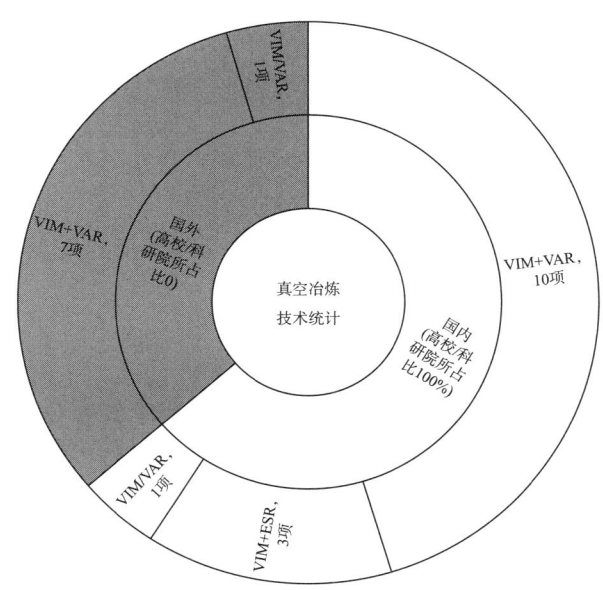

图 11 - 3 - 10 国内外航空发动机用高温轴承钢不同种类真空冶炼申请量占比

此外,从图 11 - 3 - 10 还可以看出,国内外关于真空冶炼工艺研发的重点在于双真空冶炼,即 VIM + VAR 工艺,该工艺能大幅降低航空发动机用高温轴承钢中杂质元素的含量,使钢洁净度达到较高水平,综合力学性能得到大幅改善。

11.3.4.3 锻轧工艺技术现状分析

对于航空发动机用高温轴承钢的形变处理工艺主要包括锻造和轧制工艺，锻造、轧制可以细化航空发动机用高温轴承钢的晶粒组织，减小夹杂物的尺寸，消除铸造残余应力和微观组织缺陷，从而使钢材的组织密实、力学性能得到改善。

图 11 - 3 - 11 显示了国内外关于航空发动机用高温轴承钢锻轧工艺的研发趋势，可以看出，国外关于航空发动机用高温轴承钢锻轧工艺的研发热度一直较低，总共只有 5 项相关的专利申请。即使在航空发动机用高温轴承钢研发热度最高的 2010~2019 年，也仅有 2 项关于航空发动机用高温轴承钢锻轧工艺改进的专利申请。这一方面说明，较成分设计、表面硬化和热处理工艺，锻轧工艺对航空发动机用高温轴承钢性能的提升程度有限；另一方面说明国外在航空发动机用高温轴承钢锻造和轧制工艺上的改进空间较小。国内在 2010 年以后开始有关于航空发动机用高温轴承钢锻轧工艺改进的专利申请，但大部分专利仅是对传统锻轧工艺的具体参数进行调整，研发出区别于传统锻造和轧制方式的专利申请较少。

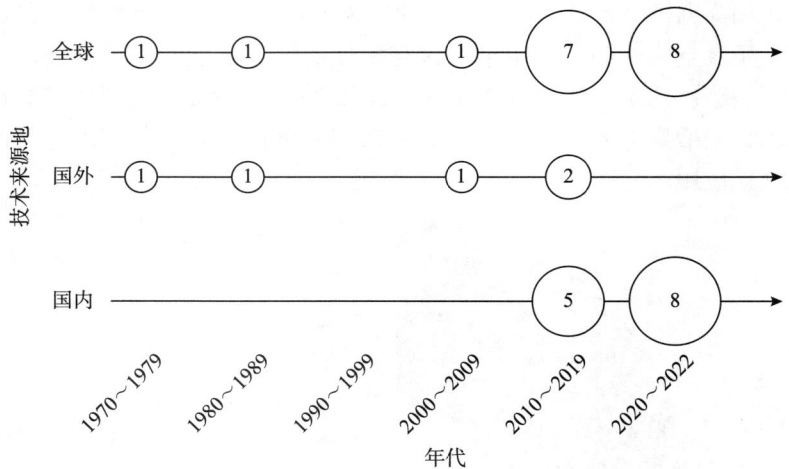

图 11 - 3 - 11　航空发动机用高温轴承钢锻轧工艺研发趋势

注：图中数字表示专利申请量，单位为项。

图 11 - 3 - 12 显示了国内外关于航空发动机用高温轴承钢锻轧工艺类型占比，可以看出，国内外关于航空发动机用高温轴承钢变形方式的研发大多集中在锻造工艺上面，涉及轧制工艺的占比较少。这说明相较于轧制工艺，锻造工艺的改进能够对航空发动机用高温轴承钢性能的提升产生更为显著的影响。

图 11 - 3 - 13 和图 11 - 3 - 14 显示了国内外专利中航空发动机用高温轴承钢锻造工艺相关参数的分布情况，可以看出，国内外航空发动机用高温轴承钢的锻前加热温度和终锻温度差别不大，锻前加热温度大部分集中在 1100~1200℃，终锻温度主要集中在 900~1000℃；此外，在锻造比参数分布方面，国内外存在一定差异，国内最小锻造比均在 5 以上，而国外最小锻造比则为 2。

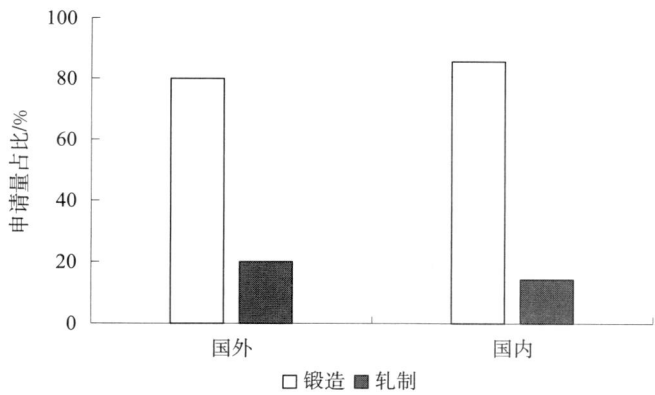

图 11 - 3 - 12 航空发动机用高温轴承钢国内外锻轧工艺类型占比

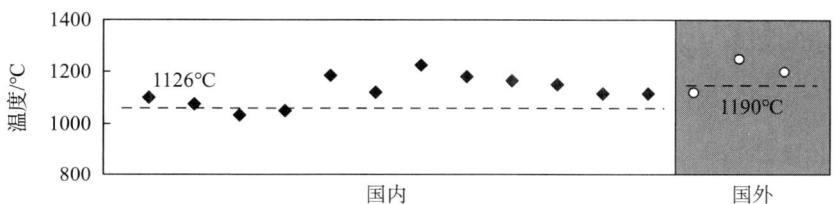

图 11 - 3 - 13 航空发动机用高温轴承钢锻造前加热温度分布

注：图中虚线表示平均温度。

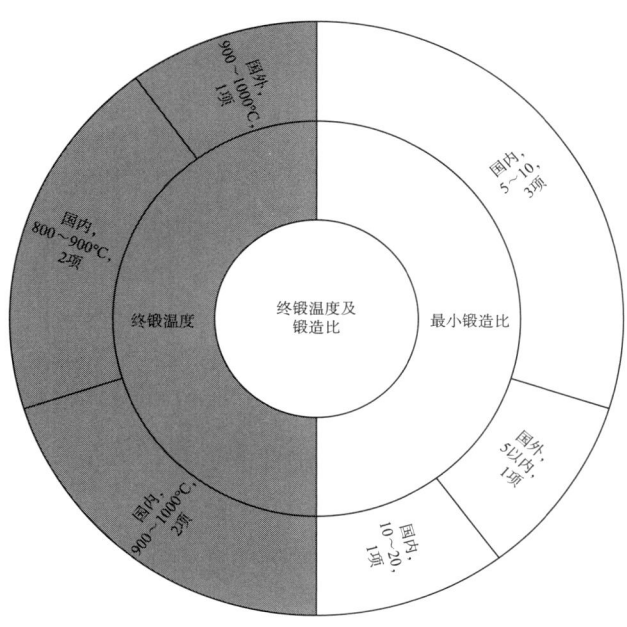

图 11 - 3 - 14 航空发动机用高温轴承钢终锻温度及锻造比申请量分布

11.3.4.4 表面硬化技术现状分析

随着航空发动机的快速发展，对于航空发动机用轴承钢性能的要求也越来越高，不仅要求其具有较高的硬度和耐磨性能，还需要具备优异的韧性以保证轴承可以承受更大的冲击载荷。但硬度和韧性两者相互制约，硬度高则通常韧性较低。为使航空发动机用高温轴承钢在保持良好的芯部韧性和强度的同时还能在表面具有高硬度和耐磨性，常用的工艺便是对其进行表面硬化处理。航空发动机用高温轴承钢的表面硬化处理工艺的类型主要为渗碳、渗氮、碳氮共渗。

图 11 - 3 - 15 显示了国内外关于航空发动机用高温轴承钢表面硬化工艺的研发趋势，可以看出，国外在 20 世纪 50 年代便开始对航空发动机用高温轴承钢的表面硬化工艺进行专利申请，并在 20 世纪 90 年代掀起了航空发动机用高温轴承钢表面硬化工艺的研究热潮，且该热潮一直延续了近 20 年，并在 2000 ~ 2009 年达到顶峰。2010 年以后，虽然国外关于航空发动机用高温轴承钢的整体研究热度开始下降，但关于航空发动机用高温轴承钢表面硬化改进的专利仍持续申请，这说明表面硬化工艺的改进属于航空发动机用高温轴承钢工艺研发的热点和重点。国内在 2000 年以后开始有较多关于航空发动机用高温轴承钢表面硬化工艺的专利申请，且增长速度较快，但整体上也是跟随国外的研发趋势而开展相关研究。

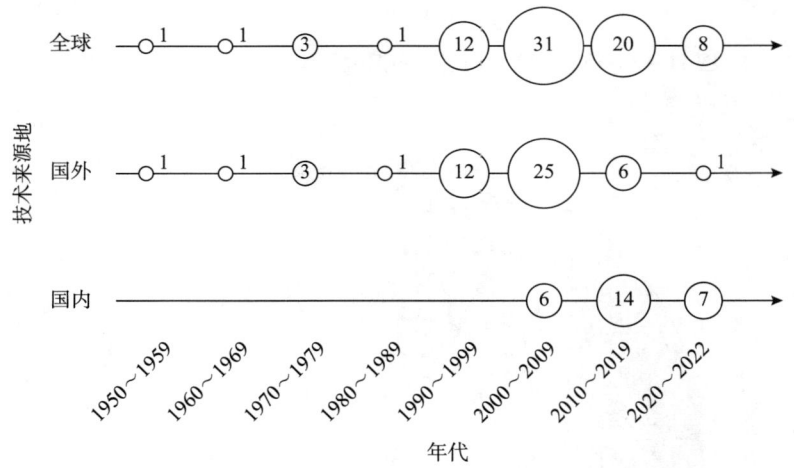

图 11 - 3 - 15　航空发动机用高温轴承钢表面硬化工艺研发趋势

注：图中数字表示专利申请量，单位为项。

图 11 - 3 - 16 显示了国内外航空发动机用高温轴承钢表面硬化工艺类型占比，可以看出，国外渗碳、碳氮共渗工艺的占比高于国内，且占比最大的是渗碳处理工艺，其次为碳氮共渗，占比最小的为渗氮。国内占比最大的同样是渗碳工艺，但渗氮工艺的占比高于碳氮共渗。这说明使用表面渗碳工艺对航空发动机用高温轴承钢进行表面硬化处理已被国内外普遍认可；但对于渗碳之外的另两种表面硬化工艺，国内和国外却朝着两条不同的路径在行进，国外侧重于结合了渗碳、渗氮两种表面硬化方式优点的碳氮共渗工艺，而国内则侧重成本更低的单独渗氮工艺。

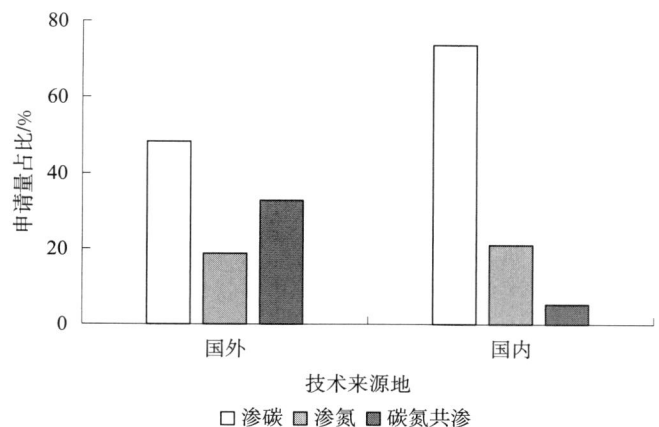

图 11 - 3 - 16　航空发动机用高温轴承钢国内外表面硬化工艺类型占比

图 11 - 3 - 17 显示了国内外专利中航空发动机用高温轴承钢渗碳工艺参数的分布情况，可以看出，国外航空发动机用高温轴承钢的渗碳温度和时间范围分布较宽，在 850 ~ 980℃ 的温度范围内以及 2 ~ 50h 的时间范围内均可进行表面渗碳处理。相较于国外，国内航空发动机用高温轴承钢的渗碳温度和时间范围则较为集中，渗碳温度主要集中在 940 ~ 980℃，渗碳时间则主要集中在 15 ~ 30h。可见，国外对于航空发动机用高温轴承钢的渗碳工艺给出了更多工艺参数范围的选择。此外，由国内外航空发动机用高温轴承钢渗碳温度和时间的均值统计结果可知，国外航空发动机用高温轴承钢的渗碳温度均值为 931℃，渗碳时间均值为 16.80h，低于国内的渗碳温度均值 962℃ 和时间均值 19.20h，从成本和生产效率来看，国外较低的渗碳温度和较短的渗碳时间可以在一定程度上降低能耗和成本，并提高生产效率，缩短生产周期。

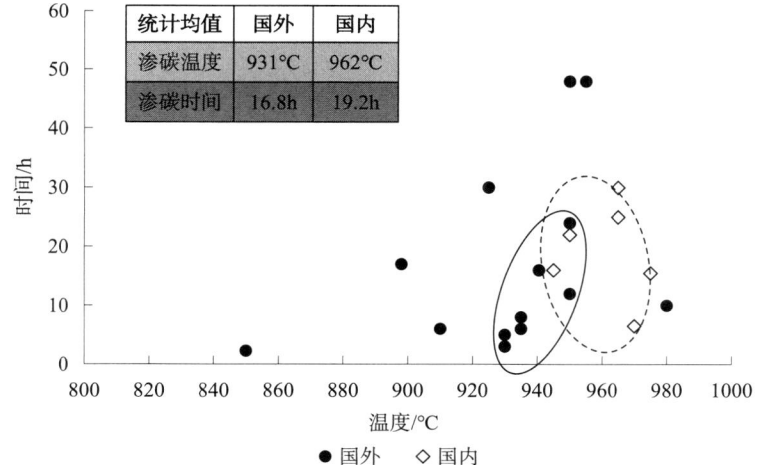

图 11 - 3 - 17　航空发动机用高温轴承钢渗碳工艺参数分布

注：虚线圈代表国内集中分布点，实线圈代表国外集中分布点。

图 11 - 3 - 18 显示了国内外专利中航空发动机用高温轴承钢渗氮工艺参数的分布情况。从国内外航空发动机用高温轴承钢渗氮温度和时间的均值统计结果来看，国外航空发动机用高温轴承钢的渗氮温度均值为 478℃，低于国内的 531℃、国外航空发动机用高温轴承钢的渗氮时间均值为 37.5h，高于国内的 28.5h。但从渗氮温度和时间的分布情况来看，国外航空发动机用高温轴承钢可以进行表面渗氮的温度和时间范围较宽，最低的渗氮温度可以低至 300℃，最短的渗氮时间仅需 1.75h。与国外相比，国内航空发动机用高温轴承钢渗氮处理的温度和时间范围则相对较为集中，渗氮温度主要集中在 500~550℃，渗氮时间则主要集中在 15~40h。

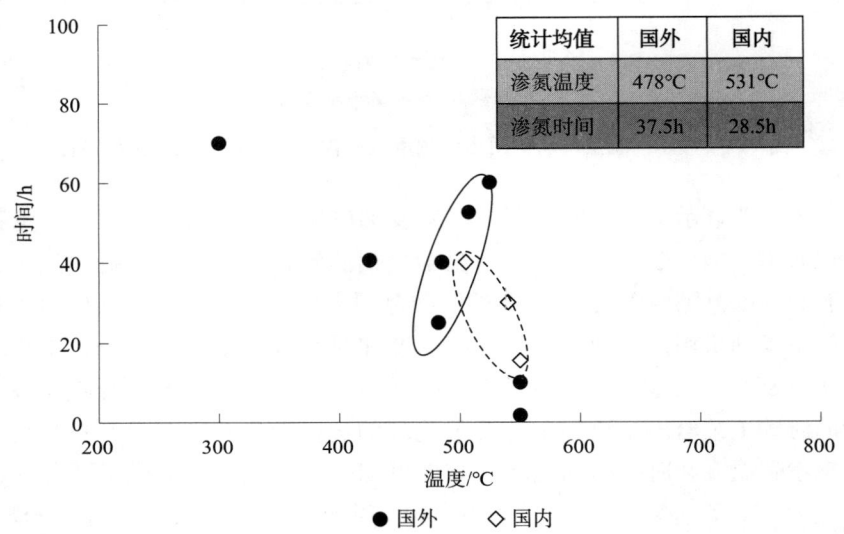

统计均值	国外	国内
渗氮温度	478℃	531℃
渗氮时间	37.5h	28.5h

图 11 - 3 - 18　航空发动机用高温轴承钢渗氮工艺参数分布

注：虚线圈代表国内集中分布点，实线圈代表国外集中分布点。

图 11 - 3 - 19 显示了国内外专利中航空发动机用高温轴承钢碳氮共渗工艺参数的分布情况，可以看出，国外航空发动机用高温轴承钢碳氮共渗的温度主要分布在 800~1000℃，部分温度可以高达 1100℃。而碳氮共渗的时间则主要分布在 3~8h，部分时间可以短至 1h 或长达 12.5h。此外，从均值统计结果可知，国外航空发动机用高温轴承钢碳氮共渗工艺的温度均值为 913℃，时间均值为 6h。国内目前仅有一件关于航空发动机用高温轴承钢碳氮共渗工艺的专利申请，该专利使用碳、氮离子升温注渗工艺，通过将氮气和甲烷通入真空室内，采用脉冲视频激发碳氮等离子体，并在一定温度和时间范围内使碳、氮离子注入轴承钢的表面以完成碳氮共渗表面硬化。此外，该专利采用了与该领域常用的扩散式碳氮共渗不同的升温注渗表面硬化工艺，因而碳氮共渗的温度和时间与国外存在较大差异。

11.3.4.5　热处理技术现状分析

为使航空发动机用高温轴承钢获得优异的整体硬度和强度，在冶炼、铸造、锻造或轧制等一系列工艺步骤的最后，通常还会对其进行热处理。对于航空发动机用高温轴承钢而言，热处理工艺通常为"淬火 + 回火"的热处理工艺组合。

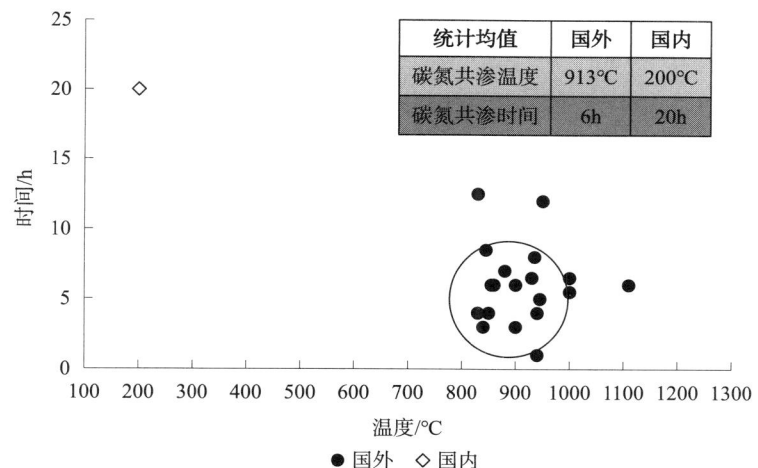

图 11 - 3 - 19　航空发动机用高温轴承钢碳氮共渗工艺参数分布

注：实线圈代表国外集中分布点。

图 11 - 3 - 20 显示了国内外航空发动机用高温轴承钢整体硬化工艺研发趋势，可以看出，从 20 世纪 50 年代开始到 2022 年，国外一直有关于航空发动机用高温轴承钢热处理工艺改进的专利申请，这说明与成分设计、表面硬化工艺一样，航空发动机用高温轴承钢的热处理工艺属于国外研发的热点和重点。但 2010 年以后，国外关于航空发动机用高温轴承钢热处理工艺改进的专利申请量开始下降。国内关于航空发动机用高温轴承钢热处理工艺的研发趋势与表面硬化工艺较为一致，2000 年以后，我国开始了对航空发动机用高温轴承钢热处理工艺专利技术的研发，2010 年以后，国内专利申请量的增长速度明显加快。在 2020～2022 年，国内关于航空发动机用高温轴承钢热处理技术的专利申请量已经超过了前 20 年国内的专利申请总量。

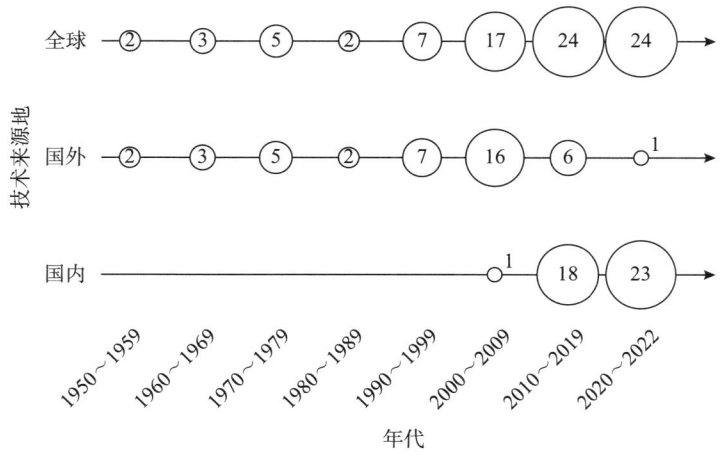

图 11 - 3 - 20　航空发动机用高温轴承钢热处理工艺研发趋势

注：图中数字表示专利申请量，单位为项。

此外，在航空发动机用高温轴承钢整体硬化淬火后的钢组织中会存在一定量的残余奥氏体，为使这些残余奥氏体尽可能地转变为马氏体，国外在淬火、回火的过程中增设深冷处理工艺。而随着国内关于航空发动机用高温轴承钢热处理的研发热度增加，越来越多的国内专利申请也在热处理过程中增加了深冷处理工艺。

图11-3-21显示了国内外航空发动机用高温轴承钢整体硬化工艺中深冷处理工艺占比，可以看出，由于近些年来的快速发展，国内关于航空发动机用高温轴承钢深冷工艺的研发占比已与国外相当，这说明在航空发动机用高温轴承钢热处理的过程中增设深冷处理已被国内外所普遍认可。

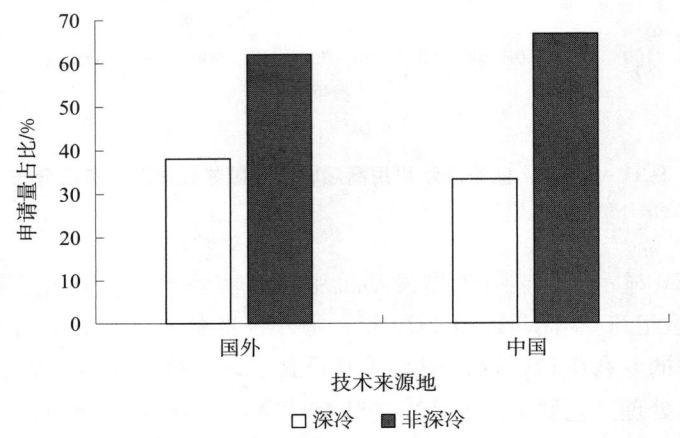

图11-3-21　航空发动机用高温轴承钢国内外热处理工艺中深冷处理工艺占比

为更加全面、深入地对国内外航空发动机用高温轴承钢热处理的各工艺步骤发展规律和现状进行分析和研究，课题组对国内外专利申请中涉及航空发动机用高温轴承钢淬火、回火和深冷的工艺步骤及参数进行了统计和分析。

（1）淬火

淬火工艺通常涉及加热、奥氏体化和冷却三个环节，而每个环节由于具体操作步骤和工艺参数的选择不同，会使航空发动机用高温轴承钢具有不同的组织和性能。因此，课题组对国内外航空发动机用高温轴承钢淬火工艺的各环节改进情况进行了统计和分析。

图11-3-22显示了国内外航空发动机用高温轴承钢淬火各工艺环节改进情况分布，可以看出，在航空发动机用高温轴承钢的淬火过程中，国内外对于奥氏体化和冷却工艺的改进占比较大，而对于加热工艺的改进占比较小。具体而言，在对淬火前加热工艺的改进中，国内和国外主要针对加热方式进行了改进，均选择以分段式加热的方式为主，这主要是因为相较于直接加热至奥氏体化温度，分段式加热能够使轴承钢更加充分和均匀地加热，从而获得更好的奥氏体化效果。国内外航空发动机用高温轴承钢的分段式加热主要分为三段式加热和二段式加热，且国外三段式加热的占比高于国内。

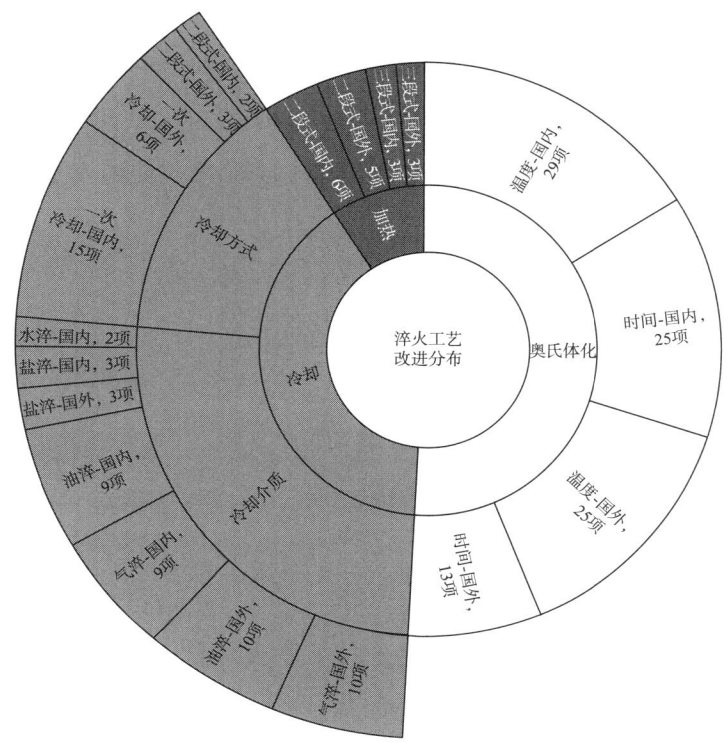

图 11 - 3 - 22 航空发动机用高温轴承钢淬火工艺各环节改进申请量分布

图 11 - 3 - 23 显示了航空发动机用高温轴承钢分段式加热的各段加热温度分布情况，可以看出，国外三段式加热工艺中，第一段和第二段加热温度占比较高的范围分别为 500 ~ 700℃ 和 700 ~ 900℃。国内三段式加热的第一段和第二段加热温度占比较高的范围则分别为 800 ~ 900℃ 和 1000 ~ 1100℃，均高于国外的温度范围。对于两段式加热，国内占比高于国外。此外，国内和国外航空发动机用高温轴承钢两段式加热的第一段加热温度范围均主要为 750 ~ 900℃。

在对航空发动机用高温轴承钢淬火奥氏体化工艺的改进中，国内外主要针对奥氏体化温度和奥氏体化的保温时间开展了较多研究。

图 11 - 3 - 24（见前文彩色插图第 6 页）显示了国内外航空发动机用高温轴承钢淬火奥氏体化温度和保温时间的分布情况，可以看出，国内外淬火奥氏体化的温度均主要集中在 1000 ~ 1200℃，统计均值也较为接近，国外为 1086℃、国内为 1055℃。此外，在上述集中分布的温度范围之外，国外还有较多的奥氏体化温度分布在 800 ~ 1000℃，而国内仅有少量专利的奥氏体化温度分布在 800 ~ 900℃。可见，与国外相比，国内对于航空发动机用高温轴承钢淬火奥氏体化温度的研发较少。对于淬火奥氏体化的保温时间，国外相较国内更为集中，主要分布在 30 ~ 50min，统计均值为 40.80min，而国内则集中程度不如国外，且统计均值也高于国外，为 57.20min。

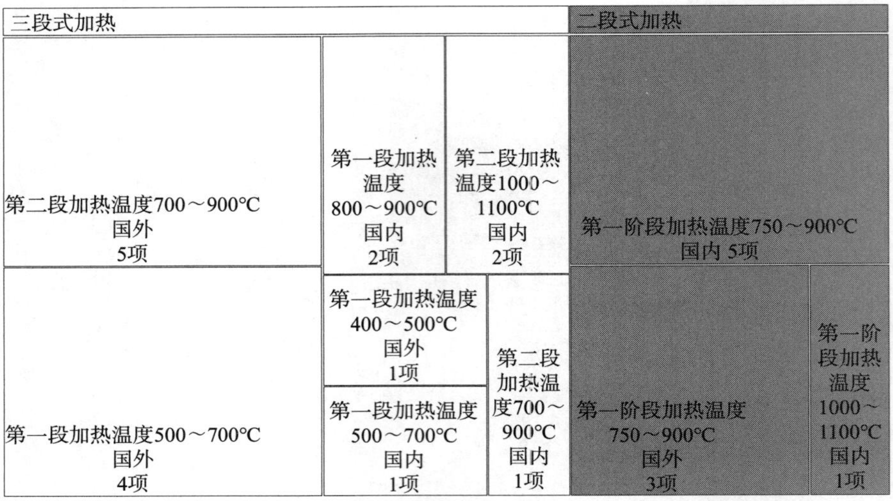

三段式加热
二段式加热
第二段加热温度700～900℃ 国外 5项
第一段加热温度800～900℃ 国内 2项
第二段加热温度1000～1100℃ 国内 2项
第一阶段加热温度750～900℃ 国内 5项
第一段加热温度500～700℃ 国外 4项
第一段加热温度400～500℃ 国外 1项
第一段加热温度500～700℃ 国内 1项
第二段加热温度700～900℃ 国内 1项
第一阶段加热温度750～900℃ 国外 3项
第一阶段加热温度1000～1100℃ 国内 1项

图11-3-23 航空发动机用高温轴承钢淬火分段式加热工艺申请量分布

在对淬火后冷却工艺的改进中，国内外主要针对冷却方式和冷却介质开展了较多研究。对于淬火后的冷却方式，国内外均主要采用直接冷却至截止温度的一次冷却方式，但仍有部分专利采用了两段式冷却的方式来进行冷却。

图11-3-25显示了航空发动机用高温轴承钢淬火后不同冷却方式的申请量分布情况，可以看出，在淬火后一次冷却的方式中，国内外由奥氏体化温度直接冷却至200℃以下的冷却截止温度的占比较高。在二段式冷却方式中，国外第一段冷却截止温度主要为500℃~600℃，第二段冷却截止温度主要为50℃以下，而国内二段式冷却过程中的第一段冷却截止温度则低于国外，为400℃~500℃。此外，对于冷却介质的选择，国内和国外均主要以油淬和气淬为主，而使用水作为淬火介质的占比是最低的。

一次冷却
二段式冷却
冷却截止温度200℃以下 国内 10项
冷却截止温度200～320℃ 国内 6项
第一段冷却截止温度500～600℃ 国外 3项
第二段冷却截止温度50℃以下 国外 2项
第一段冷却截止温度400～500℃ 国内 1项
冷却截止温度200℃以下 国外 3项
冷却截止温度室温 国内 2项
第二段冷却截止温度180～220℃ 国内 1项
第二段冷却截止温度50℃以下 国内 1项

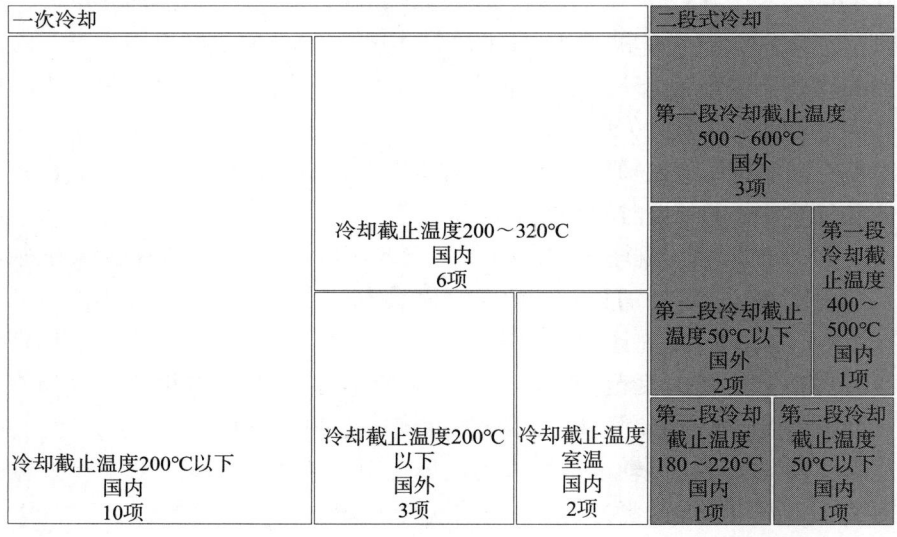

图11-3-25 航空发动机用高温轴承钢淬火后不同冷却方式申请量分布

（2）回火

为减小或消除淬火后钢中的残余内应力，提高钢的延展性或韧性，在淬火硬化后通常还需对钢进行回火处理。回火工艺主要涉及回火温度和回火时间两个关键工艺参数。根据回火温度的不同，又可以将回火分为低温回火（100℃～250℃）、中温回火（250～500℃）和高温回火（500℃以上）。

图11-3-26（见文前彩色插图第7页）显示了国内外航空发动机用高温轴承钢回火温度和回火时间的分布情况，可以看出，国外采用高温回火的占比较高，且国外高温回火的温度主要集中在500～600℃。除了高温回火，国外还有一部分航空发动机用高温轴承钢在淬火之后采用了中温回火，但中温回火的温度分布较为分散。相较于高温回火和中温回火，国外低温回火的占比最低。与国外情况类似，国内航空发动机用高温轴承钢淬火后也主要采用高温回火，且高温回火的温度主要集中520℃～580℃。除了高温回火，国内还有一部分航空发动机用高温轴承钢在淬火后采用了中温回火和低温回火，且中温回火的温度分布同样较为分散，占比高于低温回火，但国内低温回火的温度分布较国外更为集中，主要在200～250℃。至于回火时间，国内和国外的情况较为一致，三种回火的时间均主要分布在1～4h。

图11-3-27（a）和（b）显示了航空发动机用高温轴承钢回火温度和回火时间的均值统计情况，可以看出，国外和国内高温回火温度的均值较为接近，分别为550℃和556℃，但国内高温回火时间的均值却高于国外，国内为3.1h、国外为2.4h。对于中温回火和低温回火，国外回火温度和回火时间的均值均高于国内，具体为国外中温回火的温度均值为427℃，时间均值为3.7h，低温回火的温度均值为203℃，时间均值为2.9h；而国内中温回火的温度均值为402℃，时间均值为2.5h，低温回火的温度均值为194℃，时间均值为2.3h。

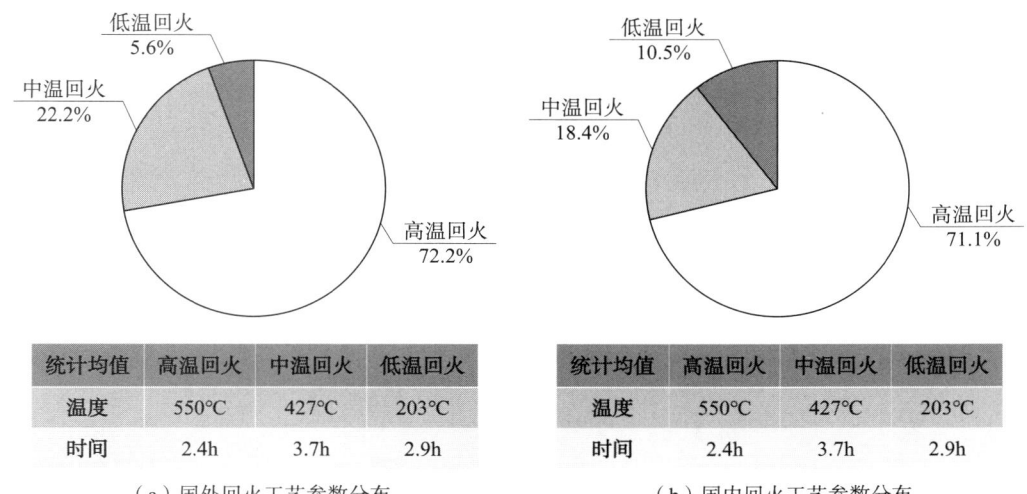

统计均值	高温回火	中温回火	低温回火
温度	550℃	427℃	203℃
时间	2.4h	3.7h	2.9h

（a）国外回火工艺参数分布

统计均值	高温回火	中温回火	低温回火
温度	550℃	427℃	203℃
时间	2.4h	3.7h	2.9h

（b）国内回火工艺参数分布

图11-3-27　航空发动机用高温轴承钢回火工艺参数均值统计

为彻底消除淬火后钢中的残余奥氏体和内应力，通常会在淬火后进行多次循环回火处理。图 11 - 3 - 28 显示了航空发动机用高温轴承钢各类回火对应的回火次数分布情况，可以看出，国内外多次循环回火的次数主要为 2 ~ 3 次。整体上来看，国外 2 次回火的占比要高于 3 次回火，但国内 3 次回火的占比却高于 2 次回火。

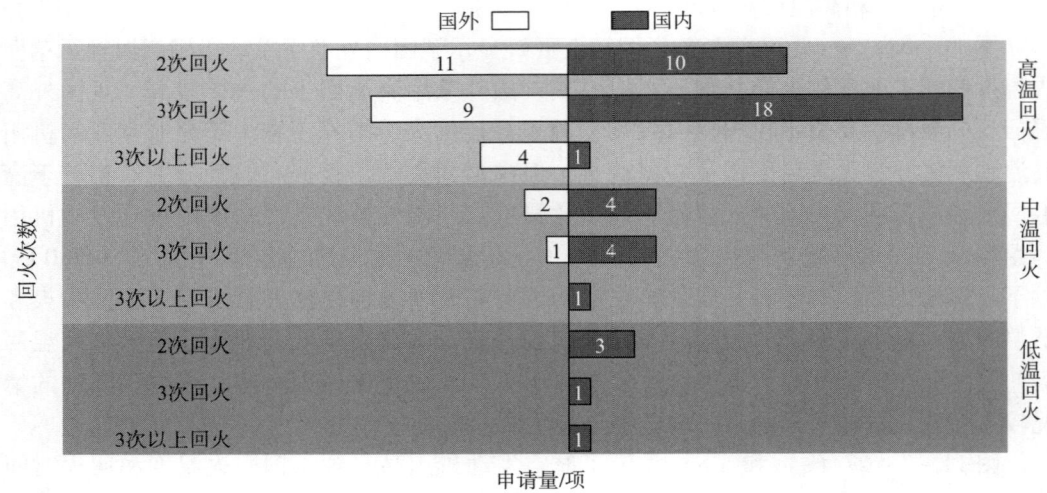

图 11 - 3 - 28　航空发动机用高温轴承钢多次回火工艺不同次数分布

（3）深冷处理

为使淬火后钢中的残余奥氏体尽可能全部地转变为马氏体，国内外越来越多地在淬火、回火的过程中增设深冷处理步骤。

图 11 - 3 - 29 和图 11 - 3 - 30 显示了国内外航空发动机用高温轴承钢深冷处理的时机和温度分布情况，可以看出，国内外通常会在淬火之后、回火之前进行深冷处理，且深冷温度在 - 100 ~ 0℃ 的占比较高。此外，国内深冷处理的时间分布较为集中，主要为 2 ~ 3h，而国外的深冷处理时间分布则较为分散，最小为 0.3h，最大为 4h。

此外，从均值统计结果来看，国外深冷温度的均值为 - 101.5℃，时间均值为 1.5h；而国内深冷温度的均值 - 84.6℃，时间均值为 2.3h。

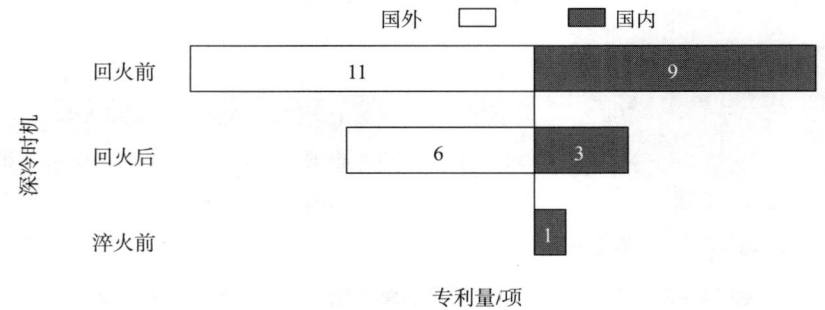

图 11 - 3 - 29　航空发动机用高温轴承钢深冷处理工艺时机分布

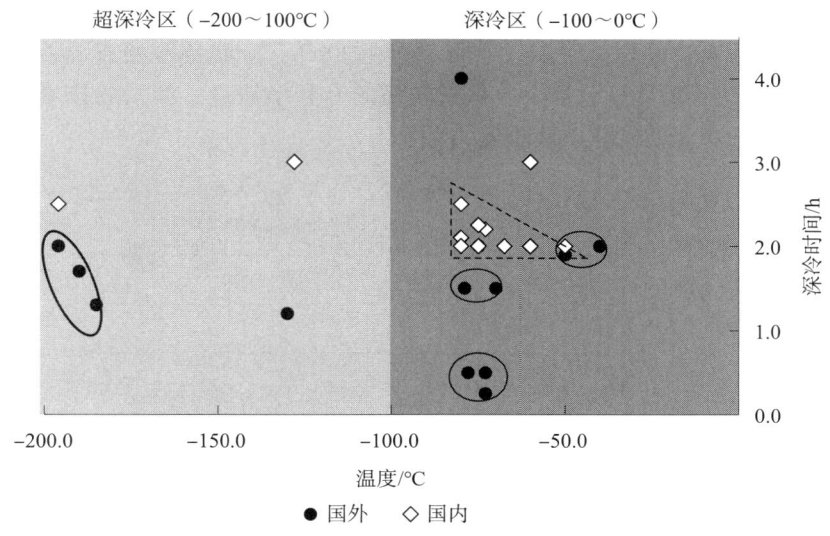

图 11 - 3 - 30　航空发动机用高温轴承钢深冷工艺参数分布

注：虚线框代表国内集中分布点，实线圈代表国外集中分布点。

11.4　航空发动机用不锈轴承钢专利技术分析

11.4.1　技术发展态势分析

　　图 11 - 4 - 1 显示了国内外航空发动机用不锈轴承钢技术发展态势，可以看出，国外从 20 世纪 50 年代开始对航空发动机用不锈轴承钢的技术进行专利申请，直到 20 世纪 60 年代，专利申请涉及的技术改进主要为钢成分设计及热处理改进方面。20 世纪 70 年代的专利申请不仅涉及钢成分设计及热处理方面的改进，还包括冶炼和锻轧方面的工艺以提高钢的性能。20 世纪 80 年代，国外开始研发航空发动机用不锈轴承钢的表面硬化技术，以改善钢的表面硬度等性能。总体而言，20 世纪 50 ~ 80 年代，国外航空发动机用不锈轴承钢的专利申请较为稳定，整体申请量不高，但在 20 世纪 90 年代以后，专利申请量开始快速增长，1990 ~ 1999 年的专利申请量超过了前面专利申请量的总和，研发的重点仍然在钢的成分设计和热处理上，也有少数申请涉及表面硬化、冶炼方面。

　　此外，从图 11 - 4 - 1 还可以看出，2000 ~ 2009 年，国外航空发动机用不锈轴承钢的专利申请量仍然快速增长，中国的申请人也开始对航空发动机用不锈轴承钢进行专利申请，但申请量偏少。2010 ~ 2019 年，专利申请量快速发展，此阶段，中国申请人的专利申请量大幅增长，反超国外的专利申请量，专利研发的重点围绕成分设计、热处理、冶炼、表面硬化、锻轧等方向。2020 年至今，全球的专利申请量继续保持高位。中国的专利申请量依然领先国外的专利申请量，占全球申请量的 83%。

　　从国内外航空发动机用不锈轴承钢技术发展态势来看，国外不锈轴承钢的专利申请量在 2000 ~ 2009 年大幅增长，专利技术的研发覆盖了成分设计、热处理、表面硬化等方面，此后专利申请量较为稳定。中国专利在 2000 ~ 2009 年开始布局，专利申请量在 2010 ~ 2019 年达到最大，此后一直保持较高的专利申请量，涉及的技术研发集中在成分设计、热处理、表面硬化、冶炼等方面。

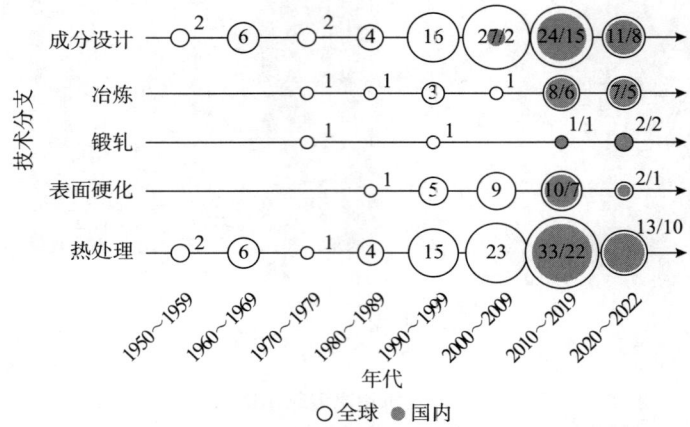

图 11 - 4 - 1   航空发动机用不锈轴承钢技术发展态势

注：斜杠前数字表示全球专利申请量，单位为项；斜杠后数字表示国内专利申请量，单位为项。

11.4.2   技术发展路线分析

图 11 - 4 - 2 显示了国内外在航空用不锈轴承钢的技术发展路线情况。

1958 ~ 1959 年，美国专利申请 US2967103A 认为在合金成分上进行调整得到的轴承用不锈钢具有更优良的耐腐蚀性和高温硬度，适量的 Cr 含量可以保证较好的耐蚀性，但高温下难以获得高的硬度；含 W 的钢具有较高的高温硬度，但无法确保耐蚀性，通过添加 W 来改善铬钢的高温硬度或通过添加 Cr 来改善钨工具钢的耐蚀性和抗氧化性的尝试都没有成功。而将 Co 和 W 以适当的比例添加到高碳铬含量的钢中，可制成通过热处理硬化的合金，该合金具有很高的高温硬度和耐热性及良好的耐蚀性。1959 年，美国的特钢生产商阿勒格尼路德卢姆公司的专利申请 US2934430A 公开了一种在高温下具有高硬度、强度和抗氧化性的不锈轴承钢，其从成分对钢的高温硬度和耐蚀性进行了改进。其中，Cr 和 Si 含量的主要功能是提供必要的高温抗氧化性，Mo 也有助于高温抗氧化性，可在 1093℃ 下淬火，然后在 538℃ 下回火处理。

1960 年，拉特罗布钢铁公司的专利申请 GB933882A 公开了一种高温下具有耐腐蚀性和热硬性的不锈钢，其热处理通过淬火—回火—深冷—回火的方式对不锈钢的高温硬度、耐蚀性进行改善，在 482℃、538℃ 的温度下回火可在一定成分组成的合金中产生最大的高温硬度。该专利在热处理中加入深冷（-73℃）的方式可提高不锈钢高温硬度为后续研究提供了借鉴。同年，拉特罗布钢铁公司的专利申请 FR1276495A 公开了一种具有高温硬度和耐腐蚀性的钢，其热处理也是通过先淬火，后在回火温度下回火，冷却至 -73℃ 并恢复到初始回火温度得到具有高温硬度和耐腐蚀性的不锈钢，并且具有在使用时能够抵抗冲击载荷下的断裂性能。

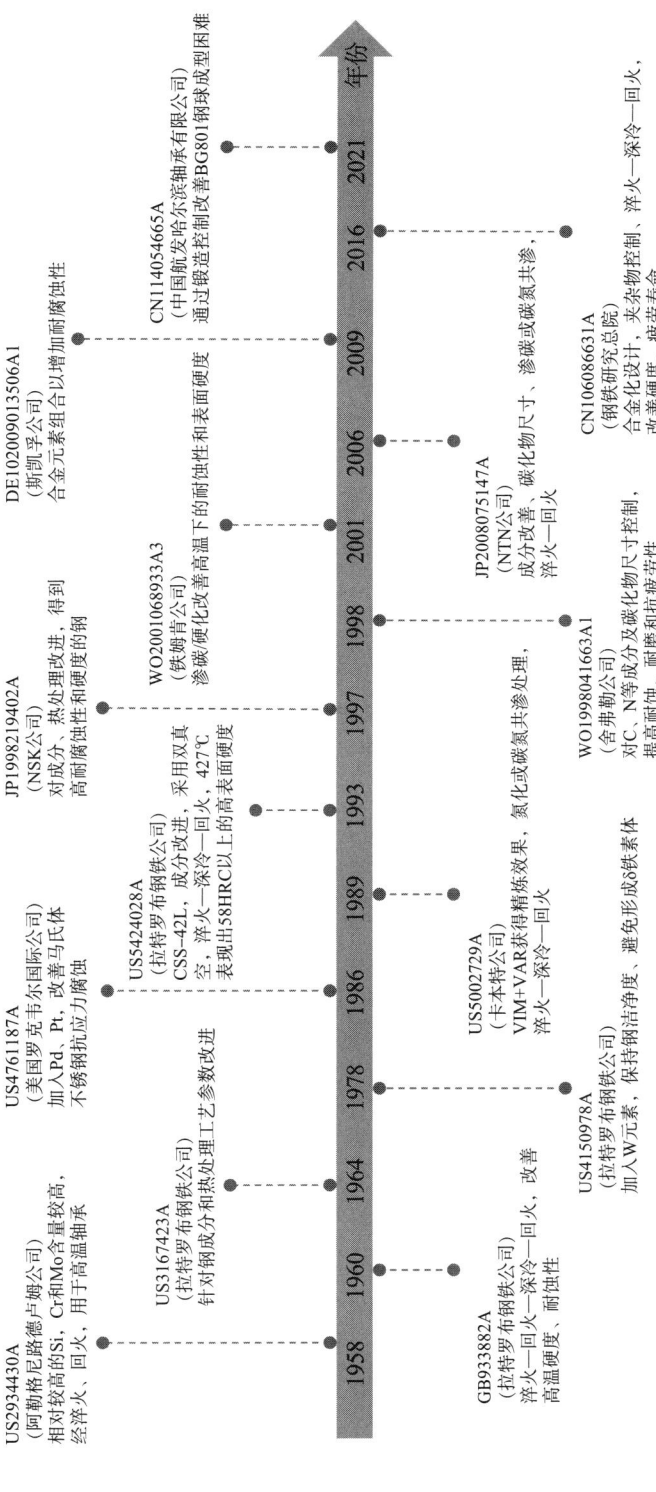

图11-4-2 航空发动机用不锈轴承钢技术发展路线

从图 11 - 4 - 2 中可以看出，1960～1980 年，航空发动机用不锈轴承钢的研发以美国为主，1997 年日本开始进行相关专利的布局。1964 年，拉特罗布钢铁公司的专利申请 US3167423A 公开了一种具有高温轴承使用所需性能的钢，相比于 440C 型不锈钢，该钢具有更为理想的高温硬度和耐磨性、腐蚀性，该钢成分包括 0.95%～1.50% 的 C、Si≤0.95%、Mn≤1%、13%～19% 的 Cr、0.50%～2.50% 的 V、3.05%～4.50% 的 Mo，余量为 Fe；在热处理步骤，仍是淬火、回火、深冷、回火，如可在 1093℃淬火、538℃回火、-73℃深冷、再次回火，在工艺参数调整方面进行创新，以改善高温轴承钢的综合性能。

1965 年，美国联合碳化物公司的专利申请 US3360363A 公开了一种 Be 增强的不锈钢，在成分上其加入有效量的 Be 和 Mo 进行了强化，并加入了高达 20%～23.20% 的 Cr，Co 和 Ni 均可达 10%～16%，Be 含量可达 0.50%～1.10%，Mo 为 2.50%～5%，钢中可不需要 Si。Be 在合金中的含量能为合金提供强化作用，而 Mo 成分可以优化这种作用。该钢的理想高温性能可能是由 Cr 的存在以及 Co（与 Ni 平衡的）和 Mo 以及 Be 的适当组合提供的。添加了适量的 Cr、Be 等元素后，该钢的强化不依赖于金属和 C 的精确化学计量比来形成碳化物作为钢的主要强化机理。在后续的热处理中采用了淬火、沉淀强化的方式。其制得的钢具有良好的高温强度、高强度密度比、抗腐蚀性。

1978 年，拉特罗布钢铁公司的专利申请 US4150978A 公开了一种具有良好耐腐蚀性、耐磨和耐高温的轴承钢，其结合了在高温和/或腐蚀性环境中运行的飞机轴承等所需的所有特性，特别是优异的疲劳寿命。该专利认为，必须尽可能降低 O、H、Al 和 Si 的含量，以提供更好清洁度的钢并避免形成 δ 铁素体，否则将显著降低可达到的硬度。另外，保持低水平的 Mn、Ni、Co、Cu 和 N 也是必要的，以减少残余奥氏体的存在。在合金元素方面，该专利认为 W 是有益的并且可以以 1∶1.50 的比例代替 Mo。W 的存在增强了滚动接触疲劳性能，即使在增加的硬化温度下也可细化晶粒尺寸，最终有助于降低残余奥氏体水平。

1986 年，美国罗克韦尔国际公司的专利申请 US4761187A 公开了一种改善高强度可热处理马氏体不锈钢的抗应力腐蚀性的方法，其目的是改善用于在高转速下操作的设备的轴承组件中的应力腐蚀的现象。不锈钢可采用 400 系列不锈钢，成分中还需在其中加入贵金属 Pd、Pt，经过热处理后制成的不锈钢的抗应力腐蚀性可以增加 10 倍或更多。从该专利中可知，400 系列不锈钢加入 Pd、Pt 可大大提高钢的抗应力腐蚀性。

1988 年，日本爱知钢铁公司的专利申请 JP1990093041A 公开了一种具有 HRC60 以上的热处理后的高硬度、良好减震性能的轴承钢，其中钢的成分采用 0.64%～0.80% 的 C、0.20%～0.90% 的 Si、5%～10% 的 Cr，余量为 Fe。该专利认为 Cr 是能有效提高减振性能的元素，在诸如 HRC60 或更高硬度要求的钢之类的高碳钢中，减振与 Cr 含量之间的关系尚不清楚，但该专利证实了含有 5%～10% 的 Cr 可使钢具有优异的减振性能。该钢的制备工艺是熔炼后经热轧再热处理，其中油淬的温度根据 Cr 含量的不同在 970 ~ 1050℃，之后进行深冷处理，可在 165℃ 下回火 2h。该钢的硬度高且减振性能高。

1989 年，卡本特公司的专利申请 US5002729A 公开了一种稳定的马氏体钢合金，它可以用常规技术制备，经表面硬化和热处理，提供高硬度、高温性能、耐腐蚀性和金属对金属的耐磨性和延展性、冲击韧性和芯的断裂韧性。该钢中有 0.05% ~ 0.10% 的 C，Mn≤1.50%，Si≤1%，11% ~ 15% 的 Cr，1% ~ 3% 的 Mo，1.50% ~ 3.50% 的 Ni，3% ~ 8% 的 Co，0.1% ~ 1% 的 V，N≤0.40%，余量为 Fe。该钢在 205℃ 下具有至少 HRC60 的高温硬度、良好的耐磨性并且基本上没有残余奥氏体。C 含量的控制有助于钢的高硬度，且可使钢的组织基本上不含游离铁素体或 δ 铁素体。Cr 有助于该合金的耐腐蚀性，但过量的 Cr 导致存在不需要的自由铁素体和残余奥氏体，并且降低合金的耐磨性。Ni 是一种强奥氏体形成体，虽然没有 C 或 N 那样强大，但能够稳定合金，防止形成铁素体。Ni 还有助于降低脆性转变温度，并且通过减少所需的其他奥氏体形成元素（例如 C）的量，有效地提高了合金的韧性。Mo 增强了该合金的耐热性和耐回火性以及耐腐蚀性。过高的 Mo 使 δ 铁素体的量增加到超过其益处的程度。Co 也是奥氏体形成物，有助于抵消存在的铁素体形成元素，从而减少在合金中形成铁素体的倾向。在制备工艺上，该合金易于通过包括粉末冶金在内的技术制备。而使用 VIM + VAR 进行进一步的合金精炼可获得更好的性能。当需要表面硬化时，合金可以进行氮化或碳氮共渗，以确保所需的表面深度和硬度。在热处理中，可在 1025 ~ 1050℃ 进行奥氏体化保温之后淬火处理，之后在 -100℃ 下深冷处理，以确保基本上所有奥氏体转变为马氏体，然后可在 600℃ 下回火。制备的钢表现出表面和芯部性能的独特组合，包括优异的高温性能、韧性和耐腐蚀性以及具有高硬度，可用于航天器和飞机发动机的轴承。

1993 年拉特罗布钢铁公司申请的专利 US5424028A 涉及的高强度渗碳不锈钢 CSS - 42L 作为基础性专利，对后续的不锈轴承钢的发展和演变产生了重要影响，其中的 CSS - 42L 钢具有高的表面硬度和高温硬度和芯部韧性，还有良好的耐蚀性，CSS - 42L 钢是继 GCr15 钢和 M50 - NiL 钢之后的第三代轴承钢的代表。该专利的钢提供了比 M50 - NiL 钢更好的耐蚀性，该钢在成分上进行了较多改进，其典型成分含量如表 11 - 4 - 1 所示。

表 11 - 4 - 1　航空发动机用不锈轴承钢 CSS - 42L 化学成分

元素	C	Si	Mn	Cr	V	Ni	Mo	Co	Nb
含量/%	0.1 ~ 0.25	≤1.0	1.0	13 ~ 19	0.25 ~ 1.25	1.75 ~ 5.25	3.0 ~ 5.0	5.0 ~ 14.0	0.01 ~ 0.10

该钢采用了双真空冶炼，先 VIM，然后 VAR，以进一步精炼合金。CSS - 42L 钢是一种表面渗碳不锈钢，在渗碳之前使钢在空气中预氧化，然后通过固溶处理和奥氏体化，进行淬火、深冷和随后的回火使钢硬化。该专利中的钢通过成分调整、真空熔炼、渗碳及热处理后，在室温下表现出至少 62HRC 的高表面硬度，在高温下（427℃）表

现出至少58HRC的高表面硬度，该钢具有优异的耐蚀性，同时在该温度范围内在芯部具有优异的断裂韧性。在成分上，该专利的一个重要方面在于发现通过 Ni 和 Co 的合适组合能稳定奥氏体和 C 与 Mo、Cr、V、Nb 等碳化物形成元素，可在渗碳不锈钢合金中获得优异的性能。

1994年，美国托林顿公司的专利申请 US5531836A 公开了一种具有高耐蚀性和断裂韧性的滚动轴承钢，该钢可用于承受高载荷且暴露于腐蚀性环境的飞机中。该钢含有 10% ~ 18% 的 Cr、0.05% ~ 0.30% 的 C。钢合金优选还包含 0.70% ~ 7.50% 的一种或多种另外的合金元素。这些成分包括 0.10% ~ 2.0% 的 Mo，0.15% ~ 1% 的 Si，0.20% ~ 1.50% 的 Mn，0.80% ~ 1.20% 的 W，0.20% ~ 0.30% 的 V 和 0.20% ~ 1% 的 Ni。其中 Mo 和 Mn 增加了淬透性和材料韧性。Ni 用于改善抗冲击性。该钢进行了表面硬化，表面硬化是在含有 0.25% ~ 0.40% 碳势的碳气氛中 2 ~ 70h，以在表面区域中的 C 与其他元素的核心区域之间产生差异。然后将如此处理的合金淬火以保持碳差。表面层中的 C 含量为 0.35% ~ 1.20%，钢的滚动疲劳寿命和耐蚀性得到改善。表面硬化后进行的热处理包括，用油淬火钢合金，油淬火步骤在室温油中进行，工件在几分钟内冷却。热处理后的钢具有 62HRC 以上的硬度。该钢具有比 AISI 440 SS 和 AISI 52100 钢更高的疲劳寿命和更好的耐蚀性。

1997年，NSK 公司的专利申请 JP1998219402A 公开了一种高耐蚀性和硬度的不锈钢，该钢中成分具有 1% 以下的 Si、1.50% 以下的 Mn、8% 以上且 20% 以下的 Cr、0.50% 以上的 Mo、2% 以上的 W、Co 作为必要成分以 4% 以上的比例含有、0.60% 以下的 C、3% 以下的 V、4% 以下的 Ni、5% 以下的 Cu，并对 Ni 当量和 Cr 当量进行了一定的限制。热处理工艺为在 540℃ 以上的温度下淬火，然后在 540℃ 的温度下回火。Ni 当量和 Cr 当量满足一定条件时，δ 铁素体的生成被抑制，钢的硬度 HRC58 以上。对于元素中的 V 和 C，以 V : C ≈ 1 : 0.2 的重量比选择性添加的 C 与 V 结合，可形成极细、硬度高、高温稳定性高的 VC 碳化物，可提高钢的硬度。C 是通过形成碳化物和马氏体化组织来提高强度的元素，并且具有抑制 δ 铁素体形成的效果，这会降低韧性，但也会降低耐腐蚀性。Cr 是在钢表面形成氧化膜并提高耐蚀性所必需的元素。Mo 具有显著提高抗回火软化性和耐点蚀性的效果。Ni 与 Co 一样，是奥氏体稳定化元素，具有抑制 δ 铁素体生成的效果。但是，如果大量添加，则容易生成残留奥氏体，不仅无法获得所需的硬度，而且尺寸稳定性也会受到不利影响。

1998年，舍弗勒公司的专利申请 WO1998041663A1 公开了一种高性能的滚动轴承钢，该钢具有耐腐蚀、耐热和抗疲劳的特性。该专利认为，C 和 N 的总含量限制在 0.6% ~ 0.8%，并且在热处理过程中通过析出而硬化，残余奥氏体含量的调整在 5% ~ 15%，这符合高性能滚动轴承的特殊要求。在热处理之前，需要将硬质结构组分（碳化物、氮化物和混合相）的最大尺寸限制为 15ppm。热处理之后检测残余奥氏体含量。该钢与传统轴承相比，耐蚀性、耐磨性和抗疲劳性提高了 5 ~ 10 倍。

2000年，山阳特钢公司的专利申请 JP2002105600A 公开了一种具有优良耐磨性、滚动疲劳寿命、耐蚀性的不锈钢，钢中 C（0.35% ~ 0.65%）、Si（2.0% 或更低）、Mn

（1.5%或更低）、N（1.5%以下）、Cr（7.0%～10.0%）、Ni（0.3%～0.8%）、C + N≤0.70%，余量为 Fe 和不可避免的杂质组成。Cr 是结合 C 形成硬质合金提高耐磨性并提高耐蚀性的元素。C + N 设定为 0.70% 或更低，以提高可加工性，并避免初级共碳碳化物。Mo 提高了耐蚀性和形成碳化物，进一步添加可以改善耐磨性。V 和 Nb 有助于提高耐蚀性和耐磨性。钢在 1050℃ 下保持 30min，油冷却并淬火，并在 160℃ 下保持 60min，并进行 60min 的回火。回火钢化硬度 HRC59.0 以上。经评估，获得了耐磨性和耐蚀性优异且可加工性高的高硬度耐腐蚀钢。

2001 年，铁姆肯公司的专利申请 WO2001068933A3 公开了一种高温下具有良好的耐蚀性的不锈钢，该钢是可表面硬化、可热处理的马氏体不锈钢合金，特别适合在高温腐蚀性环境中使用。该专利提供了一种独特的渗碳/硬化方法，该方法在室温和高温下均能达到高达 540℃ 的优异表面硬度，并且滚动接触疲劳强度超过其他先进轴承材料。该方法包括以下步骤：通过渗碳或碳氮共渗对钢制品进行表面硬化，以使总的实际 C 含量为 1.5% 或更高；在 1065～1150℃ 的温度下奥氏体化；淬火如果需要，可以减轻应力；在一个或多个循环中进行零摄氏度以下的冷却和回火，以实现最佳的最终性能。

2004 年，捷太格特公司的专利申请 EP1589127B1 公开了一种较长的使用寿命的不锈轴承钢，该钢的钢成分包含 0.2%～0.6% 的 C，5%～15% 的 Cr，0.2%～1.3% 的 Si，0.05%～0.20% 的 N，并且包含 Fe 和不可避免的杂质。该专利认为，N 是使钢具有表面硬度所必需的元素，由于普通硬化的结果，HRC 至少为 57。该专利的轴承部件可以以常规方式硬化，而不需要像上述常规轴承部件那样进行碳化或碳氮共渗，因此它们的生产成本较低。该钢可以以通常的方式硬化，以具有至少 57HRC 的表面硬度和良好的使用寿命。

2006 年，NTN 公司的专利申请 JP2008075147A 公开了一种具有优异特性和滚动轴承的滚动构件，该钢中 C 含量为 0.20% 以上且 0.80% 以下，Si 含量为 0.15% 以上且 2% 或更小，Mn 含量为 0.30% 或更多且不超过 1.50%，Cr 含量为 7% 以上和 15% 以下。该钢含有碳化物颗粒，碳化物颗粒的最大粒径为 5μm 或更小，并且碳化物的面积比为 6% 或更小。通过将碳化物颗粒的最大粒径设定为 5μm 或更小，可以相对于钢的基材沉淀碳化物颗粒。该钢保持在 775～1075℃ 内，并且在渗碳或渗碳氮化处理后施加或硬化加工和硬化加工。在淬火处理后，进行回火，回火温度为 180～300℃。形成的碳化物颗粒尺寸在 5μm 或更小，该碳化物的面积比为 6% 或更低。

2009 年，斯凯孚公司的专利申请 DE102009013506A1 公开了一种耐腐蚀的奥氏体钢，钢中 16%～21% 的 Cr，Mn 含量为 16%～21%，> 2% 的 Mo 或≤2% 的 Cu，或≥2% 的 Mo 和 0.25%≥Cu≤2%，当 C/N 比≥0.50 时，C + N > 0.50% 并且由于熔化，余量为 Fe 和最多 2.50% 的杂质。C/N 比为 0.50～1.20 时处理后可保持必要的硬度。Cu 可以单独使用，也可以与易于合金化至 2% 的 Mo 一起使用，而不会产生钢的加工问题。

2010 年，洛阳轴承研究所有限公司的专利申请 CN101775480A 公开了一种用于不锈钢9Cr18薄壁轴承套圈淬火处理时防变形的控制方法，该控制方法有效解决了9Cr18薄壁轴承套圈淬火产生的变形问题。该控制方法是先设计一套淬火模具，该淬火模具由上模和下模构成，上模和下模具有对称结构，上模或下模的接触外径是9Cr18薄壁轴承套圈内径的100.32%，上模或下模的最大外径 >9Cr18薄壁轴承套圈的外径，上模或下模接触外径处的壁厚 >9Cr18薄壁轴承套圈的最大壁厚，上模和下模接触外径处的有效宽度之和 <9Cr18薄壁轴承套圈的宽度。在进行预热、保温后，将上模、9Cr18薄壁轴承套圈和下模一同固定为一个整体放进淬火油中进行淬火，淬火完毕3min后分离上模和下模，取出9Cr18薄壁轴承套圈即可。该处理不需要因常规处理变形大而采用的后续整形工序，提高了工效和产品质量，同时有效解决了9Cr18薄壁轴承套圈淬火产生的变形，淬火后薄壁轴承套圈圆度好，可大大减少后续磨削加工留量，降低磨削加工工作量，提高磨削加工效率，9Cr18薄壁轴承套圈淬火的合格率达98%以上。

2016年，钢铁研究总院的专利申请CN106086631A公开了一种高硬度高耐磨高氮马氏体不锈轴承钢，该钢具有高硬度、高耐磨性、耐温耐蚀性和长接触疲劳寿命。该钢通过C、N、Cr、Mo、V、Nb的合金化设计，形成发明钢的主体合金化元素，主要应用在轴承钢领域。高氮马氏体不锈轴承钢化学成分（按质量分数计）为：C（0.65%~1.25%）、Cr（13.00%~20.00%）、Mo（0.15%~4.50%）、N（0.05%~0.50%）、V（0.03%~1.20%）、Nb（≤0.10%），Si（≤1.00%），Mn（≤1.00%），余量为Fe及不可避免的不纯物，并且Ti≤0.002%，Al≤0.008%，P≤0.010%，S≤0.008%，Cu≤0.25%，Ni≤0.30%，Ca≤0.001%，As≤0.04%，Sn≤0.03%，Sb≤0.005%，Pb≤0.002%。其中0.80%≤C+N≤1.50%，而C+N总量的下限0.80%是为了保证轴承钢表面高硬度和高耐蚀性能，而上限1.50%是为了控制钢中残余奥氏体含量不大于20%。轴承钢在N含量为0.05%~0.25%的轴承钢可以通过常压感应冶炼或可以通过加压感应设备冶炼，而N含量为0.25%~0.50%的轴承钢则需要加压感应设备冶炼。两种冶炼方式生产的轴承钢，也可以通过进一步ESR处理，达到轴承钢夹杂物和碳化物的细质化和均匀化，实现高氮轴承钢寿命的进一步提升。该高氮轴承钢表面硬度可以达到62HRC以上、耐蚀性比传统高碳高铬轴承钢高出50倍以上、最高使用温度可达350℃，具有比传统高碳高铬轴承更高的接触疲劳寿命，是传统高碳高铬轴承钢疲劳寿命L10的10倍左右。再通过热处理工艺：采用900~1100℃油淬，-196~-73℃冷处理，180±10℃低温回火或500±10℃高温回火。淬火、深冷、回火热处理后硬度要求≥60HRC。氮合金化不仅大幅提升轴承钢的接触疲劳寿命，而且可以显著改善轴承钢的耐蚀性。

2017年，斯凯孚公司的专利申请CN107815617A公开了一种用于表面硬化轴承部件的制造的不锈钢合金，可用于航空航天应用中的混合轴承。该钢可实现高的表面强度与优异的芯部韧性和耐蚀性相结合。通过钢的成分控制，并可以使用选自以下的工艺途径来形成：VIM、VAR、ESR或其组合；粉末冶金工艺也是可行的。通过在升高的温度下将碳（渗碳）、氮（氮化）、碳和氮（碳氮共渗）和/或硼（硼化）扩散到钢的外层中进行表面硬化的步骤。因此，这些是热化学工艺。其后通常进行进一步的热处理，以在硬化层和芯部中实现期望的硬度分布和期望的性能。该方法包括硬化层渗碳。应用真空渗碳、气体渗碳、液体渗碳或固体渗碳，这些工艺的每一个都依赖于淬火时奥氏体向马氏体的转变。在表面的 C 含量的增加必须足够高以得到具有足够硬度的马氏体层，通常为 750HV，以提供耐磨表面。扩散后表面所需的碳含量通常为 0.80% ~ 1.20%。表面硬化的步骤包括渗碳和碳氮共渗两种。当应用碳氮共渗表面硬化时，在硬化层中的固溶体中增加的氮会导致相对较高的点蚀当量值（PREN）。因此，与仅硬化层渗碳相比，以这种方式处理的轴承部件显现出更好的耐蚀性。该钢的组织中包括马氏体（通常是回火马氏体）、碳化物和/或碳氮化物，和可选的一些残余奥氏体。低水平的残余奥氏体的优点在于其提高了轴承部件的尺寸稳定性。微结构还可以包含氮化物。此外，优选的是在微结构中有很少或没有不期望的 δ - 铁素体相。为了优秀的耐滚动接触疲劳度性能，经表面硬化和回火的轴承部件可以进行表面氮化或硼化。

2020 年，钢铁研究总院的专利申请 CN112708732A 公开了一种高氮不锈轴承钢的高频感应局部回火热处理方法。该专利解决了高氮不锈轴承钢整体硬化的问题，既保证滚道工作面的高硬度，又使螺纹部位具有良好的强韧性匹配。高氮不锈轴承钢成分：C（0.30% ~ 0.65%）、Si（≤1.00%）、Mn（≤1.00%）、S（≤0.015%）、P（≤0.025%）、Cr（14.50% ~ 16.00%）、Mo（0.85% ~ 1.10%）、N（0.20% ~ 0.50%），除不可避免的杂质元素，余量为 Fe。通过对高氮不锈轴承钢进行整体淬火和高频感应局部回火，使得高氮不锈轴承钢零件热处理后螺纹部位局部软化，达到 38 ~ 42HRC 的硬度要求，同时滚道工作面保持 58HRC 以上的高硬度，满足轴承零件的使用要求。整体硬化：高氮不锈轴承钢在箱式中温炉进行整体淬火、冷处理及低温淬火温度为 1030 ~ 1050℃，冷处理温度范围在 -196 ~ -73℃，回火温度为 150 ~ 180℃，室温硬度为 58 ~ 61HRC。再进行高频感应局部回火，之后低温回火：对处理的高氮不锈轴承钢在箱式中温炉进行低温回火，回火温度范围为 150 ~ 180℃，以消除感应回火产生的内应力。采用该专利的高氮不锈轴承钢的零件在组织结构、力学性能及耐蚀性可得到改善提升；淬回火—感应局部回火后滚道面硬度 ≥58HRC；较传统铅浴或盐浴局部回火处理，感应局部回火整个工序耗时短，效率高，可实现自动化批量处理。

2021 年，中国航发哈尔滨轴承有限公司的专利申请 CN114054665A 公开了一种 BG801 钢球的锻造方法，BG801 作为改进型的 CSS42L 表面硬化轴承钢，属于第三代轴承材料，使用温度可达 400 ~ 500℃，综合性能良好，具有抗腐蚀性能。但 BG801 材料具有可锻温度窄、并行抗力大、高温状态下仍具有良好的强度及韧性等特点，易过热或过烧，因此钢球锻造成型困难。锻造方法按以下步骤进行：加热坯料，始锻温度为 1040 ~ 1060℃，保温时间为（1.50 ~ 2 × φ）min；其中 φ 为坯料的直径；加热后的坯料进行锻造成型，终锻温度 >900℃，得到锻件；得到的锻件进行灰冷，再进行退火，即完成。该专利通过调整温度加热及保温时间的工艺参数，解决了 BG801 钢球成型困难的问题，进而获得优良的内部组织和良好的性能，通过对锻造后钢球晶粒检测，满足 4 级或更细要求，锻件退火后硬度 HB321 满足小于等于 HB390 要求。该锻造方法可获得优良的内部组织和良好性能的 BG801 钢球。

11.4.3 技术功效分析

图 11 − 4 − 3 显示了航空发动机用不锈轴承钢的技术功效矩阵，可以看出，不锈轴承钢的成分设计、冶炼、锻轧、表面硬化、热处理是行业较为关注的重点，因为其能够有效提高不锈轴承钢的耐蚀性、表面硬度、整体硬度、韧性、高温性能等性能。不锈轴承钢的成分设计主要是对钢的 C 含量和 Cr、Ni、Mo、V 等合金元素进行优化组合。

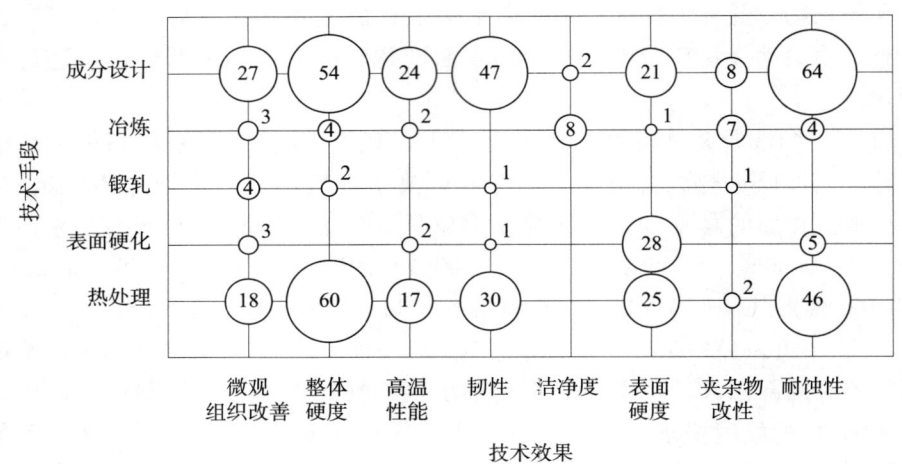

图 11 −4 −3　航空发动机用不锈轴承钢技术功效矩阵分析

注：图中数字表示专利申请量，单位为项。

此外，从图 11 − 4 − 3 还可以看出，航空发动机用不锈轴承钢的技术热点集中在成分改进、表面硬化以及热处理上。关于成分设计的专利申请主要集中在耐蚀性、整体硬度、韧性提高上，专利申请分别为 64 项、54 项、47 项。表面硬化的专利申请主要集中在表面硬度、耐蚀性改善上，专利申请分别为 28 项、5 项。热处理的专利申请主要集中在整体硬度、耐蚀性、韧性提高上，专利申请分别为 60 项、46 项、30 项。从专利申请量上可以看出，在成分设计和热处理上的专利申请量最多，成分上通过对 Cr、Ni、Mo、V 等合金元素含量进行优化设计，以得到具有良好的韧性、耐蚀性、整体硬度等。热处理通过淬火、深冷、回火等手段，改善不锈钢的整体硬度、耐蚀性、韧性等。

11.4.4 技术研发现状分析

图 11 −4 −4 显示了航空发动机用不锈轴承钢技术研发现状申请量统计情况，可以看出，全球不锈轴承钢技术分支中，热处理改进占比最多为 40.1%，成分设计占比其

次，为 38%，而表面硬化占比 11.2%，冶炼工艺占比 8.7%，锻轧工艺占比最少，为 2.1%。其中，在成分设计中，国内占比为 27.2%；在热处理中，国内占比为 29.1%；在表面硬化中，国内占比为 22.2%；在冶炼工艺中，国内占比为 52.4%；在锻轧工艺中，国内占比为 60%。整体而言，国内专利申请量占较少，除了锻轧工艺、冶炼工艺，在其他技术分支中均占比不多。

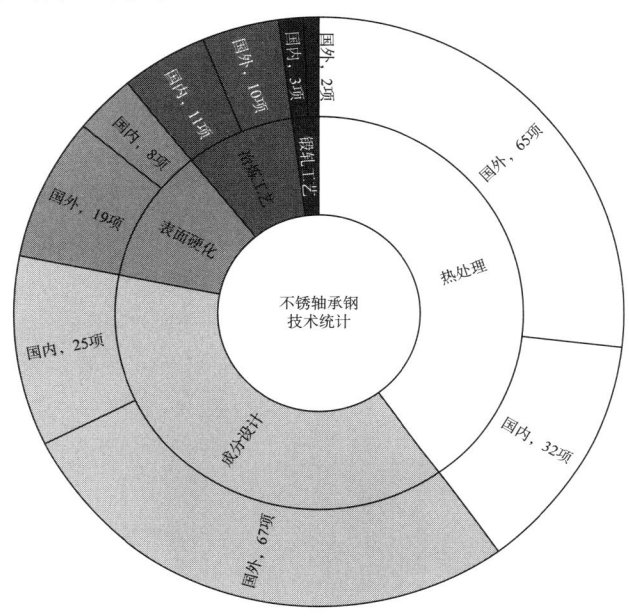

图 11 - 4 - 4　航空发动机用不锈轴承钢技术研发现状申请量分布

11.4.4.1　钢种成分研发现状分析

图 11 - 4 - 5 显示了国内外不锈轴承钢成分研发趋势，可以看出，从全球的不锈轴承钢成分研发趋势可以看出，20 世纪 50 ~ 80 年代，全球的专利申请量都较为稳定，数量较少。从 20 世纪 90 年代至今，全球的专利申请量保持长期增长，在 2000 ~ 2009 年达到峰值。从国外的专利申请趋势可以看出，国外专利申请量在 2000 ~ 2009 年达到巅峰，2000 年之前的专利申请量整体呈增长趋势，2009 年以后专利申请量开始回落。从国内的专利申请趋势可以看出，从 2000 年以后国内开始进行相关专利申请，至今专利申请量都处于增长阶段。2010 年以后，国内的申请量大幅增加，2010 ~ 2019 年国内的专利申请量已经超过国外的专利申请量。

图 11 - 4 - 6 显示了国内外航空发动机用不锈轴承钢新钢种成分研发占比情况，可以看出，虽然近期国内关于新钢种成分研发的专利申请量已经超过国外，但从整体上来说，国外关于新研发成分钢的申请量占比要远高于国内，这说明我国在最新一代航空发动机用轴承钢新钢种研发与创新方面的能力较弱，国内对于航空发动机用不锈轴承钢的研发较多是对现有钢种进行工艺的改善，但受限于钢种的自身性能，这种工艺的改善对于钢性能的提升有限，如要获得性能更加优异的航空发动机用不锈轴承钢，依然需要在新钢种研发的方面做出努力。

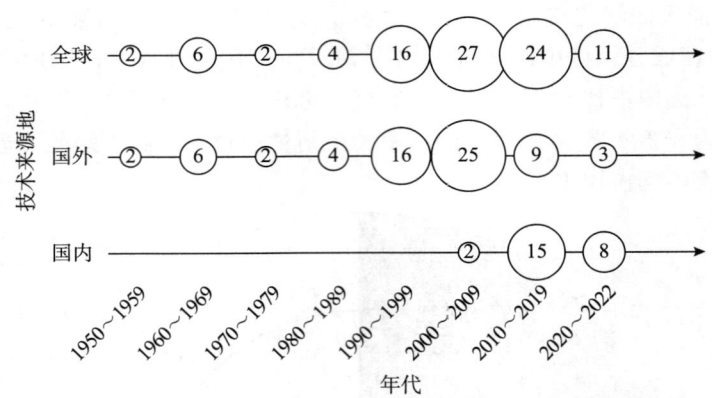

图 11 - 4 - 5　航空发动机用不锈轴承钢成分研发趋势

注：图中数字表示专利申请量，单位为项。

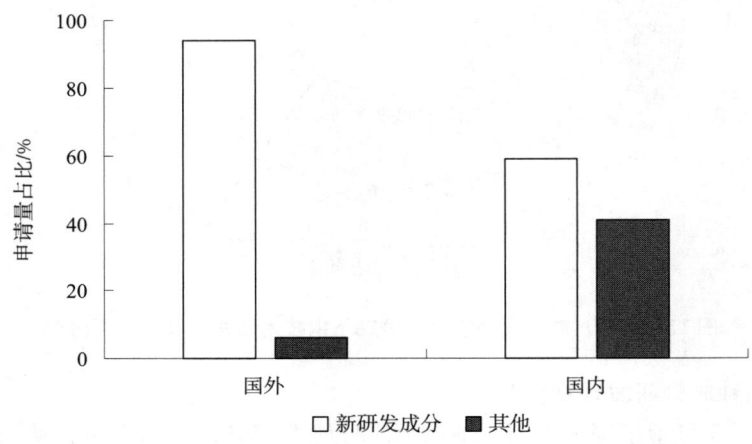

图 11 - 4 - 6　航空发动机用不锈轴承钢国内外新钢种成分研发占比

　　课题组基于行业信息的调查结果以及对国内外航空发动机用不锈轴承钢专利中钢成分的统计结果，发现在不锈轴承钢中主要添加的合金元素为 Cr、Ni、Mo、V，作为最常见的添加元素，它们的加入能大大优化不锈轴承钢的力学性能和耐蚀性等。基于此，课题组选择 Cr、Ni、Mo、V 元素作为不锈轴承钢合金化设计的代表元素，通过对国内外不锈轴承钢专利中记载的 Cr、Ni、Mo、V 元素含量进行统计，并将 Cr、Ni、Mo、V 含量标记在元素含量三维分布图中，以便更好地发现不锈轴承钢主要合金元素的分布规律和趋势，为我国不锈轴承钢的成分合金化设计给出参考和借鉴。

　　图 11 - 4 - 7（见文前彩色插图第 7 页）显示了航空发动机用不锈轴承钢 Ni - Mo - V（Cr）元素含量分布情况，可以看出，国外航空发动机用不锈轴承钢中 Ni、Mo、V 整体分布较为集中，元素含量相差不大；但与国外相比，国内航空发动机用不锈轴承钢中 Ni、Mo、V 元素含量的分布更加分散，集中程度不及国外，这说明国外 Ni、Mo、V 元素的含量较为稳定，而国内则在成分设计上进行了较多探索，以寻求在新钢种研

发上有新的突破。此外，根据国内外 Cr、Ni、Mo、V 元素含量的统计均值可以看出，与国内相比，国外不锈轴承钢的 Cr 元素含量稍低，但 Ni、Mo、V 元素含量稍高，这说明对于航空发动机用不锈轴承钢，国外追求的是在满足耐腐蚀性能要求的前提下兼顾优异的机械性能，通过增加可提升轴承钢高温强度、热硬度和耐磨性的 Mo、V 元素含量以及可提升轴承钢韧性的 Ni 元素含量，在保证不锈轴承钢耐腐蚀性能的前提下进一步提升了其高温强度、耐磨性和韧性。

11.4.4.2　冶炼技术现状分析

图 11 - 4 - 8 显示了航空发动机用不锈轴承钢冶炼研发趋势，可以看出，自 20 世纪 70 年代开始，关于冶炼方面的全球专利申请量都较为稳定，但数量不多。从 2010 年至今，相关的专利申请量保持增长态势。冶炼中涉及真空冶炼、ESR 的专利申请量占比较多。从国外的专利申请趋势可以看出，国外专利申请量在 1990 ~ 1999 年大幅增加。冶炼中涉及真空冶炼的占比达到 57.1%。从国内的专利申请趋势可以看出，2010 年以后国内开始进行相关专利申请，至今专利申请量都处于增长阶段。冶炼中涉及真空冶炼的占比达到 50%，涉及 ESR 的占比达到 30%。

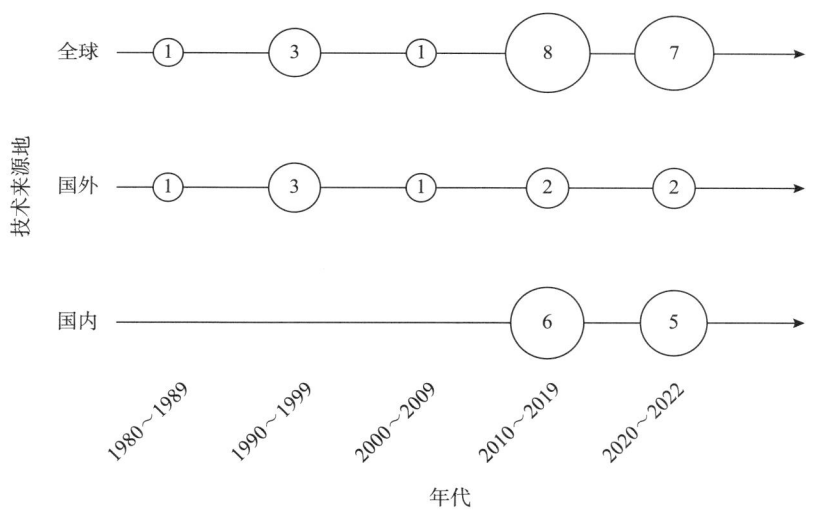

图 11 - 4 - 8　航空发动机用不锈轴承钢冶炼研发趋势

注：图中数字表示专利申请量，单位为项。

图 11 - 4 - 9 显示了国内外航空发动机用不锈轴承钢冶炼工艺研发占比情况，可以看出，国内外对于航空发动机用不锈轴承钢冶炼工艺的研发重点均在真空冶炼上，但国外在真空冶炼工艺之外，仍有一定占比的航空发动机用不锈轴承钢通过粉末冶金工艺来制备，国内未有通过粉末冶金来制备航空发动机用不锈轴承钢的相关专利申请。此外，国内采用 ESR 冶炼航空发动机用不锈轴承钢的占比较高，而国外使用该方式的专利申请量较少。整体而言，国外关于航空发动机用不锈轴承钢冶炼工艺的研发较为全面，对于各类冶炼工艺均进行了相关研发，相较于国外，我国在冶炼工艺多样性试验方面仍有待进一步提高。

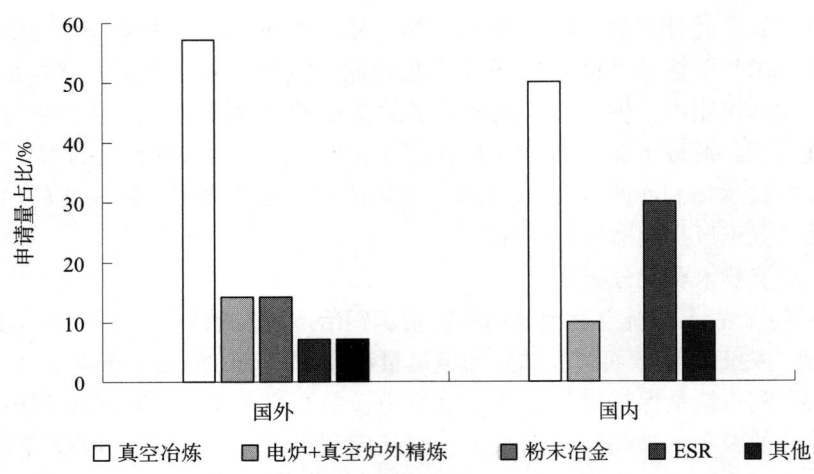

图 11 - 4 - 9   航空发动机用不锈轴承钢国内外冶炼工艺研发占比

图 11 - 4 - 10 显示了国内外真空冶炼申请人类型分布情况，可以看出，国内关于不锈轴承钢真空冶炼工艺研发的主体主要为高校/科研院所，占比高达 82%，这与国外的情况截然相反，国外不锈轴承钢真空冶炼工艺研发主体中高校/科研院所的占比仅为30%，这说明国内关于不锈钢真空冶炼工艺的研发更多处在实验室试验与研究阶段，而国外则已经在产业上进行大规模应用。

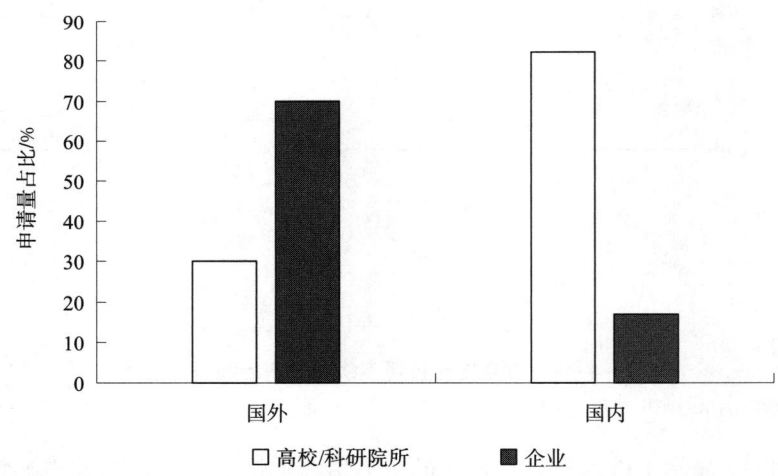

图 11 - 4 - 10   航空发动机用不锈轴承钢国内外真空冶炼申请人类型分布

11.4.4.3   锻轧技术现状分析

图 11 - 4 - 11 显示了国内外不锈轴承钢锻轧研发趋势情况，可以看出，国外从 21 世纪初开始在锻轧工艺上进行改进，20 世纪 90 年代也偶有进一步改进；而国内从 2014 年开始对不锈轴承钢锻轧工艺的改进，此后基本是国内申请人进行进一步研究。此外，从统计结果还可以得出，国内外关于不锈轴承钢变形方式的研发大部分集中在锻造工

艺上面，轧制工艺的占比较少，这说明相较于轧制工艺，锻造工艺的改进能够对高温轴承钢质量和力学性能的提升产生更为显著的影响。

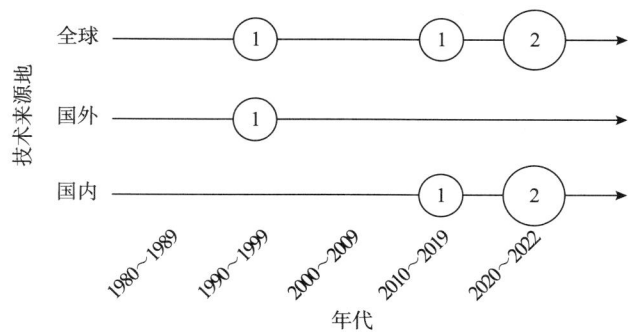

图 11 - 4 - 11　航空发动机用不锈轴承钢锻轧研发趋势

注：图中数字表示专利申请量，单位为项。

具体而言，1978 年，拉特罗布钢铁公司的专利 US4150978A 将钢锭均热后，初始锻造必须在小的步骤中缓慢进行，并且需要频繁地再加热材料以减少由于开裂导致的表面撕裂和材料损失。总锻造比减少至少 5：1。1999 年，瑞典奥瓦科公司的专利 CN1131116A 在锻造温度下，使用的所有合金元素在固溶体中。热轧温度在开始时为 1100℃，在最终成型步骤降到 850℃。2021 年，中国航发哈尔滨轴承有限公司的专利 CN114054665A 通过锻造参数的控制获得优良的内部组织和良好的性能，其锻造方法按以下步骤进行：始锻温度为 1040～1060℃，保温时间为（1.50～2×φ）min；坯料进行锻造成型，终锻温度大于 900℃，得到锻件，再进行灰冷、退火。锻轧过程中的温度、锻造比等的控制较为重要。

11.4.4.4　表面硬化技术现状分析

图 11 - 4 - 12 显示了航空发动机用不锈轴承钢表面硬化研发趋势情况，可以看出，从 20 世纪 80 年代至今，关于表面硬化的全球专利申请量一直处于增长阶段。从国外的专利申请趋势可以看出，国外专利申请量在 2000～2009 年大幅增长，2000 年之前的专利申请量整体呈增长，2009 年以后专利申请量开始回落。从国内的专利申请趋势可以看出，国内对于航空发动机用不锈轴承钢表面硬化工艺的研发起步较晚，2010 年以后国内开始进行相关专利申请，至今专利申请量都处于增长阶段，且在全球的专利申请量占比大幅提高。

图 11 - 4 - 13 显示了国内外航空发动机用不锈轴承钢表面硬化工艺类型占比情况，可以看出，国内外对于航空发动机用不锈轴承钢表面硬化工艺研发最多的均是渗碳工艺。但对于渗碳工艺之外的表面硬化工艺，国外渗氮和碳氮共渗工艺均有相当占比的专利申请，且渗氮和碳氮共渗工艺的占比相差不大。国内则主要为碳氮共渗工艺，未有对航空发动机用不锈轴承钢渗氮工艺的专利申请。这说明国内与国外对于航空发动机用不锈轴承钢渗碳之外的表面硬化工艺沿着两条不同的路径在进行探索，国外普遍认为三种表面硬化工艺均能使航空发动机用不锈轴承钢获得较好的性能和效果，都存在一定的研发意义。

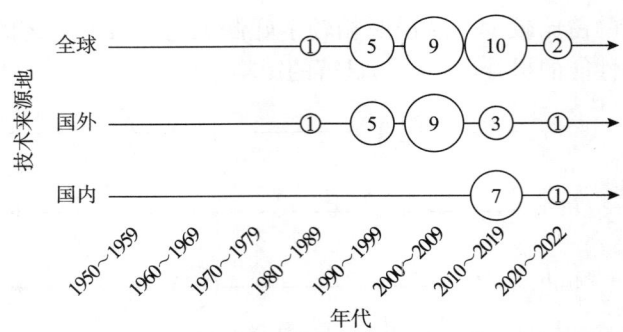

图 11－4－12　航空发动机用不锈轴承钢表面硬化研发趋势

注：图中数字表示专利申请量，单位为项。

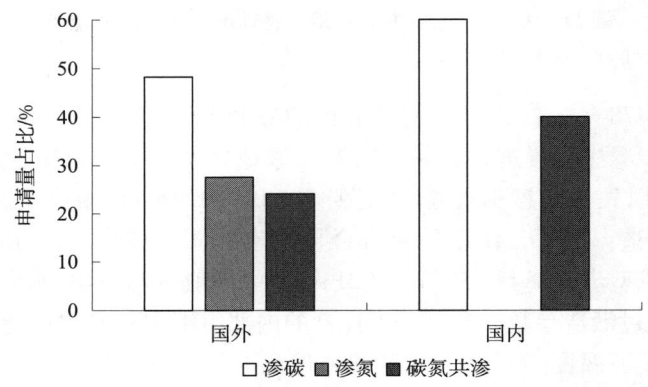

图 11－4－13　航空发动机用不锈轴承钢表面硬化工艺类型占比

图 11－4－14 显示了航空发动机用不锈轴承钢渗碳工艺参数分布，可以看出，国外的渗碳温度分布在 910～1075℃，渗碳时间分布在 4.5～63h。国外的渗碳温度的统计均值为 964℃，渗碳时间的统计均值为 34h。国内的渗碳温度分布在 850～1050℃，渗碳时间分布在 0.5～22h。国外的渗碳温度的统计均值为 968℃，渗碳时间的统计均值为 10h。

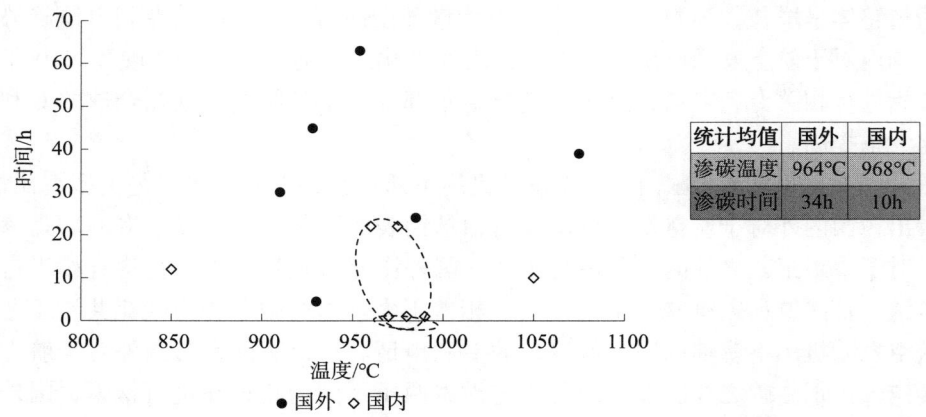

统计均值	国外	国内
渗碳温度	964℃	968℃
渗碳时间	34h	10h

图 11－4－14　航空发动机用不锈轴承钢渗碳工艺参数分布

注：虚线圈代表国内集中分布点。

图 11 - 4 - 15 显示了航空发动机用不锈轴承钢渗氮工艺参数分布情况，可以看出，国外的渗氮温度分布在 455 ~ 1093℃，渗氮时间分布在 1 ~ 11h。国外的渗氮温度的统计均值为 826℃，渗氮时间的统计均值为 5h。国内涉及渗氮专利仅为 2 项，但并未记载具体的渗氮时间和温度，故渗氮工艺参数分布中也无国内数据。

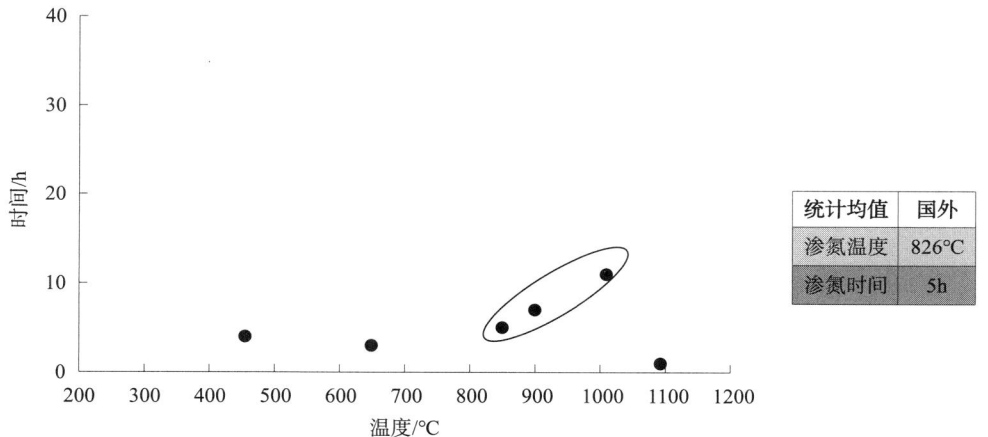

图 11 - 4 - 15　航空发动机用不锈轴承钢国外渗氮工艺参数分布

注：实线圈代表国外集中分布点。

图 11 - 4 - 16 显示了航空发动机用不锈轴承钢碳氮共渗工艺参数分布情况，可以看出，国外的碳氮共渗温度分布在 857 ~ 960℃，渗氮时间分布在 2 ~ 18h。国外的渗氮温度的统计均值为 900℃，渗氮时间的统计均值为 9.6h。

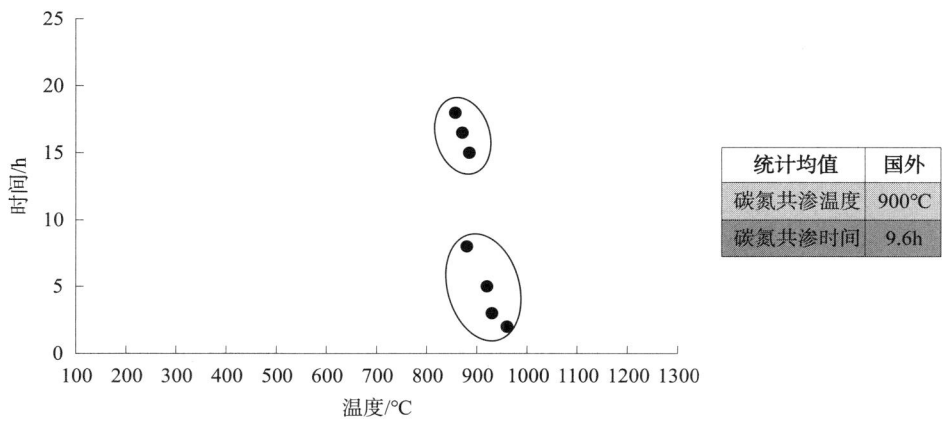

图 11 - 4 - 16　航空发动机用不锈轴承钢国外碳氮共渗工艺参数分布

注：实线圈代表国外集中分布点。

11.4.4.5　热处理技术现状分析

图 11 - 4 - 17 显示了航空发动机用不锈轴承钢整体硬化研发趋势情况，可以看出，20 世纪 50 ~ 80 年代，热处理的专利申请量较为稳定，申请量较少，20 世纪 90 年代至今，热处理的专利申请量快速增长。从国外的专利申请趋势可以看出，国外专利申请

量在 2010 年达到最大，2009 年之前的专利申请量整体呈增长态势，2009 年以后专利申请量开始回落。从国内的专利申请趋势可以看出，国内对于不锈轴承钢热处理的研发集中在 2010 年以后，此后国内相关专利申请量都处于不断增长阶段。

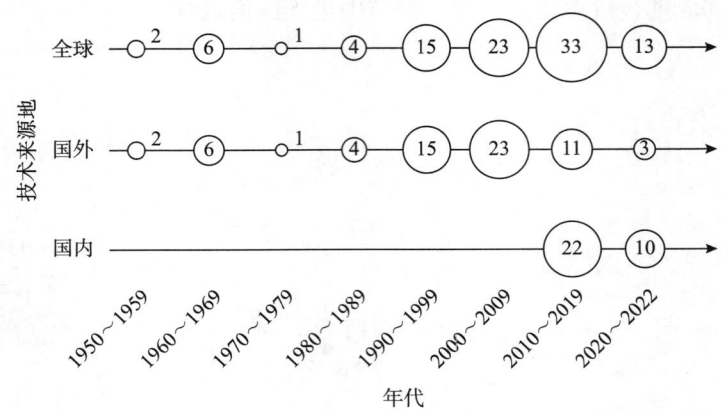

图 11 -4 -17　航空发动机用不锈轴承钢热处理工艺研发趋势

注：图中数字表示专利申请量，单位为项。

此外，航空发动机用不锈轴承钢热处理淬火后的钢组织中会存在一定量的残余奥氏体，为使这些残余奥氏体尽可能地转变为马氏体，国外在淬火、回火的过程中增设深冷处理环节。而随着国内关于航空发动机用不锈轴承钢热处理的研发热度增加，越来越多的国内专利申请中也在热处理过程中增加了深冷处理工艺。

图 11 -4 -18 显示了国内外航空发动机用高温轴承钢热处理工艺中深冷处理工艺占比，全球热处理的专利中进行深冷处理的占比达到 35.1%，可以看出，国外热处理的专利中进行深冷处理的占比达到 26.2%。而由于近些年来的快速发展，国内在近些年申请的关于航空发动机用不锈轴承钢热处理中基本上均采用了深冷处理，使得国内热处理工艺中的进行深冷处理的占比达到了 53.1%，超过了国外占比。

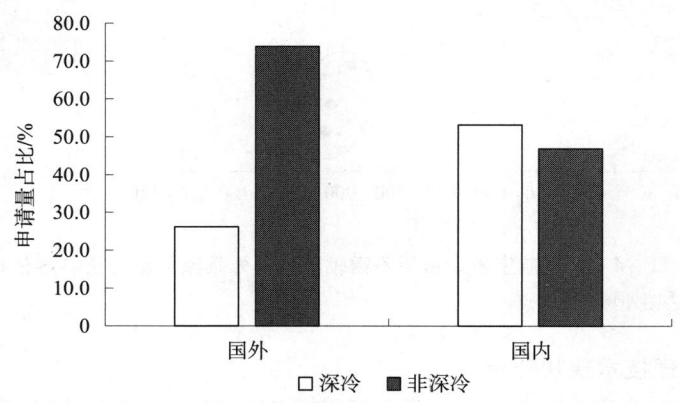

图 11 -4 -18　航空发动机用不锈轴承钢国内外热处理工艺中深冷工艺占比

（1）淬火

淬火工艺要保证其在加热和保温过程中获得合格的奥氏体，并在随后的冷却过程中获得尽可能多的马氏体，淬火工艺中淬火时的加热温度和保温后的冷却方法的参数选择是至关重要的，这会影响不锈轴承钢的组织和性能。因此，课题组针对国内外专利中不锈轴承钢淬火工艺涉及的相应环节的改进情况进行了统计和分析。

图 11-4-19 显示了国内外航空发动机用不锈轴承钢淬火各工艺环节改进申请量分布情况，可以看出，国内外对于不锈轴承钢淬火奥氏体化和冷却工艺的改进占比较大，国内专利中涉及加热的仅有 4 项，国外专利中没有涉及加热工艺改进的专利。此外，还可以看出，关于淬火前的加热工艺，主要是国内的专利申请量占据较多，国外的专利申请量很少，可见不锈轴承钢的加热工艺不是国外的研发重点。

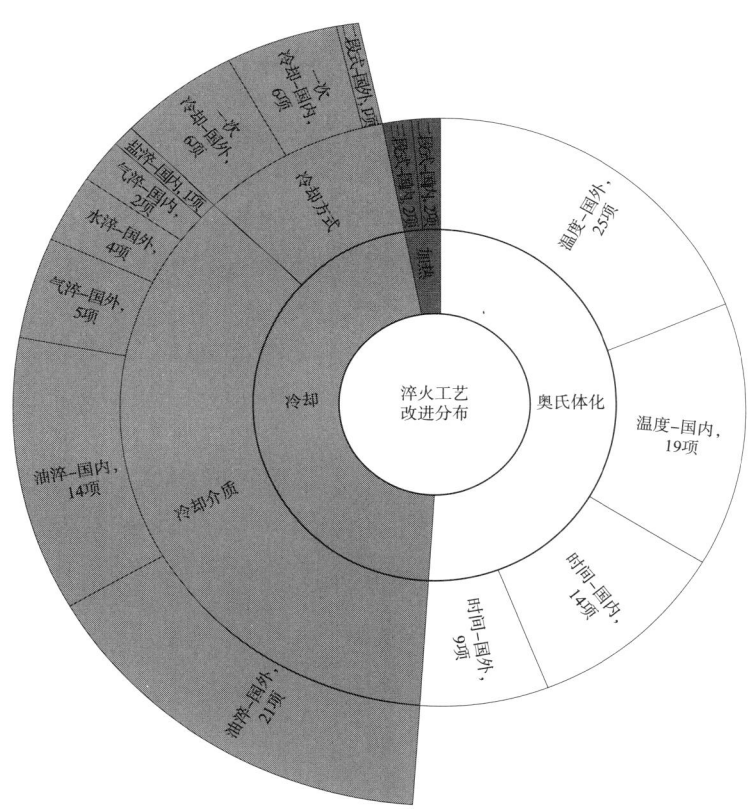

图 11-4-19　航空发动机用不锈轴承钢淬火工艺各环节改进申请量分布

图 11-4-20 显示了国内外不锈轴承钢淬火奥氏体化工艺参数统计的分布情况，可以看出，国内外淬火的奥氏体化温度均主要集中在 1025～1205℃。奥氏体化温度平均值国外为 1054℃、国内为 1066℃。国外还有较多的淬火奥氏体化温度分布在 850～1205℃，国内在 950～1175℃的奥氏体化温度范围分布。与国外相比，国内对于不锈轴承钢淬火奥氏体化温度的研发占比接近国外不锈轴承钢淬火奥氏体化温度专利申请量的 50%。对于奥氏体化保温时间，国外则相较国内更为集中，统计均值为 49min，国内

集中程度不及国外，统计均值高于国外，为64min。

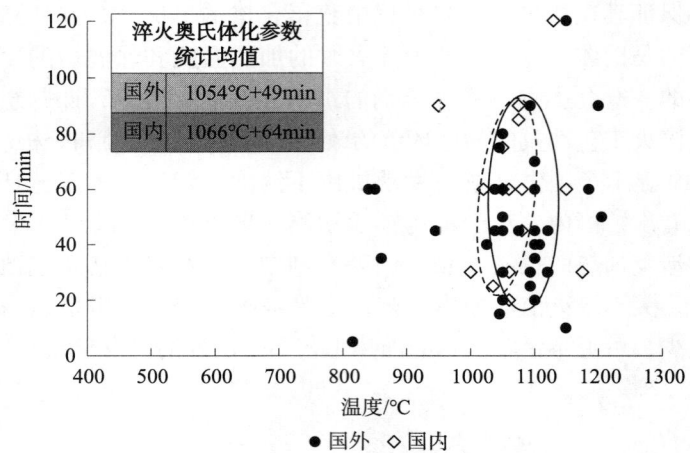

图11-4-20　航空发动机用不锈轴承钢奥氏体工艺参数分布

注：虚线圈代表国内集中分布点，实线圈代表国外集中分布点。

　　在对淬火后冷却工艺的改进中，国内和国外主要针对冷却方式和冷却介质进行了研发和改进。其中，对于淬火后的冷却方式，国内和国外均主要采用直接冷却至截止温度以下的一次冷却方式，但国内和国外的淬火冷却截止温度有所区别。

　　图11-4-21显示了国内外航空发动机用不锈轴承钢淬火后不同冷却方式申请量统计情况，可以看出，国内淬火后主要采用一次冷却的方式，冷却截止温度在200℃以下的占比最多，其次是冷却至室温。国外采用一次冷却的方式占比较多，也有采用二段式冷却的方式，其中国外一次冷却的冷却截止温度在200℃以下的占比最多，剩余的是冷却至室温。国外的二段式冷却过程中，第一段冷却截止温度在200~600℃，第二段冷却截止温度在50℃以下。整体而言，国外的淬火冷却截止温度平均高于国内的淬火冷却截止温度。

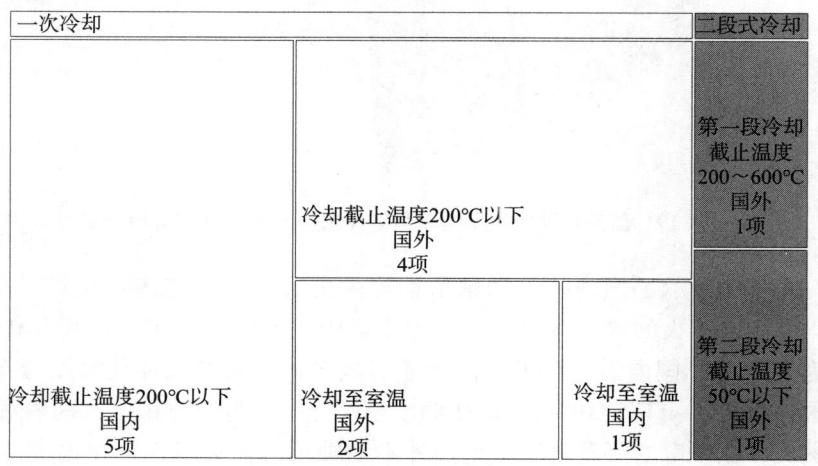

图11-4-21　航空发动机用不锈轴承钢淬火后不同冷却方式申请量分布

此外，对于冷却介质的选择，国内和国外的冷却介质都油淬占比最大，其次是气淬。国内还存在盐淬，国外也有少数采用水淬，其占比较低。

（2）回火

回火处理可减小或消除淬火后钢中的内应力，提高钢的延性或韧性，钢在淬火硬化后通常还需进行回火处理。回火处理的效果取决于回火温度、回火时间等因素，这属于回火的关键工艺参数。

图 11 - 4 - 22 显示了航空发动机用不锈轴承钢回火工艺参数统计情况，图 11 - 4 - 23（a）和（b）显示其占比，可以看出，国外不锈轴承钢采用低温回火工艺的占比最高，占比达 53%，其次是采用高温回火工艺，占比达 26%，其余采用中温回火工艺。国外的低温回火温度集中在 160~200℃，低温回火时间集中在 1~2.2h，中温回火温度集中在 320~500℃，中温回火时间集中在 1~2.25h，高温回火温度集中在 520~650℃，高温回火时间集中在 1~2h。与国外情况不同，国内航空发动机用不锈轴承钢采用中温回火工艺的占比最高，占比达 47%，其次是采用高温回火和低温回火工艺，高温回火和低温回火工艺占比基本相同。国内的低温回火温度集中在 130~200℃，低温回火时间集中在 2~4h，中温回火温度集中在 315~500℃，中温回火时间集中在 2~4h，高温回火温度集中在 510~649℃，高温回火时间集中在 2~2.5h。

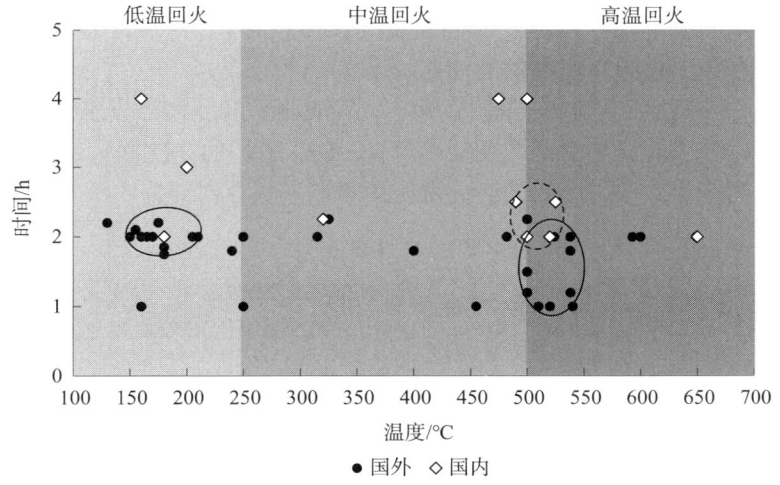

图 11 - 4 - 22 航空发动机用不锈轴承钢回火工艺参数分布

注：虚线圈代表国内集中分布点，实线圈代表国外集中分布点。

图 11 - 4 - 23 显示了国内外航空发动机用不锈轴承钢回火工艺参数统计均值情况，可以看出，对于低温回火，国内和国外的低温回火温度的统计均值相同，都为 180℃；国内的低温回火时间的统计均值高于国外的低温回火时间，国内、国外的低温回火时间分别为 2.8h、1.9h。

对于中温回火，国内的中温回火温度的统计均值 469℃，高于国外的中温回火温度的统计均值 421℃；国内的中温回火时间的统计均值也高于国外的中温回火时间，国内、国外的中温回火时间分别为2.7h、1.8h。

对于高温回火，国内和国外高温回火温度的统计均值较为接近，分别为555℃和554℃，但国内高温回火时间的统计均值高于国外，国内为2.3h、国外为1.5h。

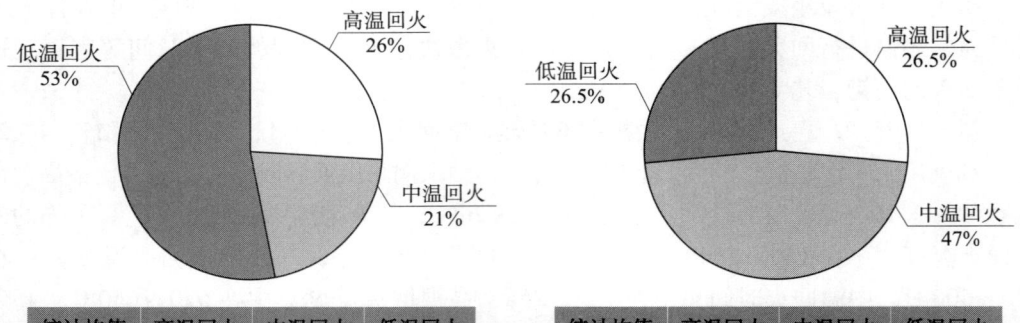

统计均值	高温回火	中温回火	低温回火
温度	554℃	421℃	180℃
时间	1.5h	1.8h	1.9h

统计均值	高温回火	中温回火	低温回火
温度	555℃	469℃	180℃
时间	2.3h	2.7h	2.8h

（a）国外回火工艺参数分布　　　　　　　　（b）国内回火工艺参数分布

图11－4－23　航空发动机用不锈轴承钢回火工艺参数均值统计

不锈轴承钢淬火后常有相当数量的残余奥氏体且存在内应力，多次回火可使残余奥氏体充分转变并消除应力提高钢的韧性。

图11－4－24显示了国内外航空发动机用不锈轴承钢多次回火工艺次数统计情况，可以看出，国内外多次循环的次数主要为2~3次。国外的2次回火占比最多，3次及以上的回火占比最少。国内的2次回火占比均较多，也存在部分3次及以上回火。

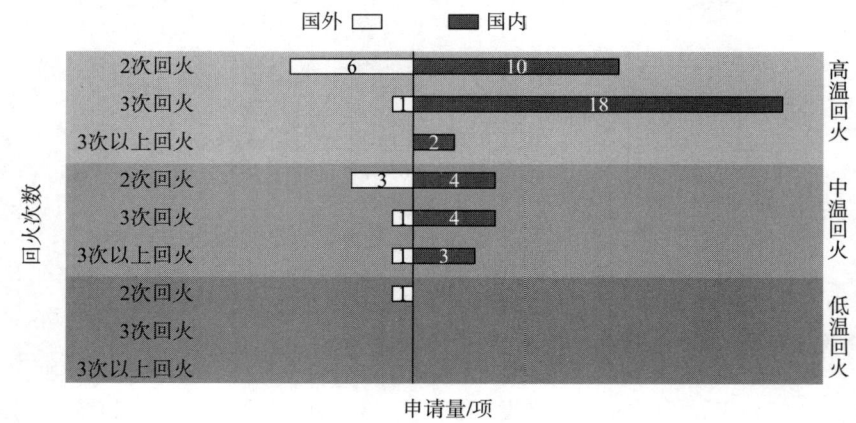

图11－4－24　航空发动机用不锈轴承钢多次回火工艺次数分布

（3）深冷处理

为使淬火后钢中的残余奥氏体尽可能消除，并全部转变为马氏体，国内外越来越多的专利在淬火、回火硬化热处理工艺的过程中增加了深冷处理工艺。

图 11 - 4 - 25 显示了国内外航空发动机用不锈轴承钢深冷处理工艺时机统计情况，图 11 - 4 - 26 显示了国内外航空发动机用不锈轴承钢深冷工艺参数统计情况。可以看出，国内外在对不锈轴承钢进行热处理时，主要是在淬火后、回火前进行深冷处理。国外也有少量的不锈轴承钢是在回火后进行深冷然后再次回火处理，占比达 18%。国内外的深冷温度集中在 - 196 ~ - 70℃，国外的深冷温度平均值为 - 103℃，国内的深冷温度平均值为 -92℃。国外的深冷时间集中在 0.33 ~ 2h，深冷时间平均值在 1h。国内的深冷时间集中在 0.5 ~ 10h，深冷时间平均值为 4.2h。国外深冷时间整体低于国内深冷时间。国外深冷时间更为集中，国内深冷时间较为分散。

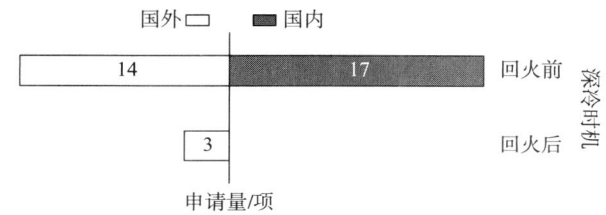

图 11 - 4 - 25 航空发动机用不锈轴承钢深冷处理工艺时机分布

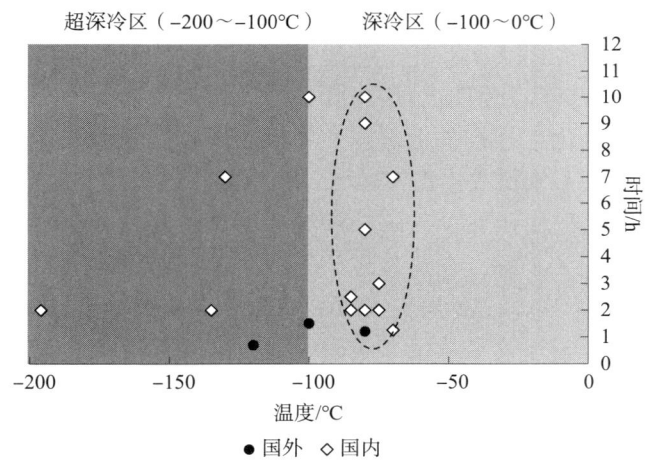

图 11 - 4 - 26 航空发动机用不锈轴承钢深冷工艺参数分布

注：虚线圈代表国内集中分布点。

11.5 本章小结

本章通过对国内外航空发动机用轴承钢的技术发展态势、现状、路线及关键工艺步骤进行深入分析和研究，摸清了国内外航空发动机用轴承钢技术研发的趋势、热点和重点。

整体来看，与国外相比，我国仍处于对经典钢种进行二次研发和改进的阶段，在新钢种研发方面与国外存在差距；在生产工艺改进方面，国外在冶炼和锻轧方面的改进申请量占比低于国内，但在表面硬化和热处理方面的改进申请量占比却高于国内；在申请人类型方面，相较于国外，国内高校/科研院所的占比较大。

具体到各个钢种来看，对于航空发动机用高碳铬轴承钢，国外的研发重点主要集中在成分设计、冶炼及热处理等方面。国内针对高碳铬轴承钢成分设计研发的专利相对较少，但针对冶炼工艺研发的专利近年来快速增加；对于钢中杂质元素含量的控制，国内企业已经达到甚至超过了国外轴承钢巨头的水平；对于夹杂物尺寸和形态的控制，国外研究的重点在于如何表征夹杂物的尺寸、形态与轴承钢疲劳寿命之间的关系，而国内则主要依赖国家标准进行检测，对夹杂物尺寸和形态评价方法的可靠性亟须关注，且国内目前采用的显微检测方法对宏观夹杂物的评价也缺乏一定准确性。

对于航空发动机用高温轴承钢，国外的研发重点集中在成分设计、表面硬化和整体硬化热处理工艺上，冶炼和锻轧工艺的改进占比较小。在成分设计上，国外 Cr、Mo、V 元素含量的均值低于国内水平，国内仍通过增大合金元素的含量来获得更高的力学性能。在冶炼工艺改进上，国外粉末冶金和真空冶炼的占比较高，国内则主要集中在真空冶炼工艺的研发上，且国内关于真空冶炼工艺的研发主体全部为高校/科研院所，尚未在企业大规模应用。在锻轧工艺改进上，国内外针对锻造工艺改进的占比较大，且对于锻造工艺，国内外锻前加热温度和终锻温度差别不大，但国外最小锻造比却低于国内。在表面硬化工艺改进上，国外主要以渗碳和碳氮共渗工艺为主，国内则主要以渗碳和渗氮为主，碳氮共渗占比较低，且国外渗碳温度和时间均值均低于国内，具有更低的能耗和更高的生产效率；国外渗氮温度和时间的分布较为分散，碳氮共渗的温度和时间分布则较为集中。在热处理工艺改进上，对于淬火工艺，国外较多采用在淬火前进行三段式加热以及淬火后使用油淬或气淬直接冷却至 200℃ 以下的一次冷却方式；对于回火工艺，国外较多采用高温回火和 3 次循环回火工艺，并在每次回火前对航空发动机用高温轴承钢进行深冷处理。

对于航空发动机用不锈轴承钢，国外的研发重点集中在成分设计、表面硬化和热处理工艺上，冶炼和锻轧工艺的改进较少。在成分设计上，国外钢中 Cr、Ni、Mo、V 元素的含量较为集中，元素含量趋于稳定，而国内的集中程度不如国外，依然在进行着不同元素含量范围的试验与探索；且国外 Ni、Mo、V 元素含量较高，在保证不锈轴承钢耐蚀性的前提下追求更加优异的高温强度、耐磨性和韧性。在冶炼工艺改进上，国外涉及真空冶炼的占比最多且真空冶炼的申请人主体主要为企业，而国内关于真空冶炼工艺的研发主体绝大部分为高校/科研院所，企业研发占比较低。在表面硬化工艺改进上，国内和国外均主要针对渗碳和碳氮共渗工艺，但国外也有部分企业对渗氮工艺进行研发，而国内没有对不锈轴承钢的渗氮工艺的专利申请。国外渗碳温度的统计均值略低于国内均值，但渗碳时间的统计均值高于国内均值。在热处理工艺改进上，对于淬火工艺，国外较多采用一次加热至奥氏体化温度的加热方式以及淬后直接冷却至截止温度的一次冷却方式，且国外的淬火冷却截止温度平均高于国内的淬火冷却截止温度。对于回火工艺，国外采用低温回火的占比最高，而国内采用中温回火的占比最高，且国外的中温回火温度的统计均值也低于国内均值，回火时间也更短。对于回火次数，国外较多使用一次低温回火或两次高温循环回火，并在回火前进行深冷处理，且深冷时间整体上也短于国内深冷时间。

第 12 章　航空发动机用轴承钢重要申请人分析

12.1　整体技术现状分析

为更好地研究国外重点轴承钢生产企业的技术研发情况，综合考虑专利申请量、市场占有率和行业影响力等因素，选取铁姆肯公司（包含旗下拉特罗布钢铁公司）、斯凯孚公司、舍弗勒公司，以及日本的 NSK 公司、山阳特钢公司和捷太格特公司作为国外重要申请人代表，对其航空发动机用轴承钢的专利申请进行分析，并从专利的角度对其航空发动机用轴承钢的研发情况进行研究。

图 12 - 1 - 1 显示了航空发动机用轴承钢领域国外重要申请人的专利申请量，可以看出，日本不仅在重要申请人的数量方面领先于美国和欧洲，并且在专利申请量方面也远高于美国和欧洲的重要申请人。这体现了日本企业对于技术研发的重视程度和热情，并且大量的技术创新和研发也提升了企业的综合实力，使其在行业影响力和市场占有率不断提升。相较于日本的重要申请人，来自美国、德国、瑞典的三家行业巨头的专利申请量相对较少，这可能与其企业自身的核心技术保护策略有关，选择将部分的核心技术以商业秘密的形式进行保护。

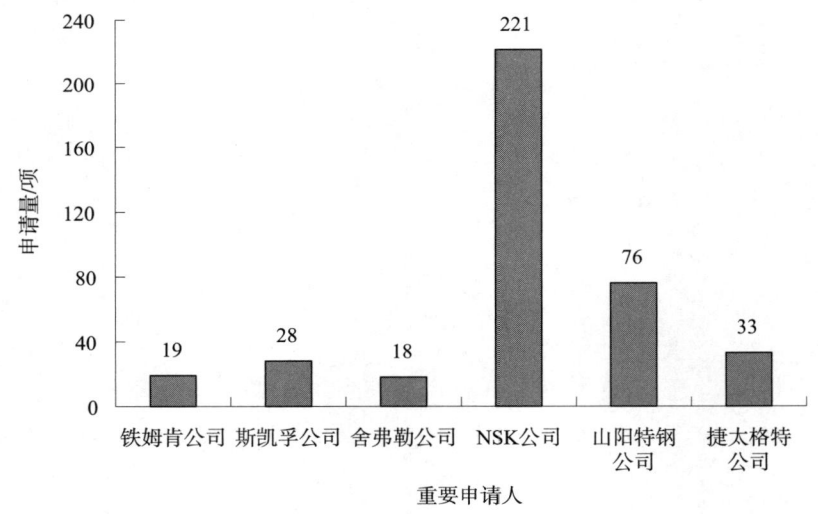

图 12 - 1 - 1　航空发动机用轴承钢领域国外重要申请人专利申请量

图 12 - 1 - 2 显示了国外重要申请人关于航空发动机用轴承钢的研发现状，可以看出，多数国外重要申请人更加侧重于新钢种的研发，例如铁姆肯公司、斯凯孚公司、

NSK 公司和山阳特钢公司，而舍弗勒公司和捷太格特公司虽然对于经典钢种的工艺改进占比较高，但仍有接近 40% 的专利申请是针对新钢种的研发。可见，为更好地满足不断提升的市场需求，持续研发性能更强的新一代航空发动机用轴承钢是国外重要申请人持续保持行业领先的原因所在。

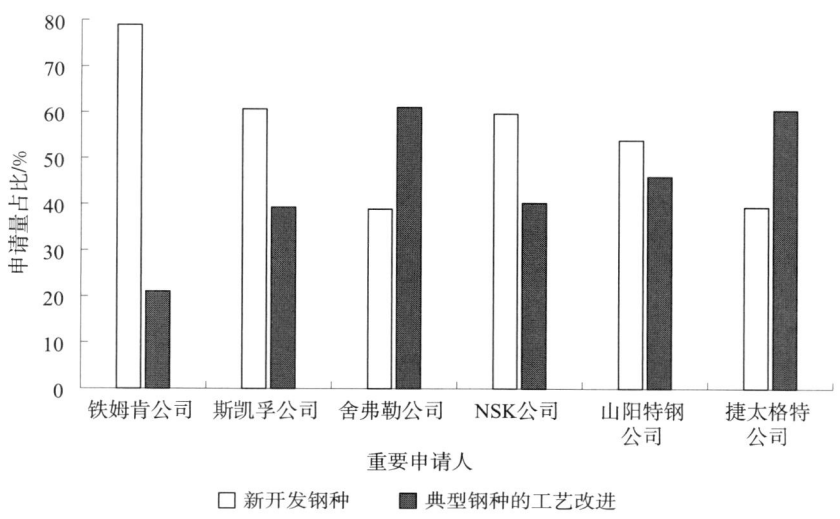

图 12－1－2　航空发动机用轴承钢领域国外重要申请人研发现状

图 12－1－3 显示了国外重要申请人对航空发动机用各类轴承钢的研发占比，图 12－1－4 显示了国外重要申请人对于各代经典航空发动机用轴承钢工艺改进的占比。可以看出，铁姆肯公司对于高碳铬轴承钢的研发占比最少，但对于高温轴承钢的研发占比最高，这与美国在航空航天市场以及航空发动机研发领域处于世界领先地位相符，为满足美国航空发动机用轴承钢的大量市场需求，铁姆肯公司将航空发动机用轴承钢的研发重点放在了高温性能更加优异的高温轴承钢上。

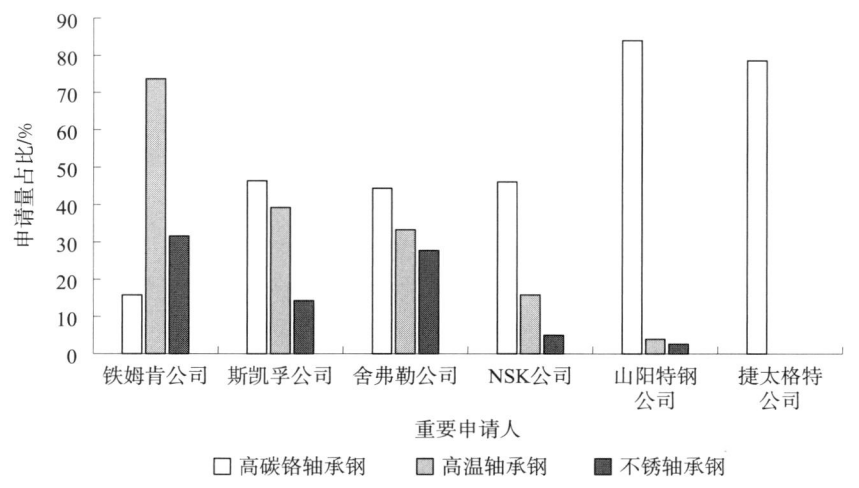

图 12－1－3　航空发动机用轴承钢国外重要申请人的研发占比

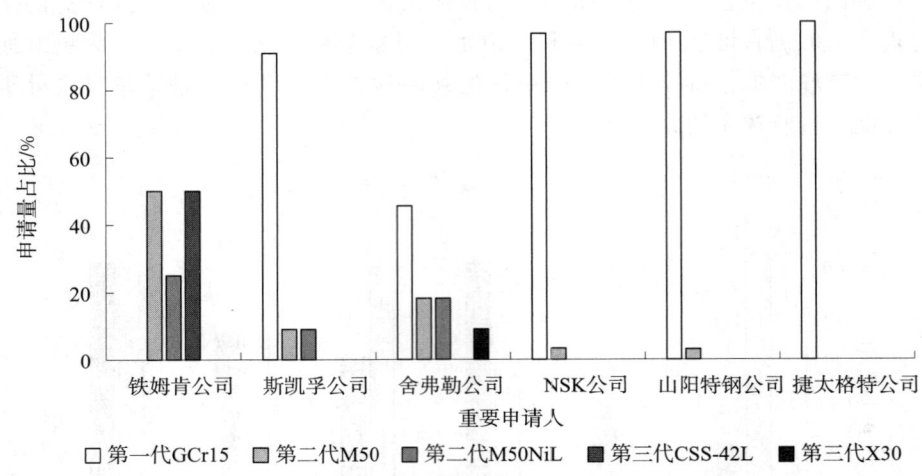

图 12 - 1 - 4　航空发动机用轴承钢领域国外重要申请人对经典钢种的工艺改进占比

此外，从图 12 - 1 - 3、图 12 - 1 - 4 还可以看出，以山阳特钢公司为代表的日本重要申请人，更多地把研发重点放在了以第一代航空发动机用轴承钢 GCr15（对应为日本牌号 SUJ2、美国牌号 AISI52100、德国牌号 100Cr6、瑞典牌号 SKF3）为代表的高碳铬轴承钢上，对于高温疲劳性能更加优异的航空发动机用高温轴承钢以及兼顾优异的疲劳性能和耐腐蚀性能的不锈轴承钢的研发占比非常少，这一方面反映了相较于美国，日本航空发动机的市场占比和研发需求较小，另一方面反映了价格低廉、综合性能较好的高碳铬轴承钢在日本仍然具有较大的市场需求。

图 12 - 1 - 5 显示了国外重要申请人对航空发动机用轴承钢的工艺改进侧重点分布情况，可以看出，大部分国外重要申请人都把对航空发动机用轴承钢工艺改进的侧重点放在了表面硬化热处理工艺上，这也是两种能够显著改善轴承钢力学性能的工序。与其他国外申请人不同，山阳特钢公司对于轴承钢的冶炼和锻轧改进占比最高，对于表面硬化和热处理的改进占比则较小，这也与其企业特点有关，山阳特钢公司是一家钢铁生产企业，而其他 5 家国外重要申请人则属于轴承生产企业，轴承钢的冶炼由其旗下或合作的钢铁企业来完成，钢铁厂的主要职责是将满足成分和洁净度要求的轴承钢冶炼出来，并锻造轧制成所需尺寸的钢坯，然后再由轴承厂进行后续的轴承制造、表面硬化和热处理工艺。因此，基于企业自身的特点，山阳特钢公司将研发重点放在了如何冶炼、锻造和轧制出质量更加优异、洁净度更高、成分和尺寸更加稳定的轴承钢。

我国的轴承钢生产企业的特点与山阳特钢公司类似，我国的轴承钢绝大多数由国内特殊钢企业生产，然后再将满足要求的钢坯交付给轴承生产企业进行轴承的制造以及进一步的表面硬化或整体热处理工艺。因此，基于我国轴承钢生产企业自身的特点，我们可以在冶炼和锻轧工艺改进的方面学习和借鉴山阳特钢公司，而在后表面硬化和整体热处理改进的方面学习和借鉴铁姆肯公司、舍弗勒公司、斯凯孚公司等国外重要申请人。

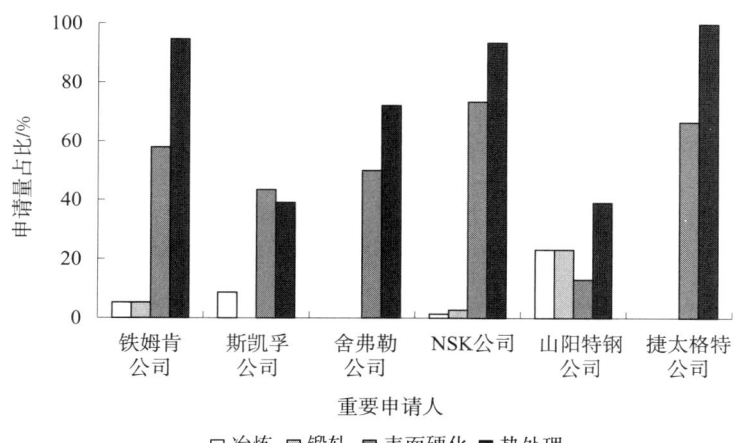

图 12 - 1 - 5　航空发动机用轴承钢领域国外重要申请人工艺改进侧重点占比

12.2　重要申请人关键技术分析

12.2.1　铁姆肯公司

铁姆肯公司成立于 1895 年，是全球领先的优质轴承、合金钢及相关部件和配件制造商，所生产的轴承应用在汽车、高铁、精密仪器、航空航天等各个领域。从 20 世纪 50 年代开始，铁姆肯公司在轴承钢上就开始研究生产工艺，其先后研发了多种先进的轴承钢生产技术及产品，其具有代表性的专利为 1993 年铁姆肯公司的 Maloney 等人发明的高强度渗碳不锈钢 CSS - 42L（US5424028A），CSS - 42L 是第三代航空发动机用轴承钢中的代表钢种。图 12 - 2 - 1 显示了铁姆肯公司专利技术改进情况，对于铁姆肯公司的专利技术，现通过成分设计、冶炼、锻轧、表面硬化、热处理等多个方面对铁姆肯公司的技术进行梳理。

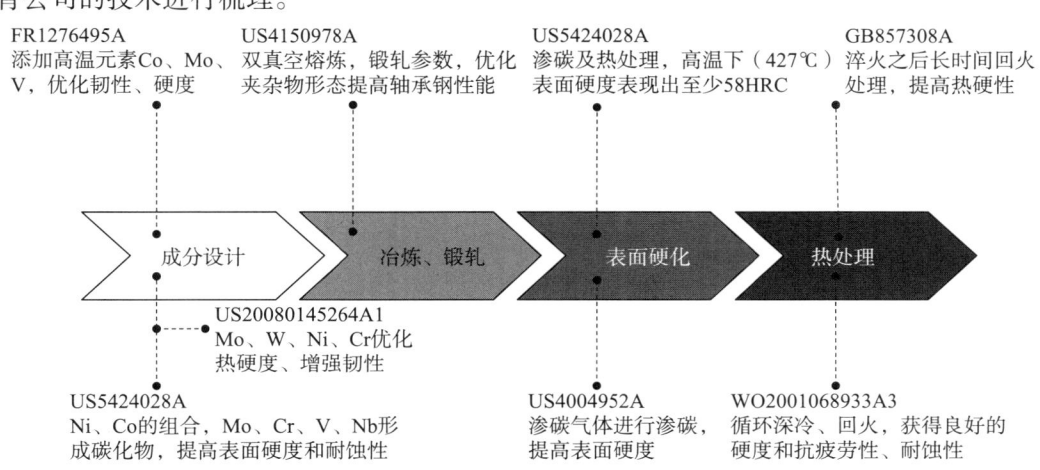

图 12 - 2 - 1　航空发动机用轴承钢领域铁姆肯公司专利技术改进情况

12.2.1.1　成分设计改进

1960 年，铁姆肯公司研发一种轴承钢，其组成为：C（0.95% ~ 1.20%）、Si（≤1%）、Mn（≤1%）、Cr（13% ~ 18%）、V（0.50% ~ 2.50%）、Mo（2.50% ~ 4.50%）、S（≤0.025%）、P（≤0.025%），余量为 Fe 和不可避免的杂质。热处理采用油淬、深冷再回火处理。该专利添加了高温元素 Co、Mo、V 等，并大量添加了耐蚀性元素 Cr，经过淬火、深冷、回火等热处理达到较高的硬度，并在使用期间能保持较高的冲击韧性（FR1276495A）。

1993 年，铁姆肯公司研发一种高强度渗碳不锈钢，其组成为：C（0.10% ~ 0.25%）、Si（≤1%）、Mn（≤1%）、Cr（13% ~ 19%）、V（0.25% ~ 1.25%）、Ni（1.75% ~ 5.25%）、Mo（3% ~ 5%）、Co（5% ~ 14%）、Nb（0.01% ~ 0.10%），余量为 Fe 和不可避免的杂质。该钢采用了双真空冶炼，VIM + VAR，以进一步精炼合金。在渗碳之前使钢在空气中预氧化，然后可通过固溶处理和奥氏体化，进行淬火，深冷和随后的回火使钢硬化。该专利中的钢通过成分、真空熔炼、渗碳及热处理后，在室温下表现出至少 62HRC 的高表面硬度，在高温下（427℃）表现出至少 58HRC 的高表面硬度，该钢具有优异的耐腐蚀性，同时在该温度范围内在芯部具有优异的断裂韧性。在成分上，该专利的一个重要方面在于发现通过 Ni 和 Co 的合适组合以稳定奥氏体和 C 与 Mo、Cr、V、Nb 等碳化物形成元素，在可渗碳不锈钢合金中获得优异的性能（US5424028A）。

2006 年，铁姆肯公司研发一种中高合金钢，其组成为：C（0.05% ~ 1.25%）、Si（≤0.20%）、Cr（≤1.25%）、Mn（0.4% ~ 4%）、Mo（0 ~ 4%）、V（0 ~ 2%）、Ni（1% ~ 3%），余量为 Fe 和杂质。W 不需要添加到这些合金中，优选不超过 0.20%。通常，（Mo + V）的总量应小于 4%，而（Mo + V + Ni + Cr）优选为 4% ~ 8%。这些合金的独特之处在于，它们以最少的所述合金添加量即可达到优异的热硬度，并且含有 Mn 以增强碳扩散并提高淬透性。为了晶粒细化和增强韧性的目的，可以少量地添加诸如 N、Nb 或 Ti 之类的元素以及其他类似元素。渗碳处理后进行淬火、回火后获得的优异的热硬度性能（US20080145264A1）。

12.2.1.2　冶炼、锻轧工艺改进

1978 年，铁姆肯公司研发一种高性能轴承钢，该高性能轴承钢既属于高温轴承钢，也属于不锈轴承钢，该钢通过添加 Cr、W 等元素，通过双真空熔炼生产高洁净度的钢，这种高性能轴承钢的 VIM 是必要的，以实现在高温下运行的飞机和其他高负荷轴承应用中所需的优异的疲劳性能。这种熔化过程允许在良好控制和高度可再现的条件下生产钢，达到空气熔化实践无法达到的质量标准。特别是，在随后的 VAR 铸造的电极中，非金属宏观和微观夹杂物的含量急剧减少，并且钢保持在最佳性能。在得到的钢锭充分热均匀化之后，控制初始锻造必须缓慢进行，并且需要频繁地再加热材料以减少由于开裂导致的表面撕裂和材料损失。轧机的进一步加工之前，建议总锻造减少至少 5∶1。通过锻轧的初始锻造、总锻造等参数的控制得到后续良好的性能的轴承钢（US4150978A）。

12.2.1.3　表面硬化工艺改进

1958 年，铁姆肯公司研发一种渗碳高温轴承钢，其组成为：C（0.16% ~ 0.21%）、

Si（0.11% ~ 1.25%）、Cr（1.25% ~ 1.65%）、Mn（0.50% ~ 0.70%）、Mo（0.11% ~ 1.10%），余量为 Fe 和杂质。

该轴承钢的表面硬化采用渗碳处理，包括用天然气等混合物进行渗碳，先用纯天然气进行渗碳然后进行扩散期，然后在混合物中进行渗碳，渗碳时间为 16h，然后将其空冷；进行奥氏体化 1h，然后在搅拌的油中淬火之后进行回火。该钢的表面硬度非常稳定，能获得高的热硬度（US2876152A）。

1976 年，铁姆肯公司研发一种耐高温的轴承钢，钢通常在空气中预热至渗碳温度（899℃或更高），保持至少 30min，此时渗碳气体被引入一段时间以提供合适的渗碳气体。在表面硬化过程中，钢被加热到 1093℃，然后在油中淬火，最后降温至 −84 ~ −73℃ 的温度，以使奥氏体转变成马氏体，之后在 538℃ 进行三次回火。该钢具有理想的高表面硬度特性（US4004952A）。

2001 年，铁姆肯公司研发一种具有低碳和铬含量的用于轴承的可渗碳高速钢，该钢在 960℃ 下对钢进行渗碳处理；在渗碳处理之前没有任何氧化处理或热处理；渗碳钢淬火处理；将淬火渗碳钢预热至 870℃，然后在 1125 ~ 1225℃ 的范围内对钢进行奥氏体化处理；再淬火后在 550℃ 的温度下对淬火的奥氏体钢进行回火，回火处理后进行空气冷却。通过渗碳气氛控制钢的表面碳含量。通常，碳含量超过 1% 的钢很难在钢厂中制造。钢中的大多数碳化物是在渗碳过程中形成的，因此整体碳化物尺寸分布小于类似的锻造合金中的碳化物。渗碳前存在的碳化物的数量低于高碳合金中的碳化物的数量。因此，该钢更容易加工（US2002124911A1）。

12.2.1.4 热处理工艺改进

1958 年，铁姆肯公司研发一种渗碳轴承钢，其组成为：C（0.16% ~ 0.21%）、G（1.25% ~ 1.65%）、Mn（0.50% ~ 0.70%）、Mo（0.90% ~ 1.10%）、Si（0.90% ~ 1.25%），其余为 Fe 和不可避免的杂质。渗碳钢在渗碳后在搅拌的油中进行淬火，制备的轴承在与热硬度相关的温度下的承载能力还取决于初始淬火产生的硬度；淬火之后可长时间回火处理，得到的钢具有良好的热硬性（GB857308A）。

1993 年，铁姆肯公司研发一种高强度渗碳不锈钢，该钢在渗碳之前使钢在空气中预氧化，然后可通过固溶处理和奥氏体化，进行淬火，深冷和随后的回火使钢硬化。该专利中的钢通过成分、真空熔炼、渗碳及热处理后，在室温下表现出至少 62HRC 的高表面硬度，在高温下 427℃ 表现出至少 58HRC 的高表面硬度（US5424028A）。

2001 年，铁姆肯公司研发一种高温用途的高性能渗碳不锈钢，该钢通过渗碳或碳氮共渗对钢制品进行表面硬化，在 1065 ~ 1150℃ 的温度下奥氏体化；在一个或多个循环中进行零度以下的冷却和回火，以实现最佳的最终性能。经热处理后，该钢表面主要由含有大量体积分数的马氏体组成，还有细小的碳化物，这种结构为材料提供了出色的硬度和抗疲劳性。表层包含有益的压缩应力，在随后的加工过程中不会破裂。钢进行渗碳和热处理后，可获得较高的表面硬度以抵抗疲劳和磨损，在较高的工作温度下促进良好的硬度保持，产生良好分散的碳化物结构，可提高表面韧性和耐腐蚀性（WO2001068933A3）。

表12-2-1列出了铁姆肯公司重点专利情况概览。

表12-2-1　航空发动机用轴承钢领域铁姆肯公司重点专利概览

公开号	申请日	名称	解决问题
GB857308A	1958年9月12日	渗碳轴承件	淬火后长时间回火处理，得到的钢具有良好的热硬性
FR1276495A	1960年12月21日	耐高温钢	易于成形，热处理后得到高的硬度，且在使用时能够抵抗冲击载荷下的断裂
US4150978A	1978年4月24日	高性能轴承钢	具有优异的滚动疲劳寿命的改进的耐腐蚀、耐磨和耐高温的轴承钢
US5424028A	1993年12月23日	表面渗碳不锈钢合金，适用于高温应用	适用于高温轴承应用的表面硬化不锈钢合金和类似渗碳部件
US6702981B2	2001年12月5日	低碳、低铬渗碳高速钢	低碳、低铬含量的用于轴承的可渗碳高速钢，更容易加工
WO2001068933A3	2001年3月14日	高温用的高性能渗碳不锈钢	钢进行渗碳和热处理后，可获得较高的表面硬度以抵抗疲劳和磨损

12.2.2　斯凯孚公司

　　斯凯孚公司是世界最大的滚动轴承制造公司之一，其生产的轴承应用主要包括航空航天、汽车、钢铁、通用机械等。斯凯孚公司在高碳铬轴承钢、高温轴承钢、不锈轴承钢的表面硬化研发上不断进行成分、工艺等改进，以适应更高使用环境对轴承钢的要求。图12-2-2显示了斯凯孚公司专利技术改进情况，对于斯凯孚公司的专利技术，现通过成分设计、冶炼、表面硬化、热处理等多个方面进行梳理。

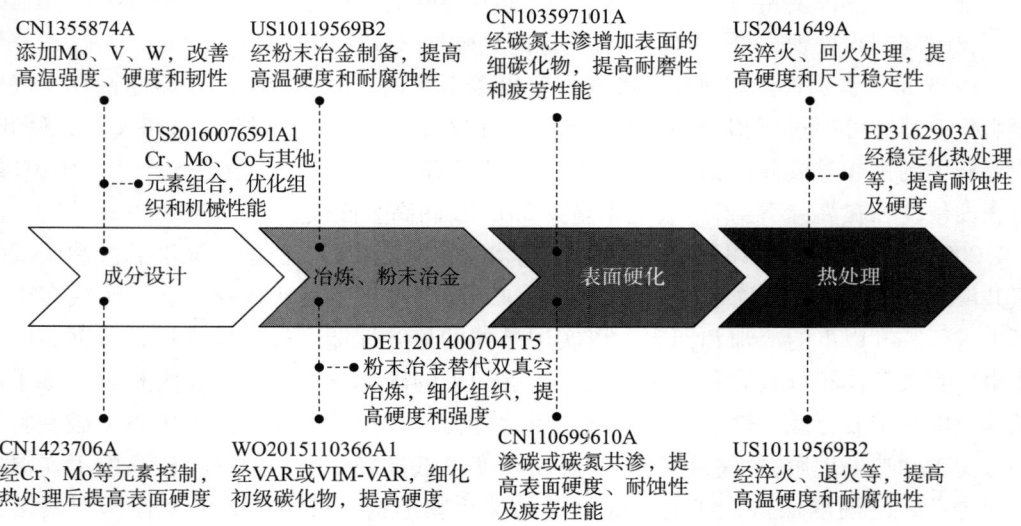

图12-2-2　航空发动机用轴承钢领域斯凯孚公司专利技术改进情况

12. 2. 2. 1　成分设计改进

1992 年，斯凯孚公司研发一种轴承钢，该钢由 Fe，0.85% ~ 0.95% 的 C，0.10% 的 Si，0.015% 的 P 和 0.20% ~ 0.40% 的 Mo 组成。该钢经淬火、回火后的强度性能比已知的轴承钢的强度性能好（US40161904A）。

2000 年，斯凯孚公司研发了一种高温轴承钢，该钢在成分上进行了改进，采用高合金元素设计，添加了高温元素 Mo、V、W 等，虽然在成本上高于如 ASTM A295 52100 的轴承钢，但其在高温、表面硬度、芯材的韧性等性能上具有优势，其还可以采用粉末冶金的方式制备得到，制备的钢硬度可以高达 67HRC，并具有高温硬度性能及较高的滚动接触疲劳寿命（CN1355874A）。

2001 年，斯凯孚公司研发一种用于制造滚动轴承的方法，0.90% ~ 1.00% 的 C，至多 0.15% 的 Si，0.25% ~ 0.45% 的 Mn，至多 0.015% 的 P，至多 0.01% 的 S；1.30% ~ 1.50% 的 Cr，至多 0.15% 的 Ni，0.20% ~ 0.23% 的 Mo，至多 0.20% 的 Cu，Ti 至多 20ppm；O 至多 8ppm。其中，由该钢制造成形零件，且对该零件进行热处理，以提高其表面的硬度（CN1423706A）。

12. 2. 2. 2　冶炼工艺改进

2013 年，斯凯孚公司研发一种球轴承的制造方法，该方法在高温下（500℃左右）具有令人满意的硬度和耐腐蚀性。该方法中钢粉的烧结步骤，其组成为：C（2.30%）、Cr（4.20%）、Mo（7%）、W（6.50%）、Co（10.5%）和 V（6.50%），获得烧结钢和烧结钢的形状以形成轴承圈。轴承套圈是通过粉末冶金方法制成的。烧结步骤可先对钢粉进行热等静压制，在烧结步骤结束时获得烧结钢。该钢具有良好的高温硬度和耐腐蚀性（US10119569B2）。

2014 年，斯凯孚公司研发一种对于已用于高温航空发动机的 M62 形成的滚动元件进行改进的技术，一方面在成分上采用无钴的低成本合金元素，另一方面没有采用常用的 VIM 和 VAR 熔炼方法，而是采用粉末冶金方法进行替代，生产的钢与 M62 具有相当的硬度等性能。通过元素的选择和含量的调整，产生包含细小碳化钒沉淀物等组织，采用粉末冶金可使得钢具有高的硬度和强度，适用于制备高负载、高温环境中应用的轴承部件（DE112014007041T5）。

12. 2. 2. 3　表面硬化工艺改进

1982 年，斯凯孚公司研发一种高温轴承钢，该专利主要涉及用于制造滚动轴承的钢的零件的方法，还可以用于喷气发动机的滚动轴承的零件，其通过对 M2 钢进行热处理，得到的轴承具有良好的耐腐蚀性和热硬度（NL8203465A）。

2012 年，斯凯孚公司研发一种用于热处理钢构件的改进方法，该通过包括以下步骤的方法来实现：①在 930 ~ 970℃ 的温度，即高于正常碳氮共渗的温度，对钢构件进行碳氮共渗，以溶解全部的碳化物；②冷却钢构件至 A1 转化温度以下的温度；③重新加热钢构件至 780 ~ 820℃ 的温度，即高于 A1 转化温度但低于碳氮共渗的温度；以及④在淬火介质浴，例如盐浴、聚合物溶液或油中，对钢构件进行淬火；以及或者⑤在略高于马氏体形成温度的温度下进行贝氏体转化，在该温度将 25% ~

99%的奥氏体转化成贝氏体，然后提高该温度以加速剩余的奥氏体向贝氏体的转化；或者⑥保持钢构件在初始马氏体形成温度（M_s）以上的初始温度（T_1），优选略高于初始马氏体形成温度（M_s），即在高于初始马氏体形成温度（M_s）50℃以内，以及优选在20℃以内。这使实际的马氏体形成温度降低。然后，该方法包括如下步骤：降低初始温度（T_1）至温度（T_2），该温度在初始马氏体形成温度（M_s）以下但在贝氏体转化过程中的实际马氏体形成温度以上；由此一直避免了马氏体转化。根据该发明的实施方式，在贝氏体转化过程中将温度从（T_2）升高至温度（T_3），该温度在初始马氏体形成温度（M_s）以上。使钢构件在碳氮共渗过程后经历步骤⑤或者步骤⑥的方法，已经证实抵消由碳氮共渗造成的脆性。通过首先对钢构件进行碳氮共渗，该钢的表面会具有的洛式硬度HRC至少为60，并且包含相当数量的细碳化物，即具有最大纵向尺寸为0.2~0.3μm的碳化物。用这种方式改变钢构件表面的显微组织以改进其耐磨性，并且增强在它表面上任何压痕的边缘处释放应力集中的能力。通过在给定温度范围内的温度下进行碳氮共渗步骤，可提供具有深度为0.3~1.2mm的碳氮共渗层的钢构件，该厚度是从钢构件的表面测量得到的，由此该碳氮共渗层只包含具有最大纵向尺寸为0.2~0.3μm的碳化物，而不含具有更大的最大纵向尺寸的碳化物。该钢具有高耐磨性、增强的疲劳和拉伸强度（CN103597101A）。

2019年，斯凯孚公司研发了一种钢制品的锻造方法，使得晶粒尺寸足够精细，以便随后的渗碳或碳氮共渗过程不会导致形成过大的晶界碳化物；成分上确定Mo、Cr、N对耐点蚀当量数的影响，以提高耐蚀性。制备工艺采用VIM、VAR或粉末冶金的方式，再对不锈钢进行表面硬化处理，得到的钢具有高硬度（表面硬度为HV820~HV850）、优异的耐腐蚀性、尺寸稳定性及良好的抗滚动接触疲劳性能，适用于航空航天（CN110699610A）。

12.2.2.4 热处理工艺改进

1934年，斯凯孚公司研发了一种高碳铬轴承钢的淬火及回火方法，通过热处理中的淬火和回火使得钢制品的尺寸变化的发生最小化，并且具有较好的硬度。高碳铬轴承钢是轴承钢的典型钢种，也是一直在研究的钢种（US2041649A）。

2013年，斯凯孚公司研发了一种在高负载和高温下工作的轴承，该专利制备的轴承在500℃左右的高温下仍具有令人满意的硬度和耐腐蚀性。该专利在成分上添加了高温合金元素Mo、W、V等，采用粉末冶金的方式减小晶粒尺寸，降低碳化物尺寸，并通过淬火、退火等热处理提高轴承的高温硬度和耐腐蚀性，制得的轴承可用于航空领域（US10119569B2）。

2015年，斯凯孚公司研发了一种不锈轴承钢，主要针对轴承的外环不耐腐蚀的问题进行的改进。其是对轴承的环施加稳定化热处理以及对滚道施加局部感应硬化处理，以获得具有用于该感应硬化处理的成分的环的材料，以此提高钢的耐蚀性（EP3162903A1）。

表12-2-2列出了斯凯孚公司重点专利情况概览。

表 12 – 2 – 2　航空发动机用钢领域斯凯孚公司重点专利概览

公开号	申请日	名称	解决问题
CN1355874A	2000 年 6 月 15 日	IVT 组件	该钢在成分上添加高温元素，具有高温硬度性能及较高的滚动接触疲劳寿命
CN1423706A	2001 年 4 月 12 日	用于制造滚动轴承的一部分的方法	通过控制元素，进行热处理，以提高钢表面的硬度
CN103597101A	2012 年 5 月 22 日	热处理钢构件的方法	对钢构件进行碳氮共渗，改进其耐磨性，并且增强在它表面上任何压痕的边缘处释放应力集中的能力
US10119569B2	2013 年 12 月 18 日	用于制造滚珠轴承的方法	通过粉末冶金方法，该钢有良好高温硬度和耐腐蚀性
US20160076591A1	2014 年 5 月 16 日	轴承部件	控制元素及工艺等，轴承部件具有高耐磨性、高韧性和在高温下抗裂纹扩展性能
DE112014007041T5	2014 年 10 月 7 日	钢合金	采用的粉末冶金方法替代 VIM 和 VAR 熔炼方法，生产的钢与 M62 具有相当的硬度等性能

12. 2. 3　舍弗勒公司

舍弗勒公司为全球航空航天用户提供定制的高精密轴承，是主流航空发动机轴承的生产商之一。舍弗勒公司研究重点在高温轴承钢、高碳铬轴承钢，也涉及不锈轴承钢。图 12 – 2 – 3 显示了舍弗勒公司专利技术改进情况，对于舍弗勒公司的专利技术，现通过成分设计、冶炼、表面硬化、热处理等多个方面进行梳理。

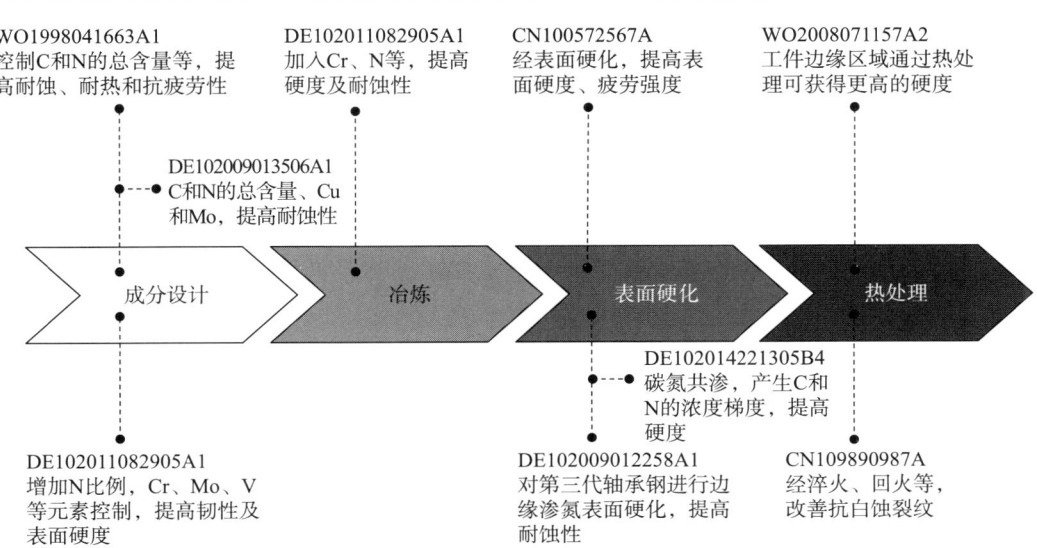

图 12 – 2 – 3　航空发动机用轴承钢领域舍弗勒公司专利技术改进情况

12.2.3.1 成分设计改进

1998年，舍弗勒公司研发一种高性能的滚动轴承，该专利中认为碳和氮的总含量限制在0.60%~0.80%，并且在热处理过程中通过相干析出而硬化，残余奥氏体含量的调整在5%~15%，这符合高性能滚子轴承的特殊要求。该滚动轴承或部件具有防锈、耐热和抗疲劳性（WO1998041663A1）。

2009年，舍弗勒公司研发一种耐腐蚀的奥氏体钢，该钢成分具有16%~21%的Cr，16%~21%的Mn，2%的Mo或≤2%的Cu，或≥2%的Mo和0.25%≥Cu≤2%，当C／N比≥0.50时，C和N总>0.50%，余量为Fe和最多2.50%的杂质。该钢提供特殊规定或合金元素和合金元素组合以增加耐腐蚀性。通过添加Cu，与无Mo耐腐蚀钢相比，可以提高腐蚀速率。Cu可以单独使用，也可以与易于合金化至2%的Mo一起使用，而不会产生钢的加工问题。C和N的总含量应<1%，以便在稍高的温度下对材料进行固溶退火。该钢具有良好的耐蚀性（DE102009013506A1）。

2011年，舍弗勒公司研发一种滚动轴承部件，钢中含有0.18%~0.22%的C、1.50%~5%的N、18%~23%的Cr、0.5%~4%的Mo和1.50%~10%的V，余量为Fe和不可避免的杂质。增加的N比例不仅导致强度增加，同时保持特定或所需的韧性，而且能够促进表面层的形成，从而提供出色的耐磨性（DE102011082905A1）。

12.2.3.2 冶炼工艺改进

2011年，舍弗勒公司研发一种不锈轴承钢，该钢中加入了改善耐蚀性的Cr元素，N元素含量较高，N的添加可在保持钢韧性的同时提高强度或硬度，还能够形成被动的表面层，该表面层使得钢有突出的摩擦特性和良好的耐蚀性。该钢的制备采用粉末冶金制造方法，可得到具有准各向同性特性的无偏析且均匀的组织，使钢具备高的尺寸稳定性、良好的适用性、高的耐磨性及硬度（DE102011082905A1）。

12.2.3.3 表面硬化改进

2005年，舍弗勒公司研发一种经表面硬化处理的具有高的韧性而且具有高的耐磨性的高温轴承钢，该专利在钢的表面层硬化时避免了过于强烈的表面层富集的情况下，达到与表面层的深度硬化相结合的更高的扩散元素，进入深度以及更高的表面层硬度，提高了钢的疲劳强度。经表面硬化和热处理后，得到的钢的表面层硬度为60~66HRC，钢的芯部区域硬度为58~63HRC（CN100572567C）。

2006年，舍弗勒公司研发一种可对高碳铬轴承钢进行表面硬化处理的方法，在硬化处理之后，滚动轴承环的表面硬度能大于60HRC，并且钢的芯部具有足够高的韧性和相对高硬度的边缘区域（DE102006052834A1）。

2007年，舍弗勒公司研发一种用于硬化滚动轴承部件，特别是外轴承环的工作表面的方法。通过该方法，滚动轴承部件在其边缘区域具有特定的硬度和腐蚀强度的层。表面硬化的处理时，其中使滚动轴承部件经受长时间的氮化，该氮化处理需在450~650℃的温度下进行一段时间。至少25h处理过程中，没有渗碳，也没有随后的淬火。该热处理时间中，氮原子可以更深地渗入滚动轴承部件的材料中，并因此产生硬化的功能层。长期渗氮提供足够厚的硬质边缘层，可以显著改善腐蚀，防止点蚀的形成。

另外，在渗氮结束之后不会发生与温度有关的滚动轴承部件的淬火，避免了与淬火有关的材料负荷和相应的材料变形（US8479396B2）。

2009 年，舍弗勒公司研发一种可对第三代轴承钢 X30CrMoN15 - 1 进行表面硬化处理的方法，在单独的渗氮工艺中边缘渗氮，使得制备的钢有足够耐腐蚀并且同时能承受高负荷（DE102009012258A1）。

2014 年，舍弗勒公司研发一种对高温轴承钢进行了表面硬化处理的方法，其是对高温轴承钢进行了表面硬化处理，用于高翻滚负荷和高运行温度的滚动轴承，特别适用于飞机发动机等领域。该钢的成分中 Cr 大于 2%，Mo 或 W 分别大于 2%，V 大于 0.50%，该钢也可以是 M50NiL 的合金。钢的表面硬化处理采用碳氮共渗，在钢的软芯的方向上产生碳和氮的浓度梯度，所述浓度梯度能够彼此自由地调节。通过浓度梯度可以预先给定边缘层的厚度，可以实现边缘层直至至少 0.30mm 的深度和至少 58HRC 的硬度，且表面硬化处理后的钢具有良好的高温性能（DE102014221305B4）。

12. 2. 3. 4　热处理工艺改进

2005 年，舍弗勒公司研发了一种滚动轴承，将钢硬化处理然后进行热处理，形成表面层。硬化过程可包括对钢进行奥氏体化，淬火和回火。硬化过程的回火温度高于用于氮化表面层的温度（EP1774188B1）。

2007 年，舍弗勒公司研发了一种制备滚动轴承部件的方法，该轴承部件在边缘区域具有残余压应力，并且马氏体含量至多为 10%，残余奥氏体含量至多为 3%。

2010 年，舍弗勒公司研发了一种用于由滚动轴承钢制成的工件的热处理方法，热处理方法中对该工件至少进行奥氏体化和淬火。在至少 1000℃ 的奥氏体化温度下对工件进行奥氏体化并且保持时间短。然后，以适当的淬火速度淬火工件。尽管可以通过马氏体形成获得更高的硬度值，但奥氏体化温度的升高，高于通常已知的 830 ~ 870℃ 的奥氏体化温度，因此在低合金钢的情况下，这会导致晶粒粗化，晶粒的粗化会导致疲劳强度显著降低。提高淬火速度，则可以防止或减少珠光体的形成，并且形成马氏体。与在真空中淬火相比，低合金钢的热处理速度可比在真空淬火中快 5 ~ 10 倍。该热处理方法可以实现工件的高硬度和高耐磨性，并且即使在滚动轴承的条件下也可以使用以这种方式处理的工件。利用该方法，在所处理的工件的边缘区域中通过热处理可获得的硬度更高并且至少为 60HRC（WO2008071157A2）。

2017 年，舍弗勒公司研发了一种用于制造具有改进的抗白蚀裂纹（WEC）形成的坚固性的滚动轴承环的方法，该方法将由含有 0.40% ~ 0.55% 的 C 和 0.50% ~ 2% 的 Cr 的亚共析调质钢制成的滚动轴承环以感应方式加热以构造出硬化的边缘层，然后淬火和回火。根据该方法规定使用特殊的起始材料，即亚共析调质钢，另外，规定执行限定的硬化和温度处理步骤，这导致构造出硬化的边缘层。该钢具有 0.4% ~ 0.55% 的 C 含量和 0.5% ~ 2% 的 Cr 含量。然后，这种亚共析调质钢在感应硬化过程中仅在边缘侧硬化，从而构造出感应硬化的边缘层。在硬化状态下，这种亚共析调质钢在硬化的边缘层区域中不含未溶解的碳化物。在感应加热之后，进行滚动轴承构件的淬火（硬化），然后进行回火步骤。通过回火形成最小的回火碳化物（Fe_2C），其尺寸明显小于 1μm。该方法制备的滚动轴承构件表现出抗 WEC 形成的坚固性的明显改善（CN109890987A）。

表 12 -2 -3 列出了舍弗勒公司重点专利情况概览。

表 12 -2 -3　航空发动机用轴承钢领域舍弗勒公司重点专利概览

公开号	申请日	名称	解决问题
WO1998041663A1	1998 年 3 月 6 日	高性能滚动轴承或滚动部件	控制 C、N 等保证滚动轴承高耐蚀性耐热和抗疲劳性
EP1774188B1	2005 年 8 月 4 日	滚子轴承	将钢硬化处理然后进行进一步的热化学热处理，形成表面层，优化钢的表面硬度
WO2008071157A2	2007 年 12 月 4 日	滚动轴承钢的减摩轴承部件的热处理方法	通过热处理参数调整，控制边缘区域中可获得的硬度更高并且至少为 60HRC
DE102009012258A1	2009 年 3 月 7 日	高强度轴承	对第三代轴承钢 X30CrMoN15 - 1 进行表面硬化处理，在渗氮工艺中边缘渗氮，提高钢的耐腐蚀
DE102011082905A1	2011 年 9 月 19 日	可通过粉末冶金工艺制备的滚动轴承	采用粉末冶金方法，得到具有准各向同性特性的无偏析且均匀的组织，钢有高的耐磨性及硬度

12.2.4　捷太格特公司

捷太格特公司是来自日本的一家轴承生产企业，其在高碳铬轴承钢、渗碳轴承钢领域具有重要的地位。图 12 -2 -4 显示了捷太格特公司专利技术改进情况，对于捷太格特公司的专利技术，现通过成分设计、冶炼、表面硬化等多个方面进行梳理。

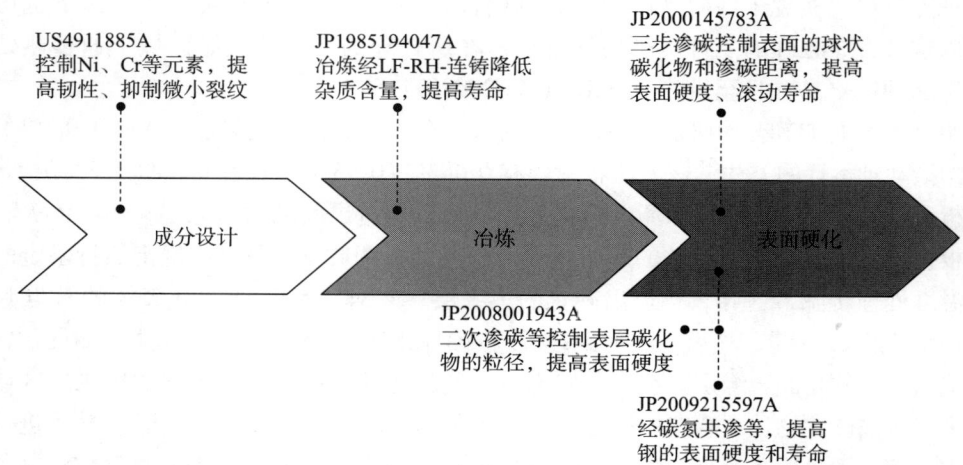

图 12 -2 -4　航空发动机用轴承钢领域捷太格特公司专利技术改进情况

12.2.4.1　成分设计改进

1988 年，捷太格特公司研发了一种高碳铬轴承钢，其在高碳铬轴承钢中加入 1% ~2% 的 Ni，提高基体的韧性来抑制微小裂纹的发生和发展，因此能够延长使用该钢的滚动轴承的寿命。其组成为：0.80% ~1.20% 的 C、1% ~2% 的 Ni、0.90% ~2% 的 Cr、1% ~2% 的 Si 组成，以及 0.015% ~0.040% 的 S 和 P 的组合含量，钢的其余部分是 Fe 和不可避免的杂质。

12.2.4.2　冶炼工艺改进

1984 年，捷太格特公司与爱知钢铁公司共同研发了一项轴承钢冶炼领域非常重要的技术，即电炉氧化熔炼钢—LF—RH—CC 的冶炼工艺，从而大幅度减少了杂质元素 P、S、Al、O、N 和 Ti 的量，O 含量控制为 6ppm，磷含量控制为 20ppm 以下，钛含量控制为 15ppm 以下。

12.2.4.3　表面硬化工艺改进

1998 年，捷太格特公司研发了一种三步渗碳工艺以控制表面的球状碳化物和渗碳距离。包括渗碳和淬火的第一步以在所述毛坯上形成渗碳层，第二步硬化以在渗碳层中沉淀球状碳化物，以及第三步高浓度渗碳和淬火，用于形成具有比第一表面部分更高的碳浓度的表面部分，球状碳化物的颗粒到颗粒的距离在最接近的颗粒之间的距离方面高达 15μm（JP2000145783A）。

2007 年，捷太格特公司研发了一种具体的二次渗碳工艺，在 1.00% ~1.50% 的渗碳气氛中加热，温度在 870 ~950℃。首先进行渗碳处理，然后淬火；随后在碳势在 1.00% ~1.50% 的渗碳气氛中加热，温度在 870 ~910℃，进行第二次渗碳处理，然后淬火；并应用回火处理使表面层部分的总沉淀碳化物的面积比在 15% ~25%，以按面积比使表面层部分存在的总沉淀碳化物的 50% 或更多 7C3 类型和/或 M23C6，使表层部分的碳化物的平均粒径在 0.30 ~0.60μm，其最大粒径为 4μm，表面硬度为 62HRC 或更高，并在表层部分的残余奥氏体中渲染固溶体碳量在 0.95% ~1.15%（JP2008001943A）。

2008 年，捷太格特公司对含有 0.90% ~1.10% 的 C、超过 0.35% 且最高为 0.70% 的 Si、小于 0.80% 的 Mn、1.85 ~2.50% 的 Cr、12ppm 以下的 O 以及余量 Fe 和不可避免的杂质的钢材进行球化退火后进行碳氮共渗，具体碳氮共渗的步骤是在 830 ~880℃下，以 2% ~10% 的 NH3 气体流量对渗碳转化气体流量之比进行 3 小时以上处理的碳氮共渗步骤（JP2009215597A）。

表 12 - 2 - 4 列出了捷太格特公司重点专利情况概览。

表 12 - 2 - 4　航空发动机用轴承钢领域捷太格特公司重点专利概览

公开号	申请日	名称	解决问题
JP1985194047A	1984 年 3 月 14 日	优质轴承钢及其制造方法	电炉氧化熔炼钢、LF、RH、CC 工艺，显著减少氧化物夹杂物，优化钢的寿命
US4911885A	1989 年 3 月 31 日	高碳铬轴承钢	控制成分提高使用该钢的滚动轴承的寿命

续表

公开号	申请日	名称	解决问题
JP2008001943A	2006 年 6 月 22 日	滚动滑动件及其制造方法	经二次渗碳表面硬化后，提供优异的滚动寿命的钢
JP2009215597A	2008 年 3 月 10	轧制部件及其制造方法	通过碳氮共渗，实现长寿命的滚动部件的制备

12.2.5 山阳特钢公司

山阳特钢公司是当今世界轴承钢领域最重要的企业之一，其轴承钢制造技术一直处于世界领先水平。从 20 世纪 80 年代开始，山阳特钢公司就开始研究轴承钢生产工艺，其先后研发了三代先进的轴承钢生产技术及产品，具体如下：20 世纪 80 年代，高洁净度钢，代表产品系列 SP 钢，主要特点是高硬度和耐磨性，生产工艺是电炉—精炼炉—脱气—垂直铸机。20 世纪 90 年代，超高洁净度钢，代表作品是 EP 钢，生产工艺是 SNRP 工艺，主要特点是大尺寸夹杂物控制，疲劳强度。2018 年，极超纯净钢，代表产品是 Premium J2 钢，生产工艺是 SURP 工艺，主要特点是夹杂物的改性、分布。该公司在产品发布的前后会布局较多专利，对相关技术进行保护。图 12 - 2 - 5 显示了山阳特钢公司、专利技术改进情况，对于山阳特钢公司的专利技术，现通过成分设计、冶炼、锻轧、热处理、微观结构评价等多个方面进行梳理。

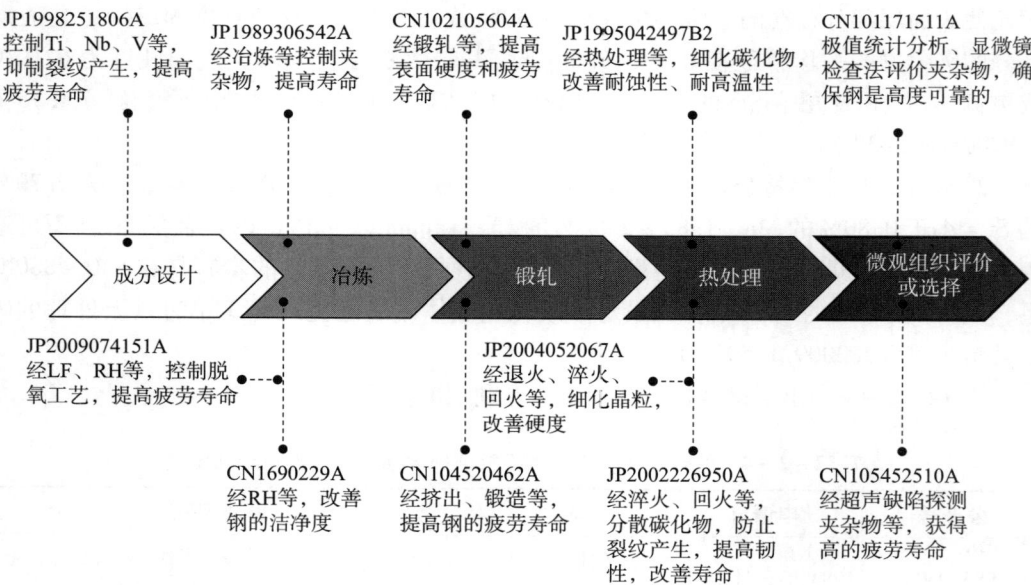

图 12 - 2 - 5　航空发动机用轴承钢领域山阳特钢专利技术改进情况

12.2.5.1　成分设计改进

山阳特钢提出了一种轴承钢，其组成为：C（0.45%～1.20%）、Si（0.05%～1.50%）、Mn（0.20%～2%）、B（0.0005%～0.005%），N（≤0.015%）、Ti（0.01%～0.20%）、Nb（0.02%～0.40%）、V（0.01%～0.20%）并且满足0.05%≤Ti（%）+0.52×Nb（%）+0.94×V（%），Cr（0.15%～3%）、Mo（0.05%～2.00%）、Ni（0.05%～3.0%），其特征在于剩余部分由Fe和不可避免的杂质组成。通过添加特定量Ti、Nb、V，抑制裂纹产生的因素，降低淬火回火后的钢中的微细析出物（JP1998251806A）。

12.2.5.2　冶炼工艺改进

1989年，山阳特钢公司发现球形夹杂物的中心含有存在大量Mn和Si的氧化物，为了减少这些氧化物，提出在熔炼钢以后防止炉渣流入钢包精炼炉，在这种情况下，有必要进行炉底出钢。此外，即使不在出钢口上，也需要保持200mm的熔钢，防止炉渣被熔钢的涡流卷入而从出钢口流出（JP1989306542A）。

2003年，山阳特钢公司研发了一种钢液脱气处理工艺，通过控制脱气处理前或真空度为1Torr以上的脱气处理初期的钢液中的S量水平以质量比计为30～70ppm，改善了钢液脱气效果（JP2003119512A）。

山阳特钢公司于2007年发现，在电弧熔炼炉或转炉中-LF-RH-CC的制造工序中，将O降低到20ppm以下、Al小于0.01%的一种用于滚动疲劳寿命优异的机械用部件的轴承钢的制造方法，其主要的发明点在于脱氧工艺的控制，在精炼钢材时，利用Al以外且含有Si的脱氧剂进行脱氧，接着轴承钢的钢材中的溶解氧量为30ppm以下时，利用含有满足钢材中的Al不足0.01%的Al量的脱氧剂进行脱氧（JP2009074151A）。

为了提高洁净度，山阳特钢公司在电弧熔化炉或转炉中生成的钢水转移到LF中精炼钢水-RH-CC的工序中，其中，在LF中进行精炼的时间不大于60min，在循环式真空脱气装置中的钢水的循环量至少是钢水总量8倍的条件下，在循环式真空脱气装置中进行的脱气时间不小于25min。钢水转移到LF中的方式是要转移的钢水的温度至少比钢的熔点高100℃（CN1690229A）。

12.2.5.3　锻轧工艺改进

2002年，为了获得外面上皱折疵点的细小皱纹的钢管，山阳特钢公司通过控制好硫的含量，并将该轴承钢加热到1030～1130℃以后，在该轴承钢外径压缩率为2.50%～35.00%、壁厚压缩率为5.00%～56.50%的条件下，通过阿尔塞轧管机进行轧制拉伸的工序（CN1478614A）。

2008年，山阳特钢公司通过对钢进行塑性加工，将已进行所述塑性加工的钢加热至780℃以上，以施加80MPa以上的静水压力，由此使得包含在钢中的非金属夹杂物和作为基体的钢在界面彼此紧密接触（CN102105604A）。

2013年，为了改善夹杂物和基体之间的界面的黏附性，山阳特钢公司将夹杂物与周围基体的空隙率控制在3.30%～8%，其比较了锻造成90mm铸件以后再进行挤出工序、锻造工序、一般典型辊轧和在轻压力下的辊轧对界面状态的影响。其中，挤出工序和锻造工序获得的效果最好。挤出工序具体工艺为：将加热至1150℃的上述直径为90mm的钢材料插入为热挤出所制备的模口，并通过施加约300t的负荷进行热挤出，并且加工成直径为65mm的钢材料。锻造工序具体工艺为用小锤压力机对加热至1150℃的上述直径为90mm的钢材料连续地进行锻造，从而将钢材料加工成直径为65mm的钢材料（CN104520462A）。

12.2.5.4　热处理工艺改进

1994年，山阳特钢公司发现在锻造比2以上加工后，通过在1150～1220℃下进行2h以上的均热处理来小型化碳化物，提高轴承钢的疲劳寿命（JP1995042497B2）。

2001年，山阳特钢公司通过改进热处理的工艺条件来控制轴承钢的微观组织。具体条件为：淬火温度进行1000～1050℃的高温淬火，保持20～60min后进行风冷。此外，回火温度在450～700℃下保持60～120min后重复空气冷却两次。在这种高温下回火，以确保硬度，旨在二次固化，以抑制组织变化。此时，残余奥氏体量小于12%。此外，组分，如残余奥氏体量小于8%，最好选择热处理条件（JP2002226950A）。

2002年，山阳特钢公司将高碳铬轴承钢中的Si含量增加到0.50%～1.50%，球形退火后，由含Si的高碳铬轴承钢制成的滚动部件，加热至780～860℃后，淬火，进一步回火至150～300℃的温度。即在高碳铬轴承钢中，将Si添加到上述必要量，实施适当的淬火回火处理，由此使非常微细的碳化物大量析出到基体中，以实现淬火回火后的晶粒的微细化（JP2004052067A）。

12.2.5.5　微观组织评价或选择

表12-2-5列出了山阳特钢公司重点专利情况概览。

2005年，山阳特钢公司研发了一种选择可靠性钢的方法，用与极值统计分析相结合的显微镜检查法来评价最大夹杂物尺寸为约100μm或更小的夹杂物。其中，在与极值统计分析结合的显微镜检查法的操作中，用显微镜检查法观测选择来自样品的给定试样群的多个试样，来测定各试样中存在的最大夹杂物的尺寸，并通过在极值概率纸上绘出最大夹杂物的尺寸，可以估算给定群或给定体积或面积内的最大夹杂物的尺寸。当对80mm^{2}或更大的标准检测面积（S0）和30000mm^{2}的估算面积S，由极值统计分析估算的最大夹杂物尺寸为50μm或更小时，由与极值统计分析相结合的显微镜检查法进行评价确定钢是高度可靠的。用在5～25MHz的频率下操作的超声波探伤检测来评价最大夹杂物尺寸为约100μm或更大的夹杂物的数量。所述超声波探伤检测评价的操作灵敏度，使得在预定的回波强度下可以检测尺寸为100μm的夹杂物，并且当在10kg的转化评价重量中，在预定的或更高的回波强度下探测的夹杂物数量为10或更小时，确定钢是高度可靠的（CN101171511A）。2014年，山阳特钢公司发现通过调整钢中的氧含量按质量百分比计为8ppm以下，硫含量为0.008%以下，且Al含量为0.006%～0.030%，调节了通过超声缺陷探测在每1000mm^{3}的钢材体积中所探测到的夹杂物直径为20μm以上且小于100μm的非金属夹杂物的数量为12个以下。通过超声缺陷探测在每2.5kg的钢材重量中所探测到的夹杂物直径为100μm以上的非金属夹杂物的数量为2个以下。钢中存在的MgO-Al$_2$O$_3$系氧化物的平均组成中的（MgO）／（Al$_2$O$_3$）的质量分数被调整到 0.25% ~ 1.50%。并且 MgO – Al$_2$O$_3$ 系氧化物与全部的氧化物系夹杂物的数量比为 70% 以上，获得了一种疲劳寿命优异的钢材（CN105452510A）。

表 12 – 2 – 5　航空发动机用轴承钢领域山阳特钢公司重点专利概览

公开号	申请日	名称	解决问题
JP1998251806A	1997 年 3 月 14 日	滚动疲劳寿命优良的钢	通过添加特定量 Ti、Nb、V，抑制裂纹的产生，提高钢的疲劳寿命
JP2009074151A	2007 年 9 月 21 日	轧制疲劳寿命优异的钢的制造方法	控制冶炼的脱氧工艺进行脱氧，改善滚动疲劳寿命
CN104520462A	2013 年 4 月 4 日	优良滚动疲劳寿命的钢构件	经挤出工序、锻造工序、一般典型辊轧和在轻压力下的辊轧对钢产生影响，改善钢的寿命和可靠性
JP2004052067A	2002 年 7 月 23 日	一种滚动部件的制造方法	实施适当的淬火回火，细化钢的晶粒，改善钢的回火硬度和使用寿命
CN101171511A	2006 年 4 月 18 日	钢的可靠性评价方法	经分析和评价最大夹杂物尺寸，确定钢是高度可靠的
CN105452510A	2014 年 8 月 7 日	具有优良滚动疲劳寿命的钢	通过超声检查夹杂物尺寸，提高滚动疲劳寿命

12.2.6　NSK 公司

NSK 公司是日本的轴承先锋，开发与提供各类轴承，在轴承领域稳居日本首位，同时在全世界也位居前列。图 12 – 2 – 6 显示了 NSK 专利技术改进情况，对于 NSK 的专利技术，现通过成分设计、冶炼和锻轧、表面硬化、热处理等多个方面进行梳理。

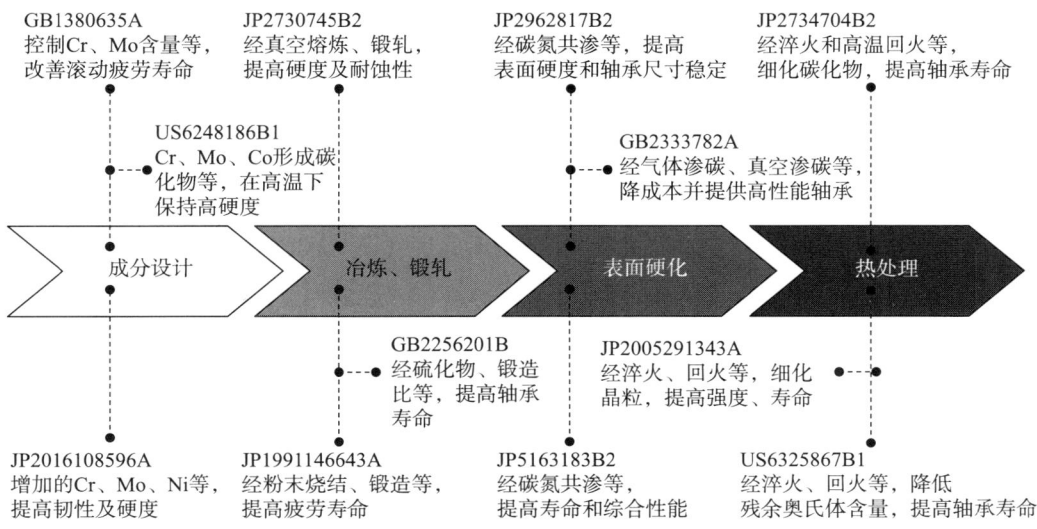

图 12 – 2 – 6　航空发动机用轴承钢领域 NSK 公司专利技术改进情况

12.2.6.1　成分设计改进

1972 年，NSK 公司提出了一种能显著改善滚动疲劳寿命的轴承钢，该钢的表面层中成分为：C（0.65%～1.4%）、Mn（0.04%～1.50%）、Si（0.04%～2%）、Cr（0.20%～2.50%）、Mo（0.06%～0.60%），余量由 Fe 和不可避免的杂质。碳是形成碳化物的必要元素，碳含量过高时，碳化物颗粒变为太大。添加 Mn 是为了提高钢的淬透性，过高的 Mn 含量会降低钢的机械性能。Cr 或 Mo 作为碳化物形成元素，Cr 含量过高会导致碳化物以外的碳化物形成，因此碳化物的特性不均匀。Mo 作为碳化物形成剂也是有效的，Cr 过多会促进除渗碳体之外的碳化物的形成。通过元素的调整及工艺处理后，钢的表面层将转变为准碳化物结构，因此将表现出优异的滚动疲劳特性（GB1380635A）。

1998 年，NSK 公司提出了一种轴承，滚珠轴承和滚子轴承，包括内圈，设置在内圈的共轴上的外环并相对于内圈围绕轴线，以及滚动体旋转在内圈和外圈之间插入在内圈和外圈上，根据外环相对于内圈旋转，其中至少一个选自内环的组成，外圈环，滚动体包括基本上由含 Fe 的合金组成的芯构件，其中 0.20%～1.00% 的 Si 和 0.20%～1.50% 的 Mn，7%～11% 的 Cr。通过将芯构件的表面区域经受二次硬化处理并含有 0.90%～1.50% 的 C，以 6% 的 Mo 和 0.50～8% 的 Co，以及通过使核心区域的表面区域形成二次硬化处理而形成的壳硬化层。Si、Mn 可作为脱氧剂，Cr 可赋予钢良好的耐腐蚀性，Mo 和 Co 在钢的表面区域中形成的碳化物或金属间化合物，即使在高温下也可以在非常高的水平下保持钢的表面硬化层的硬度（US6248186B1）。

2014 年，NSK 公司提出了一种滚动轴承，在滚动轴承中，设置有通过内圈和外圈之间设置的滚动元件，内圈，外环和滚动体中的至少一个是：C（0.85%～1.21%）、Si（0.40%～1.02%）、Mn（0.55%～1.51%）、Cr（1.30%～1.90%），包括作为必需组分，作为任选成分 Mo 为 0.30% 以下（包括 0），Ni 为 0.20% 或更少（包括 0），Cu 为 0.20% 以下（包括 0），S 为 0.025% 或更小（包括 0），P 为 0.020% 以下（包括 0），O 为 15ppm 或更低（包括 0），平衡具有由 Fe 和不可避免的杂质组成的钢。C 是提高硬度的元素，Mn 具有固溶强化和硬化的效果，Cr 有改善硬化性能的效果，并且进一步延长了滚动疲劳寿命，Mo 具有固溶强化、硬化性和回火软化抗性的影响，Ni 具有硬化效果，并通过加入大量 Ni 来提高韧性，Cu 具有改善硬化性能和晶界强度的效果（JP2016108596A）。

12.2.6.2　冶炼和锻轧工艺改进

1988 年，NSK 公司提出了一种具有优异的耐腐蚀性的轴承钢，该钢经真空熔炼后将其锻轧成一定尺寸钢，制备的钢耐腐蚀的同时保持优异淬火硬化硬度（JP2730745B2）。

1989 年，NSK 公司提出了一种高温轴承，该高温轴承包括轴承套圈和滚动体，其中滚动体含有 0.70%～1.00% 的 C、3.00%～5.00% 的 Cr。滚动体是通过粉末烧结法形成的，可以防止非金属夹杂物和先共析碳化物的偏析。采用粉末烧结法，形成的碳化物变得更微细，从而可以显著提高滚动轴承的寿命。滚动体也可以采用烧结锻造等其他方法，锻造中的锻造比对熔口的使用寿命影响很大，这是因为铜球的直径越小，锻造比越高，夹杂物的细化程度就越高（JP1991146643A）。

1992 年，NSK 公司提出了一种滚动轴承用钢，具体的制备工艺可以防止在诸如锻造的预加工过程中产生裂缝，并且可以提高其工作效率。该专利通过改变轴承钢的硫含量和锻造比（轧制后的横截面／轧制前的横截面）来制备有具体化学组成的钢。该专利可改善冷轧轴承的轧制部件的疲劳引起的裂纹的环转动疲劳寿命。基于对应于 S 含量的锻造比，钢中的硫化物夹杂物的数量在最佳范围内。通过控制轴承中硫化物夹杂物的长度和数量，提供了与传统的车削部件的寿命相比改善轴承的冷锻锻造部件的寿命的优点（GB2256201B）。

1998 年，NSK 公司提出了一种滚动轴承，高碳钢原材料通常在热轧或热锻（热加工）后进行球状化退火，然后进行环滚压加工那样的温加工或冷加工。该专利的钢在热锻后直接进行环扎加工，该方式能够使球化退火处理工序的退火处理时间减半，并且能够同时完成环滚加工（JP1999347673A）。

12.2.6.3　表面硬化工艺改进

1990 年，NSK 公司提出了一种使用寿命较长的滚动轴承，滚动轴承中构成滚动体的材料为高碳铬钢、滚动体为钢、高温轴承用高速钢、马氏体不锈钢中的任一种，滚动体具有碳氮共渗硬化后回火形成的硬化表面层。通过对滚动体进行碳氮共渗，提高滚动体表面的 C 含量和 N 含量，可以提高 C 和 N 对滚动体的固溶强化作用和 N 的回火软化阻力。可以提高滚动体的表面硬度。在碳氮共渗中，由于 C 和 N 在待碳氮共渗的材料中形成固溶体，因此固溶强化效果大于渗碳。在碳氮共渗中，优选以使表面硬化层的固溶氮化量在上述范围内且表面碳固溶量为 1.20% ~ 1.60% 的方式溶解 C 和 N。经过表面硬化后，通过后续回火形成的硬化表面层，即使在半高温下使用，滚动体的尺寸稳定性也较好（JP2962817B2）。

1991 年，NSK 公司提出了一种使用寿命较长的滚珠轴承，其通过优化表面硬度而不牺牲热处理生产效率和压缩残余应力，对抗滚动疲劳有效。该专利通过适当地限定喷丸处理、表面硬化等的处理条件，可以获得期望的表面硬度和压缩残余应力，改善滚珠轴承的使用寿命（US5147140A）。

1998 年，NSK 公司提出了一种滚动轴承的制造方法，该方法能够以比现有方法更低的成本制造出由耐热渗碳钢形成的高性能轴承而不会劣化。其表面硬化使用不进行等离子体放电等的真空渗碳法制造，等离子渗碳法能够对高合金钢进行渗碳的原因在于，在气体渗碳法和真空渗碳法中，热能使通过热分解反应而活化的 C 与表面接触，从而利用 C 与 Fe 的平衡反应。通过等离子体放电获得更高的能量，从而同时进行工作表面的清洁和渗碳。该专利具有更低的成本制造和提供高性能轴承（GB2333782A）。

2008 年，NSK 公司提出了一种滚动轴承，该钢成型后依次进行 840 ~ 920℃ 的碳氮共渗处理、高频淬火、−80 ~ −20℃ 的深冷处理、200 ~ 400℃ 的回火处理。表层中的 C 含量为 0.60 % 以上且 2.00 % 以下，表层中的 N 含量为 0.05% 以上且 0.50% 以下，残留奥氏体量为表面层为 5 体积% 或更少。该轴承具有良好的寿命和综合性能（JP5163183B2）。

2013 年，NSK 公司提出了一种滚动轴承，通过渗碳氮化和回火处理，钢的表面硬度是 63 ~ 67 HRC，最终可以实现整个滚动轴承的长寿命。对于轴向的压缩残余应力的大小，也可以通过改变作为渗碳处理或渗碳氮化处理的热处理时的保持温度和时间中的一方或双方，改变固溶碳的浓度梯度来调整（JP2015017661A）。

12.2.6.4 热处理工艺改进

1989 年，NSK 公司提出了一种滚动轴承，其热处理采用淬火和回火各种低合金钢和高合金钢来形成具有长寿命的合金钢，并进行滚动疲劳寿命测试。为了获得长的寿命滚动轴承，可以有效地执行高温回火（例如 450～600℃）。由于高温回火，至少滚动体在 62～70 HRC 的范围内，并且碳化物的粒度为 12μm 或更小直径的圆形直径（JP2734704B2）。

1994 年，NSK 公司提出了一种滚动轴承，该滚动轴承在碳氮共渗处理后进行淬火和回火。首先将温度从碳氮共渗温度降低到低于 A1 转化点，然后加热到淬火温度以上。二次淬火不仅用于细化晶粒，而且还用于将芯材中残余奥氏体的含量保持在低水平。通过适当选择二次淬火温度，可以将残余奥氏体的量调节到合适的水平。如果材料的碳含量不超过 0.50%，可以在碳氮共渗处理后进行直接淬火，因为低硬度的芯材不仅能够防止机械强度下降，而且能够保持核心材料中残余奥氏体含量较低，最终使该轴承的滚动疲劳寿命显著延长（US6325867B1）。

2004 年，NSK 公司提出了一种滚动轴承，滚动轴承的制备工序有：在将原材料加热至 900～1000℃ 而奥氏体化后，通过急冷而形成马氏体组织；在 500～700℃ 保持 1～2h 加热到奥氏体温度区域后，进行淬火的工序和回火的工序。该制备工序能够简化实现低成本化，且在塑性加工后，能够将被降低至室温后，再次加热至奥氏体化温度而进行淬火，以提高生产率。该专利中微细的回火碳化物及在加工中导入的加工应变引起的奥氏体成核部位的增加效果，通常的淬火、回火处理的约一半以下的 6μm 以下的晶粒的微细化成为可能，通过该晶粒的微细化，材料强度提高，轴承寿命延长（JP2005291343A）。

2014 年，NSK 公司提出了一种滚动轴承钢，该钢通过进行包含渗碳或碳氮化和淬火和回火的热处理获得。硬化过程中，保持一个预定的时间的轴承组件 800～880℃ 的温度后，优选地通过油冷却进行。当淬火温度低于 800℃，淬火后的硬度不足。当淬火温度高于 880℃，或残留奥氏体的量变得过多，旧奥氏体晶粒和或粗，韧性降低。淬火处理的保持时间根据轴承部件的尺寸来确定。回火工艺，保持一段预定的时间的轴承组件 160～240℃ 的温度之后，优选地通过空气冷却或炉冷进行。该钢可实现更长的寿命（JP2015203153A）。

表 12-2-6 列出了 NSK 公司重点专利情况概览。

表 12-2-6　航空发动机用轴承钢领域 NSK 重点专利概览

公开号	申请日	名称	解决问题
JP1991146643A	1989 年 10 月 31 日	滚动轴承	经锻造比等控制，细化夹杂物，提高钢的寿命
US6248186B1	1998 年 11 月 6 日	滚珠轴承及其制造方法	通过 Cr、Mo、Co 等元素控制钢表面形成的碳化物或金属间化合物，钢在高温下保持表面硬化层的高硬度

续表

公开号	申请日	名称	解决问题
JP2005291343A	2004 年 3 月 31 日	滚动轴承	控制淬火、回火等参数，细化晶粒，提高轴承强度和寿命
JP2015017661A	2013 年 7 月 11 日	滚动轴承	通过渗碳氮化和回火处理，提高钢的表面硬度，实现滚动轴承的长寿命
JP2015203153A	2014 年 4 月 16 日	滚动轴承	渗碳或碳氮化、淬火和回火的热处理获得轴承钢，实现更长的寿命

12.3 重要申请人合作模式分析

12.3.1 合作申请人类型分析

在航空发动机用轴承钢领域，创新主体之间的合作是相对广泛的，合作申请占总申请量的7%。在所有的合作申请中，国外创新主体之间的合作占比84%，国内占比为16%。

图 12-3-1 显示了航空发动用轴承钢国内申请人合作情况分布，可以看出，国内合作模式相对单一，高校/科研院所在合作申请中占据主导地位，高校/科研院所与轴承钢生产企业的合作占比高达73%，主要是高校/科研院所与自己孵化的公司之间的合作，这也是国内科研成果转化的一种重要方式，而轴承生产企业与上下游产业的创新主体或者高校/科研院所的合作均比较少。总的来说，在合作申请中，高校/科研院所与轴承钢生产企业相对活跃，轴承生产企业参与度较低。

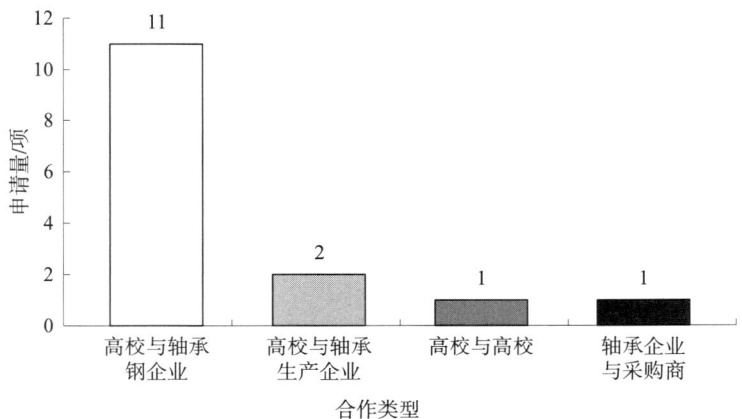

图 12-3-1　航空发动机用轴承钢领域国内申请人合作类型分布

图 12-3-2 显示了航空发动用轴承钢国外申请人合作情况分布，可以看出，国外的合作集中在企业之间，特别是轴承生产企业与轴承钢生产企业之间的合作，专利申请量有 48 项，反映出在轴承钢领域，国外上下游之间合作顺畅，轴承生产企业在轴承钢的研发过程中起着非常重要的作用。

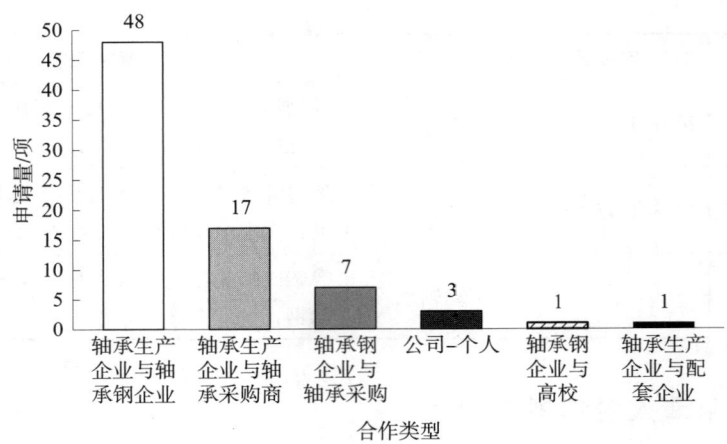

图 12 - 3 - 2 航空发动机用轴承钢领域国外申请人合作类型分布

以山阳特钢公司为例，作为日本最大的轴承钢生产企业，与 NSK 公司合作申请 9 项专利，两者合作研发的一个重要方向即是轴承钢成分设计以及生产工艺改进。对于轴承钢生产企业，轴承钢的设计及生产工艺的研发需要轴承生产企业参与其中。在国外，企业与高校/科研院所的合作申请仅有 1 项，是日本大阪大学、山阳特钢公司与株式会社小松制作所申请的一种高硬度高韧性钢（JPWO2019035401A1）。此外，分析合作申请的创新主体的类型可以发现，相同类型的企业之间，即轴承钢生产企业之间、轴承生产企业之间没有合作申请。

12.3.2 申请人合作网络分析

航空发动机用轴承钢领域国外合作申请共有 77 项，这些合作申请的申请人情况如图 12 - 3 - 3（见文前彩色插图第 8 页）所示，可以看出，在轴承钢行业或产业链中有密切合作的市场主体，主要包括轴承钢生产企业、轴承设计生产企业、轴承采购企业、高校/科研院所等。图中气泡大小代表申请人申请数量的多少，连线越多表明合作伙伴越多，不同颜色的气泡代表该企业在产业链中的不同角色。

航空发动机用轴承属于高技术产业，特别是轴承钢的生产，准入门槛高，资金投入大，技术复杂，在量产化的工艺流程中存在技术难题，因此行业中的参与者纷纷参与到技术合作中来。NSK 公司、NTN 公司、山阳特钢公司、捷太格特公司在这个领域的申请量排名前四，而捷太格特公司的合作申请是最多的。

从专利技术合作的地域分布来看，这一领域专利合作申请的地域特点非常明显，基本上是日本企业之间进行技术合作，如 NSK 公司与山阳特钢公司、JX 金属株式会社（简称"JX 金属"）、神户制钢所、特线工业株式会社（简称"特线工业"）、捷太格特公司与爱知钢铁公司、JFE 公司、大同特钢公司、高周波株式会社（简称"高周波"）、不二越株式会社（简称"不二越"）等。其他地区的合作较少，主要是斯凯孚公司与下游轴承采购商利勃海尔。

NTN 公司、NSK 公司、捷太格特公司、斯凯孚公司是全球重要的轴承生产企业。山阳特钢公司、爱知钢铁公司、大同特钢公司、JFE 公司等日本企业是全球领先的轴承钢生产企业，日产自动车株式会社（简称"日产"）、电装株式会社（简称"电装"）是轴承采购商。此外，配套企业如热处理设备供应商帕卡濑精株式会社（简称"帕卡濑精"）也参与其技术合作。捷太格特公司与 JFE 公司、大同特钢公司、爱知钢铁公司均有合作，NSK 公司与山阳特钢公司、小松制作所株式会社（简称"小松制作所"）合作密切，NTN 公司与 JFE 公司、大同特钢公司、爱信株式会社（简称"爱信"）、爱知钢铁公司等也有合作。在轴承钢的生产流程中，对钢成分的设计、冶炼由上游钢厂完成，而轴承钢的表面硬化、热处理则由轴承生产企业完成，上游合金成分、夹杂物控制、晶相均匀性等均会影响后流程的表面硬化、热处理效果，并影响最终轴承的硬度、耐磨性以及疲劳寿命。因此，完成整个生产过程中，需要上下游生产企业的密切合作。斯凯孚公司与轴承钢的生产厂合作较少，这主要是由于在 2010 年之前，斯凯孚公司一直是欧洲最大轴承钢生产企业瑞典奥沃科钢铁集团的母公司，斯凯孚公司通过收购钢厂实现了上下游企业的技术合作。

图 12 – 3 – 4 显示了航空发动机用轴承钢领域国内合作申请的情况，可以看出，与国外的专利技术合作相比，国内合作申请人数量和合作申请量均较少，尚未形成产学研合作网络以及上下游企业联合研发的合作网络。此外，中国的轴承生产企业在这一领域的申请量非常少，仅有瓦房店轴承股份有限公司（以下简称"瓦房店轴承"）与国能铁路装备有限责任公司（以下简称"国能"）（CN113789428A，钢材及其制备方法、轴承构件、轴承），另外的两家轴承生产巨头洛阳 LYC 轴承公司、哈尔滨轴承集团有限公司均没有合作申请。

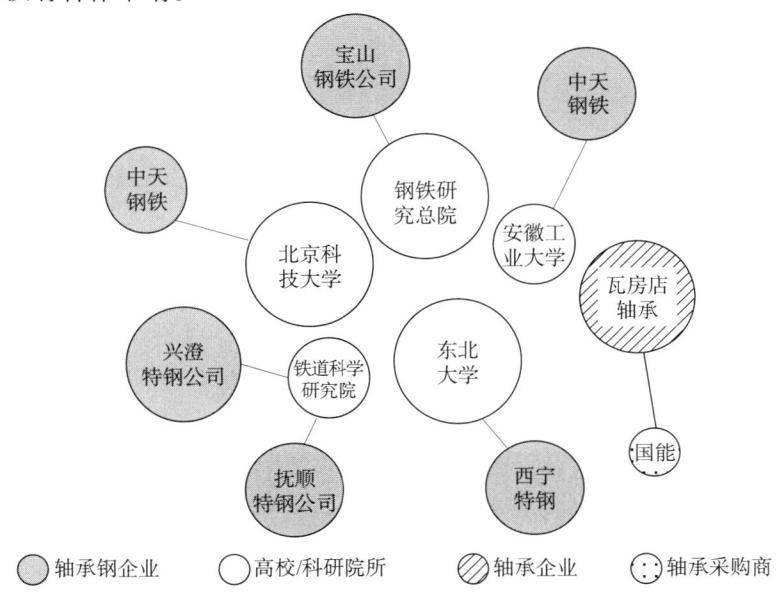

图 12 – 3 – 4　航空发动机用轴承钢领域国内申请人合作关系

注：图中圆圈大小表示申请量多少。

　　国内合作较多的是高校、科研院所与轴承钢生产企业的相关专利申请，且主要涉及高碳铬轴承钢的冶炼工艺、热处理工艺，如北京科技大学与中天钢铁集团有限公司（以下简称"中天钢铁"）的合作申请（CN114058970A，一种轴承钢的生产方法），东北大学与西宁特殊钢股份有限公司（以下简称"西宁特钢"）的合作申请（CN112680674A，一种含稀土元素的高碳铬轴承钢及制备方法），中国铁道科学研究院金属及化学研究所（以下简称铁道科学研究院）与兴澄特钢公司的合作申请（CN107904492A，一种低硅高碳铬轴承钢及其热轧生产方法）。对于高温轴承钢、不锈轴承钢等第二代、第三代轴承钢，合作申请只有1件，是钢铁研究总院与宝山钢铁公司的合作申请（CN102766814A，一种不锈轴承钢）。总的来说，我国轴承钢领域的合作申请仍然很少，没有形成密切的合作关系。

12.3.3　合作申请专利质量分析

　　图12-3-5显示了国内外合作申请专利的授权率、保护年限、同族数量方面的对比情况。可以看出，国外合作申请专利的同族数量、保护年限和授权率都高于国内申请。特别是国外合作申请的平均同族数量为4.8件，重要专利在美国、日本、欧洲、中国等均进行布局，而国内合作申请的15件专利申请均在中国申请，未在其他重要的技术来源国以及市场进行布局。国外专利申请保护年限大概是国内申请的3倍，特别是一些早期申请，保护年限很长，有20%的案件是期限届满后失效的。

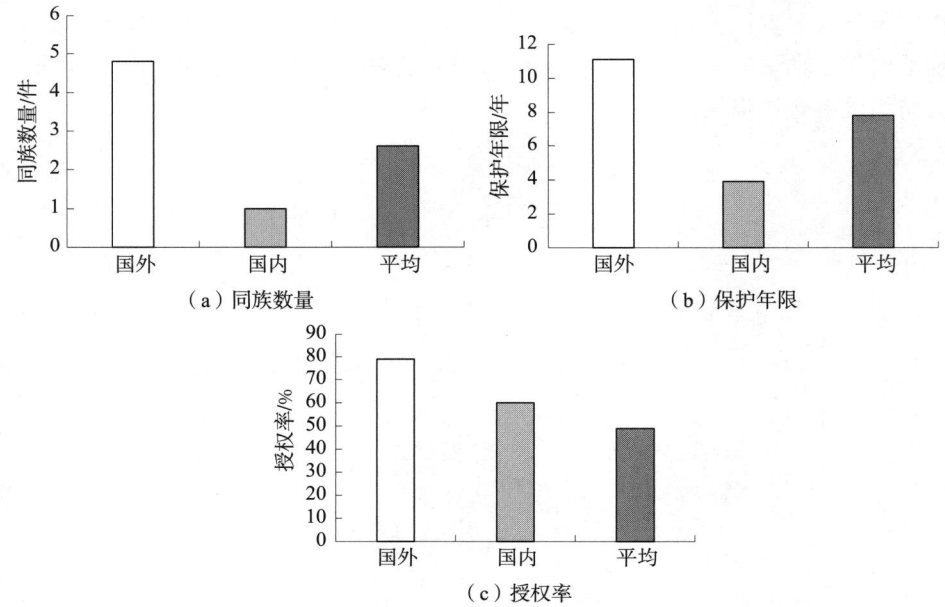

图12-3-5　航空发动机用轴承钢领域国内外合作申请的专利质量对比

12.3.4　合作申请技术分析

　　从上述分析可以看出，在轴承领域，国外轴承生产企业和轴承钢生产企业的合作非常密切，特别是日本企业之间的合作，下面以日本创新主体为例，分析其技术合作发展情况。

如图 12 - 3 - 6 所示，在 20 世纪 70 年代，轴承行业已经认识到杂质元素对轴承钢疲劳寿命的影响，严格控制杂质元素 O、P、Ti 的含量可以有效提高轴承的疲劳寿命。疲劳寿命是由轴承生产厂商来评价和测定，而杂质元素含量的控制主要受冶炼工艺条件的影响，是由轴承钢生产企业来控制的。1984 年，爱知钢铁公司和捷太格特公司合作，研发了一项轴承钢冶炼领域非常重要的技术，即电炉氧化熔炼钢—LF—RH—CC 的冶炼工艺（JP1985194047A），该工艺首次提出了 LF、RH、CC 的生产流程。该生产流程成为日本轴承钢企业工艺研发的基础，山阳特钢公司、大同特钢公司、新日铁住金公司等轴承钢生产企业均是在此基础上进行开发和研究的。

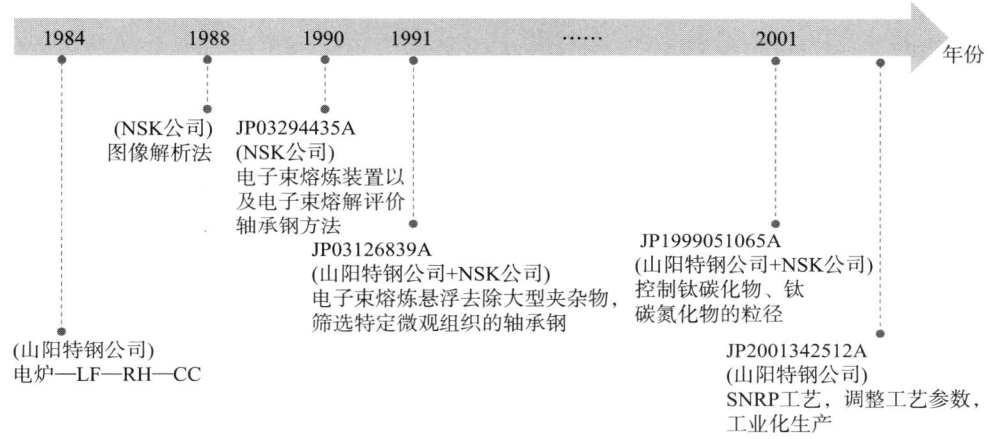

图 12 - 3 - 6 航空发动机用轴承钢领域 NSK 公司与山阳特钢公司合作开发 SNRP 技术

20 世纪 80 年代末期，山阳特钢公司开发连铸或熔模铸造的生产工艺，采用电炉偏心炉底出钢，炉底吹气体的工艺，实现了无渣出钢，脱硫程度高，降低出钢温度，节约电耗，减少二次氧化。但山阳特钢公司在研发了该生产流程后，并未申请专利。

爱知钢铁公司、山阳特钢公司、大同特钢公司等轴承钢生产企业，通过研发新的冶炼工艺，调整工艺条件，将轴承钢的有害杂质元素 Q、P、Ti 控制在了非常低的含量。但在后期的轴承生产过程中，NSK 公司等发现有害元素已经控制的非常低的轴承钢材料，如 O、P、Ti 等元素控制在相当且非常低的水平，轴承疲劳寿命仍大约相差 10%。这就意味着不能只将杂质元素含量作为量化轴承钢疲劳寿命的唯一指标。

20 世纪 80 年代末开始，NSK 公司开始研究电子束溶解抽样方法和图像分析方法，并期望它们能作为预测轴承材料寿命的可行手段和确定微观夹杂物结构的方法。1990 年，NSK 公司设计了一种电子束熔炼装置并采用该装置开发了研究轴承钢中氧化物夹杂物的方法（JP03294435A），具体为在电子束溶解法中，利用电子束溶解试样，采用电子束照射轴承钢材料，在特定的能量下（350V + 100 ≤ J ≤ 700V + 200），使氧化物系非金属夹杂物浮上溶解试样的表面。将电子束溶解法与图像分析方法相结合，开发出了 ISD 方法，用于评测轴承钢中夹杂物的粒径以及大小分布情况。

通过该研究方法，NSK 公司确定轴承钢疲劳寿命与夹杂物粒径分布之间的关系，开发了一种疲劳寿命优异的轴承钢（JP03126839A）。这种钢具有如下特征：杂质元素 O 的含量小于 9ppm，对于氧化物夹杂物晶粒，每单位面积（160mm²）平均尺寸为 3 ~ 30μm 的晶粒小于 80 片，大于 10μm 的晶粒占总晶粒的 2% 以下。虽然 NSK 公司发现了轴承钢中晶粒尺寸分布于轴承钢疲劳寿命之间的关系，但是并不能大量生产轴承钢。因此，NSK 公司开始与山阳特钢公司合作，通过控制轴承钢中 Mn 元素的含量并采用电子束溶解法，使非金属夹杂物漂浮，确保了钢中非金属夹杂物直径小于 15μm，显著改善轴承钢的疲劳寿命。

1999 年，NSK 公司和山阳特钢公司又合作研究轴承钢含 Ti 的夹杂物对轴承钢疲劳寿命的影响（JP1999051065A），发现 Ti 的碳化物或 Ti 的碳氮化物的晶粒的粒径控制在 50nm 以下，最好是 15nm 以下。

然而采用上述电子束溶解法，仍然不能满足大规模生产轴承钢的需求。在上述研究的基础上，山阳特钢公司进一步研发，对已有的生产工艺的工艺条件进行改进，最终获得了满足杂质元素控制以及夹杂物粒径控制的轴承钢（JP2001342512A）。具体的工艺调整包括：钢水转移到 LF 炉过程中，要转移的钢水的温度至少比钢的熔点高 100℃，在 LF 炉中进行精炼的时间不大于 60min，在 RH 装置中的钢水的循环量至少是钢水总量 8 倍的条件下，在 RH 装置中进行的脱气时间不小于 25min。该生产工艺即为业界非常著名的 SNRP 工艺。通过这些工艺条件的控制，其生产的超洁净钢的 O 元素含量控制在 4 ~ 6ppm，每 30000mm² 中最大夹杂体直径不大于 25μm，每 100g 钢中大于 20μm 的夹杂物小于 20 个。在 SNRP 工艺的基础上，山阳特钢公司又开发出了超级洁净轴承钢的生产工艺 SURP，但具体条件在专利中并没有相应的技术公开。

超级洁净轴承钢的生产工艺 SURP 的研发可以分为三个阶段。第一个阶段是各自的技术积累期，在合作之前，山阳特钢公司确定了电炉冶炼—LF—RH—CC 的生产工艺，将轴承钢中杂质氧的含量控制在 10ppm 以下，而 NSK 研发了电子束熔炼的检测装置以及图像解析法等检测方法。第二个阶段是合作初期，两家公司通过控制轴承钢中 Mn 元素的含量并采用电子束溶解法，使非金属夹杂物漂浮，确保了钢中非金属夹杂物直径小于 15μm，显著改善轴承钢的疲劳寿命。1999 年，NSK 公司和山阳特钢公司又合作研究轴承钢种含 Ti 的夹杂物对轴承钢疲劳寿命的影响（JP1999051065A），发现 Ti 的碳化物或 Ti 的碳氮化物的晶粒的粒径控制在 50nm 以下，最好是 15nm 以下。这个时期，两家公司合作探索微观组织与轴承钢疲劳寿命之间的关系。第三阶段是工业化生产的阶段。2001 年，公司在前期合作的基础上，对具体的工艺进行调整，包括转移钢水温度、精炼时间、循环真空脱气量、脱气时间等，最终满足了工业化生产需求。

分析 NSK 公司与山阳特钢公司的合作过程，发现开发出新的钢种或工艺流程，首先需要筛选出具有优异性能的微观组织。因此，需要开发出准确的评价方法（包括开发新的检测装置），建立微观组织与最终性能之间的客观的联系。接下来，需要开发出稳定的、经济的工艺流程，打通从冶炼到锻轧到硬化处理的整条工艺流程。

日本公司与高校/科研院所的合作很少，仅有一件，即山阳特钢公司与日本大阪大学、株式会社小松制作所之间的合作。日本大阪大学南野宜俊课题通过调查加热过程中碳化物的消失过程，找出了使韧性变差的晶界碳化物优先固溶、消失的条件，得到几乎不存在晶界碳化物的细微的淬火组织，形成以晶界改质强化和结晶晶粒细化为目的的晶界改质处理（GBA 处理）理论。围绕该理论，三家机构进行了深入的合作研发，完成了适合该处理方式钢的成分设计，以及针对具体成分的钢的晶界改质处理条件，开发出既具有高硬度又具有优异韧性的轴承钢（JPWO2019035401A1）。该钢的成分：C（0.80% ~ 1.00%）、Si（0.10% ~ 2.00%）、Mn（0.10% ~ 1.00%）、P（0.03% 以下）、S（0.03% 以下）、Cr（2.00 ~ 3.20%）、Al（0.01% ~ 0.10%）、V（0.15% ~ 0.50%），进一步含有 Ni 为 2.50% 以下和 Mo 为 1.00% 以下中的至少一种，（C + V）量为 0.60 质量% 以上，余量为由 Fe 和不可避免的杂质构成。

关于轴承生产企业与设备企业之间的合作来自瑞典的斯凯孚公司与真空设备生产商合作，开发渗碳工艺专用的设备以及工艺。具体工艺包括：①将物品放入真空室，该制品由基本上由 0.02% ~ 0.50% 的 C 组成的马氏体不锈钢组成，0.10% ~ 5% 的 Mn，0.11% ~ 2.0% 的 Si，8.00% ~ 20.00% 的 Cr，1.00% ~ 3.50% 的 Ni，0.40% ~ 3.00% 的 Mo，0.40% ~ 2.00% 的 V，1.00% ~ 10.00% 的 Co，余量为 Fe；②通过重复多次循环在 1625 ~ 1680℉（即 885 ~ 916℃）的温度范围内真空渗碳制品，所述多次循环包括（i）将乙炔引入真空室和（ii）然后将真空室抽真空至约 0.10atm；③然后通过重复多次循环在 1575 ~ 1625℉（即 857 ~ 885℃）的温度范围内真空碳氮化该制品，所述多次循环包括（i）将乙炔和氨引入真空室和（ii）然后将真空室抽真空至约 0.10atm。

12.4　本章小结

本章通过对国外重要申请人进行分析和研究，摸清了国外重要申请人关于航空发动机用轴承钢的研发重点、关键技术以及合作模式。

从研发重点上来看，多数国外重要申请人侧重于对航空发动机用轴承钢新钢种的研发，其中，铁姆肯公司将新钢种的研发重点放在了航空发动机用高温轴承钢和不锈轴承钢上，而日本则把重点放在了价格较低的高碳铬轴承钢上；此外，对于生产工艺研发，多数国外重要申请人集中在表面硬化和热处理工艺的改进上，而山阳特钢公司则有较大占比的工艺改进是针对轴承钢的冶炼和锻轧工艺。

从对国外重要申请人关键技术的分析结果来看，美国和欧洲重要申请人在专利中对于轴承钢的成分设计、表面硬化和热处理的具体工艺步骤公开较为详细，对于冶炼和锻轧的具体工艺却缺乏详细的记载。日本重要申请人，如山阳特钢公司、捷太格特公司等，则在专利中对于如何通过冶炼、锻轧工艺来改善轴承钢洁净度和夹杂物尺寸作了较详细的公开。因此，国内企业在参考国外重点申请人关于航空发动机用轴承钢的制备工艺时，可根据不同的工艺环节，有针对性地选择不同的国外重点申请人。

在申请人合作模式方面，国外合作申请的占比较高，合作相对广泛，特别是上下游企业之间的合作密切，以轴承制造企业为核心，联合上游轴承钢生产企业以及下游轴承应用企业，合作开发新技术。而国内的合作主要是科研院所与特殊钢铁生产企业合作，缺少上下游企业的合作与联动。

第 13 章　航空发动机用轴承钢结论与建议

13.1　结论

从全球专利申请来看，国外关于航空发动机用轴承钢的研发热潮在 2010 年以后已经褪去，但国内的研发热潮却在近 10 年里快速升起，随着专利申请量的大幅提高，整个行业呈蓬勃发展之势。以铁姆肯公司为代表的欧美重要申请人对于航空发动机用轴承钢的研发重点主要集中在航空发动机用高温轴承钢和不锈轴承钢上，尤其是对于这两类轴承钢的成分设计、表面硬化和热处理工艺的改进占比较大。日本重要申请人则针对洁净钢的冶炼、夹杂物的控制和硬化工艺的改进开展了较多研究。整体上来看，我国航空发动机用轴承钢的生产技术与日本、美国、瑞典以及德国等国家存在一定的差距。

在钢成分研发方面，与国外相比，我国新钢种的研发能力较弱。对于航空发动机用高温轴承钢，国内仍通过提高合金元素的添加量来获得更高的力学性能。对于不锈轴承钢，国内主要合金元素的含量分布较为离散，而国外在成分设计上追求耐蚀性与高温强度、耐磨性和韧性的兼顾。

在生产工艺研发方面，国内真空冶炼工艺研发的申请人类型上企业占比较低，在产业上大规模应用受限。国内在杂质元素含量的控制方面已达国外水平，但在对夹杂物尺寸和形态的控制上，对宏观夹杂物评价方法的可靠性及准确性也有待提高。对于表面硬化工艺，国内对渗氮工艺未有研究。对于热处理工艺，国外针对航空发动机用高温轴承钢淬火较多采用三段式预热以及淬后直接冷却至截止温度的一次冷却方式，针对回火工艺采用较多的是高温回火和三次循环回火工艺，并在每次回火前进行深冷处理。针对不锈轴承钢的淬火，国外较多采用一次加热至奥氏体化温度的加热方式以及淬后直接冷却至截止温度的一次冷却方式，针对回火工艺采用较多的是一次低温回火或两次高温循环回火的工艺，并在回火前进行深冷处理。

在申请人合作模式方面，国内航空发动机用轴承钢研发主体之间的合作意识不足、合作案例较少、模式也较为单一，主要为高校科研院所与企业之间的合作，缺乏轴承钢企业之间上下游之间的联动与合作。

13.2　建议

（1）成分研发建议

为满足新一代航空发动机用轴承钢的高温性能要求，应把新钢种成分研发的重点放在航空发动机用高温轴承钢和不锈轴承钢上。对于航空发动机用高温轴承钢，主要合金元素

Cr、Mo、V 的添加量范围可以参考国外均值水平，在 M50 钢含量的基础上适当降低以节约成本，并通过后续表面硬化和热处理工艺的改进来保证轴承钢的性能。对于不锈轴承钢，可适当增大可改善高温强度、耐磨性和韧性的 Mo、V、Ni 等元素的添加量。

（2）工艺研发建议

对于冶炼工艺，国内申请人一方面可以加大双真空冶炼、粉末冶金等工艺的研发试验与工业实践，另一方面也可基于现有设备与生产流程，参考日本的山阳特钢公司、捷太格特公司专利中关于控制钢中夹杂物、改善钢水洁净度的具体工艺。此外，对于钢洁净度的控制，还应将研究重点放在夹杂物的评价和控制技术上，政府或行业协会可组织相关企业开发能够可靠评价夹杂物尺寸和轴承钢疲劳寿命之间的关系的检测和评价方法。对于硬化工艺，可基于国外航空发动机用轴承钢表面硬化和热处理中占比较多的工艺步骤，并结合各工艺步骤参数的统计均值，制定航空发动机用轴承钢硬化工艺建议线路图，供国内企业和高校/科研院所参考和借鉴。

对于航空发动用航空发动机用高温轴承钢，建议硬化路线如图 13-2-1 所示。

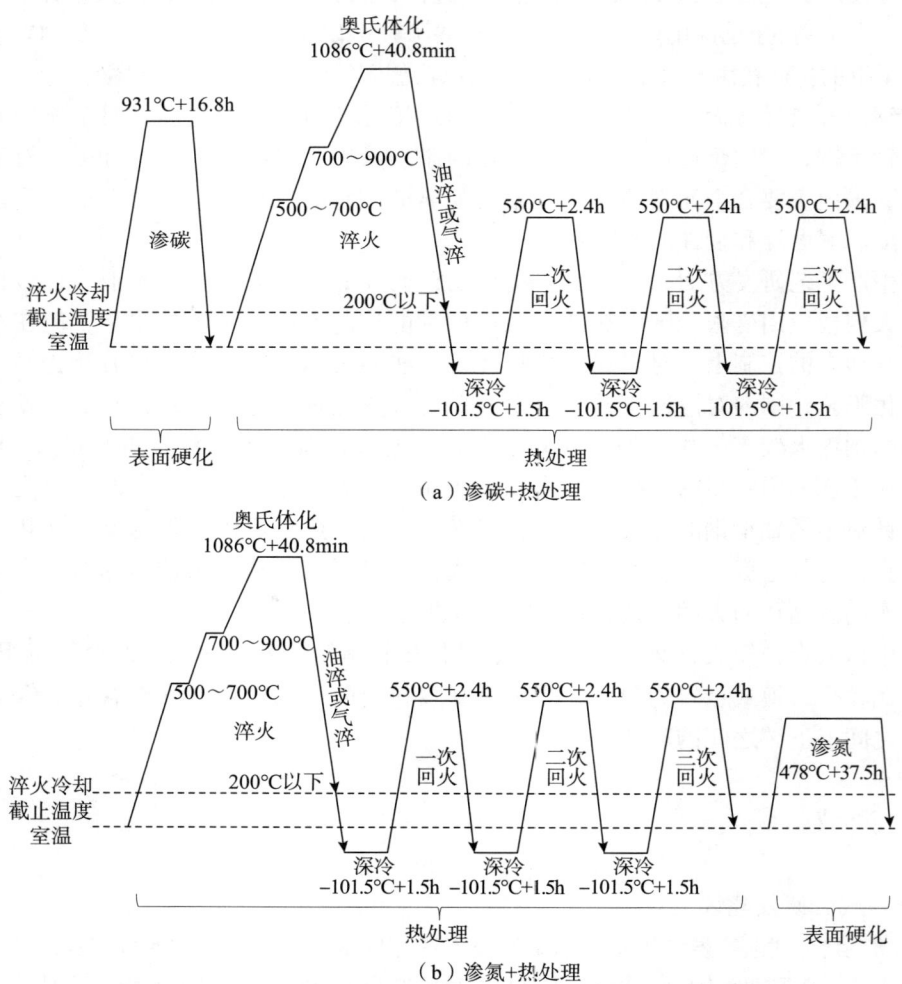

图 13-2-1　航空发动机用高温轴承钢热处理建议路线

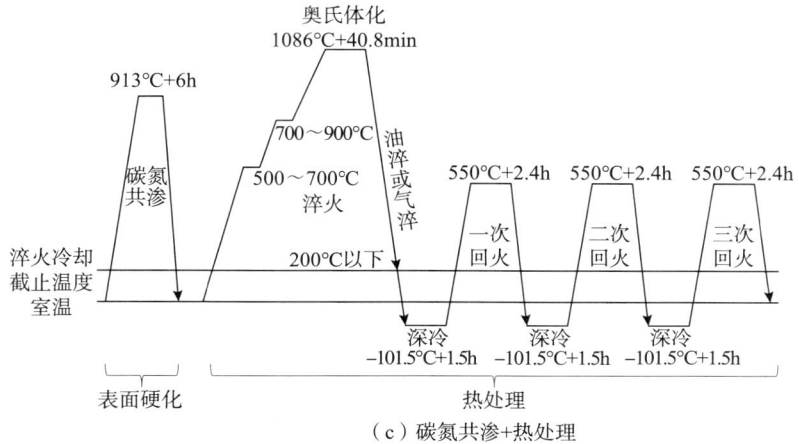

（c）碳氮共渗+热处理

图 13 - 2 - 1　航空发动机用高温轴承钢热处理建议路线（续）

对于航空发动用不锈轴承钢，建议硬化路线如图 13 - 2 - 2 和图 13 - 2 - 3 所示。

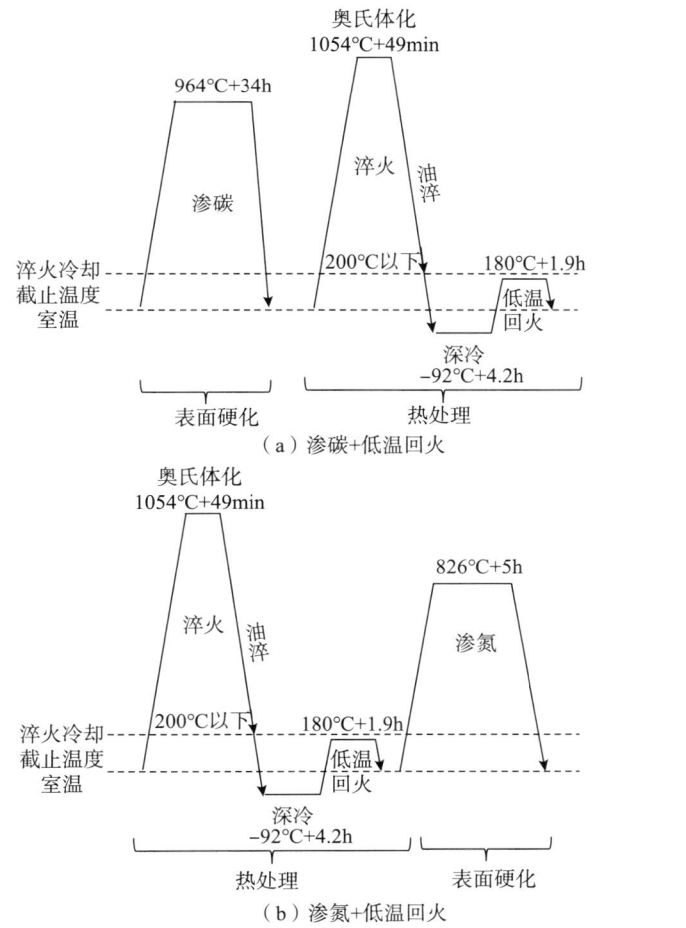

（a）渗碳+低温回火

（b）渗氮+低温回火

图 13 - 2 - 2　航空发动机用不锈轴承钢热处理（低温回火）建议路线

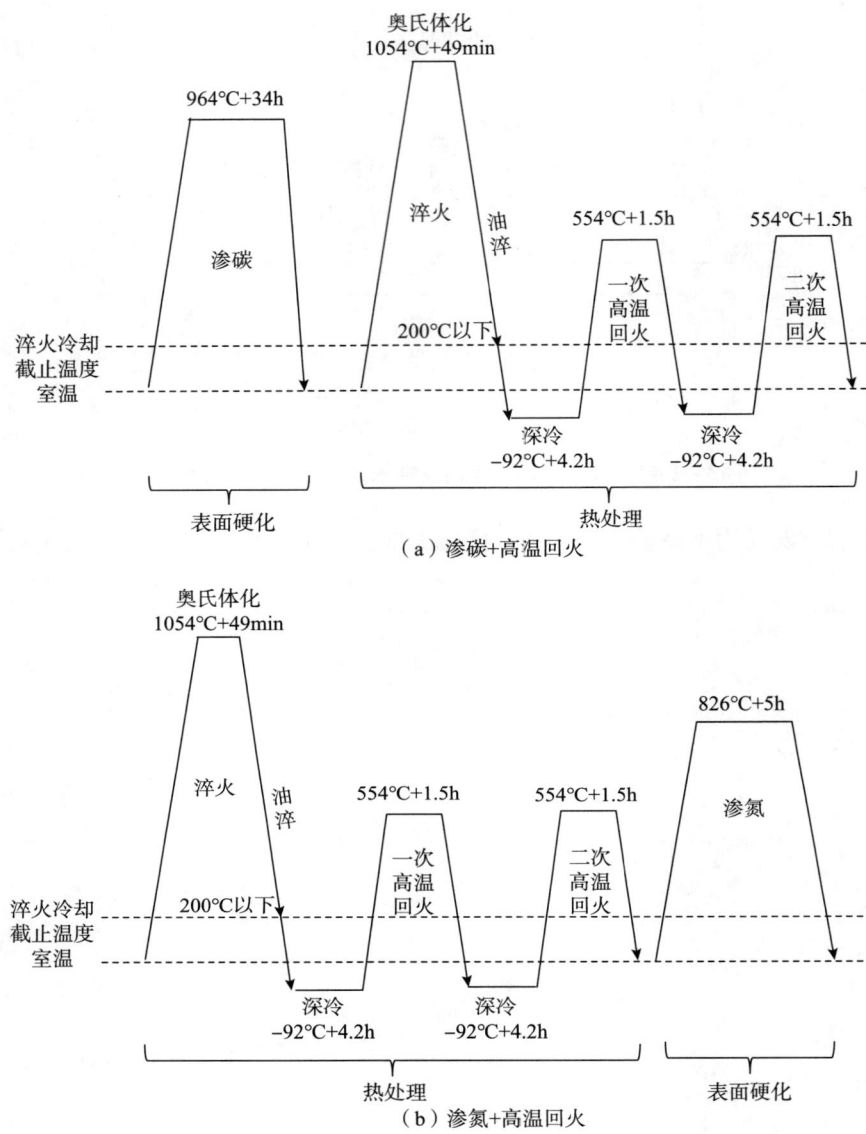

图 13 – 2 – 3　航空发动机用不锈轴承钢热处理（高温回火）建议路线

（3）合作模式及人才培养

要不断创新技术合作与研发的思路。一是轴承钢企业之间要进一步加强合作与联动，打造行业共性技术平台，对基础课题和难点问题进行集中研究与突破。二是政府积极牵头搭建上下游合作平台、高校/科研院所与企业之间合作的平台，发挥高校的研发优势，将行业上下游创新主体联动起来，促进深度合作，攻克难点技术。三是做好人才的培养工作，发展和壮大企业的研发团队，提升整个企业的技术研发水平。

关键技术三

火箭发动机用钢

第 14 章　火箭发动机用钢概论

14.1　技术发展现状

随着航天工业研制、生产型号和产品类型的不断丰富，对钢材质量的要求也越来越高。火箭发动机用钢包括火箭发动机用高强度不锈钢和火箭发动机用低温钢。高强度不锈钢因其具有优异的强韧性匹配，成为航天承力构件的重要候选材料之一，目前高强度不锈钢是火箭发动机结构件上最广泛使用的金属材料，其质量的可靠性和稳定性直接影响到发动机的使用可靠性。低温钢因其与液氧（液体氧化剂）、液氢（液体燃料）这类物质接触，所以对其低温下的冲击韧性有一定要求。

火箭发动机用高强不锈钢发展历程分为三代。第一代高强度不锈钢以 15 – 5PH、17 – 4PH 为代表，强度级别较低，一般在 1000 ~ 1400MPa，此类钢中的主要强化相为元素富集相，如 ε – Cu 相。第二代高强度不锈钢以 PH13 – 8Mo、Custom465 为代表，强度级别在 1400 ~ 1800MPa，但 C 含量普遍较低，主要强化方式为 NiAl 和 Ni_3Ti 等金属间化合物强化。第三代超高强度不锈钢以 FerriumS53 钢为代表，强度达到 1800MPa 以上，C 的质量分数增加到 0.21%，M_2C 型碳化物的二次硬化作用使材料性能得到大幅提升。

大型运载火箭液体推进剂（液氧、液氢）贮箱要求在低温下具有良好的强韧性，奥氏体不锈钢则是它们的重要结构材料，如美国"宇宙神"及"半人马座"火箭推进剂贮箱就是采用镍铬奥氏体不锈钢 1Cr18Ni9 制造的。美国"土星"火箭用的液氧、液氢贮箱运输船采用 0Cr18Ni9 奥氏体不锈钢制造，"土星"火箭末级的液氢贮箱采用 1Cr18Ni9Ti 奥氏体不锈钢制造。可见长期以来火箭发动机用低温钢广泛使用的是奥氏体低温不锈钢。但需要注意的是奥氏体不锈钢强度过低，越来越不满足火箭发动机的运载需求。目前 60 ~ 120t 液体火箭发动机主要使用高镍马氏体不锈钢，但为保证足够的低温韧性，室温强度仅约 930MPa。随着火箭运载能力不断提升，对火箭发动机用低温钢强度要求越来越越高，低温下强度更高的不锈钢是发展的新趋势。

14.2　技术发展趋势

火箭依靠火箭发动机的推动才能进入太空，火箭发动机用钢需要具备多种特性，其中高强度是必须满足的指标。此外，火箭发动机又要具备耐低温特性，奥氏体不锈钢低温性能好，但强度一般（屈服强度约 300MPa），而新一代运载火箭所用材料，强度是其 2 ~ 4 倍，因此如何能够既保持低温性能，又提升强度是未来火箭发动机用钢的技术发展趋势。

14.3 产业发展现状

14.3.1 国内外产业发展概述

火箭发动机属于军工产品，由于军工产品的保密及敏感性，无论国内还是国外，公众能够获知的产业信息并不多。

就国内而言，我国航天技术的发展一直被美国等西方国家全方位封锁和限制，部分材料目前虽未禁运，但也面临着被美国断供的风险。国内近几年对航天投资力度不断加大，而航天设备大多需要大量的特殊钢。从国内特殊钢钢厂来看，国内能够生产优质特殊钢的钢厂较多，有将近200家企业，航天领域用特殊钢生产体系初步形成，特殊钢产量加速提升，已形成具有一定规模、品种规格比较齐全的特殊钢产业。但和普通钢行业相比，中国特殊钢行业技术发展相对滞后，和国际水平差距也较普通钢行业大。现在，中国特殊钢产量约占钢总产量的5%，产品基本上面向中国市场，国际市场份额仅占2%左右。❶

就国外而言，俄罗斯和美国掌握着世界上最为成熟的液体大推力火箭发动机技术，很多在研的大推力火箭发动机技术仍然沿用20世纪的技术，主要研发目的侧重于节省成本。俄罗斯始终占据重型火箭发动机领域第一宝座，其研制的RD系列发动机推力达800t。俄罗斯的液氧煤油发动机出口价格是1000万美元，而美国生产的同等级液氧煤油发动机需要2500万~4000万美元，从成本等因素考虑，美国所用液体火箭发动机仍需要从俄罗斯进口❷，随着国际形势多变，美国针对俄罗斯实施多方面的制裁，俄罗斯也宣布终止液体火箭发动机对美出口。❸

14.3.2 代表性企业和科研主体

14.3.2.1 NPO公司

俄罗斯的NPO公司的历史可以追溯至1929年列宁格勒气体动力实验室组建的一个火箭发动机研制小组，在其90余年的发展过程中，该公司共研究了150多种火箭发动机，几乎所有苏联/俄罗斯运载火箭都装有该公司研制的液体火箭发动机。除了提供俄罗斯国内的发动机外，美国洛克希德·马丁公司的宇宙神3和宇宙神5运载火箭也采用了NPO公司的发动机。

❶ 全景网络. 钢铁行业：积极培育市场规模重点发展尖端材料［EB/OL］.（2022－08－27）［2021－06－25］. http：//finance. sina. com. cn/stock/hyyj/20120827/140612965162. shtml？qq－pf－to＝pcqq. group.
❷ 柳玉鹏. 推力超800吨！俄开始制造最大推力火箭发动机［EB/OL］.（2019－09－13）［2022－06－24］. https：//baijiahao. baidu. com/s？id＝1643617483423096031&wfr＝spider&for＝pc）.
❸ 佚名. 美国白宫宣布对普京亲信等实施新制裁 俄决定停止向美供应火箭发动机［EB/OL］.（2022－03－04）［2022－06－01］. https：//baijiahao. baidu. com/s？id＝1726360379098229043&wfr＝spider&for－pc.

14.3.2.2　JFE 公司

日本的 JFE 公司是仅次于新日铁住金公司的日本第二大钢铁综合生产企业，其生产能力可以与韩国 POSCO 公司相匹敌。SFGHITEN、NANOHITEN、ERW 和 HISTORY 是 JFE 公司最近开发出的几种高强钢。低温钢方面，JFE 公司开发了严寒地区平台齿条和钢索用 JFE – HITEN780ML 钢。球罐用低温钢方面，JFE 公司开发了 HITEN 的 L 系列钢种，还有可在更低温度下使用的 2.50% Ni、3.50% Ni、9% Ni 系列低温钢板。

14.3.2.3　钢铁研究总院

作为我国冶金新材料的研发基地，钢铁研究总院承担了我国 85% 以上关键冶金新材料的研制任务，为"两弹一星""长征系列运载火箭"和"神舟"飞船等诸多国家重点工程研制生产了大量的关键材料。2002 年钢铁研究总院设计并研制出一种新型超高强韧性的不锈钢材料，即我国自主研发并具有自主知识产权的 Cr – Ni – Co – Mo 合金 JIA 体系的超高强度不锈钢 USS122G，其强度超过 1900MPa。钢铁研究总院在 2003 年左右研制的 S – 03（00Cr12Ni10MoTi）、S – 06（0Cr15Ni6WMoVNb）、S – 07（0Cr16Ni6）、S – 04（00Cr13Ni5Co9Mo5）、S – 08（0Cr14Ni7Mo）可用于液氧液氢火箭发动机系统。

14.4　产业需求

火箭尾部喷出的气焰温度超过 3000℃，为了避免火箭尾部温度过高带来的对火箭壳体的烧蚀，当前利用低温液体（火箭自身携带的液氧、液氢）在火箭喷嘴内外壁的流动而带走其中的热量，吸收了热量的低温液体相当于先进行了一遍预加热，然后它们会将这些热量带进燃烧室。整体来看，火箭发动机用钢对耐低温腐蚀性以及强度要求比较高，目前火箭发动机用钢采用奥氏体低温不锈钢，其强度较低导致火箭发动机推力不足，运载能力有限。如何能够提高火箭发动机用钢的强度、如何提高火箭发动机用钢的耐低温性能以及如何平衡两种性能是产业亟待解决的问题。

第 15 章　火箭发动机用钢申请情况

15.1　全球专利态势分析

15.1.1　申请趋势分析

火箭发动机用钢基于不同使用环境，有不同的性能需要，比如一部分是需要高强度、耐腐蚀的马氏体不锈钢，另一部分则是需要耐液氧液氢的低温钢，本节主要围绕这两部分进行分析。截至 2022 年 6 月 30 日，满足火箭发动机用钢性能需求的全球专利申请总量为 686 项，申请趋势如图 15 - 1 - 1 所示。如果不考虑同族，则全球专利申请总量为 1745 件。

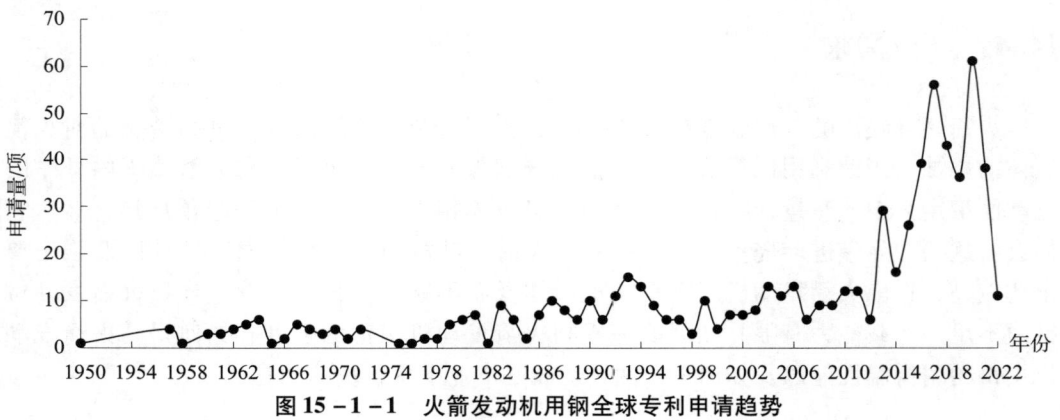

图 15 - 1 - 1　火箭发动机用钢全球专利申请趋势

虽然 1926 年美国火箭先驱罗伯特·戈达德首次发射液体推进剂火箭，但从图 15 - 1 - 1 所示火箭发动机用钢全球专利申请趋势可以看出，火箭发动机用钢的专利申请从 1950 年才开始出现，且 1951～1956 年均没有新的专利申请出现，这可能是因为涉及火箭的技术保密性非常强。

直到 1957 年才出现了 4 项专利申请，这一年，苏联用"SS - 6"洲际弹道导弹改装成运载火箭将世界上第一颗人造地球卫星送入近地轨道，从此运载火箭作为航天运载工具正式登上历史舞台。1958 年，美国也成功发射了人造地球卫星"探险者 1 号"。1972年，美国政府批准研制航天飞机，它能把包括欧洲空间实验室在内的重达 29480kg 的有效载荷送入近地轨道。日本宇宙科学研究所对具有优良性能的液氧液氢推进剂的火箭发动机很重视，于 1971 年开始进行基础研究，在 1973 年进行了推力为 100kg 的氢氧发动机试验，接着于 1975 年提出了 7t 推力氢氧发动机的研制计划。我国从 1970 年 4 月 24 日用

"长征 1 号"（CZ - 1）运载火箭发射"东方红 1 号"卫星以来，中国航天技术也取得了很大进展。科学试验卫星、返回型遥感卫星和地球同步通信卫星相继发射成功，引起世界各国的广泛重视。1989 年前，中国的"长征 2 号"（CZ - 2）和"长征 3 号"（CZ - 3）运载火箭已进入国际市场，承担国际上的卫星发射和搭载任务。1988 年 9 月，中国用新研制的"长征 4 号"（CZ - 4）运载火箭成功地发射了"风云 1 号"太阳同步气象卫星。"长征 3 号"和"长征 4 号"均为三级液体火箭，其中"长征 3 号"第三级使用液氧/液氢推进剂。随着越来越多的国家开始涉足火箭发射、火箭发动机领域，1957 ~ 2013 年，相关专利申请量缓慢提升，其中 1994 年申请量较多。1994 年，美国提出渐进一次性运载火箭（EELV）计划，选定 Delta - 4 和 Atlas - 5 为主力运载火箭系列实现火箭换代，自己研发了燃气发生器循环液氧液氢发动机 RS - 68，委托俄罗斯研制富氧补燃液氧煤油发动机 RD - 180（衍生自 RD - 170）。同年，俄罗斯开始研发 Angara 系列新一代运载火箭，以取代其现有大多数火箭。为此俄罗斯研制了富氧补燃液氧煤油发动机 RD - 191（衍生自 RD - 170/180）和 RD - 0124，以构建通用基础级和上面级模块。

从 2014 年开始，火箭发动机用钢专利相比以往开始大幅增加，这可能与航天商业化和太空经济化的大环境有关。2010 ~ 2019 年，运载火箭向最小成本一次性使用火箭和部分或全部可重复使用火箭方向发展。一次性使用火箭方面，日本为降低成本，提高可靠性，研制了膨胀循环液氧液氢发动机 LE - 9，替换 LE - 7A 作为下一代 H - 3 火箭基础级；欧洲为下一代 Ariane - 6 火箭研制了膨胀循环液氧液氢发动机 Vinci，补齐上面级短板，并降低成本。重复使用火箭方面，美国太空探索技术公司（SpaceX）研制的液氧煤油发动机 Merlin - 1D，9 台并联用于 Falcon - 9 火箭一子级，已实现回收复用；该公司研制的全流量补燃液氧甲烷发动机 Raptor，用于 Super Heavy - Starship 运输系统，实现两级完全重复使用目标。

15.1.2　技术构成分析

15.1.2.1　一级技术分支的申请量及趋势

火箭发动机用钢分为两个一级技术分支，分别是高强度不锈钢和耐液氧液氢低温钢。如图 15 - 1 - 2 所示，在 686 项全球专利申请总量中，高强度不锈钢的专利数量远高于耐液氧液氢低温钢。这一方面是因为高强度不锈钢的发展较早，研究相对比较成熟，而火箭发动机前期所采用的燃料和氧化剂并不是液氧液氢，耐液氧液氢低温钢的起步较晚；另一方面，高强度不锈钢可以应用于飞机、火箭和导弹，即在除了火箭的其他领域中也有应用，但是耐液氧液氢低温钢的应用领域（ - 196℃以下环境）相对而言较窄。

图 15 - 1 - 3 进一步细化、明确高强度不锈钢和耐液氧液氢低温钢的申请趋势。由图 15 - 1 - 3 可以看出，在 1950 ~ 2011 年，高强度不锈钢的申请量增速较为缓慢，而 2011 年以后进入快速发展阶段，申请量大幅增加。2021 年和 2022 年的申请量有所降低，可能是由专利公开的滞后性导致的。而耐液氧液氢低温钢的趋势与高强度不锈钢的趋势较为一致，这充分说明了由于航空航天事业的不断发展，对高强度不锈钢、耐液氧液氢低温钢的需求量随之增加，专利申请量也水涨船高。

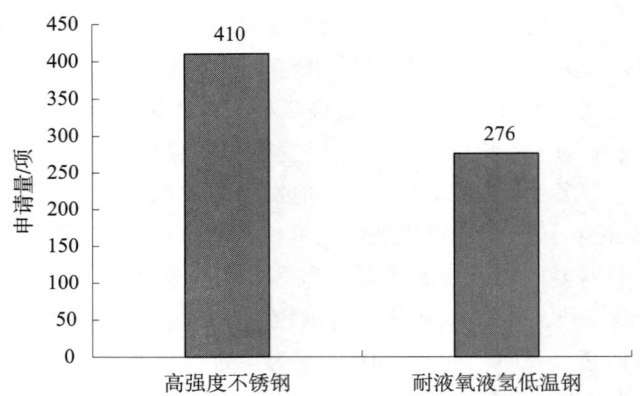

图 15 - 1 - 2　火箭发动机用钢全球一级技术分支申请量分布

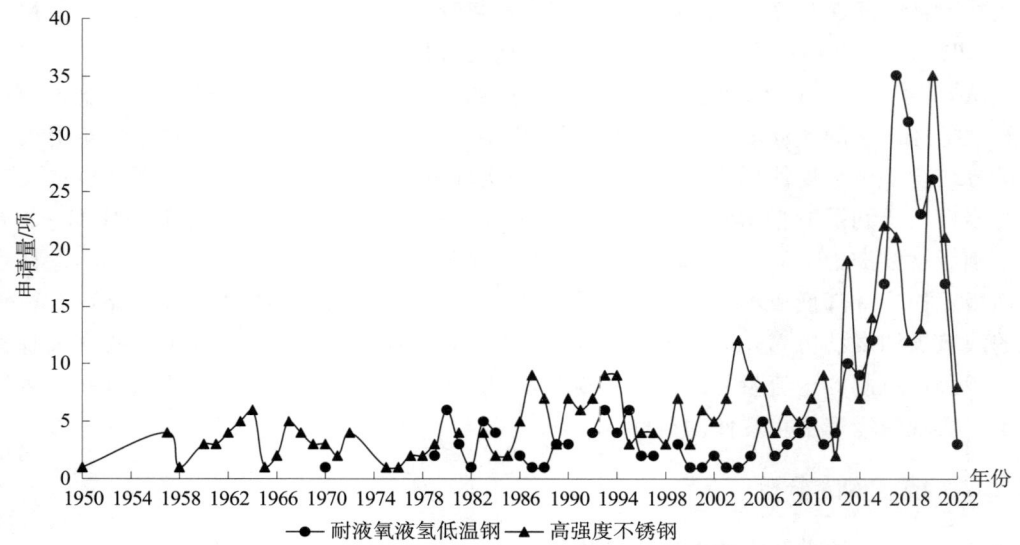

图 15 - 1 - 3　火箭发动机用钢全球一级技术分支申请趋势

15.1.2.2　二级技术分支的申请量及趋势

在马氏体高强度不锈钢中，从典型牌号的改进数量看，17 - 4PH、15 - 5PH 属于第一代马氏体高强度不锈钢，强度级别在 1000 ~ 1400MPa。PH13 - 8Mo、Custom465、1RK91 属于第二代马氏体高强度不锈钢，强度级别在 1400 ~ 1800MPa。FerriumS53 属于第三代马氏体高强度不锈钢，强度级别一般在 1800MPa 以上。由图 15 - 1 - 4 可以看出，针对 17 - 4PH、PH13 - 8Mo、15 - 5PH 改进的专利申请量比较大，针对 Custom465、FerriumS53 改进的专利申请量相当，针对 1RK91 钢改进的专利申请量比较少。

具体而言，针对 17 - 4PH 和 15 - 5PH 钢的改进从 20 世纪 50 年代开始进行申请，随后进入萌芽期和缓慢增长期，到了 2010 ~ 2019 年，进入快速增长期，在此期间，申请量快速提升。针对 PH13 - 8Mo 和 Custom465 的改进 20 世纪 60 年代才出现，针对 PH13 - 8Mo 的改进多于 Custom465 的改进。而针对 FerriumS53 出现的最晚，这也印证了随着时间的推移，对更高强度的不锈钢的需求也越来越高。2010～2019 年，针对 PH13－8Mo、Custom465、FerriumS53 改进的专利申请量大幅提升，近年来都处于高速发展阶段。

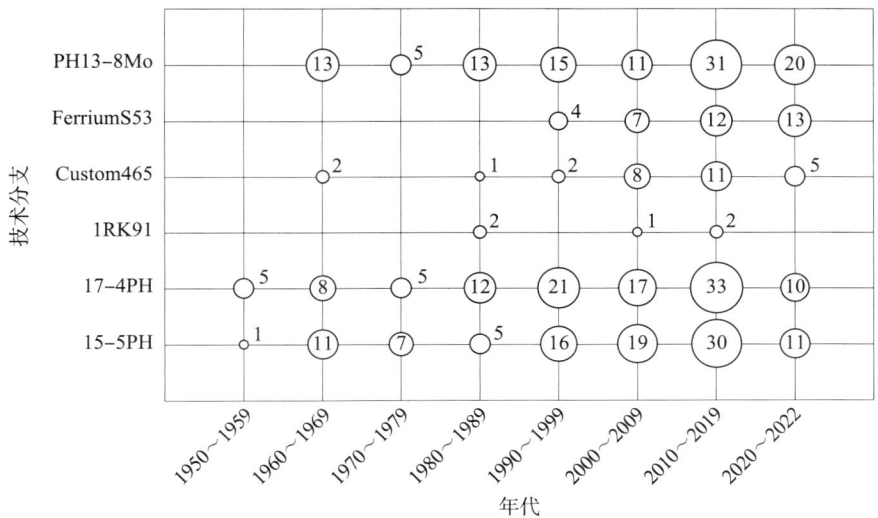

图 15－1－4　火箭发动机用高强度不锈钢全球典型牌号的改进数量

注：图中数字表示专利申请量，单位为项。

图 15－1－5 对火箭发动机用高强度不锈钢不同强度等级的专利作了进一步的细分统计，可以看出，强度级别在 1000～1400MPa 的最多，对其改进的难度更小，成本也低，可以满足最初的和基本的需求；强度级别一般在 1400～1800MPa 的数量较多；强度级别在 1800MPa 以上的较少，随着对更高载荷火箭的需求不断增加，强度更高的不锈钢也越来越受到研究者的关注，未来也会逐渐成为发展的主流。

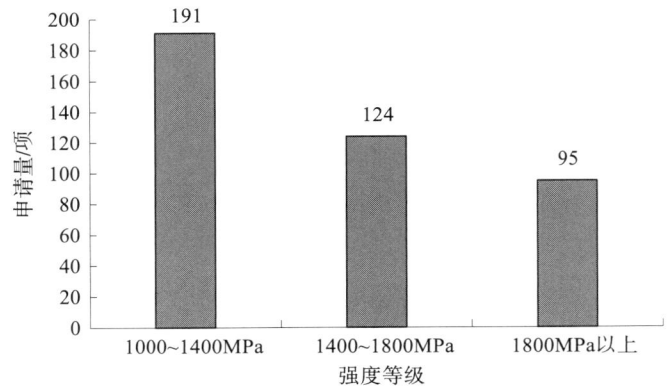

图 15－1－5　火箭发动机用高强度不锈钢全球强度等级分布情况

图 15－1－6 对火箭发动机用不同类型的耐液氧液氢低温钢专利作了进一步的细分统计，在耐液氧液氢低温钢中，奥氏体低温钢与马氏体低温钢的专利申请量比较大，奥氏体低温钢有优良的耐低温性能，但是难以达到较高的强度。传统的马氏体钢耐低

温性能差，但是随着既能提高耐低温性能又能提高强度的9Ni等类型的马氏体低温钢的出现，马氏体低温钢的申请量也不断增加。

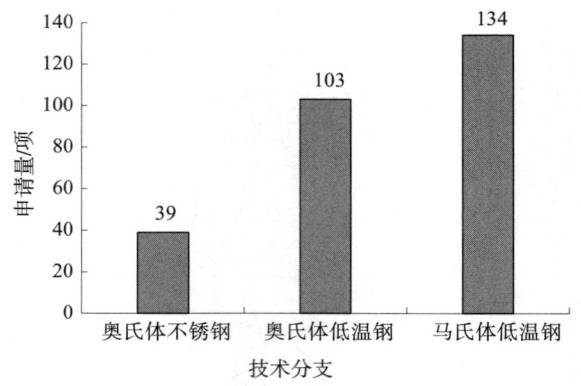

图 15 - 1 - 6　火箭发动机用低温钢全球二级技术分支申请量

图 15 - 1 - 7 对火箭发动机用不同类型的低温钢专利申请趋势作了进一步的统计，可以看出，对于低温钢而言，出现最早的是马氏体低温钢和奥氏体低温钢，其改进从20世纪70年代开始进行申请，随后整体申请量保持在较低的水平，而2000～2009年，马氏体低温钢和奥氏体低温钢申请量均有大幅度的增长。奥氏体不锈钢的改进从20世纪80年代开始进行申请，随后的40年申请量均保持在较低的水平，并不像马氏体低温钢和奥氏体低温钢一样在申请量上均有大幅增长。

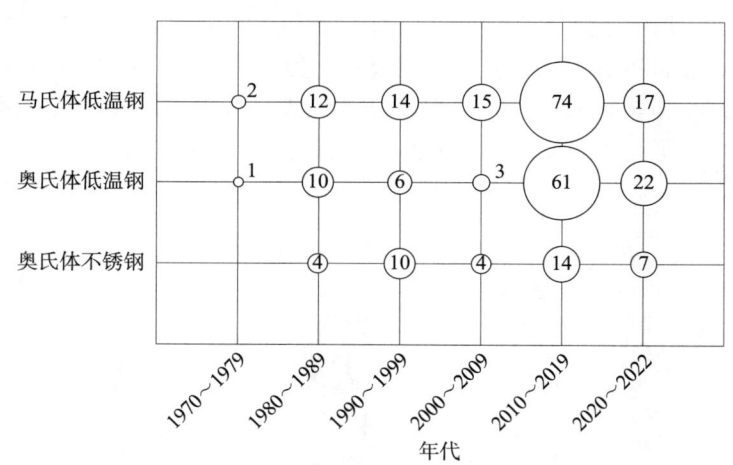

图 15 - 1 - 7　火箭发动机用低温钢二级技术分支全球申请趋势

注：图中数字表示专利申请量，单位为项。

15.1.3　技术目标国/地区

图 15 - 1 - 8 示出了火箭发动机用钢全球专利申请的主要目标国/地区分布，不考虑同族时全球专利申请总量1745件计，可以看出，火箭发动机用钢在日本的申请量是目标国/地区中最大的，共355件，紧随其后的是中国，共337件，美国排名第三，共

180 件，三国之和（872 件）已经占了总量（1745 件）的 50%。其他的主要目标国/地区依次为世界知识产权组织、欧洲、韩国、德国、英国等。目标国/地区的申请量也体现出申请人对这些国家/地区的重视程度。另外，目标国/地区的排名情况与来源国的较为一致，是由于早期大部分申请人以本国家/地区作为目标国/地区，而随着全球一体化的不断推进，日本、美国等国家的申请人对国外市场越来越重视，加大了在国外的布局。而中国的申请主要集中在国内，在国外布局较少，有待加强。

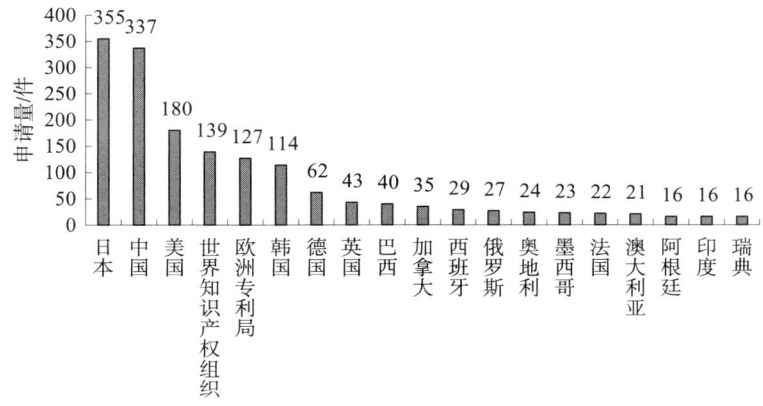

图 15 - 1 - 8　火箭发动机用钢全球主要目标国/地区分布

15.1.4　技术来源国

图 15 - 1 - 9 示出了全球关于火箭发动机用钢的专利申请的来源国分布，以不考虑同族时全球专利申请总量 1745 件计。其中，排名前三的分别是日本（706 件）、中国（239 件）、美国（164 件），三国之和（1109 件）已经占了总量（1745 件）的 63.60%，而其他来源国的专利申请数量较少，说明火箭发动机用钢领域的主要研发力量相对集中。虽然中国相关专利申请数量排名第三，但是中国火箭发动机用钢起步较晚，也侧面反映了中国火箭发动机用钢的发展极为迅速，发展势头较好。

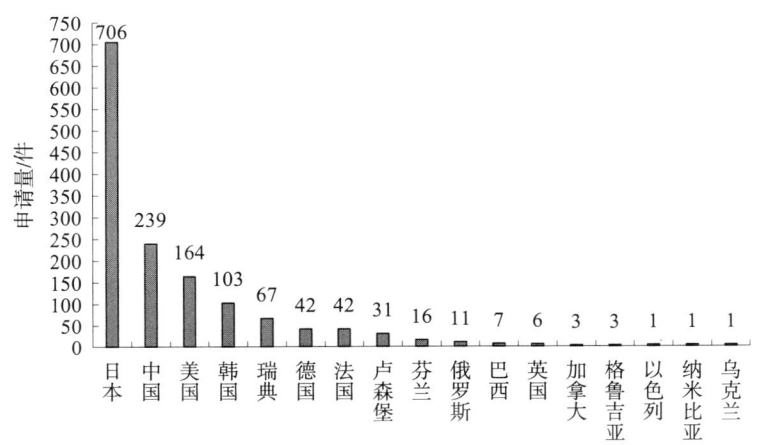

图 15 - 1 - 9　火箭发动机用钢全球技术来源国分布

15.1.5　全球申请人分析

15.1.5.1　全球申请量排名

图 15 – 1 – 10 示出了关于火箭发动机用钢专利申请的全球申请人前 21 位排名，以全球专利申请总量 686 项计，其中排名前十的申请人依次为新日铁住金公司（92 项）、JFE 公司（49 项）、日新制钢公司（43 项）、钢铁研究总院（32 项）、POSCO 公司（31 项）、大同特钢公司（23 项）、AK 钢铁公司（21 项）、宝山钢铁公司（20 项）、东北大学（19 项）、日立公司（18 项）。可见，排名前十的申请人中，日本申请人有 5 个，且排名前三的均为日本申请人。其中新日铁住金公司的申请量最多，其申请量等于第二名和第三名的申请量之和。说明日本在火箭发动机用钢方面具有较强的实力，也从侧面证实了前文提到的日本在不同的时间段都在积极参与火箭相关研究。长期以来，我国高度重视航空航天事业的发展，取得了举世瞩目的成就，我国的钢铁研究总院、宝山钢铁公司、东北大学作为国内钢铁领域重要的生产、科研单位也积极参与其中，它们的申请量也排进全球前十。值得注意的是，申请量最靠前的美国申请人为 AK 钢铁公司，排名仅为第 11 位，俄罗斯相关申请人未进入前 20 位，这与美国、俄罗斯的航空航天大国的地位不符，这可能是由于火箭发动机用钢涉及大量核心技术，相关企业并未申请专利或者仅申请了国防专利。

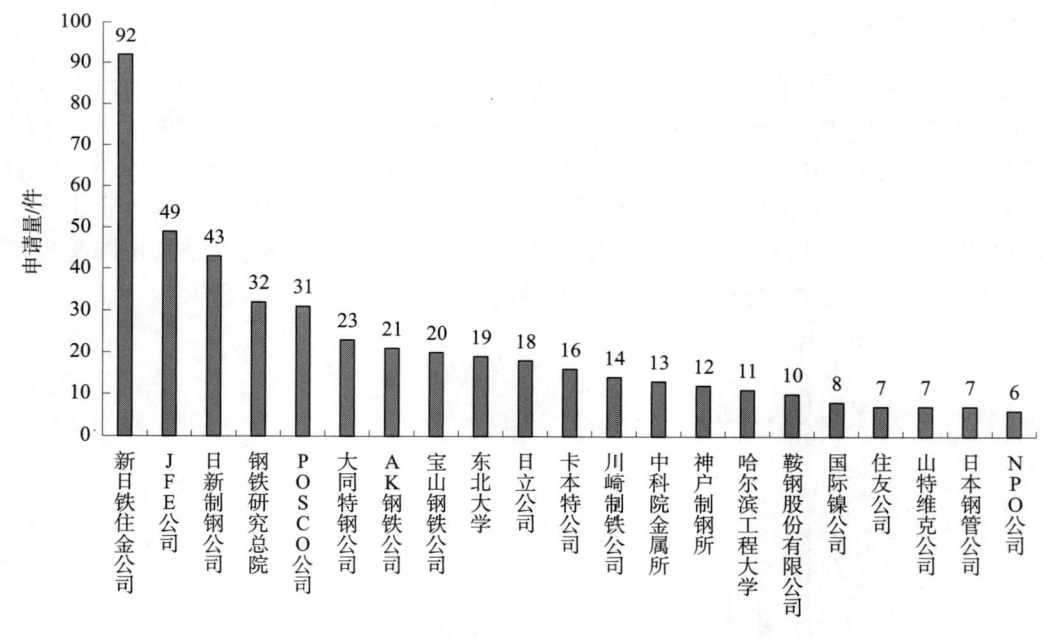

图 15 – 1 – 10　火箭发动机用钢全球申请人前 21 位排名

15.1.5.2　国内外申请人类型

图 15 – 1 – 11 和图 15 – 1 – 12 示出了火箭发动用钢国内申请人和国外申请人类型。

对于国内申请人，公司申请占比为 50.20%、高校/科研院所申请占比为 48.18%。对于
国外申请人，公司申请占比高达 90.87%，高校/科研院所申请占比为 5.56%。事实上
这一现象在其他领域的专利数据统计中也存在。这可能是因为国外高校/科研院所往往
注重基础研究，而公司在已有基础研究成果的前提下围绕实际的市场竞争环境、应用
场景、生产成本等作进一步的应用研究。而国内虽然处于快速发展期，但这类高端、
涉密、涉军工技术，可能受体制机制的影响，需要高校/科研院所进行基础研究，待具
备工业可行性、可推广性后再与相关企业合作，应用到火箭发动机中。另外，高校/科
研院所等非生产经营单位通常不具备独立完整的参与行业市场竞争的能力，而且缺乏
完整的工业化、大规模制造的能力，理论研究与实际应用环境会存在一定差异，技术
成果能在短期内直接应用于产业生产的比率较低。

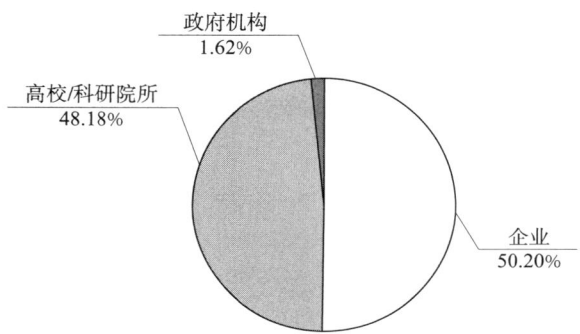

图 15 – 1 – 11　火箭发动机用钢国内申请主体类型

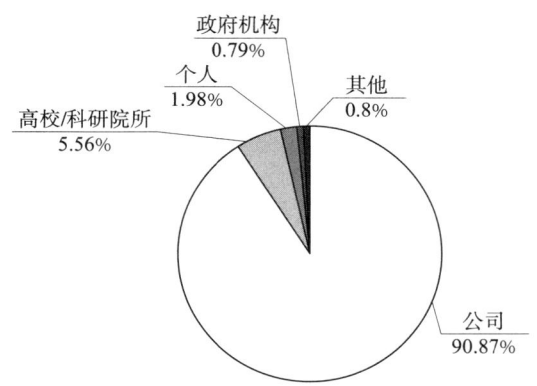

图 15 – 1 – 12　火箭发动机用钢国外申请主体类型

15.1.5.3　国内外申请人合作类型分析

　　图 15 – 1 – 13 示出了火箭发动机用钢国内外申请人合作类型情况，以全球专利申
请总量 686 项计。首先，国内的合作专利申请量与国外的合作专利申请量均是 20 项。
其次，在国内的合作专利申请量 20 项中，18 项有高校/科研院所的参与，即国内的合
作中 90% 有高校/科研院所的参与，而国外有 6 项是有高校/科研院所的参与，即国外

的合作中30%有高校/科研院所的参与。最后，国内的合作中以企业和高校/科研院所为主，占比75%；而国外以企业之间的合作为主，占比70%。原因可能在于国内企业更注重生产，研发实力相对较弱，为了获得技术上的突破，完成高性能产品的更新迭代，通常选择与科研能力较强的高校/科研院所合作。而国外企业，特别是日本，自20世纪以来其钢铁工业发展就走在了世界前列，几十年来积累了深厚的研发经验，同时相较于国内其更重视研发投入，所以企业自身就能够完成新的高性能产品的研发。

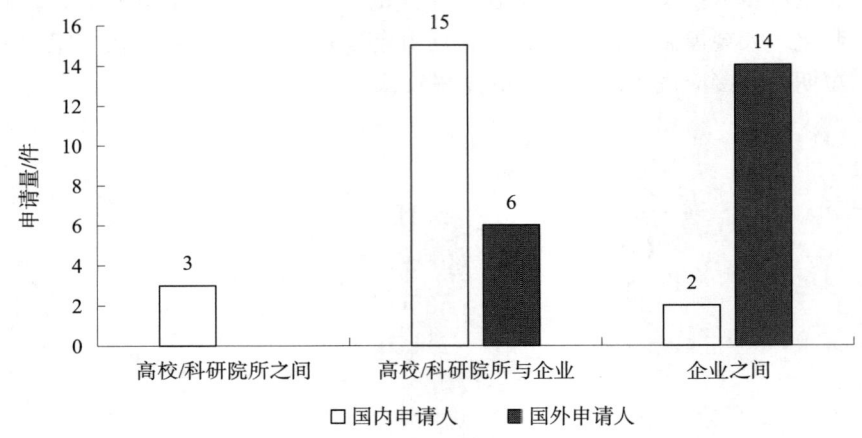

图15－1－13　火箭发动机用钢国内外申请人合作情况

15.1.5.4　国内外专利申请法律状态

图15－1－14示出了火箭发动机用钢国内外专利申请法律状态，以不考虑同族时全球专利申请总量1745件计，包括获得专利权、未获得专利权、审查、其他四项。由图15－1－14可知，国内专利申请获得专利权的仅有185件，而国外获得专利权的共有841件，在数量上明显低于国外，但是从国内申请人授权率（185/328 × 100% = 56.40%）与国外申请人授权率（841/1417 × 100% = 59.40%）来看，两者接近。可见国内申请虽然处于快速发展阶段，但是从专利法的角度来看，其在专利技术上的新颖性、创造性、申请文件的撰写、审查意见的答复方面还是不错的。需要注意的是，从以往的发明专利实质审查工作来看，国内申请人通常将诸多技术特征合并在一个权利要求内，这种方式虽然有利于获得授权，但是不利于获得合适的专利权保护范围，不便于后续专利权维权。因此，建议国内企业如果需要通过专利来保护技术，前期要加强技术研发，提高技术的创新性，同时需要转变思想，不要仅仅为了专利申请能够获得授权，而应该从根本上重视专利，加大在撰写、答复、布局、保护、运用等方面的投入。

15.1.5.5　国内外专利权类型分布

图15－1－15示出了火箭发动机用钢国内外获得专利权之后的专利法律状态类型分布。通过对比可知，国内申请授权的专利大部分（158/185 × 100% = 85.40%）

处于有效状态，比例甚至高于国外（429/853 × 100% = 50.29%）。需要注意的是，在这一领域国内期限届满的专利比例接近 1%，而国外期限届满专利的比例接近 25%。这种现象的出现，一方面是由于国内申请中专利申请晚，近期授权的较多，而前期专利年费较低，后期专利年费逐渐增加，申请人前期维持专利有效性的成本低；另一方面表明国内申请人对专利的重视程度有所提高，即从最初的只需要申请、授权，逐步转变为寻求对真正具备高价值、有竞争力的专利进行长期有效保护。反观国外申请人，即使随着专利维持时间的延长，专利年费不断增加，国外申请人仍然愿意支付高额的专利年费来维持这些专利，体现出这些专利具有较高的经济价值、技术价值、法律价值等，也提醒国内高校/科研院所、企业在研发过程中需要重点关注这样的专利。

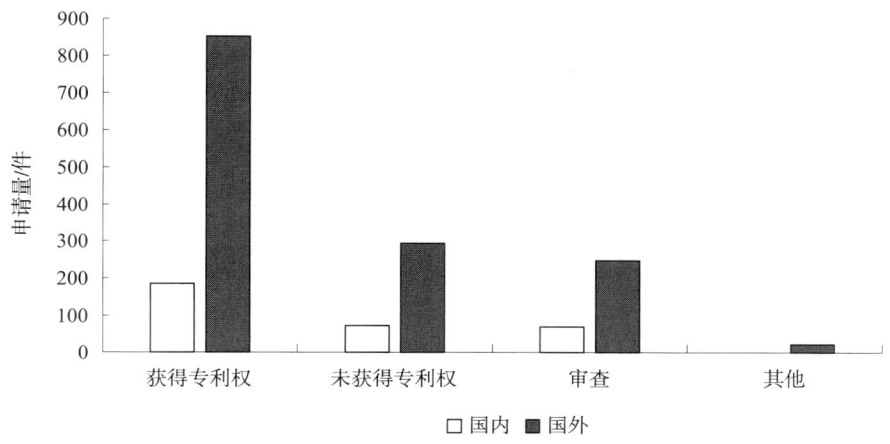

图 15 - 1 - 14　火箭发动机用钢国内外专利申请法律状态

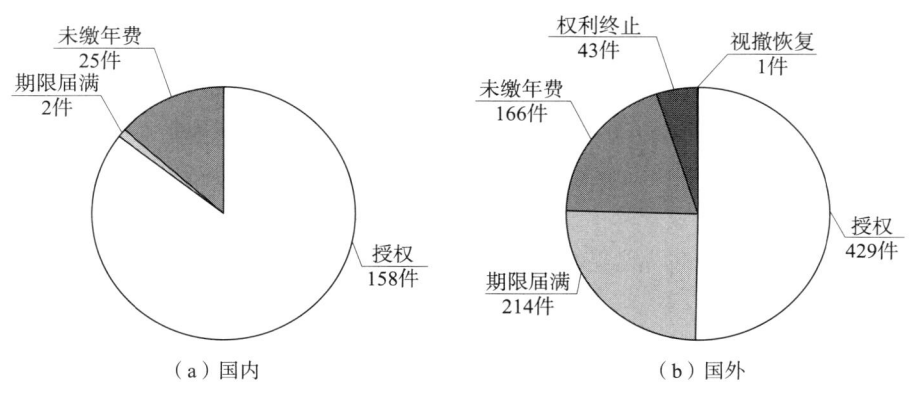

（a）国内　　　　　　　　　　　　　（b）国外

图 15 - 1 - 15　火箭发动机用钢国内外申请法律状态分布

15.2 中国专利态势分析

15.2.1 国内申请区域排名

图 15-2-1 示出了火箭发动机用钢国内申请人各省区市的排名情况，以全球专利申请总量 686 项计。排名前三名的分别是辽宁、北京、上海。其中，辽宁不但有东北大学、中科院金属所这些在行业内颇具影响力的高校/科研院所，还有鞍山股份有限公司、抚顺特钢公司等行业内大型钢铁企业。北京的主要申请人包括钢铁研究总院、北京科技大学等，以高校/科研院所为主。而上海的主要申请人为宝山钢铁公司等。

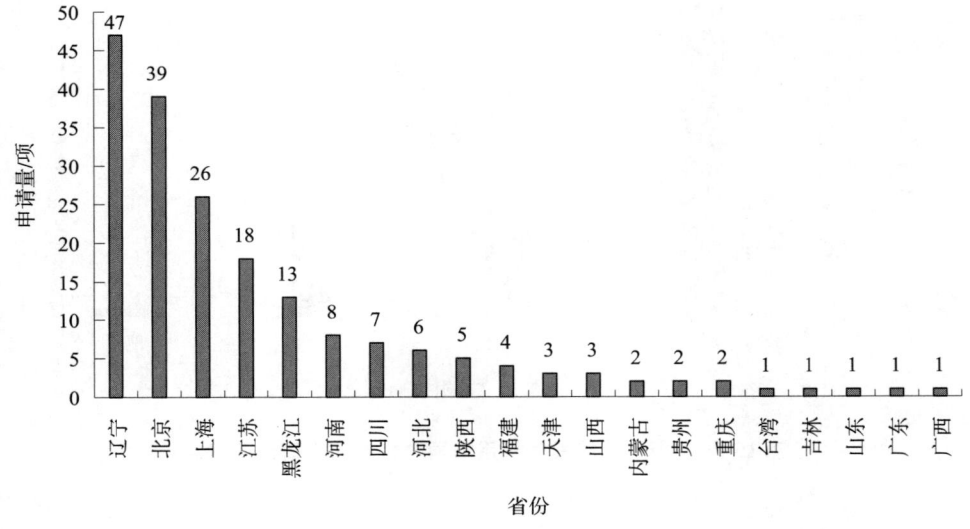

图 15-2-1　火箭发动机用钢国内申请区域前 20 位排名

15.2.2 国内申请人排名

图 15-2-2 示出了火箭发动机用钢国内申请人排名情况，以全球专利申请总量 686 项计，国内申请量排名前五的申请人依次为钢铁研究总院（32 项）、宝山钢铁公司（20 项）、东北大学（19 项）、中科院金属所（14 项）、哈尔滨工程大学（11 项）。其中，钢铁研究总院和宝山钢铁公司在马氏体高强度不锈钢和耐液氧液氢低温钢方面都有研究，东北大学、中科院金属所侧重于马氏体高强度不锈钢的研究，哈尔滨工程大学在 2020 年左右研发出了一系列拉伸强度大于 1800MPa 的马氏体高强度不锈钢，而且专利中明确提及可适用于航空航天领域。

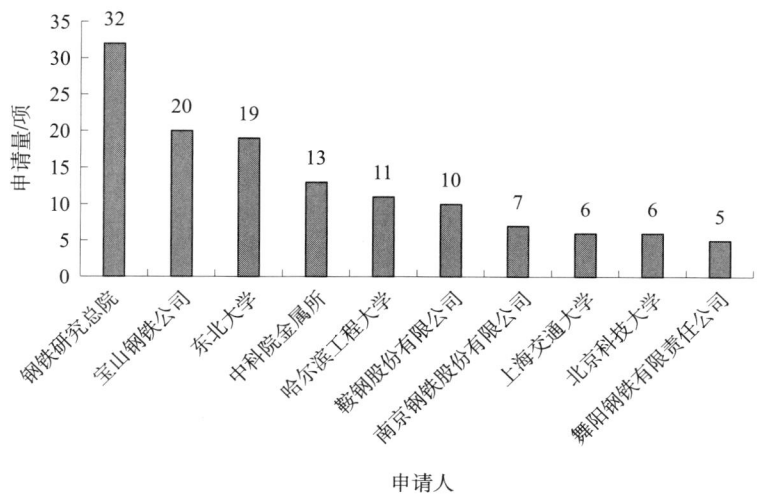

图 15 - 2 - 2　火箭发动机用钢国内申请人前十位排名

15.3　本章小结

　　总体上，火箭发动机用钢专利申请量不多，从 2014 年开始火箭发动机用钢专利相对于以往开始大幅增加，这可能与航天商业化和太空经济化的大环境有关。从申请人排名上看，日本的专利申请量最多，美国、俄罗斯等传统航天大国申请量较少，可能是因为火箭发动机用钢涉及大量核心技术，相关企业未申请专利或者仅申请了国防专利。国内申请人主要集中在高校/科研院所，中科院金属所和哈尔滨工程大学重点研究马氏体高强度不锈钢，钢铁研究总院对马氏体高强度不锈钢和耐液氧液氢低温钢均有研究。对于马氏体高强度不锈钢而言，最早出现对 17 - 4PH 和 15 - 5PH 钢的改进，2000 年以后出现了较多对 FerriumS53 的改进。对于耐液氧液氢低温钢而言，马氏体低温钢、奥氏体低温钢的申请总量远远超过了奥氏体不锈钢，成为热门的研究方向。可见对火箭发动机用钢的强度提升需求越来越强烈。

第16章 火箭发动机用马氏体高强度不锈钢专利技术分析

火箭发动机用马氏体高强度不锈钢按照强度等级可分为 1000~1400MPa，1400~1800MPa 以及 1800MPa 以上三个级别；按照强度等级从低到高，有 17-4PH、15-5PH、PH13-8Mo、custom465 以及 FerriumS53 五类典型牌号。由于同一钢种依改进工艺不同，可能获得不同强度级别的性能。因此，为便于统计分析，以下将以钢种改进路线为切入点，开展相关专利分析。

16.1　17-4PH 路线的改进

17-4PH 的典型成分以质量分数记为：C（≤0.07%）、Si（≤1%）、Mn（≤1%）、P（≤0.035%）、S（≤0.025%）、Cr（15%~17.50%）、Ni（3%~5%）、Nb（0.15%~0.45%）、Cu（3%~5%）、Mo（≤0.50%），属于马氏体沉淀硬化不锈钢。该钢耐蚀性高、衰减性能好，易于调整强度级别，焊接工艺简便，尤其是抗腐蚀疲劳性能及抗水滴冲蚀能力优于 12%Cr 钢，具有良好的综合力学性能。典型的热处理工艺是固溶 + 时效。固溶处理后的室温组织为马氏体，经 $400~650℃$ 时效进行沉淀硬化，析出富铜的析出物以达到强化目的。

16.1.1　成分设计改进

17-4PH 不锈钢的基础合金成分是 Cr、Ni、Cu、Nb、Mo，统计发现相对于 17-4PH 有改进的不锈钢中成分改进具体情况如图 16-1-1 所示。图 16-1-1 中的序号与表 16-1-1 中的序号为对应关系，其序号代表对应的专利号。

从图 16-1-1 可以看出，目前针对 17-4PH 的成分改进主要是针对 Ni、Cr、Mo、Cu 并配合其他微量元素的改进以达到改善性能的目的，根据统计分析得出，针对 Ni、Cr、Mo、Cu 并配合其他微量元素的改进占成分改进的 73.40%，具体分析如下。

（1）对于主要提高 Ni 含量，降低 Cu 含量的技术方案

Ni 是奥氏体形成元素，是奥氏体单相形成和高温下 M_s 调整所必需的元素，Ni 会形成固溶体以增加钢的强度，Cu 是有效提高耐蚀性的元素，但是对热加工性能不利。因此，为了提高高强钢的强度以及热加工性能，该类方案采用提高 Ni 的含量并降低 Cu 的用量。例如专利 JP1995216451A，其将 Ni 含量由 3%~5% 提高到最多为 10%，并将 Cu 含量由 3%~5% 降低到 3% 以下；再如专利 US3701653A，作为一种改进的时效硬化

不锈钢，室温下处于完全马氏体显微组织，以质量分数记其成分为：Ni（6.80% ~ 8%）、Ti（0.40% ~0.70%）、Al（0.30% ~0.45%）。并在 1600℉ （即 871℃） 固溶 1h，然后在 850 ~1200℉ （即 454 ~649℃） 进行时效，其将 Ni 的含量由 3% ~5% 提高到6.80% ~8%，在省略 Cu 的同时添加 Ti、Al、Nb 并配合合适的固溶、时效热处理以达到改善性能的目的。

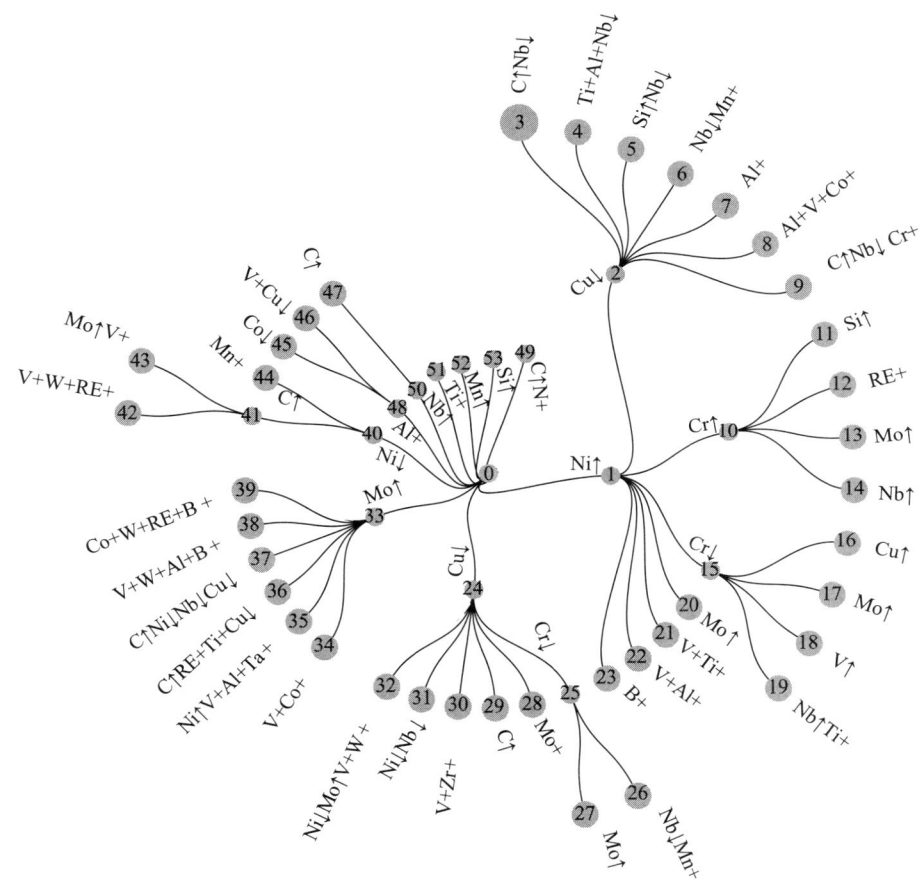

图 16 -1 -1　火箭发动机用马氏体高强度不锈钢相对于 17 -4PH 的成分改进路线

注：图 16 -1 -1 的序号与表 16 -1 -1 的序号一一对应。

（2）对于主要提高 Ni、Cr 含量的技术方案

Cr 的添加能够大幅提高钢种的耐蚀性。因此，为了提高高强钢的强度并改善其耐蚀性，该类方案采用提高 Ni、Cr 含量的方式。例如专利 CN106555133B，其将 Ni、Cr 含量分别从3% ~5%、15% ~17.50%提高到21.50% ~25.50%、21.00% ~23.50%。

（3）对于提高 Ni、Mo 含量的技术方案

Mo 可以改善耐蚀钢的耐蚀性。因此，为了提高钢的耐蚀性和强度，其采用提高 Ni、Mo 的方案。例如专利 CN100532611C 中将 Ni 含量提高到最多为 10%，将 Mo 含量提高至 Mo 的固溶量：3.50% ~7.00%。

（4）对于提高 Ni 含量、添加 B 的技术方案

B 可以提高马氏体钢的晶界强度以及热加工性能。因此，为了提高钢的强度和改善热加工性能，采用提高 Ni 含量添加 B 的技术方案。例如专利 JP1998096066A，其将 Ni 含量提高到最高达到 6% 并且添加 0.01% 以下的 B。

（5）对于降低 Cu 含量、提高 Mo 的技术方案

该类专利主要考虑 Mo 能够提高钢的耐蚀性和强韧性，虽然 Cu 可以提高耐蚀性，但是对于热加工存在不利影响。因此，提高 Mo 的含量以达到提高耐蚀性和强韧性的目的。例如专利 JP1989100246A 将 Mo 含量由 ≤0.50% 提高到 1% ~3%，将 Cu 由 3% ~5% 降低到 1% 以下。

（6）对于提高 Mo 含量并添加 V、Co 的技术方案

通过提高 Mo 含量以达到改善耐硫化物应力开裂性和耐蚀性，通过添加 Co 使耐蚀性提高、强度增加，V 的加入可使钢强度增加。例如专利 CN114450430A 将 Mo 提高到 1.80% ~3.50%，并添加 Co（0.01% ~1.50%）、V（1.00% 以下），该专利通过提高 Mo 含量并添加 V、Co 以达到提高强度和耐蚀性的目的。

表 16 -1 -1 示出了火箭发动机用马氏体高强度不锈钢相对于 17 -4PH 的成分改进的部分专利。需要说明的是，表 16 -1 -1 中序号 1 专利号为"无"意味着并没有只提高 Ni 含量的专利号。序号 2 中专利号 JP1995216451A 意味着是只提高 Ni 含量且同时降低 Cu 含量的专利。序号 5 中两个专利号意味着这 2 件专利是提高 Ni、Si 含量且同时降低 Cu、Nb 含量的专利。

表 16 -1 -1　火箭发动机用马氏体高强度不锈钢相对于 17 -4PH 的成分改进的专利

序号	专利号	序号	专利号	序号	专利号	序号	专利号
1	无	16	CA1043591A	27	JP1992120249A	39	JP2019163499A
2	JP1995216451A	17	CN100532611C	28	JP1989100246A	40	无
3	JP1996120334A	18	DE102017003965B4		GB1221546A	41	CN112442634B
4	US3701653A	19	JP4479155B2		GB1049864A	42	CN1006644B
5	JP2826819B2	20	JP4200473B2		JP1987130263A	43	CN101343717B
	US4878955A		JP4978073B2		JP1994017545B2	44	KR100214401B1
6	CN106011678B	21	JP3079294B2	29	JP2000109956A	45	JP2015147975A
7	CN103276302A		JP3516359B2	30	CN111902551A	46	CN104379774B
8	US20190136337A1	22	JP2022006584A	31	CN1302142C	47	CN101688273B
9	JP1997095756A	23	JP1998096066A	32	CN104694832B	48	US2694626A
10	无	24	GB1027811A	33	CN112779384B		US3069257A
11	JP1990185952A		JP1989028827B2	34	CN114450430A	49	CN110777305B
12	CN106555133B		IN6934CHE2015A	35	CN114450428A	50	GB1061563A
13	CN111057963A	25	无	36	CN111850399B	51	US3658514A
14	CN112430783A	26	JP1988066381B2	37	CN109321829B	52	JP2018141182A
15	无		CA1043591A	38	US11286548B2	53	JP1999279706A

注：表 16 -1 -1 的序号与图 16 -1 -1 的序号一一对应。

16.1.2　热处理工艺改进

热处理通常采用本领域常见的针对 17 - 4PH 热处理工艺，将其归纳为固溶 + 深冷 + 时效、固溶 + 时效、不属于以上两种的其他热处理和未记载热处理，如图 16 - 1 - 2 所示。其中采用固溶 + 深冷 + 时效工艺的占比 9.28%，采用固溶 + 时效处理工艺的占比 62.89%，采用其他工艺进行热处理的占比 26.80%，未记载热处理参数的占比 1.03%。

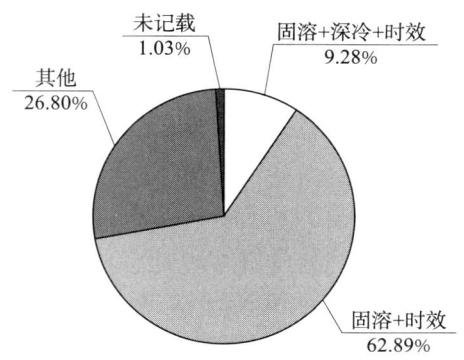

**图 16 - 1 - 2　火箭发动机用马氏体高强度不锈钢相对于
17 - 4PH 改进的热处理工艺技术构成**

专利 CN103276302A 公开了一种高铝 17 - 7PH 不锈钢的热处理工艺，其首先采用在 1050℃ 进行固溶处理，保温 30min 后水冷；其次在 955℃ 条件下进行调整处理，保温 10min 后空冷至室温；然后在 24h 以内置于干冰酒精中进行深冷处理，保温 8h；最后加热到 510℃ 进行时效，保温 1h 后空冷。其通过选择合适的固溶、深冷及时效处理参数，使该钢具有高强度、高硬度、良好的冲击韧性和良好的抗腐蚀性能。

专利 US11085095B2 公开了对热加工后的无缝钢管进行淬火处理，其中无缝钢管再加热到 850 ~ 1150℃ 的温度范围（固溶）内，无缝钢管以大于等于空冷的速度冷却至无缝钢管的表面温度达到 0 ~ 50℃ 时停止，然后对无缝钢管实施回火处理，将无缝钢管加热到 500 ~ 650℃ 内进行回火（时效），其通过选择合适的固溶和时效参数使其具有良好的强度和耐蚀性。

其他热处理工艺如专利 US4878955A，其对马氏体钢进行冷轧，然后在 550 ~ 675℃ 的温度下对钢进行热处理。该工艺主要是对马氏体钢进行回火处理以保证马氏体组织中逆转变奥氏体组织的稳定性。

除了上述热处理工艺，从 2017 年起开始采用增材制造的方式对典型牌号 17 - 4PH 进行改进。专利 CN107335804A 公开了一种 3D 打印含亚稳奥氏体 17 - 4PH 不锈钢方法，进而得到最佳的微观组织结构以及力学性能。3D 打印结束后进行退火和回火热处理。其采用增材制造 + 退火、回火热处理工艺获得超高强度不锈钢。

专利 JP2022006584A 公开了一种不锈钢粉末的成型工序，其采用增材制造 + 淬火 + 回火的热处理工艺提高不锈钢的洁净度和改善钢的力学性能。

专利 US3216868A 公开了一种沉淀硬化的不锈钢的处理工艺，其通过将钢板加热到固溶温度范围内保温一段时间，然后进行淬火冷却，冷却完成后进行时效硬化处理，其通过限定固溶和时效温度以达到改善力学性能的目的。

16.2　15 – 5PH 路线的改进

15 – 5PH 不锈钢是在 17 – 4PH 钢的基础上发展起来的，作为马氏体沉淀硬化不锈钢，其加工工艺性好，力学性能优良，韧性、延展性、硬度和耐腐蚀性能具佳。

15 – 5PH 不锈钢以质量分数记的组成为：C（≤0.07%）、Si（≤1.00%）、Mn（≤1.00%）、P（≤0.03%）、S（≤0.015%）、Cr（14.00% ~ 15.50%）、Ni（3.50% ~ 5.50%）、Cu（2.50% ~ 4.50%）、Nb（0.15% ~ 0.45%）、Mo（≤0.50%），余量为 Fe 和不可避免的杂质。15 – 5PH 不锈钢的典型热处理工艺是 1030 ~ 1050℃进行固溶处理，随后在 480 ~ 620℃进行时效处理。15 – 5PH 不锈钢的热处理方法简单，通过固溶处理形成马氏体，经时效析出强化相产生沉淀硬化，时效的制度不同，其获得的力学性能也不同。

16.2.1　成分设计改进

15 – 5PH 不锈钢的基础合金成分是 Cr、Ni、Cu、Nb、Mo，统计发现其成分改进具体情况如图 16 – 2 – 1 所示。图 16 – 2 – 1 中的序号与表 16 – 2 – 1 中的序号为对应关系，其序号代表对应的专利号。

15 – 5PH 不锈钢中 Mo≤0.50%。对于增加 Mo 元素含量，1964 年国际镍公司申请的专利 US3342590A 中含有 1.50% ~ 3% 的 Mo，Mo 在含氯化物的环境中具有额外的耐腐蚀性，Mo 还提高了对硫酸和磷酸等酸的耐受性。2003 年日本制铁株式会社申请的专利 CN100368579C 含有 2.80% ~ 5.00% 的 Mo，其中 Mo 是使高强度材料的耐硫化物应力腐蚀破裂性提高方面有效的元素。当其含量超过 5.00% 时，该效果饱和，导致成本上升。2016 年钢铁研究总院申请的专利 CN105779901B 含有 2.10% ~ 2.50% 的 Mo，其中 Mo 作为铁素体形成元素可显著提高钢的淬透性，在马氏体铬镍不锈钢中，Mo 除改善钢的耐蚀性外，在时效过程中还可以形成具有六方晶体结构的 Mo2C 碳化物，从而提高钢的回火稳定性与二次硬化效应。但过高的 Mo 含量会促进 δ 铁素体的形成，对钢带来不利影响。

15 – 5PH 不锈钢中并未限定 V 的含量。对于添加 V 元素，1995 年住友公司申请的专利 JP3243987B2 中 Nb 和 V 是单独添加或同时添加以提高不锈钢的强度并提高耐腐蚀性。为了获得这种效果，所有这些都需要为 0.01% 以上。如果 Nb 和 V 超过 0.50%，则韧性降低。2016 年瓦卢瑞克石油天然气法国有限公司申请的专利 CN107980069A 中 V 含量必须在 0.35% ~ 0.60%。V 形成碳氮化物 [V（C，N）]，其在颗粒间和颗粒内并且具有小于 500nm 且优选从 30~200nm 的尺寸。这样的析出物有助于增加屈服强度和改进晶界结合。V 析出物对屈服强度的贡献平衡了由软的铁素体的存在所致的强度损失。另外，已证实 V 以 0.35%~0.60% 的含量存在，以防止金属间化合物析出，那些金属间化合物对韧性有害。

15-5PH 不锈钢中 Cr（14.00%~15.50%）、Ni（3.50%~5.50%），但在实际分析中发现有较多的情况是在此基础上降低 Cr 含量，增加 Ni 含量。1993 年株式会社日本制钢所申请的专利 JP3499275B2 中，Cr（12.50%~13.50%）、Ni（7.50%~8.60%），Cr 是基本组分，为了获得足够的耐腐蚀性，含量必须在 12.50% 以上。另外，为了抑制 δ - 铁素体的结晶并防止脆化，需要抑制 Cr 含量为 13.50% 或更低。含有 7.50% 以上的 Ni 以保持耐腐蚀性并进一步提高韧性。此外，为了抑制马氏体转化点的降低和所保持奥氏体的产生，Ni 含量的上限为 8.60%。2016 年钢铁研究总院申请的专利 CN105779901B 中，Cr 含量为 12.20%~13%、Ni 含量为 8.00%~8.50%，钢中随着 Cr 含量的升高，耐环境腐蚀性能与抗氧化性能明显提高。钢中 Cr 元素的存在还可以提高回火抗力，以保持位错强化与固溶强化效应。Ni 主要有两个方面作用：一方面，Ni 作为奥氏体形成元素，可以扩大奥氏体相区，降低钢中 δ - 铁素体含量；另一方面，在时效处理时 Ni 还会在基体中与铝形成 γ' - Ni3Al 与 β - NiAl 等金属间强化相，显著提高钢的强度。但过高的 Ni 含量会使钢的 M_s 点显著降低，导致基体组织中残余奥氏体含量增多而降低钢的强度。

15-5PH 不锈钢中 Cu 含量为 2.50%~4.50%。但是基于耐蚀性、热加工性的需要，有些专利采用降低 Cu 含量。2010 年日新制钢公司的专利 JP5653053B2 中 Cu 是有效控制马氏体转变温度的元素，由于过量的 Cu 含量导致耐腐蚀性降低，因此当包含 Cu 时，必须在 1.00% 或更小的范围。2016 年瓦卢瑞克石油天然气法国有限公司申请的专利 CN107980069A 中 Cu 含量必须在 0.50%~1.50%。如果 Cu<0.50%，则耐腐蚀性将小于预期，然而如果 Cu>1.50%，则降低热加工性。

15-5PH 不锈钢的基础合金成分是 Cr、Ni、Cu、Nb、Mo，统计发现在 100 篇相对于 15-5PH 有改进的不锈钢专利中，有比较多是通过添加其他合金元素（W、Co、Ta、Zr、B）。2016 年天津钢管集团股份有限公司申请的专利 CN106399829B 中特意加入 W，以提高钢的强度，进一步改善高温耐蚀性。但 W 含量超过 0.50% 易生成有害相，降低韧性和热加工性，因此 W 含量控制在 0.01%~0.50%。另外，W 与 Mo 作用近似，W 和 Mo 是有效的碳化物产生元素，有时还会以（Mo+1/2W）的整体含量来限定，比如 2004 年日立公司申请的专利 JP2005298840A 中（Mo+1/2W）为 1.50%~3.00%，其中 Mo 和 W 都是提高耐腐蚀性的元素，单独添加 Mo 可以获得良好的耐腐蚀性，但同时添加 W 与 Mo 可以获得更好的耐腐蚀性。如果（Mo+1/2W）超过 3.00%，会显著降低热加工性和耐腐蚀性。2016 年 JFE 公司申请的专利 CN107532259A 中，Co 含量为 0.01%~0.50%，一方面 Co 是提高马氏体不锈钢韧性的元素，在含有 0.01% 以上时可以获得该效果。另一方面 Co 是昂贵的元素，其含量超过 0.50% 时，提高韧性效果饱和，且加工性降低。Zr 含量为 0.01%~0.50%，Zr 与 C 结合以碳化物的形式析出，Zr

与 N 结合以氮化物的形式析出，由此抑制 Cr 的碳化物化及氮化物化，提高钢的耐腐蚀性。而且，Zr 具有使钢高强度化的效果，但是在 Zr > 0.50% 时，析出粗大的 Zr 的碳化物、氮化物，会导致韧性降低。B 含量为 0.0002% ~ 0.01%，B 对提高加工性有效。但是在 B > 0.01% 时，钢的加工性及韧性降低。而且由于 B 与钢中的 N 结合而以氮化物的形式析出，会引起马氏体量减少，降低钢的强度。专利 JP2005298840A 中 Nb 和 Ta 是提高强度、韧性和耐腐蚀性的元素。这些元素与 C 结合以分散碳化物，抑制晶粒粗化，提高强度和韧性，还会抑制 Cr 的碳化物的生成，提高耐性。

表 16 - 2 - 1 示出了火箭发动机用马氏体高强度不锈钢相对于 15 - 5PH 的成分设计改进的部分专利。

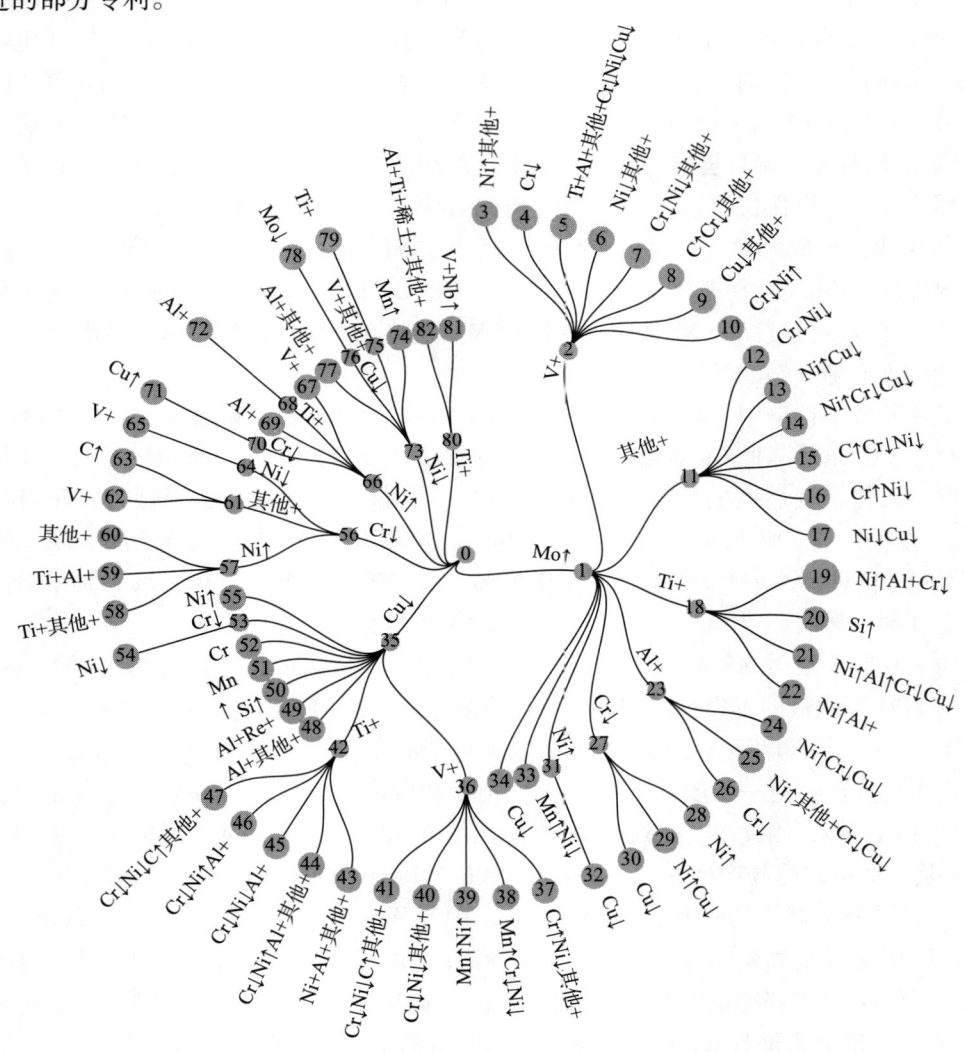

**图 16 - 2 - 1   火箭发动机用马氏体高强度不锈钢相对于
15 - 5PH 的成分改进路线**

注：图 16 - 2 - 1 的序号与表 16 - 2 - 1 的序号一一对应。

表 16 – 2 – 1　火箭发动机用马氏体高强度不锈钢相对于
15 – 5PH 的成分改进的专利

序号	专利号	序号	专利号	序号	专利号	序号	专利号
1	JP2005232575A	24	JP3243987B2	43	US5116570A	64	EP0298127B1
2	无	25	CN113584407A	44	US8747733B2	65	US20220081745A1
3	JP1981016657A	26	CN109518097B	45	JP6312367B2	65	JP2022538131A
4	EP0411931B1	27	US3083095A	46	US10351922B2	66	JP1985053737B2
5	JP2000356103A	27	CN114959494A	47	CN107587080B	67	CN109487061B
6	JP2001288541A	27	CN114959493A	48	JP1983034546B2	68	JP1984222558A
7	CN104087733B	28	US3594158A	48	US4374680A	69	无
8	CN105603329A	28	JP3499275B2	49	WO2007011466A1	70	FR2135771A5
9	CN107980069A	28	JP3381011B2	50	CN100510140C	71	CH515999A
10	US20210238705A1	28	CN105779901B	51	JP5484135B2	72	JP1987180042A
10	US20210317556A1	29	JP1996158020A	52	JP5653053B2	72	无
11	US3719476A	29	CN109666782A	53	JP3750596B2	73	CN109881123B
12	JP1998008198A	30	US3123468A	53	CN113151648B	74	US3389991A
13	JP2005298840A	31	US6743305B2	54	US3512960A	75	JP1991240920A
14	US2006081309A1	31	CN105452516A	54	JP1988213619A	75	JP1994240414A
14	CN101545076B	32	SU598956A1	55	无	75	JP4342924B2
15	CN112609052A	33	DE2817179A1	56	CN105132825A	76	CN108779530B
15	CN113186462B	33	CN100368579C	57	CN101994066B	77	JP1992066616A
15	CN108588582A	34	无	58	JP2020041208A	78	CN107532259A
16	US2932568A	35	无	59	GB1021405A	79	无
17	无	36	GB1207603A	59	CN114574777A	80	CN1255569C
18	US3342590A	37	US20100308505A1	60	无	81	CN109415776B
19	US5035855A	38	CN102618802B	61	JP2000204447A		
20	US8313592B2	39	CN106399829B	62	CN111826589B		
21	CN102465240B	40	CN110863115B	63	JP3770159B2		
22	无	41	无	64	CN101063190A		
23	US3658513A	42	US3347663A	64	CN109890993B		

注：表 16 – 2 – 1 的序号与图 16 – 2 – 1 的序号一一对应。

对于此处编号、文献的理解，可以参考表 16 – 1 – 1 的解释说明。

16.2.2　热处理工艺改进

将相对于 15－5PH 改进的专利技术的热处理工艺统计如图 16－2－2 所示，可以看出，大部分与典型牌号 15－5PH 的热处理工艺一致，其中，固溶＋时效占比 69.14%，但是也出现了比较多的固溶＋深冷＋时效，占比 11.11%。

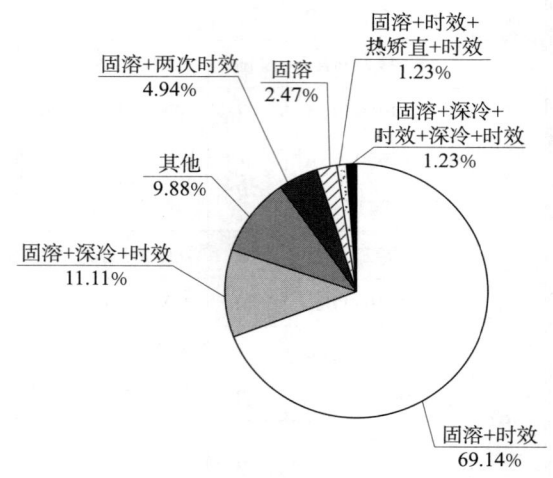

固溶＋时效＋热矫直＋时效 1.23%

固溶＋两次时效 4.94%

固溶 2.47%

固溶＋深冷＋时效＋深冷＋时效 1.23%

其他 9.88%

固溶＋深冷＋时效 11.11%

固溶＋时效 69.14%

图 16－2－2　火箭发动机用马氏体高强度不锈钢相对于
15－5PH 改进热处理工艺技术构成

（1）固溶＋深冷＋时效

2016 年钢铁研究总院申请的专利 CN105779901B 中，热成型后的棒材需经淬火＋深冷＋时效处理，淬火温度为 920～950℃，保温 1～2h，空冷或油冷至室温；深冷温度为 0℃，保温 1～2h，空冷至室温；时效温度为 450～520℃，保温为 4～6h，空冷到室温。经热处理后，该钢具备了优异的强韧性匹配以及优良的耐盐雾腐蚀性能：在室温抗拉强度达到 1200MPa，屈服强度达到 1100MPa，延伸率超过 19%，断面收缩率超过 70% 的前提下，该钢的室温夏比 V 型冲击功达到 250J 以上，－100℃冲击功仍保持在 210J 以上。

（2）其他热处理工艺

2008 年宝山钢铁公司申请的专利 CN101538686B 中，整体上采用冶炼、退火、加热、锻造、再退火工序。对于再退火工艺，主要是考虑马氏体沉淀硬化不锈钢对裂纹比较敏感，锻后必须进行退火处理。该钢的退火工艺为锻后空冷再装炉退火，目的是保证奥氏体完全转变成马氏体，如果是锻后马上装炉退火，钢材温度高，组织中还残留有未转变的奥氏体，钢中残留奥氏体因膨胀系数大而产生内应力，当这种内应力高于钢的屈服强度时，钢内部就会出现裂纹，因此锻后需要停留一段时间，保证马氏体转变完全。退火温度控制在 620～680℃，保温时间≥48h，按 20℃/h 降温至 550℃出炉空冷。

（3）固溶＋两次时效

2011 年日本三菱日立电力系统株式会社申请的专利 US8747733B2 中，热处理的方法包括固溶处理（优选在 930～940℃，优选为 1～2h），通过淬火处理。在淬火处理之后加热到 560～570℃，进行初级回火处理。将加热的产品冷却至空气中的室温，继续在 560～600℃下加热进行次级回火。这里次级回火处理中的加热温度设定为高于初级回火处理中的温度。通过上述热处理，碳化物和金属化合物在金属结构中沉淀，残余奥氏体被分解，金属结构成为马氏体，在马氏体结构的稳定性方面具有优异的强度、韧性和耐腐蚀性，因为 δ - 铁素体和残余奥氏体的沉淀物的量很小。

16.3　PH13 - 8Mo 的改进

PH13 - 8Mo 具有超高强度、高硬度以及优异的耐蚀性及抗应力腐蚀能力，大尺寸零件热处理后空冷能获得更高体积分数的马氏体组织、适宜制造大截面尺寸的零部件。PH13 - 8Mo 已经广泛应用到航空航天等工业领域，例如 A380 客机翼梁、F - 15 战斗机 70% 的紧固件（约 30 万个），A340 - 300 的机翼梁，第四代战机上中温耐蚀的飞机蜂窝结构、压力容器等重要承力量构件等部位，火箭发动机的框架机器发射结构架等。

PH13 - 8Mo 以质量百分比记成分组成为：C（≤0.05%）、Si（≤0.10%）、Mn（≤0.10%）、P（≤0.01%）、S（≤0.08%）、N（≤0.01%）、Cr（12.25%～13.25%）、Ni（7.50%～8.50%）、Al（0.90%～1.35%）、Mo（2.00%～2.50%），余量为 Fe 和不可避免的杂质。

16.3.1　成分设计改进

结合图 16 - 3 - 1 分析可知，针对 PH13 - 8Mo 改进成分的方法主要有：增加 Cu 含量、降低 Ni 含量，以及增加 Co 含量、Nb、B、Ti 含量等，下面对主要的技术手段进行具体分析。图 16 - 3 - 1 中的序号与表 16 - 3 - 1 中的序号为对应关系，其序号代表对应的专利号。

（1）增加 Cu 含量

涉及增加 Cu 含量的专利申请量最多，可见增加 Cu 含量是提高强度的有效手段。单独增加 Cu 含量有 5 项专利申请，例如专利 JP1995103445B2 提及在时效处理中，Si 与 Cu 的相互作用增加了时效硬化。专利 JP1986042778B2 将 Cu 含量设置在 1.00%～3.00%，通过沉淀硬化层 Cu，Cu 的抗拉强度和弹性极限提供了增强，为了获得该效果，需要 1.00% 以上的含量，超过 3.00% 时，耐冲击性降低，延伸率降低，节流率降低。

增加 Cu 含量的同时可以调整其他元素，如增加 Ti、V、B、Ni、Co，或者提高 Al、N，降低 Al、Ni。其中涉及增加 Ti 含量的专利申请最多，专利 JP3378346B2 提及 Ti 是一种有助于析出硬化的合金元素，为了获得高强度，有必要含有 0.15% 以上的 Ti，然而，当含有超过 0.60% 的大量 Ti 时，虽然提高了强度，但韧性因过度沉淀固化反应而降低，综上，Ti 含量为 0.15%～0.60%。增加 Ti 之后还可以进一步增加 Nb、W、Co含量，或者提高 Si 含量，如专利 JP4702267B2 提出，Nb 与 C 结合形成细碳化物，增加强度，有效细化组织，Nb 含量设定为 0.10%–0.30%；专利 JP4315049B2 提出，W 可以有效改善峰值时效时的韧性；专利 JP1995011391A 提出，Co 与 Mo 的复合添加，在保持优异的韧性的同时获得高强度，Co 的含量为 3.00%～6.00%。

对于加入 Cu 的同时加入 V，专利 CN106319343B 提出，V 是提高不锈钢强度性能的主要元素之一，添加 V 有利于提高材料的强度，特别是经过加工后的高强钢不利于焊接加工，添加 V 可以改善焊缝及热影响区性能，V 的添加范围为 0.001%～0.10%。加入 V 之后还可以加入其他元素，如专利 CN110088323B 提出，Mo 对双相不锈钢的耐腐蚀性具有强烈影响，并且对固溶强化和变形硬化都具有强大的贡献，Mo 的添加量等于或大于 0.90%，然而 Mo 也增加了不希望的 σ 相稳定的温度并促进其产生速率，因此 Mo 的含量应等于或小于 4.50%。专利 CN113174544A 还加入 W 和 La，专利 JP1984126757A 加入了 Nb。

对于加入 Cu 的同时加入 B，专利 US3408178A 提出，B 还可用于增强由合金制成的零件的横向延展性，并且对合金的热加工性具有有益的影响，其含量最高可达约 0.10%。加入 B 之后还可以加入其他元素，如专利 US3258370A 提出增加 Ca、Mg、Zr 含量。

（2）降低 Ni 含量

对于单独降低 Ni 含量：PH13–8Mo 中 Ni 含量为 7.50%～8.50%，而专利 JP1999080906A 提出，Ni 是奥氏体形成元素，并且通过其可以降低逆转变温度（即由奥氏体转变为马氏体的温度）。为了充分获得该发明的效果，必须确保 Ni 含量为 4.00% 以上。然而，当 Ni 含量超过 7.00% 时，在逆转变后，冷却过程中不太可能产生足够量的马氏体，因此 Ni 含量在 4.00%～7.00%。

降低 Ni 含量之后还可以进一步降低 Mo 含量，专利 JP2022064234A 提出，Mo 是提高钢板的耐腐蚀性的元素，当 Mo 含量优选为 0.01% 或更多时获得该效果。但是，若 Mo 含量超过 2.00%，则容易在钢板中生成铁素体相，钢板的强度和扩孔性降低，因此 Mo 含量优选为 2.00% 以下。降低 Mo 含量之后还可以提高 Mn 含量，或降低 Al 含量，或者提高 C 和 Cr 的含量。

降低 Ni 含量之后也可以进一步降低 P 和 S 含量，或者提高 C 和 Mn 含量，或者增加 V，或者提高 C 含量并增加 Sn，如专利 CN107779778A 提出，Mo、V、Nb、N 各种合金元素的合理添加及互相搭配，一方面保证了钢具有较高的强度和硬度，另一方面促进了钢中细小碳化物的弥散分布，提高了材料的疲劳性能。

（3）增加 Co 含量

增加 Co 含量的同时需配合其他元素的调整，如专利 US3861909A 提出将 Mo 含量控制在 4%～8%，并提高 Mo 含量；专利 CN113278876A 提出增加 Nb、Ti、V、W 含量，Nb 使宽度为 2～20nm 且长度为约 10nm 的棒状 Ni_3Nb 晶粒析出，有助于提高母材的强度，当将 Al 或 Ti 添加到钢中时，即当钢中包含金属间化合物如 NiAl 或 Ni_3（Al，

Ti）时，Nb 会形成其中 NiAl 或 Ni3（Al，Ti）中的一部分 Al 或 Ti 被 Nb 取代的 Ni（Al，Nb）、Ni3（Al，Ti，Nb）等，这有助于提高母材的强度，此外，Nb 形成氮化碳并有助于晶粒的微细化。

（4）增加 Nb 含量

可以单独增加 Nb 含量（CN110382723B），也可以增加 Nb 含量时调整其他元素。专利 US9982545B2 提出，添加 Nb 和 Ta 含量，Nb 和 Ta 形成碳化物，从而达到提高强度的效果，并能降低韧性和热锻性能。因此，当添加这些元素时，Nb 和 Ta 的总含量的上限应设定为 0.01%。

此外，还可以单独加入 B、Ti、Mn 含量，或者配合其他元素的调整来提高产物的性能。

除了图 16-3-1 所示的改进路线，还可以采用其他手段来提高产物性能，如单独提高 Cr 含量，单独增加 Ce，提高 C、N 含量并增加 Re，降低 Ti 含量并增加 Al 等。

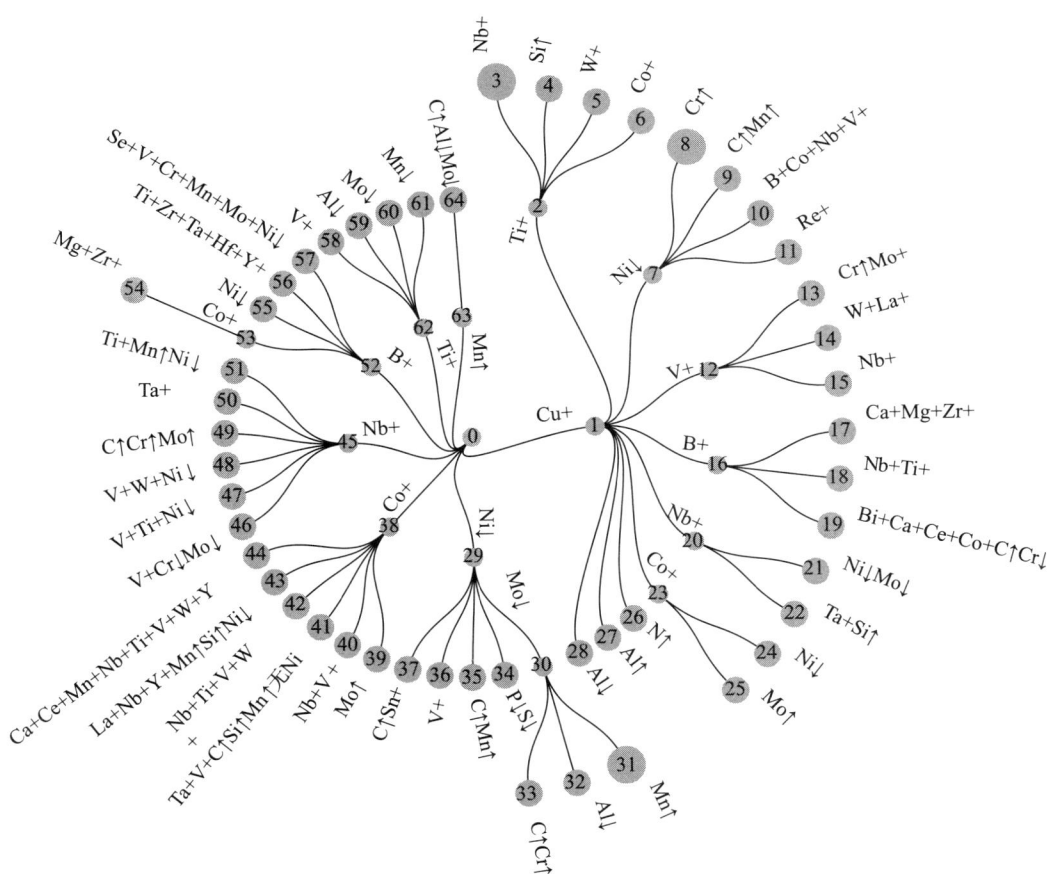

**图 16-3-1　火箭发动机用马氏体高强度不锈钢相对于
PH13-8Mo 的成分改进路线**

注：图 16-3-1 的序号与表 16-3-1 的序号一一对应。

表 16 - 3 - 1　火箭发动机用马氏体高强度不锈钢相对于 PH13 - 8Mo 的成分改进的专利

序号	专利号	序号	专利号	序号	专利号	序号	专利号
1	JP1986042778B2		CN1831179A	27	JP2012167346A	46	CN104131227B
	JP1995103445B2	8	JP6986455B2	28	CN113106356B	47	CN103614649B
	JP2018141183A		JP2005320612A	29	JP1999080906A	48	CN109735777B
	CN114107630A	9	CN114717470A		JP2021116456A	49	CN106756606B
	JP6858931B2		CN106906429B	30	JP2022064234A	50	US9982545B2
2	US3278298A	10	JP1989119649A	31	CN111363983A	51	CN107761011A
	JP1999256282A	11	CN106319344B		CN105821346B	52	无
	JP3624758B2	12	CN106319343B		CN111809115B	53	US3364013A
	CN103374687B	13	CN110088323B	32	US3259528A	54	GB984171A
	JP2018178144A	14	CN113174544A	33	CN108118121B	55	CN1204285C
3	JP4702267B2	15	JP1984126757A	34	JP1990008321A	56	EP3472365B1
	CN113774269A	16	US3408178A	35	CN104099455B	57	CN112226689B
4	JP3251648B2	17	US3258370A	36	CN107779778A	58	JP1983044736B2
	DE3109797C2	18	GB1125624A	37	CN106319164B	59	JP2527564B2
5	JP4315049B2	19	CN114286870B	38	无	60	SU621792A1
6	JP1995011391A	20	CN113106356B	39	US3340048A	61	CN108251759B
	US7879159B2	21	JP3223934B2		US3861909A	62	JP1990190416A
7	JP1999140598A	22	JP3357863B2	40	US3873378A	63	JP1992063247A
	JP2022047341A	23	EP1722001A1	41	CN111809114B	64	US3599320A
	JP6223124B2		CN1514887B	42	CN113278876A		
	JP1987099443A	24	JP1990185951A	43	RU2291912C1		
	JP2017160492A	25	CN113846275A	44	RU2532785C1		
		26	JP6815766B2	45	CN110382723B		

注：表 16 - 3 - 1 的序号与图 16 - 3 - 1 的序号一一对应。

对于此处编号、文献的理解，可以参考表 16 - 1 - 1 后的解释说明。

16.3.2　热处理工艺改进

图 16 - 3 - 2 示出了 PH13 - 8Mo 的热处理工艺技术构成，其中固溶 + 时效依然是最主要的热处理方式，占比超过一半，固溶可以将与沉淀物的形成相关的 Al、Ti 等成分在熔入组织中的同时得到马氏体组织，时效可以使 Ni - Al 化合物等在组织中微细沉淀而得到优异的强度。其他热处理方式占比为 28.98%，包括固溶 + 热变形 + 深冷 + 时效、高温处理 + 深冷 + 时效。固溶 + 深冷 + 时效占比为 10.28%，可以降低残留奥氏

体，改进机械性能，如屈服强度。最少的为固溶 + 冷加工 + 时效，占比为 4.67%。

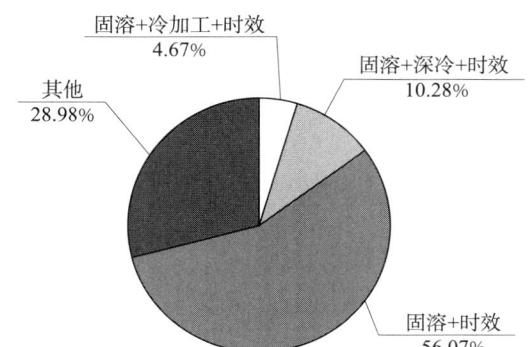

图 16 - 3 - 2　火箭发动机用马氏体高强度不锈钢相对于 PH13 - 8Mo 改进热处理工艺技术构成

16.4　Custom465 的改进

Custom465 是卡本特公司的产品，美国材料与试验协会（ASTM）现已将这个牌号正式列入《压力加工用不锈钢标准牌号及化学成分协调导则》（ASTM A959 - 2009）和《外科器械用锻造不锈钢的标准规范》（ASTM F899 - 09）标准中。Custom 465 采用双真空精炼的马氏体不锈钢，具有极高的强度，优异的韧性和耐腐蚀等综合性能。Custom465 的组成为：C ≤（0.02%）、Si（≤ 0.25%）、Mn（≤ 0.25%）、P（≤ 0.015%）、S（≤ 0.01%）、Cr（11.00% ~ 12.50%）、Ni（10.75% ~ 11.25%）、Ti（1.50% ~ 1.80%）、Mo（1.25% ~ 2.75%），余量为 Fe 和不可避免的杂质。

16.4.1　成分改进

图 16 - 4 - 1 示出了火箭发动机用马氏体高强度不锈钢相对于 Custom465 的成分改进路线，可以看出，针对 Custom465 改进成分的方法主要包括增加 Co、Al 含量，降低 Mo 含量，提高 Cr 含量以及其他方法，下面进行详细分析。图 16 - 4 - 1 中的序号与表 16 - 4 - 1 中的序号为对应关系，其序号代表对应的专利号。

（1）增加 Co 含量

可以单独增加 Co 含量来提高强度，如专利 JP1988134648A 提及，Co 降低 Mo 的固溶度，促进 Ni3Mo 等的析出，提高强度，同时将时效温度向更高的温度转移，提高高温强度，显著提高抗热疲劳性。在增加 Co 的同时可以加入其他元素，以进一步提高相关性能：如专利 CN1869271A 加入了 Cu 和 W，得到铸造件的屈服强度大于约215000psi，拉伸强度大于约240000psi。除了 Cu 和 W，专利 GB988452A 加入了 V，从而增强硬化。专利 CN114214572A 加入了 Nb、Re、W、钇（Y）、Zr，Nb 可优先与 C、N 结合形成强碳氮化物，可起到在高温奥氏体化时控制晶粒长大，添加 Nb 可以细化晶粒，抑制晶界铬碳化物的形成，提高耐腐蚀性能，Re、Y 和 Zr 可以保证脱氧效果，同时改变夹杂物性质净化晶界，W 具有提高耐腐蚀性的效果，也有助于材料中高温强度的提高。在增加元素的同时，还可以配合其他元素含量的调整，如专利 CN101886228B 增加 Co、Cu 和 Nb 含量，降低 Mo、Ni、Ti 的含量；专利 CN110499455B 增加 Cu 和 Nb 含量，提高 C、Si、Mn、Cr 的含量。

（2）增加 Al 含量

可以单独增加 Al 含量来提高强度，如专利 CN103774048B 提及，Al 为形成 Ni－Al 化合物有助于沉淀硬化的元素，为了充分显现出沉淀硬化，至少需要添加 1.00% 以上。当添加量超过 3.00% 时，由于 Ni－Al 化合物的过量沉淀和有害相的形成，引起机械性质降低。从以上方面出发，Al 的添加量需要为 1.00%～3.00%。在增加 Al 含量的同时可以加入其他元素，以进一步提高相关性能：如专利 JP2020045560A5 加入了 Nb 和 Cu，与 Al 和 Ti 相似，Nb 是与 Ni 的金属间化合物 NiAl 或 Ni3（Al，Ti）中的 Al（Ti）被 Nb、Ni（Al，Nb）部分取代形成 Ni3（Al，Ti，Nb）等有助于基材强度的提高，此外，Nb 形成碳氮化物并有助于晶粒的细化，可以根据需要添加 Nb。如果 Cu 为少量，则具有在不显著损害韧性的情况下提高强度的效果，但是，如果 Cu 量过多，则韧性和热加工性降低，Cu 含量必须小于 0.10%。在 Al、Cu 和 Nb 的基础上，专利 CN103334063A 还加入 V，V 为 Ni3M 化合物形成元素，可以实现钢的高强度。专利 CN101248205B 在增加 Al 的同时降低 Ti 的含量，强度达到 1800MPa 以上。专利 CN112281081A 则在增加 Al 的基础上降低了 Mo 和 Ti 的含量，不锈钢制成的钢棒在室温下抗拉强度大于等于 1550MPa，屈服强度大于等于 1450MPa。

（3）降低 Mo 含量

专利 CN111218618B 提及 Mo 在钢中的作用可归纳为提高淬透性和热强性，防止回火脆性，提高剩磁和矫顽力，提高在某些介质中的抗蚀性与防止点蚀倾向等。Mo 对改善钢的延展性和韧性以及耐磨性起到有利作用，由于 Mo 使形变强化后的软化和恢复温度以及再结晶温度提高，并强烈提高铁素体的蠕变抗力，有效抑制渗碳体在 450～600℃下的聚集，促进特殊碳化物的析出，因而成为提高钢的热强性最有效的合金元素。该发明中的不锈钢棒材应用于航空航天中，需要不锈钢棒材具备强韧性以及耐氢脆腐蚀，将 Mo 的含量控制在 0.75%～1.25%。在降低 Mo 的同时也可以结合其他元素含量的调整，如专利 CN111850425A 还增加了 V 含量，并降低了 Ni 的含量，而专利 CH537459A 则增加 W 含量并降低 Ni 的含量。

（4）提高 Cr 含量

可以单独提高 Cr 来增加强度，如专利 CN1875122B 提出，Cr 是奥氏体类不锈钢的主要构成元素，是对得到耐热特性、耐氧化性有效的元素，Cr 含量设定为 16% 以上。专利 US20200080164A1 在提高 Cr 含量的同时，提高了 Ti、Ni、Mo 的含量。专利 JP6877283B2 则在提高 Cr 含量的同时提高了 Mn 的含量，并认为，Mn 作为昂贵的 Ni 的替代元素是有效的，并且具有增加 N 的溶解度的效果。

（5）其他方法

对于一种元素进行调整，如专利 CN100500922C 提高了 Ni 含量，专利 US7901519B2

增加了 Cu。对于多种元素进行调整，如专利 WO2014203302A1 同时增加了 V 和 W，专利 CN112410674A 同时增加了 Ca、Cu、Nb、V 等。

表 16−4−1 示出了火箭发动机用马氏体高强度不锈钢相对于 Custom465 的成分改进的专利。

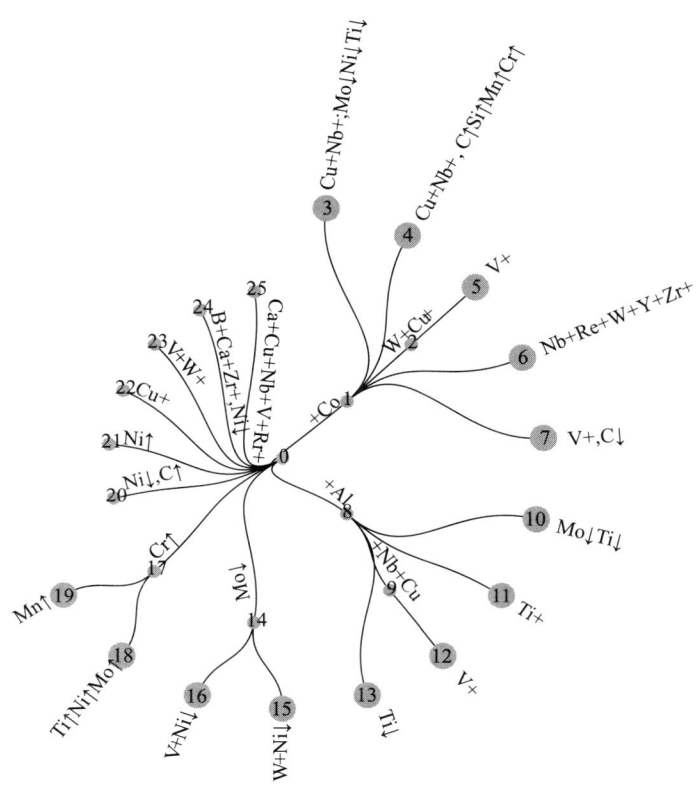

图 16−4−1 火箭发动机用马氏体高强度不锈钢相对于 Custom465 的成分改进路线

注：图 16−4−1 的序号与表 16−4−1 的序号一一对应。

**表 16−4−1 火箭发动机用马氏体高强度不锈钢相对于
Custom465 的成分改进的专利**

序号	专利号	序号	专利号	序号	专利号	序号	专利号
1	JP12002208A1	7	JP2013127097A	13	CN101248205B	19	JP6877283B2
1	JP1988134648A	8	CN103774048B	14	US5855844A	20	CN106755791A
2	CN1869271A	9	JP2020045560A5	14	CN111218618B	21	CN100500922C
3	CN101886228B	9	CN103526122B	15	CH537459A	22	US7901519B2
4	CN110499455B	10	CN112281081A	16	CN111850425A	23	WO2014203302A1
5	GB988452A	11	CN101050509A	17	CN1875122B	24	KR100832487B1
6	CN114214572A	12	CN103334063A	18	US20200080164A1	25	CN112410674A

注：表 16−4−1 的序号与图 16−4−1 的序号一一对应。

对于此处编号、文献的理解，可以参考表 16 – 1 – 1 后的解释说明。

16.4.2　热处理工艺改进

与通过成分改进来提高钢的性能相比，通过热处理以改进钢的力学性能和冲击韧性的专利较少。图 16 – 4 – 2 显示出了相对于 Custom465 的热处理工艺技术构成，可以看出，固溶 + 时效依然是最主要的热处理方式，占比为 57.14%，固溶处理中，Al、Ti 等会形成相关沉淀物熔入组织中从而得到马氏体组织，时效可以使 Ni – Al 化合物等在组织中微细沉淀而得到优异的强度。其次为固溶 + 深冷 + 时效，占比为 23.81%，深冷处理可以降低残留奥氏体，改进机械性能如屈服强度。最少的为固溶 + 冷加工 + 时效，占比为 4.76%。

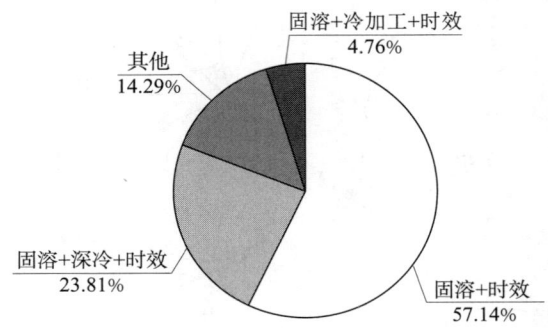

图 16 – 4 – 2　火箭发动机用马氏体高强度不锈钢相对于 Custom465 改进热处理工艺技术构成

16.5　FerriumS53 的改进

FerriumS53 是由奎斯泰克公司于 2000 年左右研发的，其组成为：C（0.15% ~ 0.30%）、Co（8% ~ 17%）、Ni（2.00% ~ 10.00%）、Cr（8.00% ~ 11.00%）、Mo（1.00% ~ 3.00%）、V（< 0.80%）、W（< 3%），余量主要为 Fe。典型的热处理工艺为固溶 + 深冷 + 时效，具体是在 950 ~ 1050℃进行为 3h 以内的固溶处理，在固溶处理之后，使用水、油或各种淬火介质，以足够快的冷却速度将合金冷却至约室温或更低，以便将微观结构转化为主要的板条状马氏体结构，并防止或最小化初级碳化物的边界沉淀。在淬火到室温之后，可以对合金进行低温处理，优选的低温处理低于约 – 195℃，低温温度的浸泡时间不超过 10h，低温处理的典型时间是 1h。低温处理后回火，回火处理优选在 200 ~ 600℃，回火时间不超过 24h。在回火温度范围内 2 ~ 10h 是相当合适的。在回火处理过程中，纳米级沉淀 M2C – 强化颗粒增加了合金的稳定性，并且可以通过使用不同的温度和时间的组合来实现各种强度和断裂韧性的组合。

16.5.1 成分设计改进

FerriumS53 的基础合金成分是 Cr、Ni、Mo、W、V、Co，统计发现 FerriumS53 的成分改进主要是增加 Cr、Mo 的含量，而且从图 16-5-1 可以看出同时增加 Cr、Mo 的专利数量也很多。图 16-5-1 中的序号与表 16-5-1 中的序号为对应关系，其序号代表对应的专利号。

以 2019 年中科院金属所申请的专利 CN110358983A 为例，其钢的组成为：C（0.14%～0.20%）、Cr（13.00%～16.00%）、Co（12.00%～15.00%）、Mo（4.50%～5.50%）、Ni（0.50%～2.00%）、V（0.40%～0.60%），其 Cr、Mo 含量比 FerriumS53 的 Cr（8.00%～11.00%）、Mo（1.00%～3.00%）分别提高了 5%、2.50%。其中，Cr 是碳化物形成元素，其主要作用是提高钢的淬透性和耐蚀性能，并提高钢的硬度、耐磨性、屈服强度等。为了确保材料的抗腐蚀性能，研究表明 Cr 含量不应低于12%。另外，当 Cr 含量高于 13% 时，还能够减少淬火变形和细化晶粒的作用，进一步提升韧性。由于 Cr 是铁素体形成元素，会降低马氏体开始转变点，过高的 Cr 含量，会促使固溶过程中 δ-铁素体以及 Z 相的形成，降低钢的硬度和抗拉强度。为防止高温形成大量的 δ-铁素体和在低温保留大量的残余奥氏体，而将 Cr 含量控制在13.00%～16.00%。Mo 元素的添加有利于钢的耐蚀、强度、韧性的提升。但是 Mo 是铁素体形成元素，能力相当于 Cr。Mo 的存在可以阻止析出相沿晶界析出，从而避免沿晶断裂，提高断裂韧性。根据 Mo 元素对钢的二次强化效果的影响，而将 Mo 元素含量控制在 4.50%～5.50%。

另外，在增加 Cr 含量基础上，部分涉及对 Ni 含量进行调整，其中既包含增加 Ni 含量也包含降低 Ni 含量。2012 年美国 CRS 控股公司申请的专利 CN105102649A 中，含有 10.50%～11.60% 的 Ni，因为 Ni 有益于合金的韧性和缺口韧性。Ni 通过增强合金再钝化的能力还有助于耐腐蚀性。专利 US5358577A、JP1993247593A、JP1994264189A 中 Ni 均为 2.00% 以下，其中专利 US5358577A 中认为 Ni 是有效提高韧性的元素，但当其添加量超过 2% 时，奥氏体稳定化以降低屈服应力，因此加入量为 2% 或更少。考虑强度和韧性之间的平衡，优选以 0.50%～1.50% 的含量加入。

此外，也有一些专利中明确添加一定数量的 Al 和 Ti。2010 年劳斯莱斯有限公司申请的专利 US9217186B2，其 Al 为 1%～2.50%，添加 Al 和 Co 提高马氏体开始转变和结束转变温度，使转变完成在室温以上，消除了低温处理的要求。法国奥贝特迪瓦尔公司 2014 年申请的专利 CN105765087B 含有 1.00%≤Al≤2.00%，0.50%≤Ti≤2.00%，在时效期间，硬化相 NiAl 形成。通过形成纳米尺寸的 NiAl 和 Ni3Ti 型的金属间沉积物来确保所得的硬化。

需要注意的是，FerriumS53 中 Co 的含量为 8%～17%，哈尔滨工程大学申请了比较多的低 Co 含量的抗拉强度 1800MPa 以上的马氏体时效不锈钢专利。2012 年美国 CRS 控股公司申请的专利 CN105102649A，含有 0.50%-1.50% 的 Co，Co 有助于提高钢的强度和耐腐蚀性，太多的 Co 不利于提高钢的强度和韧性。2021 年哈尔滨工程大学申请的专利 CN114517276A 中 Co 的含量为 2.00% ~ 4.00%，Co 能提高 Ms 点，保证基体为马氏体，Co 的添加能降低马氏体基体中 Ti 和 Mo 的溶解度，形成含 Mo 或者 Ti 的沉淀，进而提升强度。Co 也能阻碍位错的回复，减小沉淀相及基体的尺寸，可产生一个较高的二次硬化。然而，Co 添加在马氏体不锈钢中会促进 Cr 的调幅分解，Co 的含量越高，Cr 的调幅分解程度越大，这就会降低基体的耐点腐蚀性能，考虑其耐腐蚀性，Co 的添加也要适量。同时 Co 元素的价格较为昂贵，Co 的含量高，也迫使超高强不锈钢的原材料成本花费较高。综合考虑 Co 的含量应控制在 2.00% ~ 4.00%。

表 16 - 5 - 1 示出了火箭发动机用马氏体高强度不锈钢相对于 FerriumS53 的成分改进的专利。

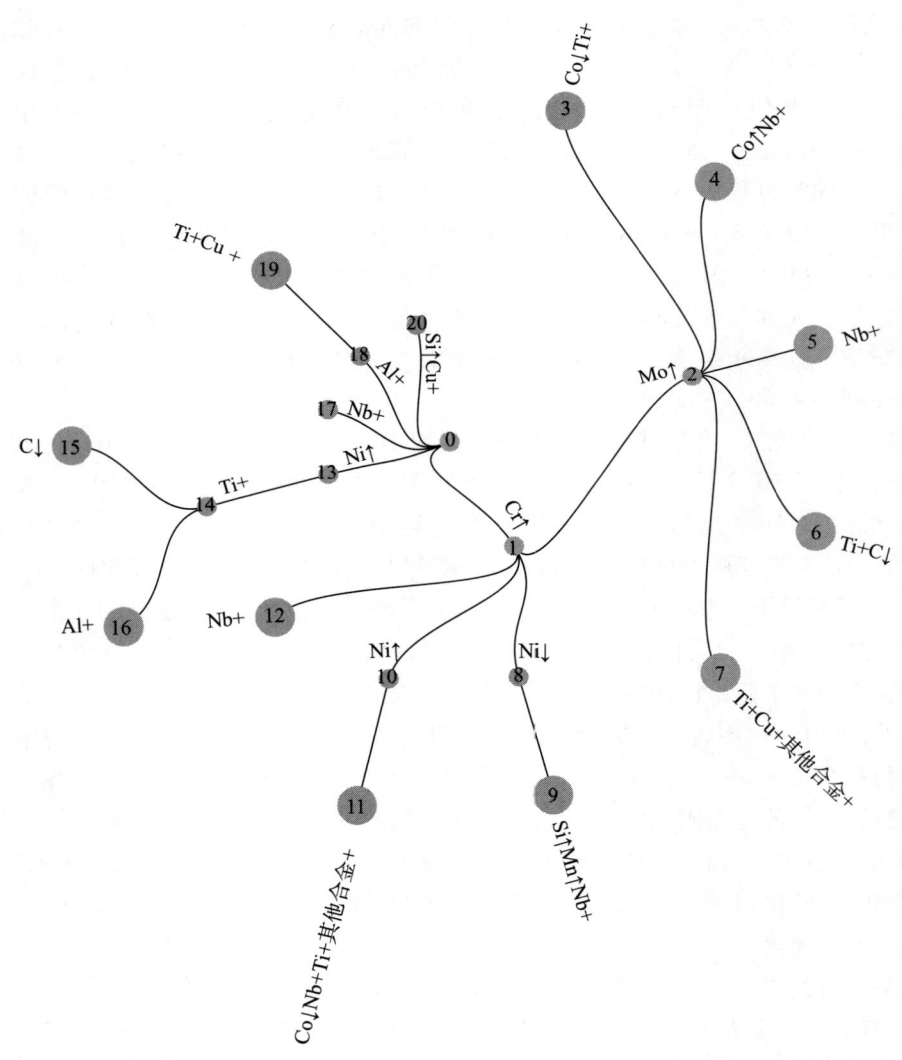

图 16 - 5 - 1　火箭发动机用马氏体高强度不锈钢相对于 FerriumS53 的成分改进路线

注：图 16 - 5 - 1 的序号与表 16 - 5 - 1 的序号一一对应。

表 16 - 5 - 1 火箭发动机用马氏体高强度不锈钢相对于
FerriumS53 的成分改进的专利

序号	专利号	序号	专利号	序号	专利号	序号	专利号
1	无		CN114517273A	6	CN113046654A	13	无
2	CN101353770A	3	CN114717487A	7	US20070023108A1	14	无
	CN110358983A		CN114717488A		CN1708599A	15	US20210371945A1
	CN111519113B		CN114717486A	8	US5358577A	16	CN105765087B
3	CN113774281A	4	CN108118260A	9	JP1993247593A	17	CN1849404A
	CN113699463A		CN102031459A		JP1994264189A	18	US9217186B2
	CN113699464A	5	CN105838861A	10	无	19	USRE36382E1
	CN113774288A		CN106119736B	11	CN105102649A	20	JP2006316325A
	CN114517276A		CN102226254B	12	CN102605279B		

注: 表 16 - 5 - 1 的序号与图 16 - 5 - 1 的序号一一对应。

对于此处编号、文献的理解,可以参考表 16 - 1 - 1 后的解释说明。

16.5.2 热处理工艺改进

将相对于 FerriumS53 改进的专利技术的热处理工艺进行统计发现,热处理工艺改进类型如表 16 - 5 - 2 所示,可以看出,大部分与 FerriumS53 的热处理工艺一致,即均是固溶 + 深冷 + 时效,但是也出现了比较多的固溶 + 时效(CN1505691A)、固溶 + 深冷 + 时效 + 第二次时效(CN102605279A)、固溶 + 深冷 + 时效 + 深冷(CN101353770A)、两次固溶 + 深冷 + 时效 + 第二次时效(CN114517276A)、两次固溶 + 深冷 + 时效(CN114717488A)等多种热处理工艺。

表 16 - 5 - 2 火箭发动机用马氏体高强度不锈钢相对于 FerriumS53 改进热处理工艺技术构成

热处理技术	占比/%	热处理技术	占比/%
固溶 + 深冷 + 时效 (深冷与时效次数 2~3 次)	3.13	时效 + 时效	3.13
次固溶 + 深冷 + 时效 + 时效	3.13	固溶 + 深冷 + 时效 + 深冷 + 时效	3.13
两次固溶 + 深冷 + 时效	3.13	固溶 + 深冷 + 时效	46.88
固溶 + 时效	12.45	固溶 + 深冷 + 时效 + 时效	9.38
时效	9.38	固溶 + 深冷 + 时效 + 深冷	3.13
正火 + 高温回火	3.13		

(1) 固溶 + 时效

2004 年美国 CRS 控股公司在华申请的专利 CN1505691A 中,将铸件在 1400 ~

2000 ℉（即 760～1093℃）范围内进行充足时间的固溶退火以确保合金材料基本上完全奥氏体化，保温时间至少约为 30min。将铸件从固溶退火利用水、油或聚合物溶液进行淬火，以确保对于随后进行的时效硬化热处理产生最佳效果。在固溶处理后，将铸件加热至 900～1100℉（即 482～593℃），优选 950～1025℉（即 510～552℃）温度范围 1～4h 使其时效硬化，然后在空气中冷却。相比于 FerriumS53，其含 Mo 量更高（4%～8%），不进行深冷处理，强度有一定的提高（30Ksi = 200MPa），延伸率和硬度也有一定的提高。

（2）固溶 + 深冷 + 时效 + 第二次时效

2012 年宝山钢铁公司申请的专利 CN102605279A 中，采用固溶处理→深冷处理→双重时效处理；其中固溶处理的加热温度为 1070～1100℃，保温时间为 0.50～2h，然后油冷至室温。深冷处理的冷却温度为 ≤ -73℃，保温时间为 0.50～2h，然后空冷至室温。双重时效处理包括以下步骤：①将钢材加热至 490～510℃，保温 1～4h 后，油冷至室温；②将钢材冷却至 ≤ -73℃，保温 0.50～2h 后，空冷至室温；③将钢材加热至 470～490℃，保温 10～15h 后，空冷至室温。其中第一次短时间时效处理的目的是使碳化物弥散析出，随后的深冷处理是在马氏体位错线上析出更为细小弥散的碳化物，使碳化物数量增加。第二次采用稍低的温度长时间时效处理是为了使碳化物充分析出和适当长大，调整材料达到所需的强度和韧性。可以实现不锈钢的强度 Rm 均达到 1900MPa 以上，屈服强度 Rp0.2 均达到 1500MPa 以上，延伸率 A 均达到 15% 以上，断裂韧性也可达到 80MPa·m$^{1/2}$ 以上。

（3）固溶 + 深冷 + 时效 + 深冷

2007 年宝山钢铁公司申请的专利 CN101353770A 中，热处理工艺：1000～1150℃固溶和低于 -80℃深冷处理，再经 500～530℃时效和低于 -80℃深冷处理。强度达到 1800MPa 以上，屈服强度达到 1400MPa 以上，硬度达到 HRC50 以上，伸长达到 18% 以上，冲击功达到 100J 以上，断裂韧性值 K$_{IC}$ 达到 100MPa·m$^{1/2}$。采用二次硬化机理设计成分，通过添加 C、Cr、Co、Ni、Mo、V 和 W 元素，并经过合适的温度回火，在马氏体基体上沉淀析出细小、弥散的第二相，使钢获得高强度、高硬度和高韧性的良好配合。

（4）两次固溶 + 深冷处理 + 时效 + 第二次时效

2021 年哈尔滨工程大学申请的专利 CN114517276A 中，热处理的工艺包括：两次高温淬火处理，深冷处理和双极时效处理。第一次高温淬火温度在 900～1100℃保温，保温时间在 10～60min 后 0℃冰水混合物中淬火冷却；第二次高温淬火在 1050～1200℃进行保温，保温时间为 60～120min 后 0℃冰水混合物中淬火冷却。采用液氮深冷处理 4～10h，深冷处理后恢复至室温。第一次时效处理的温度为 450～600℃，时效时间为 0.50～500h，空冷或淬火至室温；第二次时效处理的温度为 650～900℃，1～60min 空冷或淬火至室温。该处理降低 C 和 Co 的含量，在提高耐腐蚀的同时明显降低成本。虽然低 Co 含量设计降低了 Ni-Ti 团簇的形成能力，但是通过优化合金元素、双真空熔炼及相应的热机械处理工艺，实现了沉淀强化纳米相的调控，并在基体中引入逆转变奥氏体。通过调控纳米尺度沉淀相在基体和逆转变奥氏体中的分布、尺寸和体积分数，从而显著地提高强度以及塑韧性。在 C≤0.02%，Co 不大于 4% 情况下，抗拉强度超过2.00GPa，延伸率 15% 以上，点蚀电位高达 0.20V_{SCE}。

（5）两次固溶 + 深冷 + 时效

2021 年哈尔滨工程大学申请的专利 CN114717488A 中，热处理的工艺包括：两次高温淬火处理、深冷处理和时效处理。第一次高温淬火温度在 900～1100℃ 保温，保温时间在 10～60min 后 0℃ 冰水混合物中淬火冷却；第二次高温淬火在 1050～1200℃ 进行保温，保温时间为 60～120min 后 0℃ 冰水混合物中淬火冷却。核心思路在于通过调控纳米尺度沉淀相在基体和逆转变奥氏体中的分布、尺寸和体积分数，成功获得性能优异的不锈钢。冰水淬火冷却会使马氏体板条细小且位错密度增加，这些细小的马氏体板条为沉淀相以及膜状亚稳态逆转变奥氏体提供形核位点，同时较高位错密度为这些逆转变奥氏体增加了元素配分通道，通过这种方法生成的逆变奥氏体在受到载荷时更容易发生 TRIP 效应，能显著提高塑性以及强度。在 C≤0.02%、Co 不大于 3% 情况下，抗拉强度高达 1800MPa，延伸率高达 16% 以上，点蚀电位高达 0.26V_{SCE}。

16.6　本章小结

（1）15 – 5PH 成分改进

15 – 5PH 成分的改进主要是增加 Mo、Ni 含量，降低 Cr、Cu 含量，添加 W、Co、Ta、Zr、B 等其他合金元素。热处理工艺上，一方面是通过控制热处理工艺，获得优异的强韧性匹配以及优良的耐腐蚀性能；另一方面，锻造后进行退火处理可以降低马氏体沉淀硬化不锈钢裂纹出现的可能性。此外，通过热处理工艺降低 δ – 铁素体和残余奥氏体的量，有助于获得单一的马氏体不锈钢组织。

（2）17 – 4PH 成分改进

17 – 4PH 成分的改进主要集中在现有成分的基础上对于其中主要的合金元素 Ni、Cr、Mo、Cu 的含量进行调整，说明对于这几种合金化元素的调整已经处于一个相对成熟的阶段，在后期的研发基础上，应该减少在这几个方向上的研发以避免与现有技术公开的技术方案相同。对添加 RE 元素的研发较少，而我国的稀土比较丰富，后期的研发过程中，可侧重研究 RE 对 17 – 4PH 性能的影响并申请相关的专利进行保护。对于热处理工艺的改进上，研究发现固溶处理后的深冷可以改善马氏体钢中的奥氏体组织的稳定性，后期研发可以侧重对固溶 + 深冷 + 时效工艺参数的研发。

（3）PH13 – 8Mo 成分改进

PH13 – 8Mo 成分改进主要是增加 Cu 含量，降低 Ni 含量，增加 Co、Nb、B、Ti 含量等，在此基础上进一步增加元素，或者调整其他元素的含量，能够提高产品的强度等性能。对于热处理工艺，主要为固溶 + 时效，还可以采用固溶 + 深冷 + 时效等其他热处理方式。

（4）Custom465 成分改进

Custom465 成分改进的方法主要包括增加 Co、Al 含量，降低 Mo 含量、提高 Cr 含量等，在此基础上，可以结合加入其他元素（如 Cu、W 等），提高了其他元素（如 Ti、Ni、Mo）的含量，降低 Ni 等元素的含量等方式来提高产品的强度等性能。热处理工艺主要集中在固溶＋时效，而固溶后，先深冷再时效，可以降低残留奥氏体，改进机械性能如屈服强度。

（5）FerriumS53 成分改进

FerriumS53 的成分改进主要是增加 Cr、Mo 的含量，提高 Al 和 Ti 的含量，降低 Co 的含量。热处理工艺上，一方面是通过控制热处理工艺，使在马氏体基体内上析出更为细小弥散的碳化物，使钢获得高强度、高硬度和高韧性的良好配合；另一方面是通过调控纳米尺度沉淀相在基体和逆转变奥氏体中的分布、尺寸和体积分数，提高塑性以及强度。

第 17 章　火箭发动机用低温钢

工作温度在 −269 ~ −20℃ 的低温用钢大致可分为以 4 类：①铁素体低温钢，属于这类铁素体型低温钢是一些低合金钢，其金相组织为铁素体 + 少量珠光体。用作 −40℃ 使用的低温钢。②低碳马氏体低温钢，属于这类低碳马氏体低温钢主要是 9Ni。Ni 可以改善铁素体的低温韧性，降低脆性转变温度。9Ni 可用于制造 −196℃ 条件下使用的液氮、液化天然气设备。③ 高锰奥氏体低温钢，目前常用的有 20Mn23Al 和 15Mn26A14，可分别在 −196℃ 和 −253℃ 下使用；④奥氏体低温不锈钢，目前使用较广的是 0Cr18Ni9 和 1Cr18Ni9。奥氏体低温不锈钢在液氢温度下能阻止应力集中部位的破裂，因此在深冷条件下被广泛采用。

可见低温钢的温度范围较广、类型也较多，考虑当前液体火箭发动机主要采用液氧煤油发动机、液氧液氢发动机，铁素体低温钢不适合与液氧（ −183℃）、液氮（ −195.80℃）、液氢（ −252.80℃）接触，因此，主要从马氏体低温钢、奥氏体低温钢、奥氏体低温不锈钢三个方向研究。

17.1　马氏体低温钢

17.1.1　马氏体低温钢的技术发展趋势

马氏体低温钢属于低温钢的一种，使用温度范围一般为 −253 ~ −105℃，如 9Ni 钢。9Ni 钢以质量分数计成分为：C（≤0.13%）、Si（0.15% ~ 0.30%）、Mn（≤0.90%）、P（≤0.03%）、S（≤0.04%）、Ni（8.50% ~ 9.50%），余量为 Fe。这种低碳中合金马氏体钢淬火后是低碳马氏体，正火后是低碳马氏体、铁素体和少量奥氏体，回火后为含 Ni 铁素体和 8% ~ 10% 的富碳奥氏体，它具有良好的低温韧性和高温强度，对于 9Ni 钢的热处理，该领域常见的主要有以下几种：①正火 + 正火 + 回火第一次正火加热至 900℃ 左右保温一段时间空冷，第二次正火加热至 790℃ 左右保温后空冷，然后在 565 ~ 605℃ 回火急冷。②淬火 + 回火加热至 800 ~ 925℃ 奥氏体化一段时间后水淬或油淬，然后在 565 ~ 635℃ 回火急冷。③淬火 + 两相区淬火 + 回火完全奥氏体化淬火后，加热到 A_{c1} ~ A_{c3} 的临界区保温一段时间并淬火，最后再加热到相应的温度进行回火。通过该工艺可以使 9Ni 钢的低温韧性得到显著提高，同时也能抑制回火脆性，两相区温度一般在 630 ~ 700℃ 或 640 ~ 710℃。由于马氏体低温钢中应用最广也最多的是 9Ni 钢，9Ni 钢一般用作液化天然气（LNG）的储存与运输，本节分析以 9Ni 钢作为改进基础进行分析。

其申请趋势如图 17 − 1 − 1 所示，可以看出，从 1970 年开始出现马氏体低温钢的相关专利申请，1970～1979年相关专利申请较少，可能是因为该时期内对于液化天然气运输量较少，需求不够导致相关专利极少或没有。1980～2000年，主要是日本和韩国在申请9Ni钢相关的专利，这是因为在20世纪80年代以后，日本、韩国相继成为世界前两名LNG进口国，对于LNG用钢的需求增大促使其开始LNG用钢的相关研发。2000年以后的研发比较活跃，专利申请量明显增强，这一时期随着国内经济的快速发展，国内对于LNG船的需求相应增加，导致国内也加快了LNG用钢的研发。

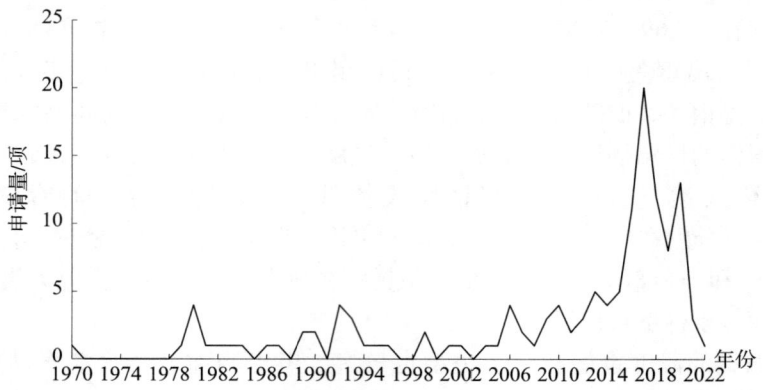

图17-1-1　火箭发动机用马氏体低温钢全球专利申请趋势

17.1.2　马氏体低温钢的技术功效分析

图17-1-2为全球马氏体低温钢的技术功效，可以看出，目前的马氏体低温钢主要关注低温韧性、强度、延伸率和降低成本的改进，其常用的技术手段为成分改进、轧制改进和冶炼改进和热处理改进，其中涉及热处理改进的最多，成分改进次之，再次是对轧制的改进。

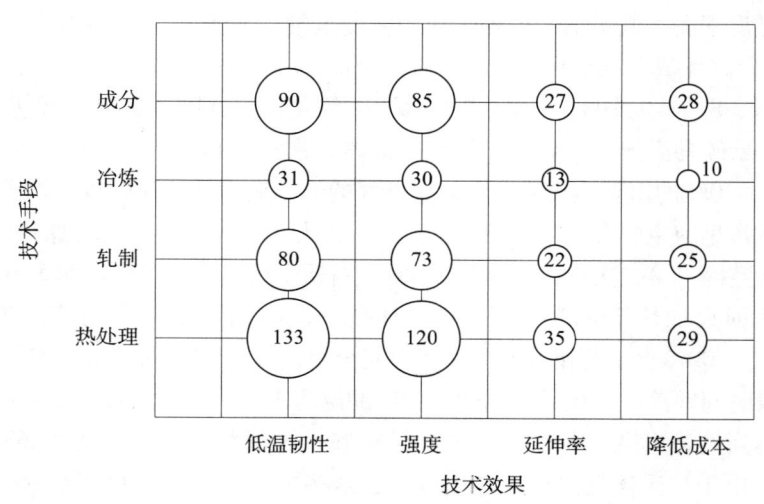

图17-1-2　火箭发动机用马氏体低温钢全球技术功效

注：图中数字表示专利数量，单位为项。

17.1.3　成分设计改进

关于成分的改进，主要分为提高 Ni 含量、降低 Ni 含量、添加 Cr 或 Mo、可选元素、其他。从图 17 − 1 − 3 可以看出，对于 9Ni 钢成分的改进，其主要是涉及对 Ni 含量的调整，占比达到 46.62%，可选元素占比 21.05%、添加 Cr 或 Mo 占比 15.04%，其他占比 17.29%。

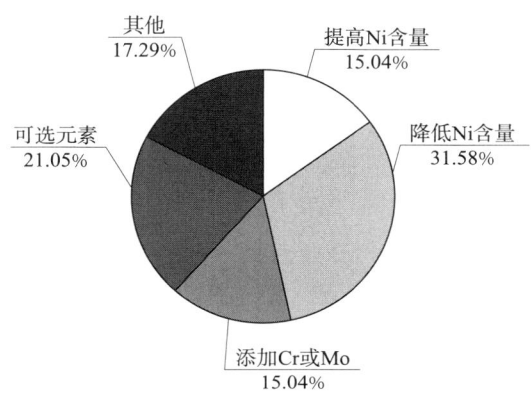

图 17 − 1 − 3　火箭发动机用马氏体低温钢成分改进

（1）对于提高 Ni 含量的技术方案

9Ni 钢一般用于 LNG 的储存和运输，而 LNG 的温度一般为 − 153℃，本领域技术人员知晓，Ni 是 9Ni 钢中的基本元素，其能够提高低温钢的低温韧性，以保证该钢能够使用在更低的温度环境或者用于储存液氢环境。例如专利 JP6620662B2 是一种液体氢 Ni 钢，可用于储存液体氢的罐，其使用温度能够低至 − 253℃，其限定 Ni（11.50% ~ 12.40%）、Mo（0.10% ~ 0.50%），通过提高钢中的 Ni 并添加 Mo 改善低温韧性和强度；专利 US11384416B2 是一种低温用含镍钢，主要在 − 253℃ 左右的低温下使用，适用于储存液态氢的罐，其限定 Ni（12.50% ~ 17.40%），通过提高 Ni 的含量改善低温韧性，并且该专利中添加了大量的可选元素：Cu（0 ~ 1.00%）、Cr（0 ~ 1.00%）、Mo（0 ~ 0.60%）、Nb（0 ~ 0.02%）、V（0 ~ 0.08%）、Ti（0 ~ 0.02%）、B（0 ~ 0.002%）、Ca（0 ~ 0.004%）、REM（0 ~ 0.005%）。专利 CN112280957B 是一种低温压力容器用钢，其中 Ni（7% ~ 12%）、Cu（0.80% ~ 2.50%）、Al（0.50% ~ 1.20%）、Ti（0.12% ~ 0.50%），其通过提高 Ni 含量并添加 Cu、Al、Ti 以达到改善韧性及强度。

（2）对于降低 Ni 含量的技术方案

Ni 是钢板获得优良超低温韧性、抗高回火参数 SR 脆化不可缺少的合金元素，Ni 具有降低超低温条件下铁素体位错运动的 P − N 力，提高超低温条件下铁素体位错可动性，促进铁素体位错发生交滑移，改善铁素体低温钢板的本征塑韧性。但是 Ni 价格较高，为了降低成本，需要添加一些其他元素来代替部分 Ni 的含量，或者单独降低 Ni 含量并通过冶炼、轧制、热处理以达到降低成本的目的。如专利 KR100957929B1 公开的低温钢，其组成为：Ni（4.00% ~ 6.00%）、Mo（0.10% ~ 0.50%），通过添加 Mo 来改善低温钢的强度和韧性并降低 Ni 的含量。

专利 JP6369003B 公开了一种性能与 9Ni 钢相当的低温钢，其限定 Ni（6.03% ~ 8%）、Cr（0.60% ~ 1.00%）、Mo（0.01% ~ 0.50%）。Mo 作为低温区域的奥氏体稳定化元素，对于增加奥氏体量是有效的，为了得到该效果，优选含量为 0.01% 以上。然而，当 Mo 的含量超过 0.50%，则马氏体钢的低温韧性变差。Cr 能够有效地提高强度，并含有 0.10% 以上的元素。但是，如果含量超过 1.00%，则韧性变差，该申请采用添加 Cr、Mo 来代替部分 Ni 以达到改善强度和韧性的目的。

（3）对于添加 Cr 或加 Mo 的技术方案

对于 9Ni 钢而言，Cr 是提高钢的淬透性而有助于强度提高的元素，在 C 含量较低的情况下，添加适量的 Cr，可以保证钢板达到所需的强度，但是若添加过量，则在降低材料的韧性同时也降低材料的焊接性能。Mo 可以显著提高钢的淬透性和强度，在低合金钢中添加少量的 Mo 能起到克服热处理过程中的回火脆性，以改善热处理性能，Mo 含量过高会降低材料的焊接性能。Cr、Mo 属于 9Ni 钢中最常见的合金化元素，因此，为了提高 9Ni 钢的强度和力学性能，可以通过添加 Cr、Mo。如专利 JP1985027730B2 通过添加 Mo 并限定 Mo 为 0.05% ~ 0.50%；专利 CN101705433B 通过限定 Cr + Mo + Cu 为 0.07% ~ 0.10%；专利 JP1996277442A 通过限定 Cr 为 0.05% ~ 0.15%。

根据实际需要选择是否添加的元素，这些都是在能够满足现有 9Ni 钢性能的基础上，根据是否需要进一步改善性能而选择性添加一些其他合金元素。专利 JP1994240348A 公开了一种高韧性低温用钢，其在 9Ni 钢的基础上，可进一步含有 Cu（0.05% ~ 0.15%）、Cr（0.05% ~ 0.50%）、Mo（0.05% ~ 0.50%）、Nb（0.005% ~ 0.05%）、V（0.005% ~ 0.05%）中的一种或多种，其中 Cu、Cr、Mo、Nb、V 是有效提高强度的微合金化元素，当含量过低时无法满足相应效果，如果过量则韧性降低，因此，根据实际是否需要提高强度而选择是否添加以及选择相应的添加量。专利 JP2018123418A 公开了一种低温 Ni 钢，其组成为：Cr（0.01% ~ 2.00%）、Mo（0.01% ~ 1.00%）、W（0.01% ~ 1.00%）、V（0.01% ~ 1.00%）、Nb（0.001% ~ 0.10%）、Ti（0.001% ~ 0.10%）中的一种或两种以上，通过添加这些可选元素以达到改善强度或韧性的目的。

（4）对于冶炼工艺的改进

可通过对冶炼工艺改进来调整成分和提高钢液洁净度，以达到提高 9Ni 钢低温韧性的目的。专利 CN100462466C 在采用常规的转炉冶炼→LF→浇铸冶炼 06Ni9（即 9Ni）钢时，装入转炉的原料不采用废钢，而是全部采用预处理铁水，钢水中的 As、Sn、Sb、铋（Bi）、Pb、锌（Zn）等低熔点元素极少，冶炼的 06Ni9 钢轧制成钢板在热处理后，避免了这些低熔点元素偏聚于钢的晶界上而导致钢板的低温韧性值大幅度下降的缺点。用专利 CN100462466C 中生产低温高韧性钢的方法冶炼的 06Ni9 钢，与现有常规方法冶炼的 06Ni9 钢相比，轧制成钢板热处理后，大幅提高 06Ni9 钢板在 −196℃低温度条件下的冲击韧性，横向 -196℃ A_{kv} 达 220～280J，最大可提高 27%。专利 CN105102661B 为了防止熔炼工序中 Al 系夹杂物由于凝聚、合并而粗大化，容易形成作为脆性断裂的起点的粗大的夹杂物，其将 Al 添加前的游离氧量［O］控制在 100ppm 以下，其可通过在钢液中添加 Mn、Si 的脱氧元素而进行脱氧。除了上述元素，在作为选择成分而添加 Ti、Ca、REM、Zr 等的脱氧材料时，通过其添加也能够控制游离氧含量。通过控制游离氧含量以达到控制夹杂物尺寸从而改善低温韧性的目的。专利 CN107604255B 公开了一种高探伤质量的 9Ni 船用低温容器钢板及其制造方法，其经 LF 和 RH 的高洁净度钢水制成坯料，并配合后续的轧制、铣面、控制轧制以及热处理制造出具有较高的强度、良好的延伸率，以及在 -196℃ 下具有较好冲击韧性的 9Ni 船用低温容器钢板。

（5）对于轧制的改进

可通过控制轧制的相关参数以达到改善 9Ni 钢的目的。专利 JP1987001453B2 记载了均匀地加热至 1050～1200℃，然后在 900℃ 以下进行轧制，轧制压下率 30% 以上，终轧温度为 750～850℃，其通过控制轧制的均热温度、累积压下率及终轧温度，以达到强化奥氏体晶粒并通过发泡效果而强化、提高韧性。专利 CN100557059C 将模锭热轧采用两阶段轧制：在奥氏体再结晶区进行至少 2 道次粗轧；在奥氏体非完全再结晶区进行至少 5 道次精轧。粗轧每道次的压下量至少为 25%，粗轧温度为 1150～1020℃；精轧每道次的压下量为 15%～25%，开轧温度低于 850℃，最终终轧温度低于 780℃，高于 A1 温度，该专利通过采用低温轧制工艺，显著提高了 9Ni 钢的低温韧性和其他力学性能。专利 JP6693186B2 记载了将板坯加热至 900～1270℃ 进行热轧，热轧的总压下率为 0.65% 以上。进行的交叉轧制的轧制压下率为 0.10%～0.60%，交叉轧制的温度范围为 800～1000℃，精加工前一道次的温度为 600～850℃，其通过限定交叉轧制的温度和热轧的总轧制率从而细化晶粒尺寸，改善低温韧性。

17.1.4　热处理工艺改进

对热处理方式统计发现，最常用的热处理方式分别是淬火＋回火、淬火＋两相区淬火＋回火、淬火＋中间热处理＋回火以及其他，其占比如图 17－1－4 所示。

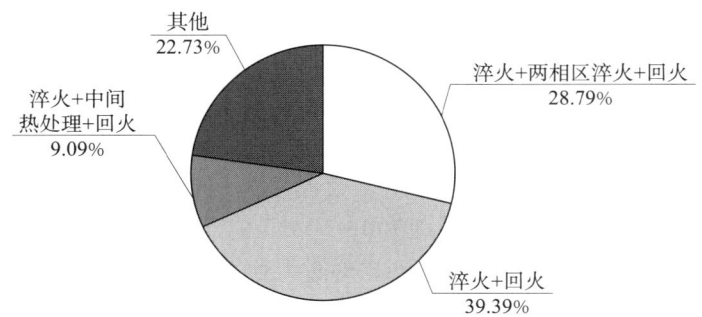

图 17－1－4　火箭发动机用马氏体低温钢热处理工艺技术构成

（1）淬火＋回火

对于淬火＋回火热处理的方式，其主要是为了通过淬火获得马氏体组织并且通过回火改善马氏体的韧性，专利 JP1986143516A 记载了钢在 700℃ 以上进行热轧后，立即淬火，其特征在于随后在 560~620℃ 的温度范围内回火，如果轧制结束温度低于 700℃，钢中晶格缺陷被过量引入并残留在钢中，导致强度异常增加，低温韧性急剧下降，在低于 560℃ 的温度下马氏体的恢复不充分，没有获得足够的韧性，如果超过 620℃，则发生向奥氏体的一些相变，无法获得足够的韧性，其通过限定淬火温度和回火温度以达到改善马氏体强度和韧性的目的。专利 JP5381440B2 记载了钢在 760~900℃ 的温度进行淬火，然后在 550~640℃ 的温度下回火，其通过将钢加热到 760~900℃ 以保证获得均匀细小的奥氏体，然后在 550~640℃ 以保证钢具有良好的强度和韧性。

（2）淬火＋两相区淬火＋回火

第一次奥氏体区以上进行淬火是为了马氏体组织，两相区淬火是为了获得一定的奥氏体组织以达到调整组织的比例，回火是为了改善钢的韧性和强度。专利 JP3329578B2 在轧制结束后，将钢板加热到 Ac_3（~850℃）进行第一次淬火，然后加热到 Ac_1~Ac_3 进行第二次淬火，然后加热到 Ac_1+50℃ 进行回火，第一次淬火是为了产生细马氏体结构，以通过在后续步骤中与热处理组合获得优异的强度和韧性。第二次淬火是为了在回火后形成稳定的沉淀的奥氏体，随后的回火同时降低上述马氏体结构中的位错密度，产生稳定的奥氏体沉淀。专利 KR100435465B1 公开了一种低温韧性优异的厚钢板的制造方法，其在热轧结束后，加热到 800~840℃ 并进行水冷（淬火），然后通过加热到 680~700℃ 并进行水冷（两相区淬火）来进行二次热处理，最后在加热到 570~590℃ 并空冷（回火），选择 800~840℃ 能够保证奥氏体均匀性和冲击韧性，选择 680~700℃ 能够提高冲击韧性，选择 570~590℃ 能够保证热处理后获得稳定的奥氏体和马氏体组织。

（3）淬火＋中间热处理＋回火

选择该工艺的 9Ni 钢都是在现有成分的基础上提高 Ni 含量，一般对于低温韧性有着更高的要求或者使用环境温度更低。专利 JP6620662B2 公开了液体氢 Ni 钢，其使用温度为 –253℃，远远低于液化天然气（–163℃）的使用温度，其通过限定 Ni 为 11.50%~12.40%，热轧后水冷至室温，开冷温度为 580~850℃，水冷温度过低会产生粗晶粒的贝氏体，水冷后加热到 590~670℃ 进行中间热处理，该中间热处理可以有效控制晶粒尺寸细小，有助于提高低温韧性，最后加热到 510~570℃ 进行回火处理，该回火温度能够有效固定奥氏体相，以保证其最终获得优良的低温韧性。

双正火＋回火能够细化晶粒，改善低温冲击韧性。专利 CN105349886B 对轧制后的钢管采用二次正火＋回火热处理，第一次正火温度为 900±10℃，保温 34~36min，待钢管空冷后，将钢管重新加热，在温度 790±10℃ 下进行第二次正火，保温 34~36min，回火温度为 570~590℃，保温 59~61min，通过上述工艺的控制以保证超低温用无缝钢管的力学性能和 –195℃ 低温冲击韧性完全满足 –195℃ 超低温用无缝钢管的技术要求。

其他热处理工艺中包括淬火＋两相区淬火＋深冷＋回火、淬火＋二次淬火＋中间

热处理 + 回火、多种可选的热处理工艺等方式。

专利 CN106399653B 公开了一种提高 9Ni 低温钢冲击韧性的方法，其采用淬火 + 两相区淬火 + 深冷 + 回火的方式对 9Ni 钢进行改进，将淬火和两相区淬火后的 9Ni 低温钢进行深冷处理，然后进行常规的回火处理，将深冷处理与两相区淬火相结合，实现对逆转奥氏体的形态和含量的影响。两相区淬火后 9Ni 微观组织中含有少量的残余奥氏体，此时进行 −196 ~ −140℃ 的深冷处理能够促使这部分残余奥氏体转变为马氏体，从而避免回火过程中这部分残余奥氏体直接形核长大形成大块的不稳定的逆转奥氏体。由于低温下晶格结构的收缩以及残余奥氏体的转变，在组织中引起较高的内应力，内应力的提升为回火过程中原子的扩散提供了更多的动能，从而使得回火后形成更加稳定的条状逆转奥氏体。两相区淬火通过使逆转奥氏体由块状转变为条状提高其稳定性，从而提高 9Ni 的室温冲击韧性。此外，通过提高组织中逆转奥氏体的含量来提高 9Ni 的低温冲击韧性，同时增加深冷处理对材料的强度、塑性没有明显的影响，还能提高 9Ni 尺寸稳定性。

淬火 + 二次淬火 + 中间热处理 + 回火也是主要针对高 Ni 含量的 9Ni 钢进行的改进。专利 JP6760055B2 记载了一种液态氢用镍钢，其 Ni 含量为 12.50% ~ 15.40%，热轧后，在 550 ~ 920℃ 进行水冷，然后再加热到 700 ~ 880℃ 进行二次淬火，560 ~ 670℃ 进行中间热处理以及 480 ~ 570℃ 的回火处理，通过对这些工艺参数的限定使得低温钢具有良好的晶粒尺寸、强度和低温韧性。

还有些专利对于热处理方式没有要求，其可以采用现有 9Ni 钢中的任意一种热处理方式进行改进。专利 CN100557059C 记载了一种低碳 9Ni 钢厚板的制造方法，其可以根据轧制获得的钢板组织不同选择不同的热处理工艺，当终轧温度在双相区（A1 温度与 A3 温度之间）时，采用轧后淬火加回火（DQ + T）热处理。终轧温度在奥氏体区时，采用轧后淬火、固溶后淬火加回火（DQ + QT）的热处理或采用轧后淬火、固溶后淬火、双相区淬火加回火（DQ + QLT）的热处理或在双相区保温 10 ~ 20min 后淬火，再在 580℃ 下保温 1h 回火后水冷。专利 CN101717887B 公开了一种基于回转奥氏体韧化的低温钢，其采用双淬火热处理工艺或调质热处理工艺。所述双淬火热处理工艺包括固溶淬火、两相区淬火加回火工艺，所述调质热处理工艺包括固溶淬火加回火，其采用双淬火工艺时得到的组织为板条马氏体以及不同含量的回转奥氏体的混合组织。两相区淬火温度为 650℃ 时，组织中还有少量的铁素体。采用调质热处理工艺时，最终组织为板条马氏体，外加 5% 左右的回转奥氏体。当采用双淬火工艺后，回转奥氏体不但在原始奥氏体晶界和马氏体板条束界析出，而且在晶粒内部形核长大，充分发挥了其韧化效果。

17.2　奥氏体低温钢

17.2.1　奥氏体低温钢申请态势

从图 17 − 2 − 1 可以看出，在奥氏体低温钢领域，1980 ~ 2010 年奥氏体低温钢整体申请量较低，每年的申请量不超过 3 项。从 2010 年起，奥氏体低温钢申请量出现了爆发式增长，其中在 2018～2019 年达到最高值，2020 年申请量有所降低，2021～2022 年申请量大幅降低，这可能是由于部分专利申请尚未正式公开。

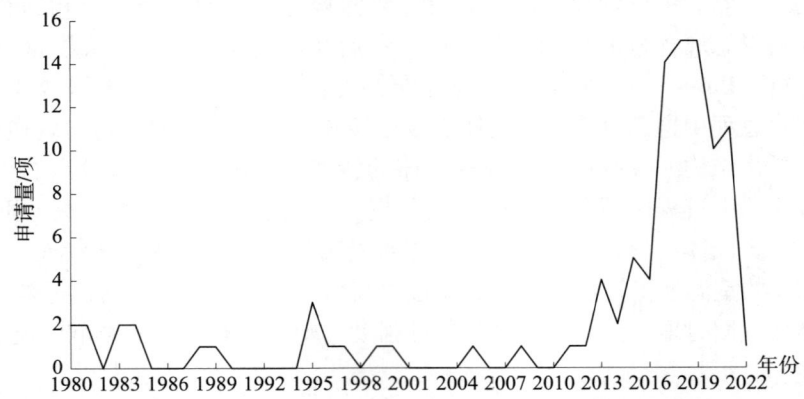

图 17－2－1　火箭发动机用奥氏体低温钢全球专利申请趋势

17.2.2　奥氏体低温钢技术功效分析

图 17－2－2 显示了奥氏体低温钢的技术功效分析情况，对于低温韧性、强度、延伸率和降低成本这 4 个技术效果，最常用的改进手段均依次为：成分、冶炼、锻轧、热处理。其中涉及低温韧性和强度改进的专利较多，涉及延伸率和降低成本改进的专利较少，这也与目前产业上重点关注低温韧性和强度的趋势是一致的。

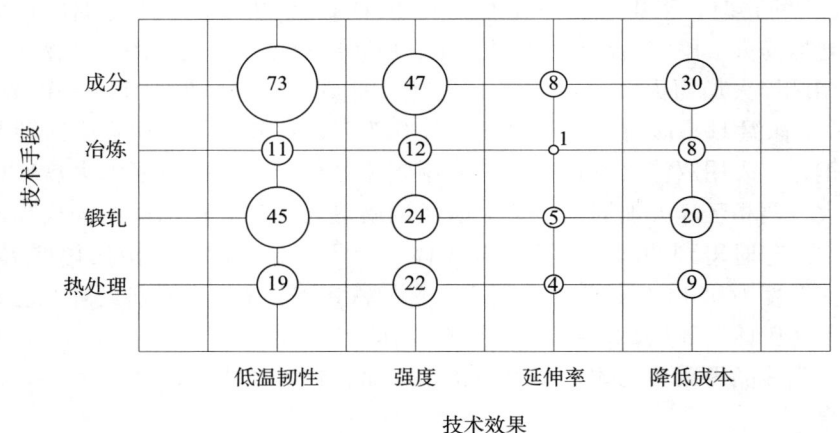

图 17－2－2　火箭发动机用奥氏体低温钢技术功效

注：图中数字表示专利申请量，单位为项。

从表 17－2－1 可以看出，各技术效果的申请趋势与低温钢整体的趋势是一致的，高峰期均出现在 2010～2022 年。其中提高低温韧性和提高强度一直是研发的热点。而对于降低成本，虽然前期关注较少，但是 2010 年以来，随着奥氏体低温钢用量需求的快速增加，进一步降低成本也成为一个急需解决的难题，因此其申请量在2010年后增长较快。

表17-2-1　火箭发动机用奥氏体低温钢技术功效申请趋势　　　　　单位：项

申请年代	技术功效			
	提高低温韧性	提高强度	提高延伸率	降低成本
1980~1989	9	8	2	3
1990~1999	6	6	1	1
2000~2009	2	2	1	0
2010~2019	50	25	9	25
2010~2022	21	6	0	8

从表17-2-2可以看出，成分改进长期以来一直被研究人员重点关注，而冶炼工艺改进较少。对于锻轧工艺，1980~2009年申请量较少，而2010年之后申请量有明显增长，呈现前期少后期多的趋势。对于热处理工艺，1980~1989年有较多的申请，在1990~2010年的申请量维持在较低水平，2010年之后申请量迎来了快速增加。

表17-2-2　火箭发动机用奥氏体低温钢技术手段申请趋势　　　　　单位：项

申请年代	技术手段			
	成分	冶炼	锻轧	热处理
1980~1989	8	1	1	10
1990~1999	4	0	2	2
2000~2009	3	0	1	0
2010~2019	51	7	22	9
2010~2022	15	4	14	2

整体而言，如何进一步提高低温韧性、提高强度是奥氏体低温钢领域的重点工作，下面将对上述两个方面做进一步分析。

17.2.3　相应技术手段的分析

17.2.3.1　提高低温韧性的关键技术分析

随着技术的发展，对于奥氏体低温钢的低温韧性要求越来越高，下面以奥氏体低温钢为研究对象，统计专利文献中的相关发明点。如图17-2-3所示，对于提高低温韧性，49.32%为成分改进、30.41%为锻轧改进、12.84%为热处理改进，7.43%为冶炼改进。

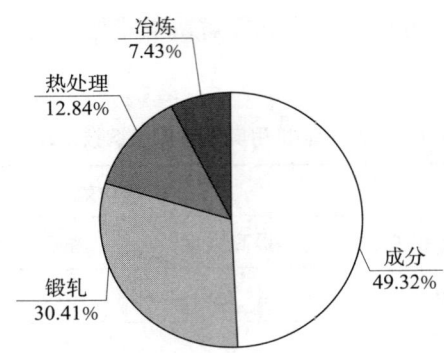

图 17-2-3　火箭发动机用奥氏体低温钢改进低温冲击韧性的技术构成

（1）成分改进

成分改进是钢铁领域常见的改善性能的有效手段，在提高奥氏体低温钢的低温冲击韧性方面也不例外。通过对相关专利技术的梳理，基于成分改进低温冲击韧性的技术发展路线如图 17-2-4 所示。

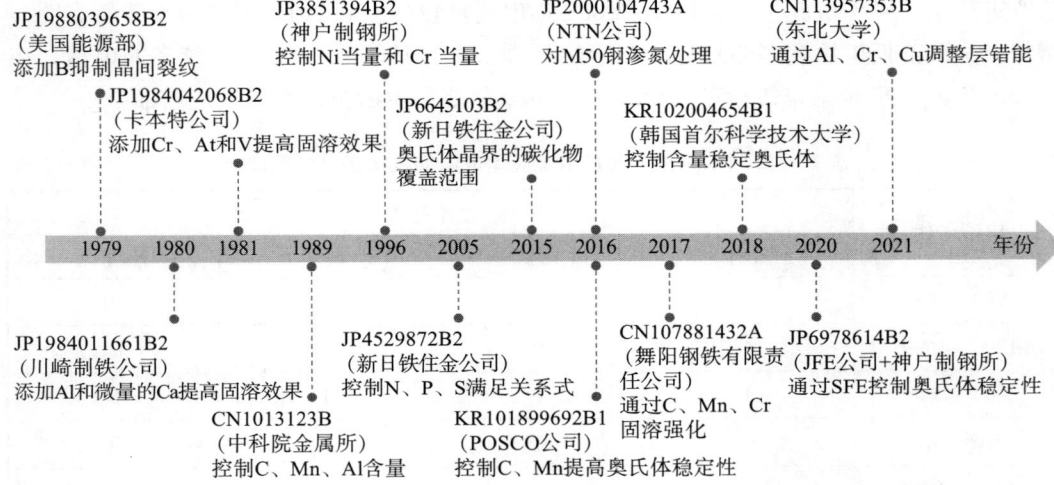

图 17-2-4　火箭发动机用奥氏体低温钢基于成分改进低温冲击韧性的技术发展路线

通过统计分析，表 17-2-3 示出了基于成分改进来提高低温冲击韧性的设计思路以及具体的改进手段。

表 17-2-3　火箭发动机用奥氏体低温钢成分改进的手段

成分设计思路	具体改进手段
提高固溶效果	添加适量的 Al 和 Ca，并添加 Nb 和/或 Mo
	组合添加 Al、Cr、V
	采用 C、Mn、Cr
	采用 C、Mn、Cr、Cu

续表

成分设计思路	具体改进手段
稳定奥氏体结构	调整 Mn、Al、C 的含量
	控制 C 和 Mn 含量
	控制 Ni、Cr、Mn、Mo 满足一定公式
	添加一定含量的 Al 或 Cr、Cu
奥氏体晶界的碳化物覆盖范围	X（%）= C + 10 × Si + 2 × N 定义参数 X［其中 C、Si 和 N 显示钢材中每个元素的含量（质量%）］在 6% ~ 15%
夹杂物的球状化	添加 REM 或 Ca
抑制晶间裂纹	添加少量的 B
多组分满足一定关系	控制 Ni 当量、Cr 当量和 Pb 当量
	X（%）= 30 × P + 50 ×（S + N）+ 300 × O
其他	添加 Mg
	采用 Al 和 V 协同

如表 17 - 2 - 3 所示，为了提高奥氏体低温钢的低温冲击韧性，在成分设计方面的改进方法，主要包括以下几个方面。

方法一：提高固溶效果。通过适当添加新元素，或者调整常见元素含量，可以提高固溶效果，在低温下的冲击韧性得到显著改善。川崎制铁公司提出添加新元素可以提高固溶效果，进而提高低温冲击韧性。专利 JP1984011661B2 提出，通过向高 Mn 钢（Mn 为 16% ~ 40%）中添加 2% ~ 10% 的 Al 和 0.001% ~ 0.10% 的 Ca，进一步的还可以添加 Nb、Mo 的 1 种或 2 种以上，通过它们自身的固溶效果提高强度、低温韧性。其在后专利 JP1984042068B2 进一步提出，在含 C（0.20% ~ 1.00%）时组合添加 Cr（3% ~ 13%）、V（0.30% ~ 2%）、Al（0.50% ~ 7%），由于 Cr、Al、V 元素的固溶和沉淀作用，在低温下的延展性和韧性得到显著改善。除了添加新元素，调整常见元素含量同样可以提高固溶效果，如舞阳钢铁有限责任公司和中国船级社武汉规范研究所共同申请的专利 CN107881432A 提出，采用 C、Mn、Cr 固溶强化，所得的钢板低温冲击韧性优良（ - 196℃ A_{KV} ≥ 100J）。其同日申请提出，采用 C、Mn、Cr、Cu 固溶强化，提高固溶效果。

方法二：稳定奥氏体结构。奥氏体结构可赋予钢良好的低温冲击韧性，因此，通过稳定奥氏体结构，可以提高低温冲击韧性。JFE 公司和神户制钢所共同申请的专利 JP6978614B2 自定义了"SFE"，其中 SFE（mJ/m²）= - 53 + 6.2Ni + 0.7Cr + 3.2Mn + 9.3Mo，Ni、Cr、Mn、Mo 均是质量百分比，该关系式 SFE 为 17 ~ 57（mJ/m²）时，可以使奥氏体稳定化，进而提高低温冲击韧性。大连铁道学院和中科院金属所共同申请的专利 CN1013123B，以及韩国首尔科学技术大学的校产学协力团申请的专利 KR102004654B1 均提出，可以控制 Mn、Al、C 的含量，使其具有稳定的奥氏体、高的低温韧性。具体而言，专利 CN1013123B 中控制 Mn（19%～21%）、Al（2.30%～3.20%）、C（0.25%～0.33%），专利 KR102004654B1 中控制 Mn（20%～25%）、Al（3%～5%）、C（0.10%～0.50%）。进一步的，POSCO 公司申请的专利 KR101899692B1 提出，在钢组成中，特别是控制 C 和 Mn 的含量，可以抑制铁素体的生成，提高奥氏体稳定性，确保极低温冲击韧性，具体需要控制 C（0.30%～0.80%）、Mn（18%～26%）。东北大学申请的专利 CN113957353B 提出，通过添加一定含量的 Al 或 Cr、Cu 元素调节钢材的层错能，增强奥氏体稳定性，提高极低温下的冲击韧性。具体而言，需要控制 Al（0～5.10%）、Cr（0～5.40%）、Cu（0～0.52%）。

方法三：控制奥氏体晶界的碳化物覆盖范围，以及夹杂物的球状化。日本制铁株式会社申请的专利 JP6645103B2 提出，通过控制奥氏体晶界的高 Mn 钢的化学成分和奥氏体晶界的碳化物覆盖范围，发现可以确保基材的强度和低温韧性，并且稀土元素与 Ca 具有引起夹杂物的球状化作用、提高低温冲击韧性的效果。具体手段为自定义了 $X（\%）=C+10\times Si+2\times N$（其中 C、Si 和 N 显示钢材中每个元素的质量分数含量）在 6%～15%，稀土元素含量为 0.05% 或更低，Ca 含量为 0.01% 或更低。

方法四：抑制晶间裂纹。如美国能源部申请的专利 JP1988039658B2 通过向 Mn 含量约为 12% 的铁锰合金中添加约 0.05% 的 B，B 的存在能够明显抑制这些合金的晶间裂纹，从而降低了韧性－脆性转变温度并提高了在 77K 的低温（液氮温度）下的韧性。

其他方法：其他常见的方法还包括控制各组分的含量满足一定的关系式，如神户制钢所申请的专利 JP3851394B2 提出，Ni 当量和 Cr 当量满足 $34\%\leqslant Nieq+0.80\times Creq\leqslant40\%$（其中，$Nieq=Ni\%+30\times C\%+30N\%+0.50Mn\%$、$Creq=Cr\%+Mo\%+1.50Si\%+0.50Nb\%$），以及 $Pbeq\leqslant30\times10^{-4}\%$（其中，$Pbeq=Pb\%+4Bi\%+0.01Sn\%+0.02Sb\%+0.007As\%$）；住友公司申请的专利 JP4529872B2 提出，钢材中所含的奥氏体晶界的厚度方向的平均粒径为 40μm 以下、ε 马氏体量为体积分数在 0.10%～30%，$X（\%）=30\times P+50\times（S+N）+300\times O$（其中 P、S、N、O 为钢中各元素的质量百分比含量）为 3.00% 以下，将奥氏体结晶的厚度方向的晶粒尺寸和钢材中的 ε－马氏体量的体积分数控制在适当的范围内，可以确保低温韧性。

（2）冶炼工艺改进

和成分设计、锻轧工艺改进等相比，冶炼对奥氏体低温钢的低温冲击韧性影响较小，研究较少，常见的方式有电炉冶炼、转炉冶炼等，具体工艺占比如图 17－2－5 所示。

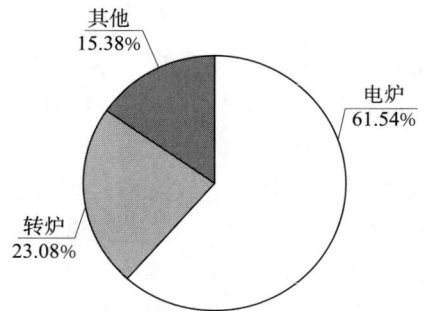

图 17－2－5　火箭发动机用奥氏体低温钢冶炼工艺技术分支占比

JFE 公司申请的专利 KR102405388B1 提出，钢原料可以是通过转炉或电炉等公知的熔炼方法进行熔炼，也可以在 RH 炉中进行二次精炼，并采取措施降低 Ti 和 Nb 的含量。例如通过在精炼步骤中降低炉渣的碱度，以降低最终板坯产品中 Ti 和 Nb 的浓度。另外，也可以吹入氧气进行氧化。燕山大学申请的专利 US20210324503A1 则提出，在冶炼步骤中，为防止 Mn 在熔炼过程中挥发，采用氩气作为保护气体。之后，在熔炼结束后进行 ESR。

（3）锻轧工艺改进

在锻轧工艺方面的改进主要集中在轧制手段，按照轧制阶段数可以分为一段轧制、两段轧制、多段轧制等，锻轧工艺占比如图 17 - 2 - 6 所示。

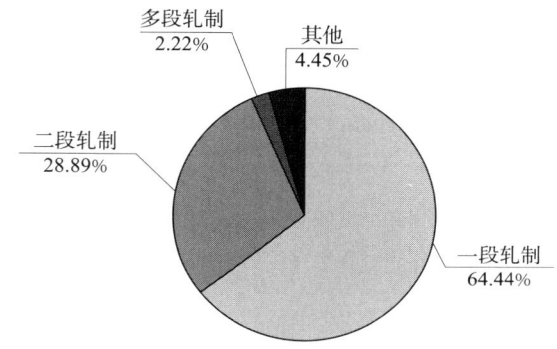

图 17 - 2 - 6　火箭发动机用奥氏体低温钢锻轧工艺技术分支占比

一段轧制是常见的轧制方式，对轧制参数对低温冲击韧性的影响研究较为成熟。住友公司申请的专利 JP4529872B2 提出，加热至 950 ~ 1200℃后，需要在 1000 ~ 800℃的温度范围内进行累计压下率为 30% 以上的热轧，热轧的最终温度必须为 950 ~ 750℃。如果轧制结束温度超过 950℃，则轧制后的奥氏体晶粒长得过大，无法获得所需的组织。如果轧制结束温度低于 750℃，则轧制时的变形阻力大，对轧机施加过大的负荷。而两段轧制可以通过增加变形、抑制回复来增加奥氏体中的缺陷，为后续的奥氏体静态再结晶提供更多的形核位置，起到二次细化奥氏体晶粒的作用，从而提高低温冲击韧性。宝山钢铁公司申请的专利 CN108929993A 等采用了两段轧制的工艺，具体工艺为：第一阶段轧制，开轧温度 1050 ~ 1100℃，在轧制至成品钢板厚度的 3 ~ 4 倍板厚时在辊道上待温至 820 ~ 900℃；第二阶段轧制，开轧温度 820 ~ 900℃，道次变形率为 10% ~ 25%，终轧温度 780 ~ 840℃。上海交通大学申请的专利 CN108467991B 采用了由初轧温度 1045 ~ 1055℃至终轧温度 745 ~ 755℃进行八步热轧后空冷的方式。

此外，轧制后的冷却速率也会影响到低温冲击韧性。JFE 公司申请的专利 KR102405388B1 提出在热轧结束后迅速进行冷却。当热轧后的钢板缓冷时，析出物的形成加速，导致低温韧性劣化。这些析出物的生成可以通过以 1.00℃/s 以上的冷却速度进行冷却来抑制。若进行过度冷却，则钢板变形，生产率降低。因此，冷却开始温度的上限为 900℃。在热轧后的冷却中，钢板表面从高于精轧结束温度 - 100℃的温度到 300～650℃ 的温度范围的平均冷却速度为 1.00℃/s～200℃/s。

　　（4）热处理工艺改进

　　热处理也可以进一步提高奥氏体低温钢的低温冲击韧性。图 17-2-7 显示了热处理工艺的技术构成，常见热处理方式包括固溶、回火等。住友公司申请的专利 JP1986045697B2 提出，热轧后在 900～1050℃ 的温度下的固溶化处理，可以确保优异的低温韧性和屈服强度。东北大学申请的专利 CN108570541B 以及宝武公司申请的专利 CN110724872A 均采用了类似的固溶处理。美国能源部申请的专利 JP1988039658B2 提出，在奥氏体化/空气冷却后在 550℃ 下回火 1h。上海交通大学申请的专利 CN108467991B 提出，将空冷后的钢锭进行热处理，首先进行冷轧处理后获得冷轧板，其次将冷轧板在 450～550℃ 温度区间进行低温时效析出 2～4h 后水淬至室温，最后进行高温再结晶并水淬至室温，即得超低温的高强韧高锰钢。

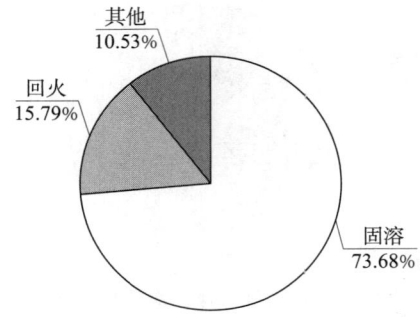

图 17-2-7　火箭发动机用奥氏体低温钢热处理工艺技术分支占比

17.2.3.2　提高强度的关键技术分析

　　如何在保持良好的低温冲击韧性的同时，提高奥氏体低温钢的强度，是该领域的又一研究热点。通过成分改进来提高强度是最主要的手段，而工艺方面的改进较少，下面对具体的成分改进方式进行详细分析。如 C、Si、Mn、Cr、V 等多种元素均可以提高强度，但是含量过高会对其他的性能造成负面影响，因此，需要将各组分控制在合理范围内以取得良好的综合性能。

　　专利 CN108796383A 提出，C 能够保证材料强度的同时还能够稳定奥氏体。当钢中的 C 元素含量过高时会提高钢的强硬度，焊接性能下降，导致材料的加工性能下降。C 含量过低又会导致材料没有足够的强度。综合考虑 C 含量对于材料强度、组织稳定性、焊接性、加工性能等因素，C 的含量控制在 0.20%～0.30%。

　　专利 US11352679B2 提出，Mn 可以稳定奥氏体，增加强度和韧性，含量控制在 4%～10%。

　　专利 JP1985043469A 提出，Si 对提高脱氧性和强度有效，但过量添加会使加工性劣化，其范围应设定为 0.10%～1.00%；Cr 对提高强度有效，过量添加会形成 δ 相，增加磁导率，并使韧性劣化，其范围应设定为 2%～8%；V 对提高刚性和拉伸强度有效，但若过量，则韧性降低，其范围应设定为 0.10%～0.50%。

专利 JP2978427B2 提出，Mo 不仅提高强度，而且防止因 Cr 的碳化物在晶界析出而导致的韧性劣化。Mo 的添加量应在 0.50% ~7.00%。Al 使晶粒细化来提高强度，但如果低于 0.01% 则得不到充分的效果，如果超过 0.10% 则韧性劣化。因此，Al 的含量应在 0.01% ~0.10%。Cu 强化奥氏体基体，对提高屈服强度有效，但如果添加量低于 0.01%，则得不到这样的效果，如果添加量超过 2.00%，则热加工性劣化。因此，Cu 的含量应在 0.01% ~2.00%。B 在奥氏体晶界偏析，防止沿晶断裂和提高屈服强度。因此，B 的添加量应在 0.0005% ~0.003% 的范围内。Nb、V、Ti 形成碳氮化物，通过析出强化提高屈服强度，含量低于 0.01% 则无效果，含量超过 2.00% 则韧性劣化。因此，Nb、V、Ti 的总含量应在 0.01% ~2.00%。

17.3　奥氏体低温不锈钢

17.3.1　奥氏体低温不锈钢申请趋势

如图 17 - 3 - 1 所示，通过对同时满足奥氏体组织、不锈钢、耐 - 183℃ 以下条件的专利技术进行统计发现，其数量比较少，只有 40 项。

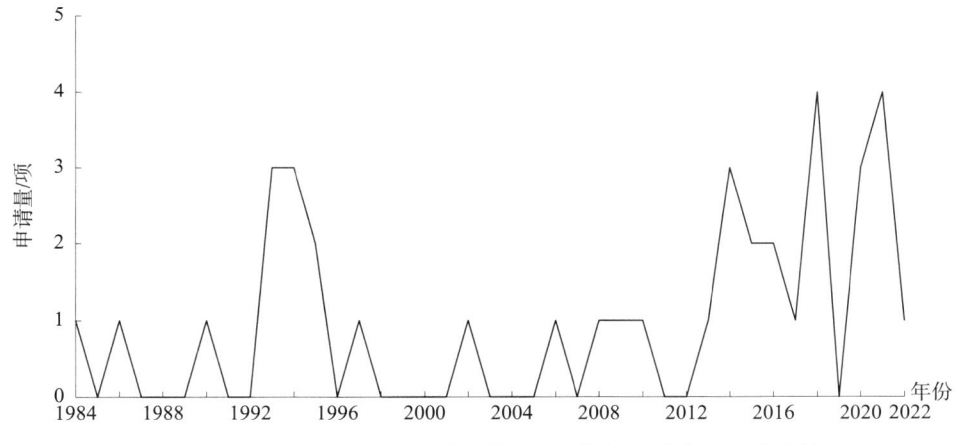

图 17 - 3 - 1　火箭发动机用奥氏体低温不锈钢全球专利申请趋势

其中 1983 年由日本制铁株式会社与日本原子力研究所联合申请的专利 JP1989004577B2，涉及一种具有优异屈服强度和韧性的奥氏体不锈钢，可在从液氢温度（4K）到 LNG 温度（111K）的低温范围内使用，其在背景技术中提及可使用液氢作为燃料的 LNG 储罐、管道、火箭等容器。2006 年通用汽车公司为合作申请人之一申请的专利 US20070267107A1 涉及耐腐蚀不锈钢，尤其是稳定的奥氏体不锈钢，用于将氢储存加压的容器。2011 年由宝马公司申请的专利 US10407759B2 涉及用于机动车中的氢技术的钢，比如制成的（高压）罐、低温（高压）罐或液态氢罐可用来储存氢。可见大部分的低温条件下的奥氏体不锈钢并不会在说明书中明确提及可以用于液体火箭发动机，这可能是与国防、军工保密有关。

相关书籍中表明，奥氏体低温不锈钢具有良好的低温性能，一直可以用作低温钢，其中18－8钢中1Cr18Ni9使用最广。中国牌号1Cr18Ni9（新牌号为12Cr18Ni9）对应美国牌号（ASTM A276－96）：302，对应国家标准是：GB/T 1220－1992。以质量百分比记其主要成分是：C（≤0.15%）、Si（≤1.00%）、Mn（≤2.00%）、S（≤0.03%）、P（≤0.035%）、Cr（17.00%～19.00%）、Ni（8.00%～11.00%），余量为Fe和不可避免的杂质。金相组织的组织特征为奥氏体型。

比如采用的热处理工艺是在1100～1150℃进行淬火，抗拉强度≥550MPa，屈服强度≥200MPa，延伸率δ_5（%）≥45，断面收缩率ψ（%）≥50。1Cr18Ni9钢具有良好的耐蚀及耐晶间腐蚀性能，可以用于制作耐硝酸、有机酸及盐、耐酸容器及设备衬里等。

奥氏体不锈钢常用的热处理工艺有：固溶处理、稳定化处理和去应力处理等。

（1）固溶处理

将钢加热到1050～1150℃后水淬，主要目的是使碳化物溶于奥氏体中，并将此状态保留到室温，这样钢的耐蚀性会有很大改善。为了防止晶间腐蚀，通常采用固溶化处理，使$Cr_{23}C_6$溶于奥氏体中，然后快速冷却。对于薄壁件可采用空冷，一般情况采用水冷。

（2）稳定化处理

一般是在固溶处理后进行，常用于含Ti、Nb的18－8钢。固溶处理后，将钢加热到850～880℃保温后空冷，此时Cr的碳化物完全溶解，而Ti的碳化物不完全溶解，且在冷却过程中充分析出，使C不可能再形成Cr的碳化物，因而有效地消除了晶间腐蚀。

（3）去应力处理

去应力处理是消除钢在冷加工或焊接后的残余应力的热处理工艺。一般加热到300～350℃回火。对于不含稳定化元素Ti、Nb的钢，加热温度不超过450℃，以免析出Cr的碳化物而引起晶间腐蚀。对于超低碳和含Ti、Nb不锈钢的冷加工件和焊接件，一般是不低于850℃加热，然后缓冷，消除应力（消除焊接应力取上限温度），可以减轻晶间腐蚀倾向，并提高钢的应力腐蚀抗力。

17.3.2　奥氏体低温不锈钢技术功效分析

如图17－3－2所示，通过筛选发现奥氏体低温不锈钢有40项，单项专利涉及多个技术功效，其中相对于1Cr18Ni9改进的有39项；与现有典型牌号都不相关的类型有1篇。从统计可以看出成分改进、热处理工艺改进是1Cr18Ni9钢的主要改进方向，但是也有一部分涉及了锻轧工艺。

17.3.3　成分改进

成分改进是1Cr18Ni9钢的主要改进方向，进一步对成分的具体改进形式统计分析，如图17－3－3所示。

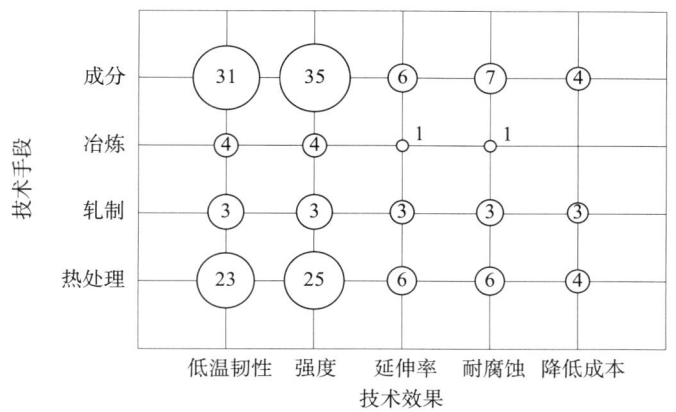

图 17 - 3 - 2　火箭发动机用奥氏体低温不锈钢技术功效

注：图中数字表示专利申请量，单位为项。

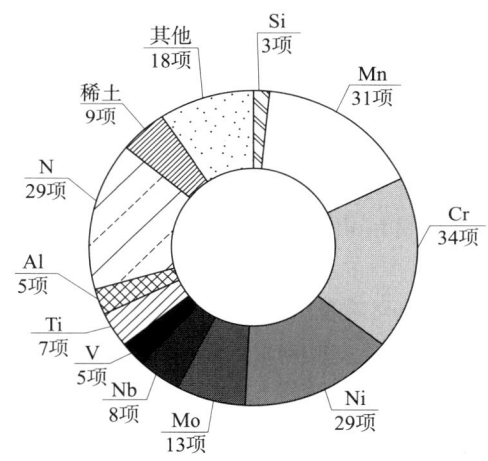

图 17 - 3 - 3　火箭发动机用奥氏体低温不锈钢的成分改进

　　统计发现，有 191 项专利涉及成分改进，其中，对于元素 Mn，传统的 1Cr18Ni9 钢中 Mn≤2.00%。当前的改进绝大多数是需要提高 Mn 含量。1983 年，专利 JP1989005104B2 中 Mn 为 4% ~ 25%，Mn 是与 Cr 一起增加 N 的溶解度的元素。抑制在低温下加工钢时产生的形变诱发马氏体的生成、使奥氏体稳定化的效果。可以实现在 77K 时屈服强度 1215MPa、抗拉强度 1715MPa、冲击韧性 166J。1990 年，专利 JP1991260033A 中 Mn 为 8% ~ 12%，Mn 是在极低温下稳定奥氏体和确保非磁性所需的元素。2014 年，专利 JP6433196B2 中 Mn 为 3.00% 以下，Mn 是相对便宜且有效的稳定合金元素。然而，如果过度添加，形成粗大的夹杂物，加工性劣化。2018 年，专利 US11225705B2 中 Mn 为 5.50% ~ 20%，Mn 是对奥氏体相稳定化有效的元素，有助于提高耐氢脆化特性。另外，Mn 能提高 N 的固溶极限，间接有助于高强度化。在过量含有 Mn 的情况下，能促进具有高氢脆敏感性的 E 相的形成，并且降低抗氢脆特性。

对于元素 Cr，传统的 1Cr18Ni9 钢中 Cr 为 17.00 ~ 19.00%。当前的改进绝大多数需要提高 Cr 含量。1983 年，专利 JP1989004577B2 中含 20% ~ 35% 的 Cr，Cr 与 N 的固溶量有很大关系。Cr 的含量为 20% 时，N 的固溶量约为 0.20%，随着 Cr 含量的增加，N 的固溶量也增加。但是，Cr 是铁素体稳定化元素，为了维持稳定的奥氏体，必须与 Cr 的含量成比例地增加 Ni 的含量，Cr 的添加量限制在 35% 以内，因为它可能表现出磁性。2001 年，专利 CN1293223C 中 Cr 为 23.00% ~ 30.00%，为了改进耐腐蚀性，希望尽可能保持高的 Cr 含量，但是太高的 Cr 含量增加了金属间化合物沉积的风险。

对于元素 Ni，传统的 1Cr18Ni9 钢中 Ni 为 8.00% ~ 11.00%，当前的改进有 22 项专利涉及提高 Ni 含量，7 项专利涉及降低 Ni 含量。1984 年的专利 JP1991059971B2 中实施例最高含有 19.12% 的 Ni，Ni 是稳定奥氏体所必需的元素。1994 年，专利 JP1995316653A 中 Ni 为 8% ~ 20%，其实施例中最高是 15.07%，Ni 是稳定奥氏体并改善低温韧性所必需的元素，由于它成本较高，因此上限设定为 20%。

对于元素 Mo，传统的 1Cr18Ni9 钢中并未添加 Mo 元素。1985 年，专利 JP1987211356A 中 Mo 为 0.50% ~ 6%；1997 年的专利 JP1999071655A 中 Mo≤4%，Mo 是通过固溶强化提高低温强度元素，但超过 4% 时通过 Fe_2Mo 在晶界大量沉淀，韧性降低。2018 年的专利 US11225705B2 中 Mo 是有助于提高奥氏体系不锈钢的强度和耐腐蚀性的元素。然而添加 Mo 会导致合金成本增加。此外，Mo 促进 δ - 铁素体相的形成，这导致抗氢脆特性降低。因此，可以根据需要添加 Mo，此时，Mo 的含量优选为 2.00% 以下。

对于元素 N，传统的 1Cr18Ni9 钢中并未明确 N 元素含量。1985 年的专利 JP1987211356A 限定了 N 为 0.50% ~ 1.10%；2014 年的专利 JP6627343B2 限定了 N 为 0.20% ~ 0.45%，N 在基体中固溶，形成微细的氮化物，是获得高强度所必需的元素。此外它还有助于奥氏体组织稳定化。

对于合金元素 Nb、V、Ti，传统的 1Cr18Ni9 钢中并未明确 Nb、V、Ti 元素。1994 年的专利 JP1995316653A 中 Nb 是通过强化 NbC、NbN、NbCrN 而改善低温强度的元素，但如果小于 0.01%，则该效果小。V 是通过 VC、VN 的沉淀增强而改善低温强度的元素，但如果小于 0.01% 则改善效果小，如果超过 0.50% 则韧性降低，因此含量定义为 0.01% ~ 0.50%。2014 年的专利 JP6433196B2 中 Nb、Ti、V 是组合 C、N 的元素，并形成通过钉扎效应抑制晶粒生长的化合物。但是，如果所有元素超过 0.50%，则产生粗大化合物，并且相形成变得不稳定、加工性劣化，且粗大化合物成为破坏的起点。因此，合金元素 Nb、V、Ti 每个的上限设定为 0.50%。

对于稀土元素，传统的 1Cr18Ni9 钢中并未添加稀土元素。2014 年的专利 JP6627343B2 中稀土为 0 ~ 0.50%，2015 年的专利 JP6801236B2 中稀土为 0 ~ 0.50%，稀土元素对 S 具有很强的亲和力，并且具有改善热加工性的作用。即使含有少量的稀土也可以得到该效果，但更优选为 0.001% 以上。但是，如果其含量过多，则与 O 结合而使清洁度显著降低，含量过少，则热加工性降低。

对于其他合金元素，传统的 1Cr18Ni9 钢中并未添加其他合金元素。1997 年的专利 JP1999071655A 中 Ca 为了与溶解氧反应，作为 Cr 碳化物的生成核，下限为 0.0003%。Mg 也作为 Cr 碳化物的生成核与溶解氧反应，下限至少为 0.0003%。2009 年的专利 CN102041457B 中 Nb、Ta 两种元素通过固溶强化都可明显提高奥氏体不锈钢中的低温强度，通过与 C 结合可避免其晶间腐蚀。2011 年的专利 US10407759B2 中含有 0.50% ~ 8.00% 的 Al。

以上对于元素的作用分析是基于专利技术中通常记载，但实际上有些元素之间存在协同作用。进一步研究发现在奥氏体低温不锈钢中成分改进有以下几种方式，如表 17 - 3 - 1 所示。

表 17 - 3 - 1　火箭发动机用奥氏体低温不锈钢成分改进的手段

成分设计思路	具体改进手段
控制 N 以固溶状态存在	N（0.20% ~ 0.50%）、Mn（< 4.00%）、Cr（20% ~ 35%）（JP1989004577B2）
	N（0.20% ~ 0.70%）、Cr（13% ~ 25%）、Mn（4% ~ 25%），N 的溶解度 = 0.021（Cr + 0.90Mn）- 0.204（JP1989005104B2）
控制非金属夹杂物的量	控制非金属夹杂物的量为 0.10% 或更低（JP1989004577B2、JP1989005104B2）
提高低温下的冲击性能	总 Al（0.002% ~ 0.07%）、N（0.234% ~ 0.50%），N/Al 原子比为 10 ~ 481，N/Al 的原子比越大，则低温下的冲击吸收能量越高（JP1991059971B2）
	Nb、Ta 和 N 复合强化来提高奥氏体不锈钢的低温强度，在提高强度的同时，兼顾了其低温韧性（CN102041457B）
控制第二相析出行为	在不添加昂贵的 Mo 和 Nb 的情况下抑制 Cr 碳氮化物在晶界析出（JP2955438B2、JP1995316653A）
	将 Cr 碳氮化物的析出点引导到晶粒中（JP1995011389A）
	在含 N 奥氏体不锈钢中添加微量的 Ti，凝固阶段形成的 TiN 作为 Cr 碳氮化物的析出核，Cr 碳氮化物主要沉淀在晶粒（JP1995109550A）
	添加 Ca 和 Mg 熔融钢的溶解氧量，Ca 和 Mg 的氧化物作为 Cr 碳化物的沉淀核，Cr 碳化物主要沉积在颗粒中，可以抑制奥氏体不锈钢的韧性恶化（JP1999071655A）
	控制钢的组分和固溶热处理，使 Nb 和 V 的碳氮化物被细细沉积在晶粒中，获取具有优异的韧性和延展性（JP1996269547A）
	通过将析出物的平均尺寸控制在 100nm 以下，将析出物的量以质量% 计控制在 0.001% ~ 1.00%（US20210395850A1）

续表

成分设计思路	具体改进手段
降低成本	增加 N 含量（US20070267107A1）
	采用高 Mn 含 N 无 Ni 的合金成分（CN101368252A、CN101532115A）
	控制 Nb 和 N 的含量（KR1020150075182A）
	通过用廉价的 Mn、Cu、N 等代替 Ni（KR1020220071006A）
	增加 Cu、Mo、Nb 等合金元素，有效地减少 Ni 合金含量（CN113136533A）
获得单相奥氏体组织	获得奥氏体单相组织，平均粒径为 10μm 以下，且在低温下不出现马氏体相（JP6433196B2）
	降低材料中的铁素体含量（CN109554608B、CN114774797A）
提高奥氏体稳定性	调整化学元素含量，通过合理搭配各元素含量，扩大奥氏体相区，增加奥氏体稳定性（JP1991260033A、CN112251665A）
细化晶粒尺寸、高强度和高韧性	通过控制晶粒度为 3 或更小（JP1995310144A）
	析出含 Nb 和 V 的氮化物，细化晶粒（JP6801236B2）
提高抗氢脆性	由主要元素 Cr、Mn、Ni 和 Al 以及微量元素组成的高 Mn 奥氏体系不锈钢中，利用 Al 提高抗氢脆性（JP2019143227A、JP7012557B2）
其他	控制 Mo 0.10~2.50、Ce 0.005~0.25、Se 0.05~0.25，使耐蚀性、延展性、强度增加（RU2102522C1）
	通过预先在晶界偏析 Mn 和 Cu，可以防止氢从被困在晶界处侵入钢中，并抑制由氢引起的和源自晶界的断裂（US11225705B2）

成分改进典型技术如下。

（1）控制 N 以固溶状态存在

专利 JP1989005104B2 涉及一种在从液氮温度（4K）到 LNG 温度（111K）的低温范围内使用时具有优异屈服强度和韧性的稳定奥氏体不锈钢，其组成为：N（0.20%~0.70%）、Cr（13%~25%）、Ni（5%~25%）、Mn（4%~25%），非金属夹杂物的清洁度为 0.1% 以下。Cr 与 Mn 一起可以提高 N 的固溶度的元素，也是作为不锈钢赋予耐腐蚀性的元素。N 的含量至少为 0.20%，以确保低温下的屈服强度。N 的含量越高，屈服强度越高，N 的上限设定为 0.70%。N 的溶解度以 0.021（Cr + 0.90Mn）− 0.204 进行计算需要将 N 的溶解度提高到 0.20% 以上。

（2）提高低温下的冲击性能

专利 JP1991059971B2 中不仅需要满足 Mn（≤4.00%）、Cr（22.50%~35%）、Ni（8%~25%）、总 Al（0.002%~0.07%）、N（0.234%~0.50%），还需要满足 N/Al 原子比为 10~481。更具体而言必须将 N/Al 值设置为 10 或更大才能使冲击和吸收能值达到 100 J 或更大。N/Al 的原子比越大，则低温下的冲击吸收能量越高。

（3）控制第二相析出行为

专利 JP2955438B2 中通过优化 Cr – Mn – Ni – N 的成分，在不添加昂贵的 Mo 和 Nb

的情况下抑制 Cr 碳氮化物在晶界析出。其中 Cr 是铁素体稳定化元素，具有提高 N 的溶解度的效果，在大量添加 N 时是非常有效的元素。Mn 具有增加 N 的溶解度的作用，在大量添加 N 时是极为有效的元素。Ni 是使奥氏体稳定化、提高低温韧性所必需的元素，N 是使奥氏体稳定化、提高屈服强度所必需的元素。专利 JP1995011389A 的设计理念不是抑制 Cr 碳氮化物的析出，而是控制析出使该析出不会损害低温区域的韧性。因为析出的碳氮化物在极低温下使韧性劣化的原因在于它们在晶界析出，所以只要它们在晶粒内析出，则认为其不利影响很小。因此，该专利的目的是通过某种方法将 Cr 碳氮化物的析出点引导到晶粒中。专利 JP1995109550A 中含有 Mn（0.10% ~ 16%）、Cr（10% ~ 24%）、Ni（8% ~ 25%）、N（0.10% ~ 0.35%）、Ti（0.0005% ~ 0.01%），设计要点是在钢中添加少量 Ti。Ti 在凝固过程中以 TiN 的形式在晶粒中析出。该 TiN 充当 Cr 碳氮化物的析出核，Cr 的碳氮化物主要在晶粒内析出，可以抑制奥氏体系不锈钢的韧性劣化。

（4）降低成本

2008 年江苏大学申请的专利 CN101368252A 是一种无镍含氮奥氏体不锈钢，主要成分是 N（0.05% ~ 0.25%）、C（≤ 0.10%）、Mn（24.00% ~ 30.00%）、Cr（12.00% ~ 14.00%）、Si（≤1.00%）、Mo（0.35% ~ 1.00%），采用了高锰含氮的合金成分，其熔炼的原材料可以采用常用的工业电解锰和低碳铬铁，因为其来源充足，价格低廉，成本低于 18 - 8 镍铬不锈钢。能够获得高的屈服强度、抗拉强度和韧性。77K 的屈服强度（σs）大于 900MPa，而其强度极限（σb）大于 1300MPa，且 77K 下的冲击吸收功仍达到 90J，从而实现高的强度和断裂韧性的结合。2020 年 POSCO 公司申请的专利 KR1020220071006A 提出一种具有改进的低温冲击韧性和强度的高氮奥氏体不锈钢，其中 Mn（< 5%）、Ni（6% ~ 12%）、Cr（15.00% ~ 22.00%）、N（0.15% ~ 0.25%），通过用廉价的 Mn、Cu、N 等代替昂贵元素的 Ni 来提高成本竞争力。

（5）获得单相奥氏体组织

专利 JP6433196B2 中的钢的组成为：Cr（10.00% ~ 20.00%）、Ni（5.00% ~ 8.23%）、N（0.01% ~ 0.30%），组织是奥氏体单相结构，平均晶粒尺寸为 10μm 或更小，液氮温度低温使用不锈钢，其特征在于冷却时不含马氏体相。专利 CN109554608B 中通过降低材料中的铁素体含量，提高韧性和超低温强度，避免碳化物、氮化物、金属间相的析出，于 500 倍视场下观察获得的奥氏体不锈钢组织中铁素体含量 <0.50%。

（6）细化晶粒尺寸

专利 JP6801236B2 中的钢的组成为：Nb（0 ~ 0.30%）、V（0 ~ 0.30%）、Mn（3.00% ~ 17.00%）、Ni（9.50% ~ 15%），Cr（15% ~ 25%），在该奥氏体系不锈钢中，析出含 Nb 和 V 的氮化物，细化晶粒以提高强度。具体而言，Nb 是溶解在基板中或作为氮化物析出的元素，并且对提高强度有效。当 Nb 含量过多时，氮化物过度析出，导致低温韧性降低。与 Nb 一样，V 是提高强度的有效元素。当 V 含量过多时，氮化物过度析出，导致低温韧性降低。Nb 和 V 均形成氮化物并通过沉淀强化来提高钢的强度。此外，Nb 氮化物和 V 氮化物通过钉扎来细化晶粒。

（7）提高抗氢脆性

专利 JP2019143227A 中主要元素 Cr、Mn、Ni 和 Al 以及微量元素组成的高 Mn 奥氏体系不锈钢的合金，其中 Mn（6.00% ~ 20.00%）、Ni（4.00% ~ 12.00%）、Cr（10.00% ~ 25.00%）、N（<0.10%）、Al（0.16% ~ 4.00%）。为了使奥氏体相稳定化，抑制形变诱发马氏体相的生成，进一步提高耐氢脆性，Mn 含量必须为 6.00% 以上。更优选 Mn 含量为 7.50% 以上。Ni 是对提高奥氏体系不锈钢的耐氢脆性非常有效的元素。为了充分获得该效果，Ni 含量应为 4.00% 以上。Al 是提高耐氢脆性的有效元素。为了充分获得该效果，Al 含量应为 0.16% 以上。优选为 0.30% 以上，更优选为 0.50% 以上。如果含有大量 Al，则变形诱发马氏体的生成过多，耐氢脆性变差。此外，它与 Ni 等形成金属间化合物，降低钢材的可制造性。

17.3.4 热处理工艺改进

对涉及火箭发动机用奥氏体低温不锈钢的热处理工艺分析后发现，专利技术中涉及固溶处理的有 20 项，涉及固溶 + 时效处理的有 3 项，涉及稳定化处理的有 2 项，相应占比情况如图 17 - 3 - 4 所示。表 17 - 3 - 2 为火箭发动机用奥氏体低温下不锈钢热处理工艺改进的手段。

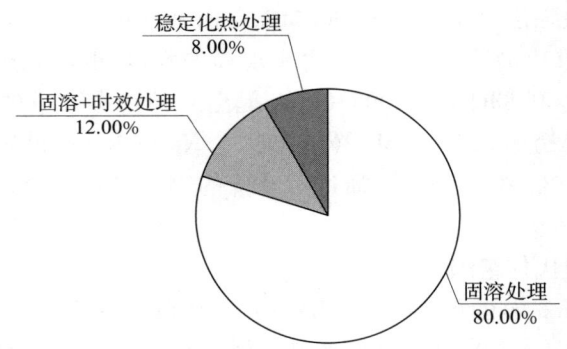

图 17 - 3 - 4　火箭发动机用奥氏体低温不锈钢热处理工艺占比

表 17 - 3 - 2　火箭发动机用奥氏体低温不锈钢热处理工艺改进的手段

热处理设计思路	具体改进手段
控制第二相析出行为	采用固溶处理将 Cr 碳氮化物的析出点引导到晶粒中（JP1995011389A）
	控制钢的组分、优化固溶热处理条件，控制晶粒尺寸并抑制热处理工艺中 Cr 碳氮化物在晶界析出（JP1996269547A）
	采用固溶处理将析出物的平均尺寸控制在 100nm 以下，将析出物的含量控制在 0.001% ~ 1.00%（US20210395850A1）

续表

热处理设计思路	具体改进手段
降低成本	采用固溶处理，采用高 Mn 含 N 无 Ni 的合金成分（CN101368252A）
	采用固溶处理，用廉价的 Mn、Cu、N 等代替 Ni（KR1020220071006A）
	采用固溶处理，增加 Cu、Mo、Nb 等合金元素，有效减少 Ni 合金含量（CN113136533A）
获得单相奥氏体组织	控制热处理工艺，降低了材料中的铁素体含量（CN109554608B、CN114774797A）
提高奥氏体稳定性	调整化学元素含量，通过合理搭配各元素含量，扩大奥氏体相区，增加奥氏体稳定性（CN112251665A）
细化晶粒尺寸、获得高强度和高韧性	通过固溶+时效处理工艺，控制晶粒度为 3 或更小（JP1995310144A）
	析出含 Nb 和 V 的氮化物，细化晶粒（JP6801236B2）

（1）对于控制第二相析出行为

专利 JP1995011389A 发现析出的碳氮化物在极低温下，使韧性劣化的原因在于它们在晶界析出，只要它们在晶粒内析出，则认为其不利影响很小。因此，目的是通过某种方法将 Cr 碳氮化物的析出点引导到晶粒中。具体是在 C（<0.04%）、Si（0.01% ~ 2.00%）、Mn（1% ~ 8%）、Cr（15% ~ 27%）、Ni（10% ~ 20%）、Nb（0.01% ~ 0.20%）、Al（0.001% ~ 0.10%）、N（0.10% ~ 0.50%），余量为 Fe 的成分基础上，通过将钢板加热至 1050℃并用水冷却来进行固溶处理。

专利 JP1996269547A 中钢成分是 C（≤0.03%）、Si（<2%）、Mn（0.1% ~ 20%）、Cr（14% ~ 25%）、Ni（8% ~ 20%）、N（0.10% ~ 0.50%）、Nb（0.01% ~ 0.30%）、V（0.01% ~ 0.50%），余量为 Fe。在 1100 ~ 1250℃进行固溶处理。固溶处理温度小于 1100℃，产生的沉淀物的固溶体不足。固溶处理温度超过 1250℃晶粒变得粗大，强度和延展性降低。通过控制钢的组分、优化固溶热处理条件来控制晶粒尺寸并抑制热处理工艺中 Cr 碳氮化物在晶界析出，可制造具有优异韧性和延展性的低温不锈钢。

专利 US20210395850A1 中通过将析出物的平均尺寸控制在 100nm 以下，将析出物的含量控制在 0.001% ~ 1.00%。事实上，析出物的大小受热处理条件的影响很大。因此需要控制在 1000 ~ 1200℃的温度下进行最终热处理。最终热处理后进行冷却，在冷却中，通过将平均冷却速度控制为小于 2.00℃/s 直到温度达到 750℃。

（2）控制成本

专利 CN101368252A 中钢的组成为：N（0.10% ~ 0.25%）、C（0.04% ~ 0.06%）、Mn（26.00% ~ 30.00%）、Cr（12.00% ~ 14.00%）、Si（≤1.00%）、Mo（0.40% ~ 0.80%）、S（≤0.05%）、P（≤0.05%），余量为 Fe。这是高 Mn 含 N 无 Ni 的情况，将材料进行固溶处理时温度为 1050℃、保温 1h，然后水冷。而以往奥氏体不锈钢普遍含 Ni 较高，Ni 价格相对比较昂贵。

专利 KR1020220071006A 中钢的组成为：C（0.01% ~ 0.10%）、Si（0.10% ~ 1%）、

P（＜0.05%）、S（＜0.03%）、Mn（0～5%）、Ni（6%～12%）、Cr（15.00%～22.00%）、N（0.15%～0.25%），余量为Fe。热轧后的板坯在1100～1200℃进行10min的固溶热处理，对固溶处理后的轧材进行水冷，通过用廉价的Mn、Cu、N等代替Ni。

专利CN113136533A中固溶温度为1040～1060℃，保温时间1～3min/mm，保证钢板内外温度一致，形成单一均匀的奥氏体组织，出炉后最大水量冷却至室温。通过化学成分的优化设计，再配合适宜的轧制和热处理工艺，保证钢板具有良好的常温和低温强度，使低温冲击等关键指标良好，满足后续装备制造要求。经固溶处理后，具有较好的强度水平，固溶处理后常温屈服强度（Rp0.2）和抗拉强度（R_m）分别为290MPa和590MPa左右（指标要求屈服强度≥230MPa、抗拉强度≥540MPa）；固溶处理后－196℃低温拉伸时，屈服强度和抗拉强度分别为670MPa和1300MPa左右（指标要求屈服强度≥350MPa、抗拉强度≥1250MPa）。

（3）获得单相奥氏体组织

专利CN109554608B中在950～1220℃温度范围内轧制，消除铁素体，进行热处理时，为保证材料铁素体含量均匀分布，在1050～1100℃范围内进行固溶热处理，为保证组织均匀性，并避免任何碳化物、氮化物、金属间相析出，热处理时间＞2min/m（m为材料厚度，单位为mm），加热后快冷，冷却速度大于20℃/S。在7K的断裂韧性＞200MPa·$m^{1/2}$，在7K的屈服强度＞750MPa，可以用于超低温韧性、超低温强度有特殊要求的核电、超导等行业。

专利CN114774797A采用常化炉对热轧板进行固溶处理，将热轧板加热至1050～1070℃，处理时间是6～8min/mm，即，处理时间＝连铸坯厚度（6～8）min，其中，连铸坯厚度的单位是mm。通过固溶处理，消除轧制应力并将轧制过程中产生析出物回溶，获得单一、均匀的奥氏体组织，进而保证材料的低温性能。奥氏体不锈钢板材固溶态性能满足以下三个要求：①－196℃温度下冲击吸收能量≥150J，侧向膨胀量≥0.76mm；－253℃及以下温度冲击吸收能量≥120J，侧向膨胀量≥0.76mm。②－196℃温度下延伸率≥45%，－253℃及以下温度延伸率≥40%。③金相法测量材料铁素体含量不大于3%。从而能够很好地满足真空绝热液氢压力容器的结构加工、成形和焊接性能。

（4）提高奥氏体稳定性

专利CN112251665A中钢的组成为：C（0.022%～0.03%）、Si（0.40%～0.70%）、Mn（1.70%～2.00%）、P（≤0.03%）、S（≤0.02%）、Cr（16.20%～17.00%）、Ni（12.20%～14.00%）、Mo（2.10%～2.50%），余量为Fe。采用的固溶处理温度为1050～1100℃，液体介质冷却，固溶处理保温时间≤4h。采用固溶处理方式，控制加热温度和保温时间，形成单一奥氏体组织，防止组织析出，防止奥氏体晶粒在热处理加热时过快长大。

（5）细化晶粒尺寸、获得高强度和高韧性

专利JP1995310144A中钢的组成为：C（≤0.03%）、Si（≤2%）、Mn（0.10%～15%）、Cr（14%～24%）、Ni（8%～20%）、N（0.10%～0.40%），采用1100～1180℃固溶处理＋600～800℃时效处理，晶粒度为3或更小，具有高强度和高韧性的奥氏体不锈钢。

专利 JP6801236B2 对热加工的钢材进行固溶处理，具体是在 1050～1280℃ 的温度下保持 10～360min 后进行冷却。如果固溶处理温度低于 1050℃，则固溶 N 的量不能为 0.20% 以上。此外，将固溶处理温度提高至 1280℃ 以上在工业上是不利的。N 是最重要的固溶强化元素，通过形成氮化物，它可使晶粒细化并有助于提高强度，该专利通过用固溶体 N 强化固溶体来实现高强度和高韧性。

火箭发动机用奥氏体低温不锈钢锻轧工艺改进方面如表 17-3-3 所示。

表 17-3-3　火箭发动机用奥氏体低温不锈钢锻轧工艺改进的手段

锻轧工艺设计思路	具体改进手段
获得单相奥氏体组织	控制锻轧工艺，降低了材料中的铁素体含量（CN112251665A）
中厚板的生产	生产厚度 40～80mm 的奥氏体不锈钢特厚板（CN113560343A）
	生产厚度 10～20mm 的液氢容器用奥氏体不锈钢（CN114774797A）

专利 CN112251665A 在钢锭浇注中采用缓冷措施，有效减少材料中高温铁素体含量，提高材料超低温性能。锻造加热温度控制为 ≤1200℃，避免锻造加热中形成高温铁素体。在锻造时控制锻造工艺参数，在锻件内部形成动态再结晶效应，细化晶粒。减少晶粒尺寸可有效降低材料马氏体临界温度 M_s，有利于锻件在超低温工况下保持奥氏体组织。锻造工艺的始锻温度 ≤1200℃，终锻温度为 750～800℃，锻造加热温度不宜过高，较高的加热温度会产生高温铁素体，这种高温铁素体一旦产生，对性能不利，且无法消除。

专利 CN113560343A 采用厚度为 250mm 以下的连铸坯生产厚度 40～80mm 的低碳奥氏体不锈钢特厚板，并且钢板表面晶粒度与中心晶粒度等级一致，晶粒度在 3 级以上。轧制时轧机至热矫区间的辊道冷却水量控制在 200～250m³，并控制轧辊冷却水流速为 20～35m³/h。粗轧阶段：开轧温度 ≥1110℃，轧制单道次压下率 ≥20%，粗轧阶段表面不除鳞。中间坯厚度为 1.50～2.50t（t 为钢板成品厚度），粗轧阶段终轧温度 ≥1050℃，粗轧结束后钢板空过 2～3 道次，每道次喷轧机除鳞水，轧机除鳞压力 10～15MPa，每道次除鳞时间 5～10s。精轧阶段：开轧温度 ≥980℃，轧制单道次压下率 ≤10%，精轧阶段终轧温度 ≥950℃。

专利 CN114774797A 对连铸坯在初轧机组上轧制，先采用 15% 的道次变形率将铸坯快速轧至目标宽度，然后再轧制到厚度 25～55mm。粗轧过程温度全程控制在 1080℃ 以上，保证钢板有较好的流动性，并且可以防止因钢板四边温度与中心温度相差太大而产生边部缺陷。将初轧机组生产的钢板快速送入精轧机组，保证开轧温度在 1000℃ 以上，轧制过程中全程关闭冷却水保证钢带一直处于高温状态，使钢板具有良好的流动性，所轧钢板能够保持较好的板形，最终轧至目标厚度。液氢容器用奥氏体不锈钢中厚板的组织性能稳定，铁素体含量不大于 3%，低温条件下具有良好塑性和韧性，能够很好地满足液氢容器对不锈钢材料的要求。

通过梳理涉及成分改进、热处理工艺改进、锻轧工艺改进的技术，绘制了火箭发动机用奥氏体低温不锈钢技术发展路线，如图 17-3-5 所示。

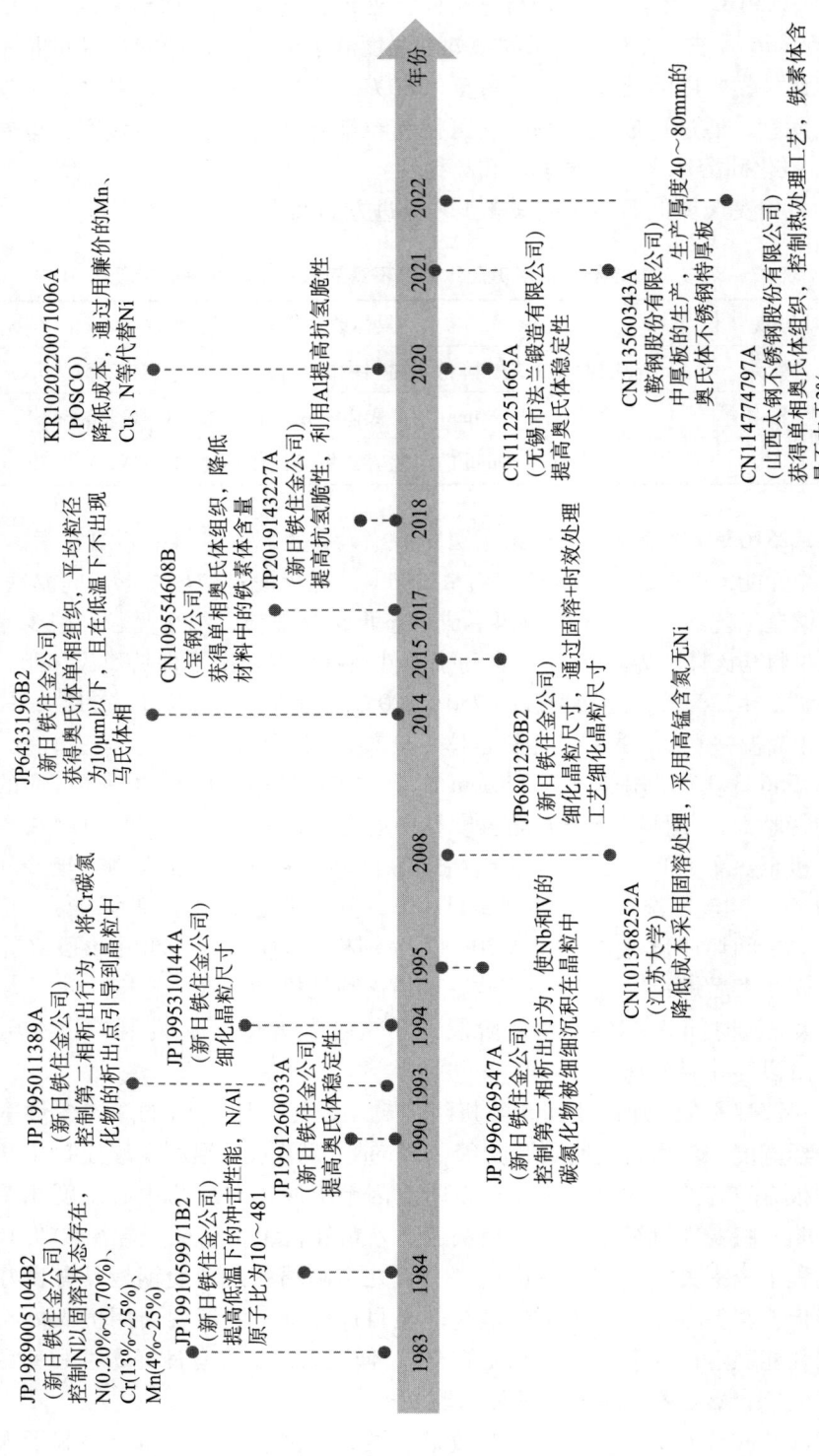

图17-3-5　火箭发动机用奥氏体低温不锈钢技术发展路线

17.4　重要申请人技术路线分析

17.4.1　NPO 公司

　　俄罗斯相关专利或文献的马氏体不锈钢的组成如表 17 – 4 – 1 和表 17 – 4 – 2 所示。需要注意的是，表 17 – 4 – 1 和表 17 – 4 – 2 中的专利 RU2275439C2 是由俄罗斯圣彼得堡国立低温与食品工艺大学于 2003 年申请的，但是 NPO 公司在 2013 年申请的专利 RU2013122646（公开号为 RU2532785C1）中对其进行了引用。其他钢种或专利号均来自 NPO 公司。

表 17 – 4 – 1　火箭发动机用低温钢领域 NPO 公司重要钢种/专利成分分析（一）

钢种/专利号	C	Si	Mn	Y/Ca/Ce	N	Cr
SU1014970A1	0.01% ~ 0.03%	≤0.30%	≤0.50%	Ca（0.01% ~ 0.08%）、Y（0.01% ~ 0.30%）、Ce（0.005% ~ 0.30%）	≤0.04%	9.50% ~ 12.00%
SU1142517A1	0.030%	0.30%	0.40%		0.05%	10.90%
SU1321756A1	0.035%	0.30%	0.40%		0.06%	12.10%
RU2169789C2	0.01% ~ 0.05%	0.20% ~ 0.75%	0.20% ~ 0.90%	Ce（0.001% ~ 0.05%）、Ca（0.001% ~ 0.05%）	0.01% ~ 0.08%	10.00% ~ 13.50%
RU2169790C2	0.01% ~ 0.04%	0.10% ~ 0.75%	0.10% ~ 0.90%	Ca（0.001% ~ 0.05%）、Ce（0.001% ~ 0.05%）	0.01% ~ 0.08%	9.50% ~ 13.50%
RU2275439C2	≤0.05%			Ce（≤0.10%）、Ca（≤0.05%）、Ba（≤0.02%）		11.20% ~ 12.50%
RU2532785C1	≤0.03%	0.05% ~ 0.15%	0.05% ~ 0.15%	Ca（0.001% ~ 0.05%）、Ce（0.001% ~ 0.05%）、Y（0.001% ~ 0.05%）		9.30% ~ 10.50%
RU2535889C1	0.03%					10.50%
ВНС – 25КЛ	≤0.03%				≤0.08%	10.50% ~ 12.00%
ВНС 25 – ВД	≤0.03%				≤0.01%	11.50% ~ 12.50%
VNL – 6	≤0.04%	≤0.50%	≤0.70%			12.00% ~ 13.50%

表 17 −4 −2　火箭发动机用低温钢领域 NPO 公司重要钢种/专利成分分析（二）

钢种/专利号	Ni	Mo	W	V	Nb	Ti	Co
SU1014970A1	7.00% ~ 10.00%	0.50% ~ 1.90%					3.90% ~ 6.00%
SU1142517A1	4.50%	3.90%					8.70%
SU1321756A1	7.80%	1.50%		0.30%			4.50%
RU2169789C2	4.50% ~ 6.00%	4.00% ~ 5.00%		0.03% ~ 0.30%			8.00% ~ 10.00%
RU2169790C2	6.00% ~ 9.00%	0.80% ~ 4.00%	0.02% ~ 0.30%	0.03% ~ 0.30%			2.50% ~ 7.80%
RU2275439C2	7.00% ~ 8.00%	3.70% ~ 4.50%			≤0.50%		5.60% ~ 7.00%
RU2532785C1	7.00% ~ 8.50%	1.20% ~ 3.00%	0.05% ~ 0.20%	0.10% ~ 0.30%	0.05% ~ 0.15%	0.01% ~ 0.08%	3.50% ~ 7.00%
RU2535889C1	8.00%	1.80%		0.30%			4.50%
ВНС − 25КЛ	7.50% ~ 9.00%	0.80% ~ 1.50%					3.00% ~ 4.50%
ВНС 25 − ВД	9.00% ~ 10.30%	0.50% ~ 0.80%				0.15% ~ 0.25%	
VNL − 6	4.00% ~ 6.00%	4.00% ~ 5.00%					8.00% ~ 10.00%

专利 SU1014970A1 公开了一种可焊接耐腐蚀钢，用于生产不需要焊接后热处理的低温焊接结构 （ − 253℃），其成分为：C （0.01% ~ 0.03%）、Cr （9.50% ~ 12.00%）、Ni （7.00% ~ 10.00%）、Mo （0.50% ~ 1.90%）、Co （3.90% ~ 6.00%）、Ca （0.01% ~ 0.08%）、Y （0.01% ~ 0.30%）、V （0.03% ~ 0.30%）、Ce （0.005% ~ 0.30%），其余为 Fe 和不可避免的杂质。杂质可含有：Mn 至多 0.50%、Si 至多 0.30%、N 至多 0.04%、Al 至多 0.20%、P 不超过 0.015%、S 不超过 0.015%，通过 Ce 与 Y 的复合合金化使 − 253℃ 的冲击韧性增大，其与有害物质结合，在晶界表面形成均匀分布的夹杂物，V 的合金化导致组织的细化并防止加热焊接期间的晶粒生长，使得冲击韧性提高并且在焊接加热期间形成裂纹的趋势降低。其在 750℃ 下进行两次淬火，并在 500℃ 下进行时效处理。该钢具有良好的强度和低温冲击韧性。

专利 SU1142517A1 公开了一种可用于低温电力工程的马氏体时效钢的热处理工艺，其可用于 −196℃ 低温电力工程，热处理包括奥氏体化、在马氏体转变开始和结束的温度范围内的冷却和等温保温、稳定回火、冷加工和时效处理，其在奥氏体化温度 50 ~ 350℃以上进行冷却处理，以 40 ~ 150℃/h 的速度冷却至马氏体转变温度，在马氏体转变温度开始以预定速率进行冷却处理，然后在室温下保持 10 ~ 24h，然后在 −70℃进行冷加工，在 500℃保持 3h，其成分为：C（0.03%）、N（0.05%）、Cr（10.90%）、Ni（4.50%）、Co（8.70%）、Mo（3.90%）、Mn（0.40%）、Si（0.30%），余量为 Fe 和不可避免的杂质。

专利 SU1321756A1 公开了一种马氏体时效不锈钢的热处理工艺，其成分为：C（0.035%）、N（0.06%）、Cr（12.10%）、Ni（7.80%）、Co（4.50%）、Mo（1.50%）、V（0.30%）、Mn（0.40%）、Si（0.30%），余量为 Fe 和不可避免的杂质。其采用在 1130℃淬火，然后在 1050℃淬火，在 −70℃下进行深冷处理，分别在 550℃、580℃、600℃保温 4h，然后空冷，再分别以 50℃/h、120℃/h、200℃/h 速度加热到 550 ~ 700℃分散硬化 2h，在 −70℃进行深冷处理，在 500℃下时效 3h。该钢具有良好的强度和低温冲击韧性。

专利 RU2169789C2 公开了一种可用于 −196 ~ 300℃的低温高强度马氏体时效铸造钢，其成分为：C（0.01% ~ 0.05%）、Cr（10.00% ~ 13.50%）、Ni（4.50% ~ 6.00%）、Mo（4.00% ~ 5.00%）、Co（8.00% ~ 10.00%）、Mn（0.20% ~ 0.90%）、Si（0.20% ~ 0.75%）、Ca（0.001% ~ 0.05%）、Ce（0.001% ~ 0.05%）、V（0.03% ~ 0.30%）、N（0.01% ~ 0.08%），余量为 Fe。其通过 V、N 与其他合金元素的微合金化生成 VN，这可以显著减少合金元素的偏析并确保沿着成形铸件的截面的高且均匀的机械性能，在最佳的均质化、硬化、稳定回火、冷处理和老化下获得具有良好性能的钢，其抗拉强度能够在 1300MPa 以上，−196℃冲击韧性为 30kJ/m² 以上。

专利 RU2169790C2 公开了一种马氏体时效钢，可在 −253 ~ 500℃内使用，其成分为：C（0.01% ~ 0.04%）、Cr（9.50% ~ 13.50%）、Ni（6.00% ~ 9.00%）、Mo（0.80% ~ 4.00%）、Co（2.50% ~ 7.00%）、Mn（0.10% ~ 0.90%）、Si（0.10% ~ 0.75%）、V（0.03% ~ 0.30%）、N（0.01% ~ 0.08%）、Ca（0.001% ~ 0.05%）、Ce（0.001% ~ 0.05%）、W（0.02% ~ 0.30%），余量为 Fe。

专利 RU2275439C2 公开了一种 20K 下低温机械工程的耐腐蚀高强钢，其成分为：C（≤0.05%）、Cr（11.20% ~ 12.50%）、Ni（7.00% ~ 8.00%）、Co（5.60% ~ 7.00%）、Mo（3.70% ~ 4.50%）、Nb（≤0.50%）、Ce（≤0.10%）、Ca（≤0.05%）、Ba（≤0.02%），余量为 Fe，热处理后奥氏体的体积分数为 30% ~ 35%，余量为马氏体，其最终能够达到良好的强度和冲击韧性。

专利 RU2532785C1 公开了一种可在 20 ~ 723K 使用的电力工程使用的马氏体时效钢，其成分为：C（≤0.03%）、N（≤0.02%）、Cr（9.30% ~ 10.50%）、Ni（7.00% ~ 8.50%）、Mo（1.20% ~ 3.00%）、Co（3.50% ~ 7.00%）、V（0.10% ~ 0.30%）、W（0.05% ~ 0.20%）、Mn（0.05% ~ 0.15%）、Si（0.05% ~ 0.15%）、Ca（0.001% ~ 0.05%）、Ce（0.001% ~ 0.05%）、Nb（0.05% ~ 0.15%）、Ti（0.01% ~ 0.08%）、Y（0.001% ~ 0.05%），其余为 Fe。其可用于带有低温推进剂组件的液体推进剂火箭发动机（LPRE）装置的可拆卸法兰接头的弹性金属密封件，其通过 V、W 的添加以及 0.05% ~

0.15% 的 Nb、0.01% ~0.08% 的 Ti 的合金化，能够降低 C 在固溶体中的迁移，防止生成不需要的二次硬化相 $Cr_{23}C_6$，此外，Nb 和 Ti 提高了奥氏体相的再结晶温度范围，从而保持相硬化和二次（回复）奥氏体的高强度，Mn、Si、Ca、Ce 和 Y 的添加剂是冶炼过程中对熔体进行高质量脱氧、精炼和改性所必需的。掺杂 0.001% ~0.05% 的 Y 可以进一步清除晶界中的有害杂质，并细化金属的初始晶体结构，其采用该领域常见的真空感应炉中熔炼，然后进行真空电弧重熔，然后采用热循环模式进行热处理，但并未公开相应的热处理工艺。其在说明书内容部分引用了专利 RU2275439C2。

专利 RU2535889C1 公开了一种耐腐蚀马氏体时效钢的热处理方法，其可用于 20 ~ 723K 的环境范围，其方法为：包括高温奥氏体化、热塑性变形、加热和等温均匀化范围完成 α→γ 相变，低温奥氏体化，淬火和时效，等温均匀化处理是在 A_{C1} 线以上 20 ~60℃，低温奥氏体化是在 A_{C3} ~ （A_{C3} + 30℃），在 −70℃ 进行深冷处理，其热轧温度为 950 ~1150℃，通过该申请的热处理形成至析出硬化马氏体板条批次之间的稳定奥氏体薄层的25%。在这种情况下热稳定机理是基于在奥氏体相中的镍富集扩散逆 α→γ 马氏体与正常（扩散）变换的特征的流动。此外，为了稳定奥氏体相的贡献有助于引起在 FCC→BCC 多态性变的体积变化马氏体奥氏体晶体之间的分散性和弹性压缩应力层。

2013 年诺维科夫（наук В. И. Новиков）等人发表了期刊文章"VNL−6 高强度铸钢在液体火箭发动机焊接结构中的应用与开发"，记载了一种应用于高载荷和酸性环境使用的液氧煤油发动机 RD170 焊接结构使用的高强度耐蚀马氏体硬化钢，其成分为：Cr（12.00% ~13.50%）、Ni（4.50% ~6.00%）、Co（8.00% ~10.00%）、Mo（4.00% ~5.00%）、C 不超过 0.04%、Mn 不超过 0.70%、Si 不超过 0.50%、S 不超过 0.02%、P 不超过 0.02%，其采用 1130℃ 退火处理，在 −70℃ 进行深冷处理，加热到 1050℃ 进行固溶处理，冷却到 600℃，然后在 −70℃ 进行深冷处理，在 330℃ 时效（K125 类）和 490℃ 时效（K135 类）。其通过不同的时效温度获得两种不同力学性能的 K125 钢和 K135 钢，对于由 VNL−6 获得 K125 钢可以推荐用于低温（氧）管道的焊接结构中，并在焊接后完成热处理，其可用于液体火箭发动机机常温焊接结构的使用。

2019 年诺维科夫等人发表了期刊文章"关于在液体火箭发动机焊接结构上使用 VNS−25KL 铸钢"，其中记载了 2 种马氏体−奥氏体不锈钢，其中 VHS−25KL （ВНС−25КЛ）的成分为：Cr（10.50% ~12.00%）、Ni（7.50% ~9.00%）、Mo（0.80% ~1.50%）、Co（3.00% ~4.50%）、C 不超过 0.03%、N 不超过 0.08%。ВНС25−ВД（NC25−VD）的成分为：Cr（11.50% ~12.50%）、Ni（9.00% ~10.30%）、Mo（0.50% ~0.80%）、Ti（0.15% ~0.25%）、C 不超过 0.03%、N 不超过 0.01%。成分上采用不超过 0.03% 的 C 以防止形成 $M_{26}C_3$ 碳化物的形成，相对于 ВНС25−ВД，该专利采用 Co、Mo 微合金化可以降低 Cr、Ni 的添加量，未公开制备工艺，热处理工艺上采用循环热处理工艺使其具有良好的低温强度、冲击韧性和良好的焊接性能，使得液氧火箭发动机的焊接结构无须焊接后的热处理，可用于现代氧煤油火箭液氧用钢（煤气总管、进气管，凸轮摆动部件）。

以上是以诺维科夫为主要发明人在低温超高强度不锈钢研发技术路线。在 20 世纪

90 年代以前，主要是研究马氏体钢的低温性能，其研究的都是在超低温环境的使用情况：如专利 SU1014970A1 主要是研究在 − 253℃ 使用环境的冲击韧性，专利 SU1142517A1、SU1321756A1 主要研究在 −196℃下使用的马氏体时效钢的热处理工艺。进入 20 世纪 90 年代以后，从 1998 ~ 2013 年，开始研究在一定温度范围内使用的马氏体时效钢，如专利 RU2169789C2 主要研究 − 196 ~ 300℃ 的使用范围，专利 RU2169790C2 主要研究 − 253 ~ 500℃ 的使用范围，专利 RU2532785C1、RU2535889C1 主要研究 20 ~ 723K 的使用范围。相对于 20 世纪 90 年代以前，1998 年以后研究的钢不仅扩展了温度范围，同时在抗拉强度也得到了较大的提升，专利 RU2275439C2、RU2532785C1 的抗拉强度都达到 1900MPa，这样有力提高了液体火箭发动机的载荷和稳定性，专利 RU2275439C2、RU2532785C1 的成分与早期成分差异不大，但是专利 RU2275439C2、RU2532785C1 并未公开相应的热处理工艺，其应该是在热处理工艺上进行了改进。2013 年以后未申请相应专利，分别在 2013 年和 2019 年在俄罗斯同一期刊上分别发表了"VNL − 6 高强度铸钢在液体火箭发动机焊接结构中的应用与开发""关于在液体火箭发动机焊接结构上使用 VNS − 25KL 铸钢"。

17.4.2 钢铁研究总院

为解决中国新一代大型火箭发动机关键用材，钢铁研究总院研制了 S − 03、S − 07、S − 06、S − 04 和 S − 08 五种钢，并于 2003 年进行了科技成果登记，钢铁研究总院联合中国人民解放军总装备部技术基础管理中心、西安航天动力研究所、冶金工业信息标准研究院、攀钢集团江油长城特殊钢公司、西安航天发动机厂有限公司、中国航天标准化研究所起草了中华人民共和国国家军用标准《GJB 7960 − 2012 火箭用不锈钢热轧（锻）棒材规范》《GJB 7961 − 2012 火箭用不锈钢铸造母合金规范》《GJB 7962 − 2012 火箭用不锈钢热挤压管材规范》《GJB 7963 − 2012 火箭用不锈钢热轧板材规范》《GJB 7964 − 2012 火箭用不锈钢焊丝规范》5 项军用标准。

专利方面，钢铁研究总院于 2009 年开始低温钢的申请，2009 ~ 2012 年主要针对 9Ni 钢的成分和工艺进行改进，使其具有良好的 −196℃ 的冲击韧性，能够满足 LNG 储罐、LNG 输送网管等低温钢结构和液化、气化等低温装备的使用需求。

2009 年申请的专利 CN101705433B 是针对 9Ni 钢进行的改进，其涉及一种 −196℃ 超低温抗震结构钢，其成分为：C（0.02% ~ 0.10%）、Si（0.10% ~ 0.25%）、Mn（0.30% ~ 0.80%）、Ni（6.50% ~ 12.50%）、Cr + Mo + Cu（≤0.50%）、Nb + V + Ti（≤0.05%）、Als（0.02% ~ 0.04%）、S（≤0.005%）、P（≤0.015%）、O + N（≤0.008%），余量为 Fe 和不可避免的杂质，而且要满足 $9.25\% \leqslant Ni + 25C \leqslant 11.25\%$、$11\% \leqslant Ni + 5Mn \leqslant 13\%$。钢的微观组织形态是由块状铁素体、回火马氏体和奥氏体构成的多相组织，且各组元的含量分别为 6% ~ 14%、65% ~ 80%、15% ~ 20%，同时 Ni 在各组元中的含量相应地依次为 2% ~ 7%、4% ~ 12%、15% ~ 20%。为了形成这种多相组织形态，本质上要对具有上述化学成分特征的钢板采用高温淬火 + 低温淬火 + 回火的调质热处理。经高温淬火处理后，生成均匀细小的一次淬火马氏体组织；经低温

淬火处理后，生成由贫 Ni 区构成的块状铁素体和富 Ni 区构成的二次淬火马氏体；经回火处理后，块状铁素体保留，二次淬火马氏体一部分回火，形成回火马氏体，另一部分转变成热稳定性高的奥氏体。经上述两次淬火 + 回火的调质热处理以后，最终在钢中形成由块状铁素体、回火马氏体和奥氏体构成的多相组织，且各组元的含量可以通过调整低温淬火温度和回火温度来控制。

2012 年申请的专利 CN102586683B 也是针对 9Ni 钢进行的改进，其成分为：C（0.02% ~ 0.10%）、Si（0.01% ~ 0.20%）、Mn（0.50% ~ 0.75%）、P（≤0.010%）、S（≤0.004%）、Ni（8.50% ~ 9.50%）、Al（0.005% ~ 0.04%）、Ti（0.005% ~ 0.04%）、O（0.0005% ~ 0.003%）、N（0.001% ~ 0.012%）、Ca（0.0005% ~ 0.004%）、Cu（0.001% ~ 1.50%）、Mo（0.001% ~ 0.16%），余量为 Fe。其采用了两种不同的热处理工艺，一种是在钢板出水后的热处理工艺中，采用临界淬火与回火工艺进行热处理，将钢板在 630 ~ 720℃ 保温 1 ~ 4h，出炉后在辊压式淬火机上淬火，然后在 500 ~ 600℃ 回火 2 ~ 8h，出炉后空冷或水冷。另一种是在钢板出水后的热处理工艺中，采用单相区淬火、临界淬火和回火工艺进行热处理，钢板在 800 ~ 850℃ 保温 1 ~ 4h，出炉后在辊压式淬火机上进行第一次淬火，接着将钢板在 630 ~ 720℃ 保温 1 ~ 4h，出炉后在辊压式淬火机上进行第二次淬火，然后在 500 ~ 600℃ 回火 2 ~ 8h，出炉后空冷或水冷。

对于低温不锈钢的研发，钢铁研究总院为了解决中国新一代大型火箭发动机关键用材而研制了 S−03、S−07、S−06、S−04 和 S−08 五种钢，并于 2003 年对这 5 种钢进行了成果鉴定，并跟其他几所航空科工单位起草了 5 项军用标准，前三种为变形材，后两种为铸造合金。其中 S−03、S−07、S−04 和 S−08 可用于液氧系统（−183℃），S−03 还可用于液氢系统（−253℃），S−06 可用于煤油系统和推力室。这些钢的设计特点是，使钢的组织尽可能处于马氏体−奥氏体两相区附近，并保留一定量的奥氏体，从而使钢既有较高的强度，又有较好的低温韧性，有的还加入少量时效强化元素，以进一步提高钢的强度，上述钢的另外一个特点是具有优异的工艺性能，变形材可生产锻件、棒材、板材、管材和丝材，铸造合金可用于铸造大型薄壁铸件，并具有良好的可焊性和机加工性能。

为进一步厘清技术路线，下文选择专利、非专利技术相结合的方式。

①1998 年，攀钢集团江油长城特殊钢公司第一钢厂在《四川冶金》第 6 期上发表文章 "S−03、S−06 不锈无缝钢管的生产试制"，其是承接西安航天动力研究所对 S−03、S−06 的生产试制任务。②四川川投长城特殊钢股份有限公司第三钢厂于 2000 年在《四川冶金》第 1 期发表文章 "影响 S−07 不锈钢力学性能和冷加工性能的因素"。③中国航天科技集团公司六院 7103 厂等于 2000 年在《航天工艺》第 2 期上发表文章 "S−07 钢热处理工艺研究"。④钢铁研究总院、四川川投长城特殊钢股份有限公司第三钢厂于 2003 年在《钢铁研究学报》第 6 期上发表文章 "S−04 马氏体时效不锈钢析出相的热力学计算及强化工艺的优化"。⑤西安航天发动机厂有限公司于 2004 年在《火箭推进》第 5 期上发表文章 "S−08 钢真空熔模精密铸造工艺研究"；北京航空航天大学于 2009

年、2010 年在《北京航空航天大学学报》第 10 期、第 4 期上分别发表文章"S06 钢疲劳性能及其概率特性""超声振动载荷下 S06 钢的长寿命疲劳性能"，并在 2011 年《材料工程》第 2 期上发表文章"超声疲劳试验方法对 S06 钢疲劳性能及裂纹萌生机制的影响"。⑥西安航天发动机厂有限公司 2012 年在《火箭推进》第 3 期上发表文章"S－03 钢渗氮层裂纹分析与控制"。⑦攀钢集团江油长城特殊钢有限公司于 2015 年在《钢管》第 1 期上发表文章"攀钢集团江油长城特殊钢有限公司生产的航天用 S－03 冷拔钢管通过检验"，并在 2016 年《特钢技术》第 4 期上发表文章"简析改善 S－07 锻材探伤问题工艺措施"。⑧西安航天发动机厂有限公司于 2016 年在《火箭推进》第 1 期上发表文章"酸洗工艺对铸钢 S－04 和 S－08 氢脆倾向性影响"。⑨华中科技大学于 2016 年在《激光与光电子学进展》第 11 期上发表文章"激光选区熔化成形 S－04 钢的组织及性能"。⑩西安航天发动机有限公司于 2020 年在《火箭推进》第 1 期上发表文章"S－03 钢渗氮面点蚀机理与钝化工艺优化"，并在 2020 年《精密成形工程》第 3 期上发表文章"S－07 钢在高压充气阀芯中的替代应用研究"。⑪中国空气动力研究与发展中心、中科院金属所等在 2020 年《锻压技术》第 10 期上发表文章"某低温风洞 S03 钢弯刀热推弯成形工艺"。⑫武汉重型机床集团有限公司 2021 年在《第三届金属加工工艺创新论坛论文集》上发表文章"S03 不锈钢铣削工艺分析"；中南林业科技大学材料表界面科学与技术湖南省重点实验室、西安航天动力研究所 2022 年在《润滑与密封》上发表文章"端面密封材料 S－07 不锈钢滑动摩擦学行为的分子动力学模拟"。可见从 1998～2022 年，国内生产、科研单位一直在持续围绕 S－03、S－07、S－06、S－04 和 S－08 这五种钢进行相关的研究。

检索发现在 2003～2015 年，钢铁研究总院及其他 6 家联合制定军用标准的生产、科研机构并未申请相关专利。钢铁研究总院从 2016 年开始申请超高强度低温马氏体不锈钢的专利，其 2016 年申请的专利 CN105779901B 涉及一种深海低温工程用高强度不锈钢及其制造方法，其成分为：C（<0.05%）、Cr（12.20%～13%）、Ni（8.00%～8.50%）、Mo（2.10%～2.50%）、Al（<0.30%）、N（<0.0015%）、Si（<0.10%）、Mn（<0.01%）、P（<0.005%）、S（<0.001%），余量为 Fe 及不可避免的杂质。热处理方法采用淬火＋深冷＋时效处理，具体工艺如下：淬火温度为 920～950℃，保温时间 1～2h，空冷或油冷至室温；深冷温度为 0℃，保温时间 1～2h，空冷至室温；时效温度为 450～520℃，保温时间为 4～6h，空冷到室温。创新的合金体系设计与制造工艺配合，该钢在保持较高室温强度的同时兼顾了极为优异的低温韧性与耐蚀性配合。在室温抗拉强度达到 1200MPa，屈服强度达到 1100MPa，延伸率超过 19%，断面收缩率超过 70% 的前提下，该钢的室温夏比 V 型冲击功达到 250J 以上，－100℃冲击功仍保持在 210J 以上。虽然该钢的低温韧性只记载了－100℃冲击功仍保持在 210J 以上，但是其强度达到超高强度要求，可以作为火箭用低温超高强钢的研发方向。

钢铁研究总院于 2018 年申请的专利 CN108588582B，涉及一种低温服役环境下 3D 打印用高强度不锈钢粉末及制备工艺，其通过合金成分、制粉工艺、打印工艺以及配套的热处理工艺设计，制造出一种低温服役环境下 3D 打印用高强不锈钢粉末，以解决国内增材制造领域，特别是低温服役环境下高品质金属粉末耗材的选材瓶颈问题。相比于传统不锈钢金属粉末化学成分而言，该发明添加了合金元素 Mo、V、Co，同时控制了极低的 O、N 含量，将满足成分配比的金属粉末作为选择性激光熔化（SLM）的粉末耗材进行力学性能标准件打印，配合相关热处理工艺后，打印件具备了十分优异的综合力学性能：在室温抗拉强度达到 1300MPa，屈服强度达到 1250MPa，延伸率超过17%，断面收缩率超过 70% 的前提下，该钢的室温夏比 U 型冲击功达到 160J 以上，-196℃ 冲击功仍保持在 80J 以上。

2021 年申请的专利 CN113186462B，涉及一种 1300MPa 级别超低温用高强度马氏体时效不锈钢及韧化热处理方法，其成分为：C（≤0.03%）、Mn（≤0.70%）、Si（≤0.50%）、Cr（10.50%~12.00%）、Ni（7.50%~9.00%）、Co（4.00%~5.50%）、Mo（1.80%~2.20%）、V（≤0.30%）、Ti（0.01%~0.05%）、Nb（0.01%~0.05%），余量为 Fe 和不可避免的杂质。采用 VIM + VAR 或 VIM + ESR 进行熔炼，热处理前进行锻造。热处理的工艺步骤是：①锻坯经加热炉加热到 950℃~1000℃，保温 30~60min后空冷；②随后再加热保证在 730℃~750℃ 保温 1~2h 后空冷；③随后进行 -90~-50℃保温 1~2h 的冷处理；④最终进行 400~550℃ 时效处理时效时间 1~5h。经完整热处理后，平均晶粒尺寸细化到 50~80μm，室温抗拉强度提升到 1300~1350MPa，屈服强度提升至 1250~1300MPa，液氮 U 型冲击功提升至 100~110J，液氮 V 型冲击功提升至 80~90J。

钢铁研究总院有限公司与攀钢集团江油长城特殊钢有限公司于 2022 年联合申请的专利 CN114574777A，涉及一种超低温服役环境用高强韧不锈钢大钢锭及其制备方法，主要面向国家航天低温工程的材料设计需求。其通过控制低 Al、Ti 含量和新增 N、H、O 气体含量控制，设计全新成分材料，并配合后续的热处理，实现材料室温和 -192℃高强高韧性能匹配。该发明中真空冶炼锭型扩展到 Φ840mm，真空自耗锭型 Φ920mm，且自耗锭重 ≥10.50t，满足工程用单张板材规格尺寸要求。该发明开发 12t VIM + 12tVAR 冶炼的技术，冶炼大截面 Φ920mm 钢锭，在保证双真空双联冶炼超低氮含量控制和超纯低偏析冶炼控制的基础上，确保锭重 ≥10.50t，满足工程用单张板成品用锭要求，确保成品偏析组织、非金属夹杂、-196℃ 冲击韧性和力学性能，以及超声波探伤等满足低温工程规范要求。

2022 年申请的专利 CN114959494A，涉及一种 1400MPa 级增材制造超低温不锈钢，其成分为：C（≤0.03%）、Mn（≤0.03%）、Si（≤0.50%）、Cr（10.50%~12.00%）、Ni（7.50%~9.00%）、Co（4.00%~5.50%）、Mo（1.80%~2.20%）、V（≤0.10%）、Ti（0.02%~0.10%）、Al（≤0.01%）、N（≤40ppm）、H（≤2ppm）、O（≤20ppm）、P（≤0.01%）、S（≤0.003%），余量为 Fe 和不可避免的杂质。采用增材制造的工艺制备超低温不锈钢。增材制造材料热处理工艺步骤主要包括增材制造后的零部件，需经过低温固溶 + 深冷处理 + 时效的热处理工艺：固溶温度为 730~750℃，固溶时间为 1~2h；冷处理制度为 -80~-70℃，冷处理时间为 2~5h，时效温度为 480~520℃，时效时间为 3~5h，最后空冷至室温。通过利用 Ti 元素代替 Al 元素作为母合金脱氧剂，可将选区激光熔化条件下制备样品中氧化物尺寸由平均 80nm 降低至平均 20nm，显著降低氧化物对材料冲击性能的影响，且产生氧化物弥散强化效果，进一步提高材料强度。该材料仅需匹配低温固溶热处理制度，制备的零部件就可获得优异室温强度（Rm≥1400MPa）和低温 -193℃韧性（Ku2≥80J）匹配。

2022 年申请的专利 CN114959493A，涉及一种面向氧化物无害化增材制造超低温高强韧不锈钢。解决了由于 LMD 增材制造熔池大、冷速低，所形成的氧化物颗粒在凝固过程中形成大颗粒氧化物，极大削弱了增材制造组织强韧性等问题。该不锈钢制备主要步骤包括：①采用 VIM + VAR 或 VIM + ESR 进行熔炼获得高洁净度母合金；②采用等离子旋转电极法（PREP）制粉；③采用 LMD 对零部件进行增材制造；④对增材后材料进行热处理。增材制造材料热处理工艺步骤主要包括高温固溶 + 低温固溶 + 深冷 + 时效。其中，高温固溶温度区间为 1000 ~ 1200℃，低温固溶温度为 730 ~ 780℃，冷处理制度为 -193 ~ -50℃，时效温度为 480 ~ 520℃，最后空冷至室温。发明材料沉积态组织中胞状尺寸可细化至 5 ~ 15μm，室温抗拉强度提高至 1200 ~ 1350MPa，屈服强度提升至 1100 ~ 1250MPa，液氮 U 型冲击功提高至 60 ~ 90J。

表 17 - 4 - 3　火箭发动机用低温钢领域钢铁研究总院重要钢种专利成分分析（一）

钢种/专利号	C	Si	Mn	S	P	Cr	Ni
S - 03	≤0.03%	≤0.15%	≤0.15%	≤0.006%	≤0.008%	11.50% ~ 12.50%	9.00% ~ 10.30%
S - 06	0.05% ~ 0.08%	≤0.60%	≤0.60%	≤0.01%	≤0.015%	13.50% ~ 15.00%	5.20% ~ 5.70%
S - 04	≤0.04%	≤0.50%	≤0.70%	≤0.01%	≤0.012%	12.50% ~ 13.50%	4.50% ~ 6.00%
S - 08	≤0.08%	≤0.75%	≤0.90%	≤0.01%	≤0.012%	13.00% ~ 15.00%	6.00% ~ 8.50%
S - 07	0.05% ~ 0.09%	≤0.80%	≤0.70%	≤0.015%	≤0.030%	15.50% ~ 17.50%	5.00% ~ 8.00%
CN105779901B	<0.05%	<0.10%	<0.01%	<0.001%	<0.005%	12.20% ~ 13.00%	8.00% ~ 8.50%
CN108588582B	≤0.02%	≤0.50%	≤0.50%	≤0.003%	≤0.01%	10.00% ~ 12.50%	7.50% ~ 9.50%
CN113186462B	≤0.03%	≤0.50%	≤0.70%	—	—	10.50% ~ 12.00%	7.50% ~ 9.00%
CN114574777A	≤0.03%	≤0.15%	≤0.15%	≤0.004%	≤0.006%	11.50% ~ 12.50%	9.00% ~ 10.50%
CN114959494A	≤0.03%	≤0.50%	≤0.03%	≤0.003%	≤0.01%	10.50% ~ 12.00%	7.50% ~ 9.00%

表17 −4 −4　火箭发动机用低温钢领域钢铁研究总院重要钢种专利成分分析（二）

钢种/专利号	Mo	W	V	Nb	Cu	Ti	Al	Co
S – 03	0.50% ~ 0.80%					0.15% ~ 0.25%	≤0.20%	
S – 06	0.80% ~ 1.00%	0.70% ~ 1.00%	0.15% ~ 0.25%	0.08% ~ 0.25%	≤0.25%	0.15% ~ 0.25%	≤0.20%	
S – 04	4.00% ~ 5.00%							8.00% ~ 9.00%
S – 08	0.50% ~ 1.00%							
S – 07								
CN105779901B	2.10% ~ 2.50%						<0.30%	
CN108588582B	2.50% ~ 3.50%		0.05% ~ 0.15%					4.00% ~ 6.00%
CN113186462B	1.80% ~ 2.20%		≤0.30%	0.01% ~ 0.05%		0.01% ~ 0.05%		4.00% ~ 5.50%
CN114574777A	0.50% ~ 0.80%					0.08% ~ 0.15%	0.06% ~ 0.12%	
CN114959494A	1.80% ~ 2.20%		≤0.10%			0.02% ~ 0.10%	≤0.01%	4.00% ~ 5.50%

从表17 −4 −3、表17 −4 −4 和表17 −4 −5 可以看出，钢铁研究总院从2018 年申请的超高强度低温马氏体不锈钢专利都是在其2003 年成果鉴定的5 个钢种基础上进行的改进，其对C 含量进行降低，使其处于超低碳钢（C <0.05%），主要调整合金元素Cr、Ni、Co 的含量，在热处理工艺上普遍采用固溶 + 深冷 + 时效的热处理工艺，与现有技术路线相同，主要是通过调整热处理的工艺参数来对其进行改进和研发。在制备工艺上，钢铁研究总院采用增材制造的方式制备超高强度低温马氏体不锈钢，增材制造对钢的成分要求较高，其要求N、O、H 都必须处于一个极低的含量范围以保证增材制造的效果。

表 17 - 4 - 5　火箭发动机用低温钢领域钢铁研究总院重要专利技术分布

公开号	申请日	名称	解决问题	平均被引用次数
CN101705433B	2009 年 9 月 29 日	- 196℃ 超低温抗震结构钢	在 - 196℃ 超低温服役环境下具有低屈强比、高均匀延伸率、高强度和高韧性等优异的抗震综合力学性能	29
CN113186462B	2021 年 4 月 20 日	超低温用高强度 Cr - Ni - Co - Mo 不锈钢及韧化热处理方法	在提高材料强度的同时,大幅改善超低温韧性	1

17.4.3　JFE 公司

JFE 公司在奥氏体低温钢和马氏体低温钢的研发上各有侧重,专利其中有 19 项专利是针对奥氏体低温钢进行的改进,11 项专利是针对马氏体低温钢进行的改进。

(1) 针对奥氏体低温钢的改进

主要是针对典型牌号 20Mn23Al 的改进,有 17 项专利是针对 20Mn23Al 的改进,针对 20Mn23Al 的成分改进有一个特点就是添加 Cr 并降低 Al 含量或者不添加 Al。在制备工艺上,由于钢板轧制前一般都属于奥氏体组织状态。因此,针对奥氏体低温钢几乎不采用热处理工艺。

另外 2 项专利是针对典型牌号 15Mn26Al4 的改进,其主要是提高 Cr 含量并配合控制 Ti、Nb、Ca 等合金化元素以达到改善低温韧性的目的,也无典型的热处理工艺。如专利 JP7024877B2 涉及一种钢材,其成分为:C (0.10% ~ 0.70%)、Si (0.05% ~ 1.00%)、Mn (20.00% ~ 40.00%)、P (<0.03%)、S (<0.005%)、Al (0.01% ~ 5.00%)、Cr (0.50% ~ 7.00%)、N (<0.05%)、O (<0.005%)、Ti (<0.005%)、Nb (<0.005%),含有选自 Ca (0.0005% ~ 0.01%)、Mg (0.0005% ~ 0.01%)、REM (0.001% ~ 0.02%) 中的一种以上。Cr 能提高晶界强度,对提高低温韧性有效。通过将 Ti 和 Nb 的含量分别抑制在 0.005% 以下,能够消除上述碳氮化物的不良影响,确保优异的低温韧性和延展性。Ca 能控制夹杂物形态,控制夹杂物的形态是指将膨胀的硫化物基夹杂物转变为粒状夹杂物,通过控制夹杂物的形态提高延展性、韧性和抗硫化物应力腐蚀开裂性。

(2) 针对马氏体低温钢的改进

JFE 公司的研发比较单一,只针对 9Ni 钢进行了研发改进,其中 6 项专利未对成分改进,其只是从热处理方式及参数进行了改进,4 项专利是基于成本考虑,降低 Ni 含量并改进热处理方式及工艺参数。

对于 9Ni 钢的热处理,该领域常见的主要有 4 种:①正火 + 正火 + 回火,第一次正火加热至900℃左右保温一段时间空冷，第二次正火加热至790℃左右保温后空冷，然后在565～605℃回火急冷；②淬火+回火，加热至800～925℃奥氏体化一段时间后水淬或油淬，然后在565～635℃回火急冷；③淬火+两相区淬火+回火，完全奥氏体化淬火后，再加热到A_{c1}～A_{c3}的临界区保温一段时间并再次淬火，最后再加热到相应的温度进行回火。通过该工艺可以使9Ni钢的低温韧性得到显著提高，同时也能抑制回火脆性，两相区温度一般在630～700℃或640～710℃；④正火+回火工艺。

专利JP4710488B2涉及一种低温韧性优异的9Ni钢的制造方法，其成分为：C（0.03%～0.10%）、Si（0.05%～0.50%）、Mn（0.20%～1.00%）、Ni（7.00%～10.00%），余量为Fe和不可避免的杂质。热轧后直接加热至A_{c3}～850℃，然后进行淬火，淬火后再加热至A_{c3}－80℃～A_{c3}－20℃范围进行淬火，最后在500～600℃范围内保持和回火。可见其并没有对成分进行改进，而是采用淬火+两相区淬火+回火的热处理方式对9Ni钢进行改进。

专利US20220154303A1涉及一种可用于LNG储罐低温环境中的结构钢板，其成分为：C（0.01%～0.15%）、Si（0.01%～1.00%）、Mn（0.10%～2.00%）、P（<0.010%）、S（<0.005%）、Al（0.002%～0.1%）、Ni（5.00%～10.00%）、N（0.001%～0.008%），余量为Fe和不可避免的杂质。作为热处理，优选在进行热轧后进行回火处理，也可以进行淬火+回火处理、临界间淬火后+回火处理和淬火－临界间淬火－回火处理。

专利WO2022118592A1涉及一种具有优异低温韧性的低温用钢板，其成分为：C（0.01%～0.15%）、Si（0.01%～0.50%）、Mn（0.05%～0.60%）、Ni（6.00%～7.50%）、Cr（0.01%～1.00%）、Mo（0.05%～0.50%）、P（<0.03%）、S（<0.005%）、N（0.001%～0.008%），余量为Fe和不可避免的杂质。其降低Ni的含量范围并添加一定量的Cr、Mo。Mo与Cr同样是能够提高钢板的强度而不显著损害低温韧性的元素。依次进行以下7个工序来适当地制造：①钢材的加热，加热至900～1200℃；②热轧；③第一次加速冷却；④两相区加热，热轧钢板的组织的一部分从贝氏体和/或马氏体逆相变，形成具有C、Ni、Mn的合金富集相的奥氏体混合组织；⑤二次加速冷却；⑥回火，温度范围在500～650℃；⑦风冷。

17.5 本章小结

马氏体低温钢成分相对比较简单，为了提高低温韧性或将其使用到更低的温度范围内，采用提高Ni的含量，并配合使用淬火+中间热处理+回火或者淬火+二次淬火+中间热处理+回火以达到改善低温韧性的目的。为了降低9Ni钢的制造成本，可以采用其他元素部分替代Ni的使用，而最常用的替代合金元素一般为Cr、Mo。从上述分析可知，专利文献中对于成分的改进远远小于热处理工艺的改进，后续的研发过程中可以关注于对热处理工艺的改进。

近年来，奥氏体低温钢的相关专利申请数量快速增长，且目前主要的研究热点集中在提高奥氏体低温钢的低温冲击韧性，以及在保证低温冲击韧性的同时提高强度。

在提高低温冲击韧性方面，成分改进的设计思路主要包括提高固溶效果、稳定奥氏体结构、奥氏体晶界的碳化物覆盖范围等，各项专利给出了明确的改进方向，有助于在此基础上作进一步的研发。在提高强度方面，多种元素均会影响其强度，且作用机理研究较为成熟，研究重点集中在如何通过含量控制，从而在保证低温冲击韧性的同时提高强度。然而也有不少专利只是笼统地提及具体的手段，并没有提及具体的思路，如各组分的含量满足一定的关系式，需要研究人员进一步挖掘。通过改进冶炼工艺、锻轧工艺以及热处理工艺来提高低温冲击韧性的专利较少，相关企业可以加大工艺改进的研发和布局。

对于奥氏体低温不锈钢的成分改进，基于控制 N 以固溶状态存在、控制非金属夹杂物的含量、提高低温下的冲击性能、控制第二相析出行为、降低成本、获得单相奥氏体组织、提高奥氏体稳定性、细化晶粒尺寸、高强度和高韧性、提高抗氢脆性等多种方式展开。在热处理工艺改进上，普遍还是采用固溶处理的方式进行，改进的目的主要是围绕控制第二相析出行为、降低成本、获得单相奥氏体组织、提高奥氏体稳定性、细化晶粒尺寸、获得高强度和高韧性展开。锻轧工艺改进上，目前改进目的主要是围绕如何获得单相奥氏体组织，在厚板的生产如何使钢板表面晶粒度与中心晶粒度等级一致，且晶粒度在 3 级以上。

从重要申请人研发上看，俄罗斯的 NPO 公司专利布局较早，近年来专利申请不多。中国的钢铁研究总院虽然专利申请较晚，但早在 2003 年已进行了低温钢相关科技成果登记，并牵头起草军工标准，对比其专利和军工标准范围可以看出，专利申请中的钢种是在军工标准钢种基础上进行的改进，在热处理工艺上普遍采用固溶 + 深冷 + 时效的热处理工艺，与现有技术路线相同，主要是通过调整热处理的工艺参数来对其进行改进和研发。在制备工艺上，钢铁研究总院开始采用增材制造的方式制备超高强度低温马氏体不锈钢。JFE 公司主要针对传统典型低温钢进行改进，重点用于 LNG 储罐领域，成分工艺改进可以作为低温钢提高耐低温性能借鉴的基础。

第 18 章　火箭发动机用钢结论与建议

18.1　结论

日本申请人虽然在马氏体高强度不锈钢和耐液氧液氢低温钢方面的申请量较大，但日本并不是传统的火箭发动机用钢的生产大国、生产强国，比如其耐低温钢（-183℃以下）大部分涉及 LNG 储存相关容器用钢，这与火箭发动机用钢在领域上有一定区别。

对于公认的航空航天强国，其明确涉及火箭发动机用钢的专利特别少，这可能是因为它们普遍采取了技术秘密的方式来进行保护。比如美国是典型的航空航天强国，但是其涉及耐低温钢（-183℃以下）的专利申请很少，如果使用液氧、液氢、火箭等关键词，则查询不到相关的专利技术。另外，长期以来一直为美国供应火箭发动机的俄罗斯 NPO 公司，其涉及耐低温钢（-183℃以下）的同时还提及液氧、液氢、火箭等关键词的专利文献只有 6 篇，而且这些专利距今也有 10 年了，即从 2013 年后的近 10 年都没有继续申请相关专利技术。

中国申请人在第三代马氏体高强度不锈钢、耐低温火箭发动机用钢上都有一定的实力。而且展现了多样化的第三代马氏体高强度不锈钢成分设计趋势、热处理工艺趋势。钢铁研究总院在耐低温火箭发动机用钢上与 NPO 公司在成分设计趋势、热处理工艺趋势一致。

18.2　建议

（1）马氏体高强度不锈钢

第一代、第二代马氏体高强度不锈钢技术相对比较成熟，当前研发热点以第三代马氏体高强度不锈钢为主。统计分析发现，第三代马氏体高强度不锈钢研发方向有以下五类，第一类是以日本制铁株式会社为代表的"中低 C 高 Mn 高 N"体系；第二类是以宝钛集团有限公司为代表的"高 C"体系；第三类是以中科院金属所为代表的"低 C 中 Co 高 Ti"体系；第四类是以钢铁研究总院为代表的"中 C 高 V 高 N"；第五类是以中科院金属所为代表的"超高 C 匹配热处理工艺"，在正火和回火制度之间创新性的增加深冷工艺，促进基体中残留奥氏体的马氏体转变，进一步提高材料的硬度和韧性，获得具有强度和韧性最佳搭配的材料；第六类是以哈尔滨工程大学为代表的"低 C 低 Co 高 Mo 高 Cr 含 Ti"体系。

目前我国哈尔滨工程大学、中科院金属所等相关科研机构已经能够将超高强度马氏体不锈钢的强度做到 1800MPa 级别以上，在强度上已经能够满足重载火箭发射的强度要求，但是钢的低温韧性受奥氏体相的影响。下一步我们应该关注如何协调马氏体相与奥氏体相的平衡，从而在保证强度或者略微牺牲强度的基础上，能够保证马氏体不锈钢具有良好的低温冲击韧性。同时考虑到我国的稀土资源比较丰富，可以采用添加稀土元素进行合金化来改善相应的性能。

（2）耐液氧液氢低温钢

俄罗斯的液体火箭用超高强度不锈钢在冶炼的过程通常加入 Ca 和稀土进行脱氧和夹杂物的控制，并且控制 N 的加入，大部分的钢中都加入至少 3% 以上的 Co，而我国钢铁研究总院 2003 年申请的成果鉴定中只有 S－4 中加入了 Co 元素，其他几个牌号都未加入 Co，2016 年后的专利申请中也加入了 Co，但是其添加量明显低于俄罗斯的添加量。本领域技术人员知晓，Co 在超高强度马氏体低温不锈钢中属于一种非常重要的元素，抑制延缓马氏体位错亚结构回复，在保持基体强度的同时促进更多细微尺寸的析出相在时效过程中析出，从而提高钢的韧性。俄罗斯的钴矿储量是 25kt，中国的储量是 8kt，俄罗斯的储量远远大于我国，所以俄罗斯在不锈钢的过程中倾向于添加较多的 Co 元素。而我国的稀土储量比较丰富，我国研发主体后期可考虑在高强度马氏体低温不锈钢中采用添加稀土合金化以达到改善性能的目的。

俄罗斯的制备方法采用本领域常见的冶炼方法进行制备，钢铁研究总院从 2018 年开始研究增材制造（3D 打印）的方式获得低温高强度不锈钢，相对于传统的冶炼工艺，增材制造具有不受零件复杂程度约束、材料利用率高与显著缩短研制周期等技术优势，但是由于增材制造对钢的成分要求较高，其要求 N、O、H 都必须处于一个极低的含量范围以保证增材制造的效果。俄罗斯与我国对于马氏体不锈钢的热处理工艺通常都是采用的固溶＋深冷＋时效方式进行热处理，后期在研发方向上我国可以考虑采用先进的增材制造工艺来制备马氏体不锈钢。

附录　申请人名称约定表

约定名称	对应的申请人名称
波音公司	THE BOEING COMPANY
	BOEING AIRPLANE
	BOEING AIRCRAFT
	BOEING NORTH AMERICAN, INC.
	波音北美公司
	波音（中国）投资有限公司
	BOEING AEROSPACE COMPANY
	波音公司
	BOEING CO
川崎制铁公司	川崎制铁株式会社
	KAWASAKI STEEL CORPORATION
	川崎炉材株式会社
	川崎重工业株式会社
胜利聪明集团	GAINSMART GROUP LIMITED
	胜利聪明集团有限公司
中国航发北京航空材料研究院	中国航发北京航空材料研究院
	北京百慕航材高科技股份有限公司
	北京航空材料研究院股份有限公司
AK 钢铁公司	AK 钢铁公司
	ARMCO STEEL
共和钢铁公司	REPUBLIC STEEL CORPORATION
	REPUBLIC STEEL CORP
大同特钢公司	DAIDO STEEL
	大同特殊钢株式会社

约定名称	对应的申请人名称
奎斯泰克公司	奎斯泰克创新公司
	QUESTEK
奥贝特迪瓦尔公司	奥贝特迪瓦尔公司
	奥贝尔 & 杜瓦尔公司
	AUBERT & DUVAL
日立公司	日立金属株式会社
	HITACHI METALS LTD
	HITACHI KINZOKU KK
	Proterial Ltd.
卡本特公司	卡本特科技公司
	CARPENTER
	CRS HOLDINGS
	CARPENTER TECHNOLOGY CORPORATION
	CRS 控股公司
国际镍公司	国际镍公司
	International Nickel CO
	INT NICKEL
钢铁研究总院	钢铁研究总院有限公司
	钢铁研究总院
	冶金工业部钢铁研究总院
	钢研晟华科技股份有限公司
	钢研
ATI 公司	ATI PROPERTIES, INC.
	ATI PROPERTIES, INC.
	LADISH CO
中南大学	中南大学
	中南工业大学
贵州安大公司	贵州安大航空锻造有限责任公司
	贵阳安大宇航材料工程有限公司
宝钢特钢公司	宝钢特钢有限公司
	宝钢特钢长材有限公司

续表

约定名称	对应的申请人名称
NSK 公司	日本精工株式会社
	NSKワーナー株式会社
	NSK 沃纳株式会社
	NSK LTD.
	恩斯克
	安士克
NTN 公司	NTN 株式会社
	NTN CORPORATION
	NTN – SNR 轴承公司
	NTN – SNR ROULEMENTS
	NTN TOYO BEARING CO LTD
山阳特钢公司	山阳特殊钢株式会社
	山阳特殊制钢株式会社
	山陽特殊製鋼株式会社
	SANYO SPECIAL STEEL
捷太格特公司	捷太格特株式会社
	JTEKT CORPORATION
	株式会社捷太格特
	捷太格特欧洲公司
	JTEKT EUROPE
新日铁住金公司	新日铁住金株式会社
	NIPPON STEEL & SUMITOMO METAL CORPORATION
	新日鐵住金株式会社
	新日铁
	NIPPON
神户制钢所	株式会社神户制钢所
	KOBE STEEL
	KABUSHIKI KAISHA KOBE SEIKO SHO
	株式会社神戸製鋼所

续表

约定名称	对应的申请人名称
JFE 公司	杰富意钢铁株式会社
	JFE STEEL CORPORATION
	JFEスチール株式会社
斯凯孚公司	斯凯孚公司
	SKF 公司
	AKTIEBOLAGET SKF
	SKF KUGELLAGERFABRIKEN GMBH
	斯克弗·诺瓦公司
洛阳 LYC 轴承公司	洛阳 LYC 轴承有限公司
	洛阳 LYC 汽车轴承科技有限公司
铁姆肯公司	美国铁姆肯公司
	迪姆肯公司
	TIMKEN COMPANY
舍弗勒公司	舍弗勒技术股份两合公司
	舍弗勒投资（中国）有限公司
	SCHAEFFLER
NPO 公司	俄罗斯 NPO 公司
	动力机械科研生产联合公司
	OAO NPO EHNERGOMASH IM AKAD V P GLUSHKO
日新制钢公司	日新制钢株式会社
	NIPPON STEEL NISSHIN
	日商日鐵日新製鋼股份有限公司
山特维克公司	山特维克知识产权股份有限公司
	SANDVIKEN
	SANDVIK
日本钢管公司	日本钢管株式会社
	日本鋼管株式会社
	ENU KEE KEE PURANTO KENSETSU
POSCO 公司	POSCO 公司
	浦项
	株式会社 POSCO

图 索 引

表 索 引

书　号	书　名	产 业 领 域	定价	条　码
9787513006910	产业专利分析报告（第 1 册）	薄膜太阳能电池 等离子体刻蚀机 生物芯片	50	9 787513 006910 >
9787513007306	产业专利分析报告（第 2 册）	基因工程多肽药物 环保农业	36	9 787513 007306 >
9787513010795	产业专利分析报告（第 3 册）	切削加工刀具 煤矿机械 燃煤锅炉燃烧设备	88	9 787513 010795 >
9787513010788	产业专利分析报告（第 4 册）	有机发光二极管 光通信网络 通信用光器件	82	9 787513 010788 >
9787513010771	产业专利分析报告（第 5 册）	智能手机 立体影像	42	9 787513 010771 >
9787513010764	产业专利分析报告（第 6 册）	乳制品生物医用 天然多糖	42	9 787513 010764 >
9787513017855	产业专利分析报告（第 7 册）	农业机械	66	9 787513 017855 >
9787513017862	产业专利分析报告（第 8 册）	液体灌装机械	46	9 787513 017862 >
9787513017879	产业专利分析报告（第 9 册）	汽车碰撞安全	46	9 787513 017879 >
9787513017886	产业专利分析报告（第 10 册）	功率半导体器件	46	9 787513 017886 >
9787513017893	产业专利分析报告（第 11 册）	短距离无线通信	54	9 787513 017893 >
9787513017909	产业专利分析报告（第 12 册）	液晶显示	64	9 787513 017909 >
9787513017916	产业专利分析报告（第 13 册）	智能电视	56	9 787513 017916 >
9787513017923	产业专利分析报告（第 14 册）	高性能纤维	60	9 787513 017923 >
9787513017930	产业专利分析报告（第 15 册）	高性能橡胶	46	9 787513 017930 >
9787513017947	产业专利分析报告（第 16 册）	食用油脂	54	9 787513 017947 >
9787513026314	产业专利分析报告（第 17 册）	燃气轮机	80	9 787513 026314 >
9787513026321	产业专利分析报告（第 18 册）	增材制造	54	9 787513 026321 >
9787513026338	产业专利分析报告（第 19 册）	工业机器人	98	9 787513 026338 >
9787513026345	产业专利分析报告（第 20 册）	卫星导航终端	110	9 787513 026345 >
9787513026352	产业专利分析报告（第 21 册）	LED 照明	88	9 787513 026352 >

书 号	书 名	产业领域	定价	条 码
9787513026369	产业专利分析报告（第22册）	浏览器	64	9787513026369
9787513026376	产业专利分析报告（第23册）	电池	60	9787513026376
9787513026383	产业专利分析报告（第24册）	物联网	70	9787513026383
9787513026390	产业专利分析报告（第25册）	特种光学与电学玻璃	64	9787513026390
9787513026406	产业专利分析报告（第26册）	氟化工	84	9787513026406
9787513026413	产业专利分析报告（第27册）	通用名化学药	70	9787513026413
9787513026420	产业专利分析报告（第28册）	抗体药物	66	9787513026420
9787513033411	产业专利分析报告（第29册）	绿色建筑材料	120	9787513033411
9787513033428	产业专利分析报告（第30册）	清洁油品	110	9787513033428
9787513033435	产业专利分析报告（第31册）	移动互联网	176	9787513033435
9787513033442	产业专利分析报告（第32册）	新型显示	140	9787513033442
9787513033459	产业专利分析报告（第33册）	智能识别	186	9787513033459
9787513033466	产业专利分析报告（第34册）	高端存储	110	9787513033466
9787513033473	产业专利分析报告（第35册）	关键基础零部件	168	9787513033473
9787513033480	产业专利分析报告（第36册）	抗肿瘤药物	170	9787513033480
9787513033497	产业专利分析报告（第37册）	高性能膜材料	98	9787513033497
9787513033503	产业专利分析报告（第38册）	新能源汽车	158	9787513033503
9787513043083	产业专利分析报告（第39册）	风力发电机组	70	9787513043083
9787513043069	产业专利分析报告（第40册）	高端通用芯片	68	9787513043069
9787513042383	产业专利分析报告（第41册）	糖尿病药物	70	9787513042383
9787513042871	产业专利分析报告（第42册）	高性能子午线轮胎	66	9787513042871
9787513043038	产业专利分析报告（第43册）	碳纤维复合材料	60	9787513043038
9787513042390	产业专利分析报告（第44册）	石墨烯电池	58	9787513042390

书　号	书　名	产　业　领　域	定价	条　码
9787513042277	产业专利分析报告（第 45 册）	高性能汽车涂料	70	9787513042277
9787513042949	产业专利分析报告（第 46 册）	新型传感器	78	9787513042949
9787513043045	产业专利分析报告（第 47 册）	基因测序技术	60	9787513043045
9787513042864	产业专利分析报告（第 48 册）	高速动车组和高铁安全监控技术	68	9787513042864
9787513049382	产业专利分析报告（第 49 册）	无人机	58	9787513049382
9787513049535	产业专利分析报告（第 50 册）	芯片先进制造工艺	68	9787513049535
9787513049108	产业专利分析报告（第 51 册）	虚拟现实与增强现实	68	9787513049108
9787513049023	产业专利分析报告（第 52 册）	肿瘤免疫疗法	48	9787513049023
9787513049443	产业专利分析报告（第 53 册）	现代煤化工	58	9787513049443
9787513049405	产业专利分析报告（第 54 册）	海水淡化	56	9787513049405
9787513049429	产业专利分析报告（第 55 册）	智能可穿戴设备	62	9787513049429
9787513049153	产业专利分析报告（第 56 册）	高端医疗影像设备	60	9787513049153
9787513049436	产业专利分析报告（第 57 册）	特种工程塑料	56	9787513049436
9787513049467	产业专利分析报告（第 58 册）	自动驾驶	52	9787513049467
9787513054775	产业专利分析报告（第 59 册）	食品安全检测	40	9787513054775
9787513056977	产业专利分析报告（第 60 册）	关节机器人	60	9787513056977
9787513054768	产业专利分析报告（第 61 册）	先进储能材料	60	9787513054768
9787513056632	产业专利分析报告（第 62 册）	全息技术	75	9787513056632
9787513056694	产业专利分析报告（第 63 册）	智能制造	60	9787513056694
9787513058261	产业专利分析报告（第 64 册）	波浪发电	80	9787513058261
9787513063463	产业专利分析报告（第 65 册）	新一代人工智能	110	9787513063463
9787513063272	产业专利分析报告（第 66 册）	区块链	80	9787513063272
9787513063302	产业专利分析报告（第 67 册）	第三代半导体	60	9787513063302

书 号	书 名	产 业 领 域	定价	条 码
9787513063470	产业专利分析报告（第68册）	人工智能关键技术	110	
9787513063425	产业专利分析报告（第69册）	高技术船舶	110	
9787513062381	产业专利分析报告（第70册）	空间机器人	80	
9787513069816	产业专利分析报告（第71册）	混合增强智能	138	
9787513069427	产业专利分析报告（第72册）	自主式水下滑翔机技术	88	
9787513069182	产业专利分析报告（第73册）	新型抗丙肝药物	98	
9787513069335	产业专利分析报告（第74册）	中药制药装备	60	
9787513069748	产业专利分析报告（第75册）	高性能碳化物先进陶瓷材料	88	
9787513069502	产业专利分析报告（第76册）	体外诊断技术	68	
9787513069229	产业专利分析报告（第77册）	智能网联汽车关键技术	78	
9787513069298	产业专利分析报告（第78册）	低轨卫星通信技术	70	
9787513076210	产业专利分析报告（第79册）	群体智能技术	99	
9787513076074	产业专利分析报告（第80册）	生活垃圾、医疗垃圾处理与利用	80	
9787513075992	产业专利分析报告（第81册）	应用于即时检测关键技术	80	
9787513075961	产业专利分析报告（第82册）	基因治疗药物	70	
9787513075817	产业专利分析报告（第83册）	高性能吸附分离树脂及应用	90	
9787513081955	产业专利分析报告（第84册）	高端光刻机	70	
9787513082198	产业专利分析报告（第85册）	动力电池检测技术	120	
9787513082433	产业专利分析报告（第86册）	热交换介质	128	
9787513081962	产业专利分析报告（第87册）	商业航天装备制造	110	
9787513081924	产业专利分析报告（第88册）	电动汽车续航技术	120	

书　号	书　名	产 业 领 域	定价	条　码
9787513086387	产业专利分析报告（第 89 册）	EDA	108	9787513086387
9787513086370	产业专利分析报告（第 90 册）	近眼显示	158	9787513086370
9787513086363	产业专利分析报告（第 91 册）	新能源汽车动力电池安全关键技术	128	9787513086363
9787513086356	产业专利分析报告（第 92 册）	可持续航空燃料	68	9787513086356
9787513086349	产业专利分析报告（第 93 册）	航空航天用特种钢材	138	9787513086349
9787513041539	专利分析可视化		68	9787513041539
9787513016384	企业专利工作实务手册		68	9787513016384
9787513057240	化学领域专利分析方法与应用		50	9787513057240
9787513057493	专利分析数据处理实务手册		60	9787513057493
9787513048712	专利申请人分析实务手册		68	9787513048712
9787513072670	专利分析实务手册（第 2 版）		90	9787513072670